# 离散多智能体系统的协调控制

谭　冲　李彦江　刘国平　著

科 学 出 版 社

北　京

## 内 容 简 介

本书结合作者多年来的研究成果，系统阐述具有通信约束的离散多智能体系统一致性与协同控制的理论和方法。主要包括：绪论、无领航同构离散多智能体系统的状态一致性、无领航异构离散多智能体系统的一致性、离散多智能体系统的领导跟随一致性、网络化多智能体系统的分组一致性、具有参考信号的离散异构多智能体系统的输出跟踪控制。

本书可以作为高等学校自动化、数学及其相关专业教师、研究生、高年级本科生的参考书，也可为对控制理论感兴趣的非专业人士提供参考。

---

**图书在版编目(CIP)数据**

离散多智能体系统的协调控制 / 谭冲, 李彦江, 刘国平著. —北京：科学出版社, 2025.1

ISBN 978-7-03-077070-7

I. ①离… II. ①谭… ②李… ③刘… III. ①离散-智能系统-协调控制 IV. ①TP273②TP18

中国国家版本馆 CIP 数据核字(2023)第 220654 号

---

责任编辑：阚 瑞 霍明亮 / 责任校对：胡小洁
责任印制：师艳茹 / 封面设计：迷底书装

科学出版社 出版
北京东黄城根北街 16 号
邮政编码: 100717
http://www.sciencep.com
三河市春园印刷有限公司印刷
科学出版社发行 各地新华书店经销
*
2025 年 1 月第 一 版 开本: 720×1000 1/16
2025 年 1 月第一次印刷 印张: 17 插页: 7
字数: 358 000

**定价: 169.00 元**

(如有印装质量问题, 我社负责调换)

# 前　　言

多智能体系统是由多个智能体组成的松散耦合结构，智能体之间通过相互作用、相互合作，从而解决单个智能体由于能力、知识或资源上的不足而无法解决的问题，或者即使能解决而效率很低的问题。多智能体系统可以通过智能体间的异步并行活动来提高处理复杂问题的质量和效率；利用松散耦合结构来保证组件的可重用性和可扩充性；运用数据、资源的分散来表达系统描述问题的分布性。通过对多智能体系统的协调控制与协作运行，可以发现多智能体系统所能达到的效果远远超过其个体性能的累加和。所以多智能体系统已经发展为一门新兴的复杂系统科学，逐步渗入到社会生活的各个领域。

随着计算机技术和网络通信技术的飞速发展，智能体之间的信息传递可以通过网络来实现 (即网络化多智能体系统)。尽管网络的介入从根本上突破了传统控制系统的点对点式信号控制的局限性，避免了控制节点间专线的敷设，减少了系统布线，具有成本低、扩展方便、结构灵活、易于系统的诊断和维护等优点。但是，由于网络中存在大量的信息源，当系统的各个节点通过网络传输信息时，要分时共享网络通信通道。而网络带宽有限且网络中的数据流量变化不规则，当多个节点通过网络交换数据时，常会出现数据碰撞、多路径传输、连接中断、网络拥塞、传输时滞、数据包的丢失及时序错乱等现象。这些现象都会不同限度地影响网络化多智能体系统的性能，甚至导致系统不稳定，这使系统的分析和设计问题变得复杂。因此，研究具有网络诱导现象的离散多智能体系统的协同控制问题具有重大的理论意义和应用价值。

本书共 6 章，分别讨论具有网络诱导现象的离散多智能体系统的一致性和协同控制问题。

本书得到了国家自然科学基金青年基金“基于时滞补偿机理的网络化多智能体系统一致性分析与控制”(61903104)、黑龙江省自然科学基金“网络诱导现象影响下的预测控制及一致性研究”(LH2022F033) 等项目的资助。作者由衷感谢哈尔滨工业大学段广仁教授、中国科学技术大学康宇教授、中国科学技术大学赵云波教授、中国科学技术大学秦家虎教授、北京理工大学孙健教授、北方工业大学庞中华教授在研究工作中给予的鼎力相助和大力支持。同时，非常感谢哈尔滨理工大学胡军教授等在本书写作过程中给予的大力帮助。感谢黑龙江省复杂智能系统与集成重点实验室、教育部先进制造智能化技术重点实验室、哈尔滨理工大学自动化学院的相关同事给予的支持。同时，还要感谢硕士生朱美华、祁佳、张腾、于齐琛、吴翌辉、李修卫、韩宇、刘为、吕振武、张宇涛、王璐瑶、孙浩楠和博士生韩诗柳等同学对本书出版给予的大力帮助。在本书编写过程中，作者参考与引用了大量国内外有关著作和学术论文，很多专家和学者提出了宝贵的修改意见。对于以上的机构和同志，作者借此机会表示诚挚的感谢！

由于本书作者水平有限，书中不足之处在所难免，敬请读者批评指正。

作 者
2024 年 6 月

# 目　录

# 第 1 章　绪　论

## 1.1 引　言

随着计算机技术、网络通信技术和控制科学的日益发展与交叉渗透，控制系统的结构变得越来越复杂，空间分布越来越广，对系统控制性能的要求也越来越高。控制系统已由封闭集中体系逐渐向开放分布式体系发展。集中式控制系统和集散式控制系统都有一些共同的缺点，即随着现场设备的增加，系统的布线十分复杂、成本大大提高、抗干扰性较差、灵活性不够、扩展不方便等。为了从根本上解决这些问题，必须采用分布式控制系统来取代独立控制系统。分布式控制系统将控制功能下放到现场节点，不需要中央控制单元集中控制和操作，而是通过智能现场设备来完成控制和通信任务。将计算机网络系统应用于控制系统中，其可以代替传统的点对点式的连线，使得众多的传感器、执行器和控制器等主要功能部件通过网络相连接，相关的信号与数据通过通信网络进行传输和交换，避免了彼此间专线的敷设，可有效地减少系统的重量和体积，方便系统的安装与维护，提高系统的诊断能力，可以实现资源共享、远程操作和控制。这种传感器、控制器、执行器等通过实时网络构成的闭环反馈控制系统称为网络化控制系统 (networked control systems，NCS)，是目前控制科学与飞速发展的计算机网络、通信技术相结合的产物[1]。而且，网络作为各个应用领域中不可缺少的互联媒介，正潜移默化地改变着人们传统的生产和生活方式。图 1-1 展示了网络化控制系统的典型结构和信息流[2]。

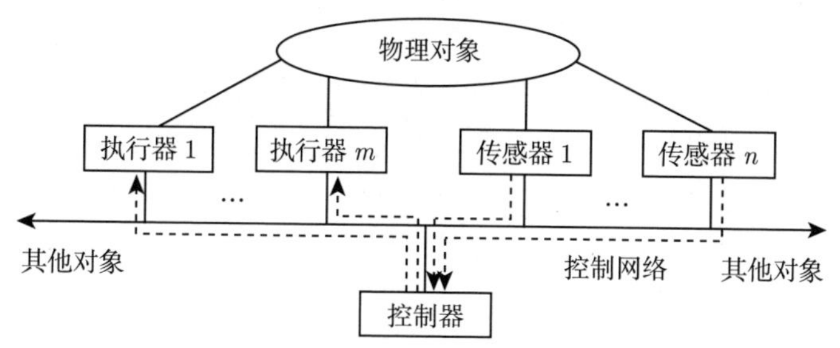


图 1-1　网络化控制系统的典型结构和信息流[2]

网络化控制系统主要分为网络控制 (control of networks)、基于网络的控制 (control over networks) 和多智能体系统 (multi-agent systems) 三个研究领域。

(1) 网络控制主要是对通信网络的网络路由、网络流量等的调度与控制，是针对网络自身的控制，可以利用运筹学和控制理论等方法来实现[3]。

(2) 基于网络的控制是对被控系统的控制，网络只是作为一种传输通道，考虑网络自身存在的问题对系统的影响[4,5]。目前，很多复杂的控制系统如无线网络机器人、运输工具、远程遥控操作、基于 Internet 的远程教学和实验、远程医疗、制造业设备、兵器系统，以及现场总线 (fieldbus) 和工业以太网 (industrial ethernet) 技术等，本质上都可归结为基于网络的控制系统。

(3) 多智能体系统主要是研究网络的拓扑结构与多智能体之间的相互作用对整个系统行为的影响。

20 世纪 70 年代，智能体 (agent) 的思想起源于人工智能领域，对智能任务的推理进程和物理符号的内部表示构成了智能体的最初轮廓 [6]。此后，众多领域的学者开展了智能体方面的相关研究和探讨，他们针对不同的研究对智能体的含义给出了不同的界定。迄今为止，智能体的概念还不存在一个统一的定义。在大多数文献中，智能体的定义常被引用为以下两种形式。

(1) Maes[7] 将智能体定义为试图在复杂的动态环境中实现一组目标的计算机系统。

(2) 根据智能体的特性，Wooldridge 和 Jennings[8] 给出了智能体弱定义和强定义的概念。智能体的弱定义指该实体具有自治性 (autonomy)、社会性 (social-ability)、反应性 (reactivity) 和主动性 (pro-activity) 等基本特性；智能体的强定义指该实体不仅具有弱定义中的基本特性，而且还具有移动性、通信能力、协同性、理性或其他特性。一般认为智能体的典型特性就是弱定义中提及的几种性能，自治性是智能体的一个核心概念。

受到社会性昆虫的启发，研究者提出了多智能体系统的概念。Durfee 等[9] 将多智能体系统定义为多个智能体组成松散的耦合结构，智能体之间通过相互作用、相互合作，从而解决单个智能体由于能力、知识或资源上的不足而无法解决的问题，或者即使能解决但效率很低的问题。在多智能体系统中，各个智能体的行为既具有局部效应也具有全局效应。多智能体系统的协作能力超过了单个智能体，这是多智能体系统产生的一个主要原因。多智能体系统在现实生活中随处可见，如多机器人系统、多卫星系统、空中飞行器编队，水下航行器队列等。此外，控制-物理系统 (cyber-physical system) 也可以抽象为多智能体系统。近年来，多智能体系统已经发展为一门新兴的复杂系统科学，同时它也是一门涉及生物、数学、物理、控制、计算机、通信及人工智能的综合性交叉学科。图 1-2 展示了多智能体系统的结构[10]。

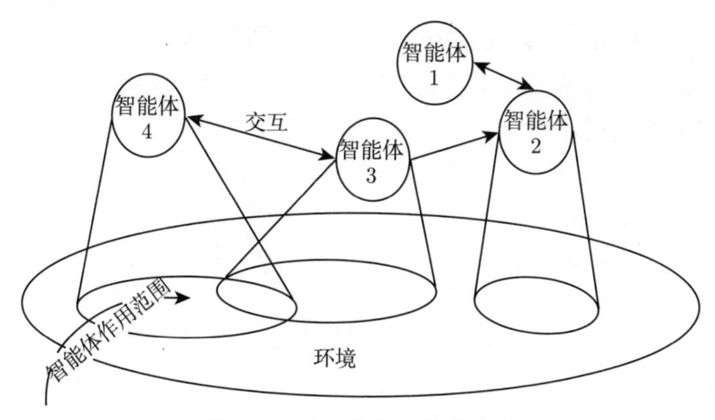


图 1-2　多智能体系统的结构

多智能体系统的主要特点表现在如下几个方面[11]。

(1) 协作性：多智能体系统中的智能体可以相互协作，解决单个智能体无法解决的问题。

(2) 并行性：多智能体系统可以通过智能体间的异步并行活动，提高处理复杂问题的质量和效率。

(3) 易扩展性：多智能体系统松散耦合的特征，保证了其组件的可重用性和可扩充性 (scalability)。

(4) 分布性：多智能体系统的数据、资源分散保存在系统环境的各个智能体中，表达了系统描述问题的分布性。

当被研究的复杂系统包含中等个数的个体，并且个体在空间上分布时，每个个体利用局部的信息进行决策，个体具有一定的学习能力，当个体之间存在灵活的交互时，采用多智能体系统的建模方法进行研究可以获得很好的效果[12]。因此，基于多智能体系统的建模方法已成为研究复杂系统的重要方法之一。近年来，多智能体系统的研究已经成为复杂系统研究的一个热点。

研究多智能体系统的主要目的就是通过大量智能体 (简单的个体) 之间的相互协作取代单个的昂贵系统去完成一些复杂的任务。对多智能体系统的研究重点可以分为以下三个方面[10]。

(1) 从人工智能的角度进行规划决策研究。

(2) 根据多智能体系统交互性的特点进行网络结构的配置设计。

(3) 从控制理论出发对多智能体系统进行控制律设计以达到相应的控制性能要求。

可见，从控制的角度出发对多智能体系统进行研究具有必然的发展趋势。目前，多智能体系统的协作控制 (cooperative control) 问题引起了不同领域 (如生物学、物理学、计算机科学、系统与控制科学，以及控制工程方面) 科研工作者的广泛关注。例如，生物学家研究生物体通过内部合作涌现出各种群体现象的一些规则；物理学家则通过建立模型模拟群集现象并通过仿真进一步解释这些有趣的现象；而控制领域的研究人员则通过设计控制律来实现这些群体行为，并将其用于真实的群集智能体以完成预定的目标[13-29]。多智能体系统已经逐步渗入到社会生活的各个领域。例如，随着交通领域运输压力的增大，单个交通工具已无法满足日益增长的运输要求。为了增加实际运力、提高系统可靠性，多车辆系统应运而生。通过将多个车辆编队运行，不但有效地避免了交通事故，增加了运输密度，更重要的是通过智能型车辆的应用，减轻了驾驶员的负担，进而保证了运输系统在恶劣气候环境下的正常运行[30]。在军事领域，通过无人战斗机的协调控制有效地加强了部队的作战能力、攻击性和防御力。通过采用不同功能的、成本低廉的军用多智能体系统代替士兵从事对未知区域的侦察、排雷、搜救或区域性防卫等任务，大大降低了执行军事任务过程中存在的危险性和成本，提高了效率和成功率。在航天领域，通过采用卫星群代替单个卫星对星体表面进行成像，有效地提高了系统的灵活性、成像精度和质量。所以，通过对智能体群的协调控制与协作运行，多智能体系统所能达到的效果远远超过其个体性能的累加和。在多智能体的协调协作控制中，为了完成一些复杂的任务或者达到共同的目标，智能体之间需要相互作用、相互影响，关于某些感兴趣的量最终达到一致。通常，称该问题为一致性问题 (consensus or agreement problem)[31,32]。而一致性算法 (或协议 (protocol)) 则表征了智能体之间信息传递的规则。一致性问题是智能体之间协调协作的基础。因此，研究网络化多智能体系统的一致性问题具有重要的理论意义和应用价值。

预测控制是近年来发展起来的一类新型的计算机控制算法。由于它采用多步测试、滚动优化和反馈校正等控制策略，因而控制效果好，适用于控制不易建立精确数字模型且比较复杂的工业生产过程，所以它一出现就受到国内外工程界的重视，并已在石油、化工、电力、冶金、机械等工业部门的控制系统中得到了成功的应用。现在比较流行的算法包括：模型算法控制 (model algorithm control, MAC)、动态矩阵控制 (dynamic matrix control, DMC)、广义预测控制 (generalized predictive control, GPC)、广义预测极点 (generalized predictive pole-assignment, GPP) 控制、内模控制 (internal model control, IMC)、推理控制 (inferential control, IC) 等。本书将单个网络化系统的网络化预测控制方法推广到网络化多智能体系统的研究中。与传统的预测控制方法不同，网络化预测控制系统主要由预测控制发生器和网络时延 (时滞) 补偿器构成 (图 1-3)。预测控制发生器主要用来产生一系列预测控制信号，网络时延补偿器主要用来补偿时延。在信号传输策略上充分地利用了网络能够同时传输一系列数据包的特征，可将 $t$ 时刻所有的预测信息放到一个包中，通过网络传输到被控对象。在接收到该包后，网络时延补偿器可以从被控对象可用的预测序列中选择最新的预测控制信号对系统进行控制。

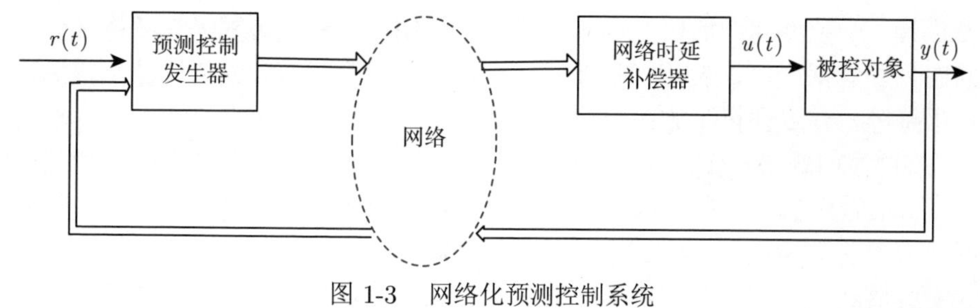


图 1-3 网络化预测控制系统

## 1.2 多智能体系统一致性问题的发展概况

一致性问题的研究始于 20 世纪 60 年代的管理科学及统计学[33]。其中，极具影响力的文献是 DeGroot 于 1974 年撰写的 *Reaching a consensus*。20 世纪 80 年代，Borkar 和 Varaiya[34] 与 Tsitsiklis 等[35] 将同步渐近一致性应用于分布式决策系统的研究中。1987 年，Reynold 按照自然界中鸟群、鱼群等群体的特点对系统建立了计算机模型，并提出了著名的类鸟群 (Boid) 模型 (也称为人工鸟群模型)[36]。Boid 模型要求群体行为满足三条规则：① 避免碰撞 (collision avoidance)：与邻域内的智能体避免发生碰撞；② 速度匹配 (velocity matching)：与邻域内的智能体速度保持一致；③ 聚合 (cohesion)：与邻域内的智能体保持紧凑。1992 年，Benediktsson 和 Swain[37] 将统计学中一致性的思想运用于多传感器的信息融合问题。从此，一致性问题在系统与控制理论领域中的研究拉开了序幕。1995 年，Vicsek 等[29] 从统计力学的角度提出了描述自驱动粒子相位移动的经典模型——维塞克 (Vicsek) 模型。研究表明，当个体密度较大且系统噪声较小时，所有个体的运动方向趋于一致。实际上，Vicsek 模型是 Boid 模型的一个特例，它只保留了 Boid 模型中的速度匹配规则。Jadbabaie 等[38] 应用图论和矩阵论方法对 Vicsek 模型的一致性行为给出了理论解释，分析了图的连通性对系统一致性的影响，证明了如果这些图在邻接的有限时间区间内是联合连通 (jointly connected) 的，那么系统中所有个体的运动方向将趋向一致。2003 年，Tanner 等[39,40] 从理论方面解释了 Boid 模型。基于文献 [41] 和 [42]，Olfati-Saber 和 Murray[43] 利用图的拉普拉斯矩阵的性质研究了一阶积分器多智能体系统的一致性问题，正式给出了一致性问题的可解性概念和协议概念，提出了一致性问题的理论框架，揭示了图的代数连通度与系统收敛速度和时滞容忍上界的关系，给出了算法达到平均一致的充要条件。文献 [44] 介绍了一致性问题综述。2005 年，Ren 等[45] 分析了二阶积分器多智能体系统的一致性问题，指出通信拓扑包含有向生成树对于系统达到渐近一致的重要性。拉普拉斯矩阵的引入使一致性问题的研究得到质的飞跃，即从仿真模拟阶段进入到理论分析阶段。从此，图论成为一致性问题理论分析的一个重要工具，一致性问题的研究进入繁荣的发展期。目前，研究多智能体系统一致性问题主要包括：协议设计、收敛性分析、一致均衡状态、收敛速度及通信拓扑连通保持等。一致性机制的应用领域主要包括以下几个方面。

(1) 群集问题 (swarming problem)：关于群集的概念，至今没有一个明确的定义，目前普遍接受的群集运动的基本特点是：① 智能体之间、智能体与障碍物之间不会发生碰撞；② 群集以某种队形或蜂拥运动；③ 可能会有其他的优化要求。群集的运动过程中要求群集中的智能体之间进行局部协作，整体上在某些方面达成一致，以求最终能完成任务[36,46]。

(2) 聚集问题 (rendezvous problem)：要求所有智能群体最终聚集在同一个未知点。聚集表示位置一致，属于无约束一致性问题[46]。

(3) 蜂拥问题 (flocking problem)：所有智能体在收敛终态能够达成速度矢量一致，彼此间的距离恒定。蜂拥行为可被视为一种特殊的群集情况[46,47]。

(4) 编队问题 (formation problem)：个体之间不仅就某个状态量要达成一致，而且要在个体移动前进的过程中保持预先指定的队形，同时又要适应环境的约束[44]。编队控制问题也可以认为是如下的一类一致性问题：

$$\dot{x}_i = \sum_{j \in N_i} (x_j - x_i) + b_i$$

式中，$b_i$ 为输入误差，用于保证个体间形成队形。当 $b_i = 0$ 时，即为一致性问题。

(5) 同步问题 (synchronization problem)：同步问题是与一致性问题密切相关的一类问题，可以看成一致性问题的非线性扩展[44]。

(6) 集结问题 (aggregation problem)：即初始随机分布在某一区域内的智能体能聚集在一起[47]。

## 1.3　多智能体系统一致性问题的研究现状

### 1.3.1　一阶多智能体系统的一致性

目前，常见的一阶多智能体系统的主要形式是一阶积分器形式的多智能体系统。

连续时间情形：

$$\dot{x}_i(t) = u_i(t), \quad i \in \mathscr{I} \tag{1-1}$$

离散时间情形：

$$x_i(k+1) = u_i(k), \quad i \in \mathscr{I} \tag{1-2}$$

式中，$x_i(\cdot) \in \mathbb{R}$ 与 $u_i(\cdot) \in \mathbb{R}$ 分别为智能体 $i$ 的状态和控制输入；$\mathscr{I}$ 为指标集；$\mathbb{R}$ 为实数域。

形式最简单的一致性算法具有以下形式。
连续时间一致性算法：

$$u_i(t) = \sum_{j \in N_i} a_{ij}(x_j(t) - x_i(t)), \quad i \in \mathscr{I} \tag{1-3}$$

离散时间一致性算法：

$$u_i(k+1) = \sum_{j \in N_i} a_{ij}(x_j(k) - x_i(k)), \quad i \in \mathscr{I} \tag{1-4}$$

式中，$N_i = \{j \in \mathscr{V} : (j,i) \in \mathscr{E}\}$ 为顶点 (智能体)$i$ 的邻点集。

Olfati-Saber 和 Murray[43,48] 指出在强连通的有向拓扑结构下，系统平均一致的充分必要条件是信息交换图是平衡图。Ren 等[49,50] 给出固定拓扑结构下连续或离散时间协议渐近达到一致的充分必要条件，即信息交换图中包含生成树。这个条件比文献 [43]、[48] 中提出的强连通且平衡图的条件要弱，适用范围更广。Cortés[51] 利用不变集原理给出了渐近达到 $\chi$ 一致的充要条件 (其中，$\chi$ 是关于所有智能体初始状态的连续函数)，并设计出渐近达到 $\chi$ 一致的一致性算法。

最近研究结果表明通信时延是影响多智能体系统行为的关键因素。众所周知，具有时延的系统可以产生复杂的动力学行为。在多智能体系统中，网络传输的带宽有限或者传输速度限制等因素必然会产生时延。客观存在的通信时延和输入时延不仅使一致性分析变得困难，而且使得系统的性能变差，如周期振荡、发散等。因此，研究含有时延的多智能体系统的协调控制问题更符合实际要求。目前，对于具有时滞的一致性算法研究主要可以分为两种：一种是对称性算法，即智能体本身检测信息和接收到的信息都有时滞；另一种是不对称性算法，即智能体本身检测信息没有时滞，仅接收到的信息有时滞。以下是两种常见的线性一致性算法。

连续时间不对称一致性算法：

$$u_i(t) = \sum_{j \in N_i} a_{ij}(x_j(t - \tau_{ij}) - x_i(t)) \tag{1-5}$$

离散时间不对称一致性算法：

$$u_i(k+1) = \sum_{j \in N_i} a_{ij}(x_j(k - \tau_{ij}) - x_i(k)) \tag{1-6}$$

式中，$\tau_{ij} > 0$ 表示信息从智能体 $j$ 传递到智能体 $i$ 的时滞。

针对一阶积分器系统 (1-1)，Olfati-Saber 和 Murray[43] 设计了一般带时滞的对称一致性算法：

$$u_i(t)=\sum_{j\in N_i}a_{ij}(x_j(t-\tau_{ij})-x_i(t-\tau_{ij}))\tag{1-7}$$

针对最简单情形 $\tau_{ij}=\tau>0$，即智能体本身检测信息和接收信息的时滞相同并且是固定不变的常值，讨论了系统 (1-1) 的平均一致性问题。在无向连通固定拓扑结构下，利用频域方法，给出了系统 (1-1) 达到平均一致的充要条件。并且发现算法的收敛速度与时滞鲁棒性之间存在折中。文献 [52] 将文献 [43] 中的结果推广到 $\tau_{ij}=\tau_i$ 的情形。

基于 Olfati-Saber 和 Murray 的工作，Wang 等将定常时滞扩展到时变时滞情形，设计了具有如下形式的带时变时滞的对称一致性算法[53,54]：

$$u_i(t)=\sum_{j\in N_i}a_{ij}(x_j(t-\tau_{ij}(t))-x_i(t-\tau_{ij}(t)))\tag{1-8}$$

在无向、权值对称的拓扑结构下，针对时滞对称 $\tau_{ij}(t)=\tau_{ji}(t)$ 情形，文献 [53] 基于线性矩阵不等式 (linear matrix inequality, LMI) 方法分别给出了在固定拓扑和切换拓扑条件下，系统 (1-1) 达到平均一致的充分条件，并且给出了时变时滞 $\tau_{ij}(t)$ 的最大容许上界。在有向拓扑结构下 ($\tau_{ij}(t)$ 和 $\tau_{ji}(t)$ 可以不相等)，基于树形变换 (tree-type transformation)，文献 [54] 给出了系统 (1-1) 在协议 (1-8) 控制作用下达到一致的充要条件。当 $\tau_{ij}(t)=\tau_{ji}(t)=\tau(t),\forall\, i,j$ 时，Lin 和 Jia[55] 讨论了系统 (1-1) 在切换拓扑下的平均一致问题，假设智能体间的通信关系由强连通、平衡有向图描述，基于 LMI 方法，分别给出了定常时滞 ($\tau(t)\equiv\tau$, $\tau$ 是一个常数) 和时变时滞情形系统达到平均一致的充分条件。与文献 [55] 不同，文献 [56] 通过引入正交变换将原闭环系统的收敛问题转换为一个降阶系统的收敛问题。针对时变时滞情形，利用牛顿-莱布尼茨公式和自由权矩阵得到了比文献 [55] 保守性更小的一致性判据。Liu 等[57] 利用周期采样方法和零阶保持电路，基于连续时间一致性协议 (1-3) 设计出采样控制协议。从而，通过采样控制给出了带时变时滞的多智能体系统达到平均一致的充分条件。针对具有无向网络和通信时滞的多智能体系统 (1-1)，Bliman 和 Ferrari-Trecate[58] 分别从四种情况 (相同定常时滞、不同定常时滞 (具有相同的上界)、相同时变时滞、不同时变时滞 (具有相同的上界)) 研究了平均一致性问题。利用拉普拉斯算子和偏微分方程理论，分别给出了多智能体系统达到平均一致的时滞相关和时滞无关判据。结合文献 [55] 和文献 [59] 的结论，Peng 和 Yang[60] 设计了一个带时变时滞的一致性算法，分析了具有切换平衡拓扑结构的主从一致性 (leader-following consensus) 问题，设计了一个基于邻点状态的估计器来估计虚拟 leader 的速度，给出了估计误差一致最终有界的充分条件。在无向连通、权值对称的拓扑结构下，对于如下具有不同输入时滞的多智能体系统：

$$\delta x_i=x_i(t)+u_i(t-D_i)\tag{1-9}$$

式中，在连续时间情形，$\delta x_i = \dot{x}_i(t)$，在离散时间情形，$\delta x_i = x_i(t+1)$；$D_i$ 为输入时滞。Tian 和 Liu[61] 通过对时滞系统奈奎斯特 (Nyquist) 曲线的凸组合的分析，得到系统达到一致性的充分条件。进一步，对于具有全局可达节点的有向拓扑结构，分析了同时具有不同输入时滞 (式 (1-9)) 和不同通信时滞 (式 (1-5)) (或式 (1-6)) 的多智能体系统达到一致性的条件，该条件只与输入时滞 $D_i$ 有关，而与通信时滞 $\tau_{ij}$ 的大小无关。

此外，在切换拓扑结构下，对于具有时变时滞和间断信息传输的连续时间多智能体系统，Xiao 和 Wang[31] 基于邻点在一些离散时间点的状态设计了分布一致性协议。利用非负矩阵和图论，特别是密码矩阵 (scrambling matrices)，给出系统达到异步一致性的充分或必要条件。这种异步一致性允许各个智能体独立地调整自身的状态，即各个智能体的更新时间 (update time) 是独立的。

### 1.3.2 二阶多智能体系统的一致性

实际应用中，许多运动媒介 (如移动机器) 都要求其模型为二阶动态模型。因此，对二阶多智能体系统一致性算法的研究也很有意义，并且引起许多学者的广泛关注。

一类典型的二阶动态模型为

$$\begin{cases} \dot{x}_i(t) = v_i(t) \\ \dot{v}_i(t) = u_i(t), \quad i \in \mathscr{I} \end{cases} \tag{1-10}$$

式中，$x_i(t)$、$v_i(t)$ 和 $u_i(t)$ 分别为智能体 $i$ 的位置 (角度)、速度 (角速度) 和控制输入。如果 $\lim\limits_{t\to\infty} x_i(t) - x_j(t) = 0$ 且 $\lim\limits_{t\to\infty} v_i(t) - v_j(t) = 0, \forall\, i, j \in \mathscr{I}$, 那么称协议 $u_i$ 可解一致性问题[62]。

文献 [63] 研究了车辆编队的分布镇定方法。文献 [64]、[65] 分别设计了如下二阶一致性协议：

$$u_i(t) = \sum_{j=1}^{N} g_{ij}k_{ij}((x_j(t) - x_i(t)) + \gamma(v_j(t) - v_i(t))) \tag{1-11}$$

$$u_i(t) = -\alpha v_i(t) + \sum_{j=1}^{N} g_{ij}k_{ij}((x_j(t) - x_i(t)) + \gamma(v_j(t) - v_i(t))) \tag{1-12}$$

式中，$k_{ij} > 0$, $\gamma > 0$, $\alpha > 0$, $g_{ii} = 0$, $g_{ij} = 1, \forall\, i \neq j$, 并且分别给出了固定和切换拓扑情形系统达到一致的充分条件。Hong 等[59] 研究了 active leader 为二阶动态结构、follower 为一阶动态结构的多智能体一致性跟踪控制问题，设计了基于邻点的局部控制器和状态观测器，使得当 leader 的加速输入已知时，每个智能体都可以跟踪上 leader; 当 leader 的加速输入未知时，跟踪误差可以被估计。文献 [66] 将文献 [59] 中的结果推广到离散多智能体系统。对于文献 [59] 所提出的问题，Peng 等[67] 进一步考虑了具有输入饱和的主从一致性问题，在分布有界协议控制作用下，主从一致性得以实现并且保证了在整个跟踪过程中智能体都在一个预先指定的有限空间中运动。与文献 [59] 不同，文献 [68] 中 follower 也具有二阶动态结构，通过构造共同李雅普诺夫 (Lyapunov) 函数来处理主从一致性问题，甚至在噪声环境跟踪误差也可以被估计。Zhu 等设计了一般形式的一致性协议:

$$u_i(t) = -\beta x_i(t) - \alpha v_i(t) + \sum_{j \in N_i} a_{ij}(\gamma_0(x_j(t) - x_i(t)) + \gamma_1(v_j(t) - v_i(t))) \quad (1\text{-}13)$$

给出了协议 (1-13) 可解一致性的充要条件及一致性协议的设计方法。在该协议的控制作用下，线性一致性、周期一致性和正指数一致性这些不同类型的一致性都可以被达到[69]。

Lin 等[70] 设计了带定常时滞 $\tau$ 的对称一致性算法:

$$u_i(t) = k_1 \sum_{j \in N_i} a_{ij}(x_j(t-\tau) - x_i(t-\tau)) + k_2 \sum_{j \in N_i} a_{ij}(v_j(t-\tau) - v_i(t-\tau)) \quad (1\text{-}14)$$

在有向固定拓扑结构下，得到 $\tau = 0$ 和 $\tau > 0$ 两种情形下，协议 (1-14) 全局渐近可解一致性的充要条件。进一步，文献 [71] 将文献 [70] 的结果推广到切换拓扑情形。对于系统 (1-10)，Peng 和 Yang[60] 进一步研究了具有时变耦合时滞的主从一致性问题，通过使用分解方法和李雅普诺夫-克拉索夫斯基 (Lyapunov-Krasovskii) 函数得到了跟踪误差的一致最终有界性。Lin 和 Jia[72] 研究了具有不同时变时滞和动态变化拓扑的二阶离散多智能体系统的一致性问题，通过模型变换将原系统转换为等价的无时滞系统，从而得到了一致性的充分条件。进一步，Zhu 和 Cheng[73] 研究了具有不同时变时滞的二阶连续多智能体系统的主从一致性问题，分别给出了固定拓扑和切换拓扑情形系统达到主从一致的充要条件与充分条件。在文献 [73] 的基础上，文献 [74] 在平衡、强连通切换拓扑结构下，给出了连续时间时滞多智能体系统状态达到一致的充分条件。基于 Lyapunov 方法和状态空间分解方法，Hong 等[75] 研究了具有联合连通 (jointly connected) 切换拓扑结构的双积分器多智能体系统的一致性问题。Lin 和 Jia[62] 将文献 [43] 中的结果推广到二阶连续多智能体系统 (1-10)，设计了如下一致性算法:

$$u_i(t) = -k_1 v_i(t) + \sum_{j \in N_i} a_{ij}(t)(x_j(t-\tau) - x_i(t-\tau)) \quad (1\text{-}15)$$

在具有定常时滞和切换拓扑结构情形下文献 [62] 研究了平均一致问题。而且，与文献 [74] 不同，在文献 [62] 中只要求拓扑结构是联合连通的。Hu 和 Lin[76] 研究了具有时变时滞的二阶多智能体系统的一致性问题，通过构造李雅普诺夫-拉祖米辛 (Lyapunov-Razumikhin) 函数，分别给出了固定拓扑和切换拓扑情形，智能体位置与速度都达到一致的充要条件和充分条件。在具有有向生成树的固定拓扑结构下，Yu 等[77] 指出对于具有定常时滞的二阶连续多智能体系统，其达到一致的充要条件是时滞小于一个与拉普拉斯矩阵特征值有关的常数。Yang 等[78] 设计了如下带时变时滞的一致性协议：

$$u_i(t)=\sum_{j=1}^{N}a_{ij}((x_j(t-\tau_{ij}(t))-x_i(t))+\gamma(v_j(t-\tau_{ij}(t))-v_i(t))) \tag{1-16}$$

式中，$\gamma>0$ 为阻尼增益。利用 small-$\mu$ 稳定性定理，得到了二阶多智能体系统 (1-10) 的频域一致性条件，并且将所得的结果推广到了高阶系统。Liu C L 和 Liu F[79] 分别针对如下两种形式的一致性算法：

$$u_i(t)=K_i\sum_{j\in N_i}a_{ij}(x_j(t)-x_i(t)) \tag{1-17}$$

和

$$u_i(t)=K_i\sum_{j\in N_i}a_{ij}(x_j(t-\tau_{ij})-x_i(t)) \tag{1-18}$$

研究了只有输入时滞、输入及通信都有时滞的如下二阶多智能体系统：

$$\begin{cases}\dot{x}_i(t)=v_i(t)\\ m_i\dot{v}_i(t)=-\alpha_i v_i(t)+u_i(t-T_i),\ i\in\mathscr{I}\end{cases} \tag{1-19}$$

的静止一致性 (stationary consensus) 问题，即 $\lim\limits_{t\to\infty}x_i(t)=c$ 且 $\lim\limits_{t\to\infty}v_i(t)=0$，其中，$c$ 是一个常数，$T_i\geqslant 0$ 为智能体 $i$ 的输入时滞。在无向、对称拓扑结构下，文献 [80] 利用互联网拥塞控制，在协议 (1-17) 的控制作用下，对于只有输入时滞的系统 (1-19) 得到了时滞相关一致性判据；在有向拓扑结构下，利用盖尔 (Greshgorin) 圆盘定理，在协议 (1-18) 的控制作用下，对于同时含有输入和通信时滞的系统 (1-19) 得到只与输入时滞 $T_i$ 有关的一致性判据。

### 1.3.3 高阶多智能体系统的一致性

目前，许多学者开始关注高阶多智能体系统的一致性问题。在现实生活中，这类系统的一致性可以用来解释鱼群和鸟群等生物群体的运动行为。例如，当鸟群中的一只鸟发现危险或食物时，它会突然改变方向。这时，飞行中的鸟群要保持一致，不仅要保持相对位置相同和速度匹配，而且也要保持加速度的一致[81,82]。因此，研究高阶多智能体系统的一致性问题具有很好的现实意义和理论价值。

常见的一类高阶多智能体系统为

$$
\begin{aligned}
\dot{\xi}_i^{(0)} &= \xi_i^{(1)} \\
&\vdots \\
\dot{\xi}_i^{(l-2)} &= \xi_i^{(l-1)} \\
\dot{\xi}_i^{(l-1)} &= u_i,\ i \in \mathscr{I}
\end{aligned}
\tag{1-20}
$$

式中，$\xi_i^{(k)} \in \mathbb{R}^m, k = 0, 1, \cdots, l-1$ 是状态，$u_i \in \mathbb{R}^m$ 为控制输入，$\xi_i^{(k)}$ 为 $\xi$ 的 $k$ 阶导数，并且 $\xi_i^{(0)} = \xi_i, i \in \mathscr{I}$。

另一类是由线性时不变系统描述的多智能体系统，具体如下所示。
连续时间情形：

$$
\begin{cases}
\dot{x}_i(t) = Ax_i(t) + Bu_i(t) \\
y_i(t) = Cx_i(t),\ i \in \mathscr{I}
\end{cases}
\tag{1-21}
$$

离散时间情形：

$$
\begin{cases}
x_i(k+1) = Gx_i(k) + Hu_i(k) \\
y_i(k) = Fx_i(k),\ i \in \mathscr{I},\ k = 0, 1, 2, \cdots
\end{cases}
\tag{1-22}
$$

式中，$x_i(\cdot) \in \mathbb{R}^n$、$u_i(\cdot) \in \mathbb{R}^r$ 和 $y_i(\cdot) \in \mathbb{R}^m$ 分别为智能体 $i$ 的状态、控制输入和量测输出。

在文献 [81] 与 [82] 中，Ren 等给出了高阶多智能体系统 (1-20) 一致性的定义，即如果 $\xi_i^{(k)} \to \xi_j^{(k)}, k = 0, 1, \cdots, l-1, \forall\, i \neq j$，那么称系统 (1-20) 达到一致性或称协议 $u_i$ 可解渐近一致问题。可见，对于高阶多智能体系统而言，一致性定义不仅要求状态 $\xi_i$ 达到一致，而且要求它的各阶导数也要达到一致。仿照一阶一致性算法，Ren 等[81,82] 设计了如下形式的高阶一致性算法：

$$
u_i(t) = -\sum_{j=1}^{N} g_{ij}k_{ij}\left(\sum_{k=0}^{l-1} \gamma_k(\xi_i^{(k)}(t) - \xi_j^{(k)}(t))\right),\ i \in \mathscr{I}
\tag{1-23}
$$

式中，$k_{ij} > 0, \gamma_k > 0, g_{ij}$ 的定义与式 (1-12) 相同。在文献 [82] 中，Ren 等给出了协议 (1-23) 指数达到一致性的充要条件。进一步研究了具有 leader 的高阶多智能体系统的定点跟踪 (setpoint tracking) 问题及模型参考一致性问题。与文献 [82] 不同，Zhang 等[83] 只利用 $\xi_i^{(0)}(t)$，$i \in \mathscr{I}$ 信息设计了一个基于邻点的动态一致性协议 (1-24)，得到了一致性的充分性判据。

$$
\begin{aligned}
\dot{p}_i^{(1)} &= -\gamma_1 p_i^{(1)} + p_i^{(2)} + k_2 \sum_{j\in N_i(t)} a_{ij}\left(\xi_j^{(0)}(t) - \xi_i^{(0)}(t)\right) \\
\dot{p}_i^{(2)} &= -\gamma_2 p_i^{(2)} + p_i^{(3)} + k_3 \sum_{j\in N_i(t)} a_{ij}\left(\xi_j^{(0)}(t) - \xi_i^{(0)}(t)\right) \\
&\vdots \\
\dot{p}_i^{(l-2)} &= -\gamma_{l-2} p_i^{(l-2)} + p_i^{(l-1)} + k_{l-1} \sum_{j\in N_i(t)} a_{ij}\left(\xi_j^{(0)}(t) - \xi_i^{(0)}(t)\right) \\
\dot{p}_i^{(l-1)} &= -\gamma_{l-1} p_i^{(l-1)} + k_l \sum_{j\in N_i(t)} a_{ij}\left(\xi_j^{(0)}(t) - \xi_i^{(0)}(t)\right) \\
u_i &= k_1 \sum_{j\in N_i(t)} a_{ij}\left(\xi_j^{(0)}(t) - \xi_i^{(0)}(t)\right) + p_i^{(1)},\ i \in \mathscr{I}
\end{aligned}
\tag{1-24}
$$

式中，$p_i^{(j)} = 0$, $k_i$ 和 $\gamma_j > 0$ 是给定的参数，$j = 1, 2, \cdots, l-1$。

He 和 Cao[84] 设计了如下形式的一致性协议：

$$
u_i = b\sum_{k=1}^{l-1} \xi_i^{(k)} + \sum_{j\in N_i(t)} a_{ij}\left(\sum_{k=0}^{l-2} \gamma_k(\xi_j^{(k)} - \xi_i^{(k)})\right) \tag{1-25}
$$

式中，$b$ 为非零的待定常数。在连通、固定拓扑结构下，给出了系统 (1-20) 状态 $\xi_i^{(0)}(t)$ 收敛到某个与初始状态及其各阶导数有关的常数，$\xi_i^{(k)}(t)$ 收敛到零的充要条件。针对系统 (1-20)，Yang 等[85] 考虑了具有时变通信时滞的一致性协议：

$$
u_i(t) = -\sum_{k=1}^{l-1} p_k \xi_i^{(k)}(t) - \sum_{j\in N_i(t)} a_{ij}(t)\left(\xi_i^{(0)}(t) - \xi_j^{(0)}(t - \tau_{ij}(t))\right) \tag{1-26}
$$

其中，$p_k > 0$；$a_{ij}(t) > 0$；$\tau_{ij}(t) < \tau_{\max}$, $\tau_{\max}$ 为最大时滞。Yang 等研究了具有不同通信时滞和切换拓扑结构的高阶连续多智能体系统 (1-20) 的一致性问题。通过模型变换，Yang 等给出了切换拓扑结构下系统 (1-20) 达到一致的充分条件。进一步，Jiang 和 Wang[86] 在设计一致性协议时还考虑了状态 $\xi_i$ 自身检测信息也存在时滞的情况，即

$$
u_i(t) = -\sum_{k=1}^{l-1} p_k \xi_i^{(k)}(t) - \sum_{j\in N_i(t)} k_i(t) a_{ij}(t)\left(\xi_i^{(0)}(t - \tau_{ij}(t)) - \xi_j^{(0)}(t - \tau_{ij}(t))\right) \tag{1-27}
$$

分别研究了无时滞 ($\tau_{ij}(t) \equiv 0$) 和时变时滞情形系统 (1-20) 达到一致性的条件。在无时滞、固定拓扑结构下，Jiang 和 Wang 给出了系统达到一致性的充要条件。通过构造共同 Lyapunov 函数，在有 (或无) 时滞、切换拓扑结构下，给出了系统

达到一致性的充分性判据。与文献 [81]~[86] 不同，Jiang 等[87] 考虑了如下形式的高阶多智能体系统：

$$
\begin{aligned}
\dot{x}_i^{(1)} &= x_i^{(2)} \\
\dot{x}_i^{(2)} &= x_i^{(3)} + u_{i1} \\
&\vdots \\
\dot{x}_i^{(m-1)} &= x_i^{(m)} + u_{i(m-2)} \\
\dot{x}_i^{(m)} &= u_{i(m-1)} + u_{im}, \ i \in \mathscr{I}
\end{aligned} \tag{1-28}
$$

并且设计了一个新形式的一致性协议：

$$
\begin{aligned}
u_{i1} &= k_1 x_i^{(2)} \\
u_{i2} &= k_2 x_i^{(3)} \\
&\vdots \\
u_{i(m-1)} &= k_{m-1} x_i^{(m)} \\
u_{im} &= -\sum_{j \in N_i(t)} a_{ij} \left( \sum_{l=0}^{m-2} \beta_l (x_i^{(l+1)} - \xi_j^{(l+1)}) \right)
\end{aligned} \tag{1-29}
$$

分别利用谱分析与 Lyapunov 方法研究了固定和切换拓扑结构下系统 (1-28) 的 $\chi$ 一致问题。

对于系统 (1-21)，Li 等[88] 设计了如下观测器形式的一致性协议：

$$
\dot{v}_i = (A + BK)v_i + cL \left( \sum_{j=1}^{N} a_{ij} C(v_i - v_j) - \sum_{j=1}^{N} a_{ij}(y_i - y_j) \right) \tag{1-30}
$$

式中，$v_i \in \mathbb{R}^n$ 为一致性协议的状态；$c > 0$ 为耦合强度；$L$ 和 $K$ 为待定的反馈增益矩阵。并且引入一致性区域作为一致性协议鲁棒性的衡量标准。在包含有向生成树的拓扑结构下，当每个智能体都是中立稳定 (neutrally stable) 时，Li 等[88] 给出了一致性协议存在并且具有开右半平面一致性区域的充要条件和一致性协议的设计方法。Meng 等[89] 将文献 [88] 中的结果推广到包含有向生成树的有向拓扑，基于 Lyapunov 定理和 Nyquist 稳定性判据分析了 leaderless 一致性、具有静态虚拟 leader 的一致性调节 (consensus regulation)、具有动态虚拟 leader 的一致性跟踪问题。对于系统 (1-21)，Xi 等[90] 设计了基于状态的一致性协议：

$$
u_i(t) = K_1 x_i(t) + K_2 \sum_{j \in N_i} a_{ij}(x_j(t) - x_i(t)) \tag{1-31}
$$

通过引入一致性子空间和一致性补子空间这种状态空间分解方法，文献 [90] 得到了一致性和可一致性的充要条件，同时给出了一致性协议的设计方法。与文献 [90]

不同，Seo 等[91] 利用输出反馈动态补偿器和低增益方法得到了系统 (1-21) 达到一致性的充分性判据。此外，Xiao 和 Wang[92] 讨论了具有固定拓扑的离散多智能体系统的一致性分析问题，给出了系统达到一致性的充要条件。Ma 和 Zhang[93] 分别研究了连续时间系统 (1-21) 和离散时间系统 (1-22) 对于事先给定的容许控制集 $\mathscr{U}$ 和 $\mathscr{U}^*$ 的可一致性问题。通过模型变换和里卡蒂 (Riccati) 方程，给出了式 (1-21) 与式 (1-22) 可一致性的充要条件和增益矩阵 $K$ 的设计方法，其中

$$\begin{aligned}\mathscr{U} &= \{u(t):[0,\infty]\to\mathbb{R}^{rN}|u_i(t)\\&= K\sum_{j=1}^{N}a_{ij}(y_j(t)-y_i(t)),\ \forall\, t\geqslant 0,\ K\in\mathbb{R}^{r\times m},\ i\in\mathcal{V}\}\\ \mathscr{U}^* &= \{u(k):\mathbb{Z}^+\to\mathbb{R}^{rN}|u_i(k)\\&= K\sum_{j=1}^{N}a_{ij}(y_j(k)-y_i(k)),\ K\in\mathbb{R}^{r\times m},\ i\in\mathcal{V},\ \forall\, k=0,1,\cdots\}\end{aligned}$$

分析结果表明可一致性不仅与每个智能体的动态结构有关，而且还受到智能体间通信结构的影响。

### 1.3.4 带通信约束的多智能体系统的一致性

由于外界环境的干扰和系统模型本身的不确定性，一般来说，系统不得不考虑模型不确定性对系统稳定性及控制性能的影响。此外，在现实世界中噪声是不可避免的，智能体群体的运动不可避免地会受到环境噪声的影响，噪声会影响智能体对其邻居状态的感知。因此，研究带有模型不确定性和外部干扰的多智能体系统的一致性也是非常有意义的。

对于存在外部扰动的一阶多智能体系统：

$$\dot{x}_i(t)=u_i(t)+w_i(t),\ i\in\mathscr{I} \tag{1-32}$$

式中，$w_i(t)\in[0,\ \infty)$，为外部扰动。Lin 等[94] 考虑了有时滞和无时滞两种协议：

$$u_i(t)=\sum_{j\in N_i}(a_{ij}+\Delta a_{ij}(t))(x_j(t)-x_i(t)) \tag{1-33}$$

$$u_i(t)=\sum_{j\in N_i}(a_{ij}+\Delta a_{ij}(t))(x_j(t-\tau)-x_i(t-\tau)) \tag{1-34}$$

式中，$\Delta a_{ij}(t)$ 为系统的不确定性。在固定和切换拓扑结构下，文献 [94] 给出了系统 (1-32) 鲁棒 $H_\infty$ 一致性的充分条件。文献 [95] 将文献 [94] 的结果推广到二阶

多智能体系统。利用概率极限定理和代数图理论，Li 和 Zhang[96] 研究了具有通信环境不确定性的一阶离散多智能体系统的平均一致性问题，并且提出了一个随机近似型协议。Liu 等[97] 引入了一个辅助系统来研究具有时滞和噪声的离散多智能体系统的一致性问题。在固定拓扑结构下，给出了强一致性 (strong consensus) 和均方一致性 (mean square consensus) 的充要条件; 在随机切换拓扑结构下，得到了强一致性和均方一致性的充分性判据。Khoo 等[98] 研究了 follower 的动态含有扰动的二阶多智能体系统的有限时间一致性跟踪问题，给出了系统在有限时间达到一致的充分条件，并且将所得的结论应用到输入具有扰动的多机器人系统。Tian 和 Liu[99] 利用线性分式变换和小增益定理，分析了具有对称权值干扰的二阶多智能体系统的主从一致性问题，并以干扰矩阵的最大奇异值上界作为鲁棒一致性的条件。Münz 等[100] 研究了由传递函数描述的如下形式的多智能体系统的时滞鲁棒性：

$$y_i(s) = H(s)u_i(s) = \frac{n(s)}{d(s)}u_i(s) \tag{1-35}$$

式中，$u_i(s)$ 与 $y_i(s)$ 分别为智能体 $i$ 输入和输出的拉普拉斯变换；$H(s)$ 为严真的传递函数；$n(s) = n_0 + n_1 s + \cdots + n_m s^m$ 和 $d(s) = d_0 + d_1 s + \cdots + d_l s^l$ 互素。针对三种一致性协议：

$$u_i(s) = -\sum_{j=1}^{N} \frac{a_{ji}}{d_i}(y_i(s) - y_j(s - \tau_{ji})) \tag{1-36}$$

$$u_i(s) = -\sum_{j=1}^{N} \frac{a_{ji}}{d_i}(y_i(s - \tau_{ji}) - y_j(s - \tau_{ji}))x \tag{1-37}$$

$$u_i(s) = -\sum_{j=1}^{N} \frac{a_{ji}}{d_i}(y_i(s - T_{ji}) - y_j(s - \tau_{ji}))x \tag{1-38}$$

得到了包含反馈矩阵特征值的频域相关、时滞相关的凸集，该凸集包含了网络拓扑和时滞的全部信息。进而，通过广义 Nyquist 判据得到了一个具有一般性的集值一致性条件。Mo 和 Jia[101] 将文献 [94] 与 [95] 的结果推广到包含外部扰动的高阶多智能体系统：

$$\begin{aligned} \dot{\xi}_i^{(0)} &= \xi_i^{(1)} \\ &\vdots \\ \dot{\xi}_i^{(l-2)} &= \xi_i^{(l-1)} \\ \dot{\xi}_i^{(l-1)} &= u_i + w_i,\ i \in \mathscr{I} \end{aligned} \tag{1-39}$$

设计了带时滞的一致性协议：

$$u_i(t) = -\sum_{k=0}^{l-1} g_k \sum_{j\in N_i(t)} a_{ij}(\xi_i^{(k)}(t-\tau) - \xi_j^{(k)}(t-\tau))$$

与文献 [94]、[95] 不同，在文献 [101] 中无须模型变换，得到了有向、固定拓扑结构下系统 (1-39) 具有鲁棒 $H_\infty$ 一致性的充分条件。基于输出反馈形式的协议和模型变换，Liu 和 Jia[102] 将存在外部扰动的高阶多智能体系统的鲁棒 $H_\infty$ 一致性问题转换为标准的 $H_\infty$ 问题。

实际上，早在 Vicsek 模型最初提出时就已采用数值模拟的方法研究了噪声的影响，然而随后的研究很少考虑噪声的影响，且多为采用数值模拟的研究方法，而严格的理论分析结果却很少。文献 [103]、[104] 采用严格的理论分析方法研究了带噪声的离散多智能体系统的一致性问题。

### 1.3.5 非线性多智能体系统的一致性

上面讨论了线性多智能体系统一致性的研究现状。但在实际中，物理系统本质上都是非线性的，因此对非线性系统的研究有重大的意义。目前，非线性多智能体系统分布式协调控制的研究从动力学的角度可划分为欧拉-拉格朗日 (Euler-Lagrange) 模型[105]、单轮 (unicycle) 模型[106]、刚体姿态模型[107] 及满足某些特定条件的一般非线性模型。由于其挑战性和广泛的应用性，一般非线性多智能体系统的协调控制引起了广泛的关注[108-114]。但是，由于非线性系统结构的特殊性和复杂性，所以目前对非线性多智能体系统很难在统一的框架下研究其控制问题。

在不存在期望轨迹或 leader 的情形下，文献 [108] 研究了具有有向拓扑结构的同构非线性多智能体系统的同步问题，指出有向拓扑具有生成树是多智能体系统达到同步的必要条件。文献 [109] 通过引入广义代数连通性概念，研究了有向拓扑结构下二阶非线性多智能体系统的一致性问题，指出当广义代数连通性满足一定下界时, 系统能够实现一致。文献 [110] 应用凸性和集值 Lyapunov 理论，分别研究了有向、固定拓扑和有向、时变拓扑结构下离散非线性系统的一致性问题，给出了系统达到一致的充分和充要条件。文献 [110] 中假设系统的动力学模型满足凸性条件，即下一时刻系统的状态必位于当前时刻状态形成的凸包内。文献 [111] 将文献 [110] 的结果推广到连续系统情形，系统的动力学模型同样满足类似文献 [110] 的条件。

在存在期望轨迹或 leader 的情形下，文献 [112] 基于无源性框架，研究了具有无向拓扑的非线性多智能体系统的队形控制问题，使整个系统能够跟踪相同的期望速度。文献 [113] 研究了有向拓扑结构下非线性多智能体系统跟踪常值轨迹的牵制控制，当仅有部分智能体知道期望轨迹的信息时，指出只要系统的非线性耦合项与拓扑结构的权值矩阵满足一定的条件，系统将跟踪常值期望轨迹，但没有对智能体间的拓扑结构进行分析。文献 [114] 假设非线性多智能体系统满足利普希茨 (Lipschitz) 条件，指出当 follower 与 leader 之间的拓扑结构具有有向生成树时，分布式协议可以实现所有 leader 对 follower 的跟踪问题。

文献 [115] 研究了有向、切换拓扑结构下非线性多智能体系统的目标聚集和状态一致问题。文献 [116] 分别讨论了具有固定和切换拓扑的非线性多智能体系统的控制算法。文献 [117] 研究非线性协议下，系统在有向网络中的渐近一致性和指数一致性问题。文献 [118] 基于 Lyapunov 稳定性理论，通过线性化方法，设计了一类由自反馈控制器和协调控制器构成的局部控制器，由自反馈控制器保证每个动态节点的稳定性，协调控制器保证网络的全局稳定性和信息的正常交流。

## 1.4　本书主要内容

本书将主要研究离散多智能体系统的协调控制问题。对于具有通信约束的网络化多智能体系统，利用网络化控制方法、预测控制方法、LMI 方法、矩阵理论和 Lyapunov 稳定性理论，将网络化预测控制方法推广到多智能体系统一致性和协同控制问题的研究中，主动补偿通信约束，提出分布式一致性协议的设计方法，建立系统能够实现一致性、领导跟随一致性、分组 (可) 一致性和输出跟踪的判别准则。本书分 6 章进行介绍。

第 1 章是绪论。介绍本书的研究背景和意义，概述多智能体系统一致性问题的发展概况、国内外研究现状及存在的主要问题。

第 2 章研究无领航同构离散多智能体系统的状态一致性。首先，针对相同定常时滞、不同定常时滞和不同时变时滞三种情况，基于网络化预测控制方法，提出分布式一致性协议的设计方法，给出离散同构多智能体系统能够实现一致性的充要条件。其次，考虑外部干扰对系统性能的影响，提出同时补偿通信时滞和外部干扰的分布式控制协议，保证离散同构多智能体系统实现状态一致。

第 3 章研究无领航异构离散多智能体系统的一致性。首先，考虑到多智能体系统中每个智能体的结构未必相同，建立更具有一般性的多智能体系统动力学模型。其次，当智能体状态不可测但输出可测时，利用网络化预测控制方法预测当前状态，主动补偿通信时滞，设计分布式一致性协议，给出时滞无关的一致性充要条件。并且，讨论无通信时滞这一特殊情形的协议设计和一致性问题。其次，当智能体输出不完全可测但相对输出完全可测时，通过预测相对状态，提出分布式一致性协议的设计方法，给出网络化异构多智能体系统能够实现一致性的充要条件。再次，为了增加设计的自由度和灵活性，针对智能体状态不可测的网络化异构多智能体系统，提出基于网络化预测控制方法和动态补偿器的分布式一致性协议的设计方法。并且，在适当的假设条件下，得到时滞无关的充分性判据。

第 4 章研究离散多智能体系统的领导跟随一致性。首先，利用外源变量刻画有界扰动，建立具有外部干扰的同构离散多智能体系统。基于干扰补偿和时滞补偿方法，分别设计状态反馈和输出反馈形式的分布式控制协议，提出领导跟随一致性的充要条件，实现跟随者对领导者状态的渐近跟踪。其次，考虑到智能体之间的通信关系受环境等因素的影响会随之改变，研究切换拓扑下带有通信时延和数据丢包的离散多智能体系统的领导跟随一致性问题。建立异构离散多智能体系统模型，提出两种网络化控制协议，分别给出智能体接收自身信息有/无通信时延和数据丢包两种情况下多智能体系统实现领导跟随一致性的充分条件。

第 5 章研究网络化多智能体系统的分组一致性。首先，研究具有固定拓扑和切换拓扑的一阶积分器网络的分组一致性问题。在适当的假设条件下，得到网络化多智能体系统能够实现分组一致的充要条件。对于固定拓扑情形，分组一致性问题将转化为判断某个矩阵的赫尔维茨 (Hurwitz) 稳定性问题。对于切换拓扑情形，分组一致性问题将等价于一类具有任意切换信号的线性切换系统的渐近稳定性问题。其次，将具有固定拓扑的一阶积分器网络的分组一致性结果推广到高阶连续网络化多智能体系统，得到分组一致性的充要条件。再次，针对连续时间和离散高阶网络化多智能体系统，分析分组一致性协议的存在性 (即分组可一致性) 问题。在适当的假设条件下，给出网络化多智能体系统关于某一给定的容许控制集分组可一致的必要条件。进一步，研究通信约束和外部干扰对离散网络化多智能体系统分组一致性的影响，提出通信约束和外部干扰的补偿策略，分别给出同构多智能体系统实现分组一致性与异构多智能体系统实现分组领导跟随一致性的判别方法，同时考虑自制领导者和主动领导者对控制性能的影响。

第 6 章研究具有参考信号的离散异构多智能体系统的输出跟踪控制。引入领导-跟随机制，实现领导者跟踪外部参考信号，跟随者跟踪领导者的跟踪控制，给出保证系统稳定性和实现分组跟踪控制的充分必要条件，并且通过合作-竞争交互放宽入度平衡的拓扑约束。进一步，利用切换系统理论，提出异构多智能体系统实现分组时变跟踪控制的方法。

# 第 2 章　无领航同构离散多智能体系统的状态一致性

网络化多智能体系统的一致性问题吸引了不同领域科研工作者的广泛关注[119-121]。一致性问题的主要目标是通过利用自身及其邻居智能体的信息使所有智能体关于某个感兴趣的量渐近达到一致。

在网络化多智能体系统中，智能体之间的通信是通过网络来实现的。所以，当智能体在通过共享网络中的设备交换数据时，由于通信渠道的带宽有限及有限的网络传输速度，网络诱导时滞的发生是不可避免的。然而，时滞经常会给系统造成负面的影响，如导致系统性能下降甚至造成系统发散。因此，如何减弱和消除网络时滞对一致性造成的不良效果是有待解决的一个重要问题。近年来，具有通信时滞的网络化多智能体系统一致性问题的研究不断发展。例如，针对具有固定/切换无向拓扑结构和多时变通信时滞的网络化多智能体系统，文献 [53] 讨论了其平均一致性问题，通过 LMI 方法确定了时滞的最大容许上界。文献 [54] 将文献 [53] 中的结果推广到有向拓扑结构情形，并基于树形变换方法建立了平均一致的充要条件。现有一致性方面的文献在处理网络时滞时，大多采取被动接受的方式，直接利用过时的信息进行一致性协议的设计。显然，过时的信息不能完全、真实地反映系统的当前动态。因此，利用过时信息设计的一致性协议难以对系统实施准确的控制。本章将利用网络化预测控制方法对网络时滞进行主动补偿，从而弥补网络时滞对系统造成的不良影响。

受自然生物群体预测能力的启发，文献 [122]、[123] 对于 A/R 和 Vicsek 模型，设计了小世界预测协议。并且对于无领导者的线性动态网络，提出了集中式和分布式预测控制协议。结果表明预测协议可以提高一致性的收敛速度，降低采样频率。文献 [124] 考虑了具有饱和输入的网络化多智能体系统的一致性问题，利用分布式预测控制机制和预测牵制控制使智能体达到一致并改善了一致性性能指标。然而，文献 [122]~[124] 均未考虑网络时滞对网络化多智能体系统一致性的影响。文献 [125]、[126] 针对具有相同定常时滞的一阶和二阶连续网络化多智能体系统，将加权平均预测控制引入到现存的一致性协议中，从而同时提高了最大时滞容许上界和一致性收敛速度。

综上所述，如何在通信网络存在时滞的情况下，设计一致性协议克服网络时滞的不良影响是一个十分具有挑战性的课题。本章将针对这一问题做一初步尝试。

对于具有定常和时变通信时滞的离散网络化同构多智能体系统，讨论其一致性问题。通过使用网络化预测控制方法[127-130]，本节设计一个新的分布式一致性协议，给出了网络化多智能体系统能够实现一致的充分必要条件，并且给出的判据与通信时滞无关。

## 2.1 基于时滞补偿的分布式协议设计和一致性分析

### 2.1.1 相同定常时滞约束

考虑由 $N$ 个智能体组成的网络化多智能体系统，智能体 $i$ 的动力学模型为

$$\begin{aligned}
x_i(t+1) &= Ax_i(t) + Bu_i(t) \\
y_i(t) &= Cx_i(t),\ t \in \mathbb{Z}^+ \\
x_i(t) &= \varphi_i(t),\ -\tau \leqslant t \leqslant 0,\ i = 1, 2, \cdots, N
\end{aligned} \tag{2-1}$$

式中，$x_i$、$u_i$ 和 $y_i$ 分别表示智能体 $i$ 的状态、控制输入和量测输出；$A \in M_n(\mathbb{R})$, $B \in M_{n,m}(\mathbb{R})$, $C \in M_{l,n}(\mathbb{R})$ 为定常矩阵，$M_n(\mathbb{R})$ 表示数域 $\mathbb{R}$ 上所有 $n \times n$ 矩阵构成的集合，$M_{n,m}(\mathbb{R})$ 表示数域 $\mathbb{R}$ 上所有 $m \times n$ 矩阵构成的集合；$\mathbb{Z}^+$ 为非负整数集。假设 $(A, C)$ 可测，并且智能体之间的通信网络存在定常时滞 $\tau$，其中，$\tau > 0$ 是已知的常数。$\varphi_i(t)$ 为给定的初始状态，$i = 1, 2, \cdots, N$。

**注解 2-1** 在现实世界中，所面对的绝大多数控制对象都是连续时间系统。但是，在网络化多智能体系统中智能体之间的信息交换是通过网络来实现的，因此需要利用数字计算机等离散控制装置来控制连续时间系统。这就要求对控制系统进行某种意义上的离散化。常用的离散化方法有差分变换法、响应不变法、双线性变换法、零极点匹配法等[131]。因此，本章将用离散系统描述智能体的动态结构，基于网络化预测控制方法，研究离散网络化多智能体系统的状态一致性问题。

若把上述 $N$ 个智能体看作一个图的顶点 (也称节点)，那么智能体之间的通信关系可以由加权有向图 $\mathcal{G} = (\mathcal{V}, \mathcal{E}, \mathcal{A})$ 来表示，其中，$\mathcal{V} = \{1, 2, \cdots, N\}$ 是顶点集，$\mathcal{E} \subseteq \mathcal{V} \times \mathcal{V}$ 是边集，$\mathcal{A} = [a_{ij}] \in M_{_N}(\mathbb{R})$ 是非负加权邻接矩阵。从顶点 $i$ 到顶点 $j$ 的有向边记作 $e_{ij} = (i, j)$，相应于 $e_{ij}$ 的邻接元素 $a_{ji}$ 是个正数，即 $e_{ij} \in \mathcal{E} \Leftrightarrow a_{ji} > 0$。假设 $a_{ii} = 0$，$\forall i \in \mathcal{V}$。有向边 $e_{ij} \in \mathcal{E}$ 意味着智能体 $j$ 能够接收到智能体 $i$ 的信息。对于任意节点 $i$，如果 $(i, j) \in \mathcal{E}$, 那么称节点 $j$ 是节点 $i$ 的一个邻点；将节点 $i$ 的所有邻点构成的集合记作 $N_i = \{j \in \mathcal{V} : (j, i) \in \mathcal{E}\}$。在有向图中，有向路径是指形如 $(i_1, i_2), (i_2, i_3), \cdots, (i_{f-1}, i_f)$ 的有向边序列，其中，$j = 1, 2, \cdots, f \in \mathbb{Z}^+$, $i_j \in \mathcal{V}$, $(i_j, i_k) \in \mathcal{E}$。如果存在一条从节点 $i$ 到节点 $j$ 的有向

路径，那么称节点 $j$ 是从节点 $i$ 可达的，或称节点 $i$ 可达到节点 $j$，称 $i$ 是父节点，$j$ 是子节点。将可达到节点 $i$ 的所有节点构成的集合记作 $N_i^*$。当有向图中除去唯一一个节点 (根节点)，其余所有的节点都有且只有一个父节点时，称该有向图具有一个有向树。当存在一个有向树包含有向图 $\mathcal{G}$ 中所有节点时，则称该有向图 $\mathcal{G}$ 有一个生成树 (spanning tree)。加权有向图 $\mathcal{G}$ 的拉普拉斯矩阵 $\mathcal{L}=[l_{ij}]\in M_{N}(\mathbb{R})$ 定义为 $l_{ii}=\sum\limits_{j=1,\,j\neq i}^{N}a_{ij}$，$l_{ij}=-a_{ij}$，$\forall i\neq j$。显然，$\mathcal{L}$ 每行的和为 0，即有一个特征值为 0，对应的右特征向量为 $\mathbf{1}_{N}=\begin{bmatrix}1 & 1 & \cdots & 1\end{bmatrix}^{\mathrm{T}}\in M_{N,1}(\mathbb{R})$。

在网络化多智能体系统中，智能体之间的信息交换是通过网络来实现的。虽然，网络使得控制大规模的分布式系统变得方便，但它的出现也带来了新的问题，如网络时滞、丢包、多包传输。对于网络化控制系统，文献 [128]、[130] 提出了网络化预测控制方法来主动补偿控制器-执行器通道和传感器-控制器通道的网络时滞。对于网络化控制系统，网络化预测控制方法的主要原理是在传感器一侧，输出序列通过反馈通道打包传输到控制器一侧；在控制器一侧，$t$ 时刻的预测控制序列通过前向通道打包传输给系统。网络时滞补偿器在系统得到的预测控制序列中选择最新的控制量。文献 [128]、[130] 研究了由实时网络构成的单个闭环系统。受此启发，本节将单个网络化控制系统的网络化预测控制方法推广到由多个子系统构成的网络化多智能体系统中，子系统之间的信息交换是通过网络来实现的。

下面将基于网络化预测控制方法研究网络化同构多智能体系统的状态一致性问题。假设多智能体系统满足以下条件。

**假设 2-1** (1) 所有智能体的状态不是完全可测的，但是它们的输出是可测的。

(2) 每个智能体都可以接收到自身和可达到它的所有智能体的信息，即智能体 $i$ 可以接收到来自智能体 $j$ 的信息，$\forall j\in\{i\}\cup N_i^*$。

1. 基于网络化预测控制方法的一致性协议的设计

对于智能体 $i$，为了获得其状态，设计如下形式的观测器：

$$\hat{x}_i(t+1|t)=A\hat{x}_i(t|t-1)+Bu_i(t)+L[y_i(t)-C\hat{x}_i(t|t-1)],\ i\in\mathcal{V} \tag{2-2}$$

式中，$\hat{x}_i(t+1|t)\in M_{n,1}(\mathbb{R})$ 与 $u_i(t)\in M_{m,1}(\mathbb{R})$ 分别是向前一步的状态预测和观测器在 $t$ 时刻的输入；$L\in M_{n,l}(\mathbb{R})$ 可以通过观测器设计来得到。

因为智能体 $i$ 获得智能体 $j$ $(i\neq j)$ 的信息存在时滞 $\tau$，为了克服网络时滞的影响，基于智能体 $j$ 直到 $t-\tau$ 时刻的数据，构造智能体 $j$ 从 $t-\tau$ 时刻到 $t$ 时刻的状态为

$$\hat{x}_j(t-\tau+1|t-\tau)=A\hat{x}_j(t-\tau|t-\tau-1)+Bu_j(t-\tau)$$

$$
\begin{aligned}
&\quad + L(y_j(t-\tau) - C\hat{x}_j(t-\tau|t-\tau-1)) \\
\hat{x}_j(t-\tau+2|t-\tau) &= A\hat{x}_j(t-\tau+1|t-\tau) + Bu_j(t-\tau+1) \\
\hat{x}_j(t-\tau+3|t-\tau) &= A\hat{x}_j(t-\tau+2|t-\tau) + Bu_j(t-\tau+2) \\
&\vdots \\
\hat{x}_j(t|t-\tau) &= A\hat{x}_j(t-1|t-\tau) + Bu_j(t-1)\ j \in \{i\} \cup N_i^*
\end{aligned}
$$

通过计算，得

$$
\begin{aligned}
\hat{x}_j(t|t-\tau) &= A^{\tau-1}(A-LC)\hat{x}_j(t-\tau|t-\tau-1) \\
&\quad + \sum_{s=1}^{\tau} A^{\tau-s}Bu_j(t-\tau+s-1) + A^{\tau-1}Ly_j(t-\tau),\ j \in \{i\} \cup N_i^*
\end{aligned} \tag{2-3}
$$

对于存在定常网络时滞 $\tau$ 的网络化多智能体系统 (2-1)，基于网络化预测控制方法，设计如下一致性协议：

$$
\begin{aligned}
u_i(t) &= u_i(t|t-\tau) \\
&= K\sum_{j\in N_i} a_{ij}[\hat{x}_j(t|t-\tau) - \hat{x}_i(t|t-\tau)],\ i \in \mathcal{V}
\end{aligned} \tag{2-4}
$$

式中，$K \in M_{m,n}(\mathbb{R})$ 是待设计的状态反馈增益矩阵。

**定义 2-1** 对于网络化多智能体系统 (2-1)，如果以下条件成立，那么称协议 (2-4) 可解 (渐近) 状态一致性问题，或称系统 (2-1) 在协议 (2-4) 作用下能够实现 (渐近) 状态一致。

(1) $\lim\limits_{t\to\infty} \|x_i(t) - x_j(t)\| = 0,\ \forall\, i,j \in \mathcal{V}$。

(2) $\lim\limits_{t\to\infty} \|e_i(t)\| = 0,\ \forall i \in \mathcal{V}$。

其中，$\|\cdot\|$ 表示向量的 $l_2$ 范数；$e_i(t) = \hat{x}_i(t|t-1) - x_i(t)$ 是 $t$ 时刻的估计误差。

由定义 2-1 可知，一致性不仅要求所有智能体的状态达到一致，而且要求观测器的状态必须跟踪上智能体的状态。

2. 一致性分析

设

$$
\begin{aligned}
\delta_i(t) =& x_i(t) - x_1(t),\ i = 1,2,\cdots,N \\
\delta(t) =& \begin{bmatrix} \delta_2^{\mathrm{T}}(t) & \delta_3^{\mathrm{T}}(t) & \cdots & \delta_N^{\mathrm{T}}(t) \end{bmatrix}^{\mathrm{T}}
\end{aligned}
$$

$$e(t) = \begin{bmatrix} e_1^{\mathrm{T}}(t) & e_2^{\mathrm{T}}(t) & \cdots & e_N^{\mathrm{T}}(t) \end{bmatrix}^{\mathrm{T}}$$

由定义 2-1 可知，协议 (2-4) 可解状态一致性问题当且仅当 $\lim\limits_{t\to\infty}\|e(t)\| = 0$ 且 $\lim\limits_{t\to\infty}\|\delta(t)\| = 0$。

**定理 2-1**　对于具有有向拓扑 $\mathcal{G} = (\mathcal{V}, \mathcal{E}, \mathcal{A})$ 和定常通信时滞 $\tau > 0$ 的网络化多智能体系统 (2-1)，协议 (2-4) 可解一致性问题的充要条件是 $I_{N-1} \otimes A - (\mathcal{L}_{22} - \mathbf{1}_{N-1}\mathcal{L}_{12}) \otimes (BK)$ 和 $A - LC$ 是舒尔 (Schur) 稳定的，即它们的特征根都位于单位圆内，其中，$\otimes$ 表示矩阵的克罗内克积。

**证明**　系统 (2-1) 通过迭代，智能体 $i$ 的状态可以表示为

$$x_i(t) = A^{\tau} x_i(t-\tau) + \sum_{s=1}^{\tau} A^{\tau-s} B u_i(t-\tau+s-1) \tag{2-5}$$

由式 (2-3) 和式 (2-5)，得

$$\begin{aligned}\hat{x}_j(t|t-\tau) &= A^{\tau-1}(A-LC)\hat{x}_j(t-\tau|t-\tau-1) + x_j(t) \\ &\quad - A^{\tau} x_j(t-\tau) + A^{\tau-1} LC x_j(t-\tau) \\ &= x_j(t) + A^{\tau-1} e_j(t-\tau+1),\ j \in \{i\} \cup N_i^*\end{aligned} \tag{2-6}$$

将式 (2-6) 代入式 (2-4)，得

$$u_i(t) = -K \sum_{j=1}^{N} l_{ij} \left(x_j(t) + A^{\tau-1} e_j(t-\tau+1)\right)$$

因此，网络化多智能体系统 (2-1) 在协议 (2-4) 作用下的闭环系统可以表示为

$$x_i(t+1) = A x_i(t) - BK(l_i \otimes I_n)\left(x(t) + (I_n \otimes A^{\tau-1}) e(t-\tau+1)\right)$$

式中，$l_i$ 是拉普拉斯矩阵 $\mathcal{L}$ 的第 $i$ 行，$i = 1, 2, \cdots, N$。

从而，状态误差系统可以表示为

$$\delta(t+1) = (I_{N-1} \otimes A - (\mathcal{L}_{22} - \mathbf{1}_{N-1}\mathcal{L}_{12}) \otimes (BK))\delta(t) - ((R_b\mathcal{L}) \otimes (BKA^{\tau-1}))e(t-\tau+1)$$

式中，$R_b = \begin{bmatrix} -\mathbf{1}_{N-1} & I_{N-1} \end{bmatrix}$；$\mathcal{L}_{12} \in M_{1,N-1}(\mathbb{R})$；$\mathcal{L}_{22} \in M_{N-1}(\mathbb{R})$；$\mathcal{L} = \begin{bmatrix} \mathcal{L}_{11} & \mathcal{L}_{12} \\ \mathcal{L}_{21} & \mathcal{L}_{22} \end{bmatrix}$ 是有向图 $\mathcal{G}$ 的拉普拉斯矩阵。

由此，误差系统可以表示为

$$\begin{bmatrix} \delta(t+1) \\ e(t-\tau+2) \end{bmatrix} = \begin{bmatrix} \varGamma_1 & \varXi_1 \\ 0 & \varOmega_1 \end{bmatrix} \begin{bmatrix} \delta(t) \\ e(t-\tau+1) \end{bmatrix}$$

式中

$$\varGamma_1 = I_{N-1} \otimes A - (\mathcal{L}_{22} - \mathbf{1}_{N-1}\mathcal{L}_{12}) \otimes (BK)$$

$$\varXi_1 = (R_b\mathcal{L}) \otimes (BKA^{\tau-1})$$

$$\varOmega_1 = I_N \otimes (A - LC)$$

由定义 2-1 可知，结论成立。证毕。 □

**注解 2-2** 当智能体之间交换信息存在定常网络时滞时，定理 2-1 表明在基于网络化预测控制方法的一致性协议 (2-4) 的作用下，网络化多智能体系统 (2-1) 的一致性仅与智能体的动态结构和通信拓扑有关，而与网络时滞无关。

下面的定理更加清楚地表明了智能体的动态结构和通信拓扑对于网络化多智能体系统一致性的影响。

**定理 2-2** 对于具有有向拓扑 $\mathcal{G} = (\mathcal{V}, \mathcal{E}, \mathcal{A})$ 和定常通信时滞 $\tau > 0$ 的网络化多智能体系统 (2-1)，如果拓扑 $\mathcal{G}$ 包含一个有向生成树，那么协议 (2-4) 可解一致性问题的充要条件是

$$A - LC \text{ 和 } A - \lambda_i BK \text{ 是 Schur 稳定的}, \forall i \in \mathcal{V} \setminus \{1\} \tag{2-7}$$

式中，$\lambda_i$ $(i \in \mathcal{V} \setminus \{1\})$ 是有向图 $\mathcal{G}$ 的拉普拉斯矩阵 $\mathcal{L}$ 的非零特征根。

**证明** 由于证明过程类似于文献 [93] 中的 Theorem 1 和文献 [132] 中的 Theorem 1，这里只给出简单的证明过程。

由 0 是拉普拉斯矩阵 $\mathcal{L}$ 相应于右特征向量 $\mathbf{1}_N$ 的特征根可知

$$T_1^{-1}\mathcal{L}T_1 = \begin{bmatrix} 0 & \mathcal{L}_{12} \\ 0 & \mathcal{L}_{22} - \mathbf{1}_{N-1}\mathcal{L}_{12} \end{bmatrix} \tag{2-8}$$

式中，$T_1 = \begin{bmatrix} 1 & 0 \\ \mathbf{1}_{N-1} & I_{N-1} \end{bmatrix}$。设 $\lambda_1 = 0, \lambda_2, \cdots, \lambda_N$ 是 $\mathcal{L}$ 的所有特征根。由式 (2-8) 可知 $\lambda_2, \lambda_3, \cdots, \lambda_N$ 是 $\mathcal{L}_{22} - \mathbf{1}_{N-1}\mathcal{L}_{12}$ 的所有特征根。故存在一个非奇异矩阵 $T_2$，使得

$$T_2^{-1}(\mathcal{L}_{22} - \mathbf{1}_{N-1}\mathcal{L}_{12})T_2 = J$$

式中，$J = \mathrm{diag}(J_1, J_2, \cdots, J_s)$ 是 $\mathcal{L}_{22} - \mathbf{1}_{N-1}\mathcal{L}_{12}$ 的约当 (Jordan) 标准型，主对角元为 $\lambda_2, \lambda_3, \cdots, \lambda_N$，$J_i$ 是一个上三角 Jordan 块。因此，

$$(T_2 \otimes I_n)^{-1}(I_{N-1} \otimes A - (\mathcal{L}_{22} - \mathbf{1}_{N-1}\mathcal{L}_{12}) \otimes (BK))(T_2 \otimes I_n) = I_{N-1} \otimes A - J \otimes (BK)$$

是一个分块上三角矩阵。这意味着 $I_{N-1} \otimes A - (\mathcal{L}_{22} - \mathbf{1}_{N-1}\mathcal{L}_{12}) \otimes (BK)$ 的所有特征根由 $A - \lambda_i BK$ $(i = 2, 3, \cdots, N)$ 的所有特征根构成。所以，$I_{N-1} \otimes A - (\mathcal{L}_{22} - \mathbf{1}_{N-1}\mathcal{L}_{12}) \otimes (BK)$ 是 Schur 稳定的当且仅当 $A - \lambda_i BK$ 是 Schur 稳定的，$i = 2, 3, \cdots, N$。又由文献 [50] 中的 Lemma 3.3 可知，拓扑 $\mathcal{G}$ 包含一个有向生成树当且仅当 0 是 $\mathcal{L}$ 的一个单特征根。所以，$\lambda_i \neq 0, \forall i \in \mathcal{I} \setminus \{1\}$。证毕。 □

若 $\mathcal{L}$ 有一个非零实特征根，则由定理 2-2 可知，如果拓扑 $\mathcal{G} = (\mathcal{V}, \mathcal{E}, \mathcal{A})$ 包含一个有向生成树，那么协议 (2-4) 可解一致性问题的必要条件是 $(A, B, C)$ 能稳、能检测。然而，拓扑 $\mathcal{G}$ 是一个有向图，那么拉普拉斯矩阵 $\mathcal{L}$ 通常不是对称的。所以 $\mathcal{L}$ 的非零特征根将以共轭复数对的形式出现。此时，$A - \lambda_i BK$ $(i \in \mathcal{I} \setminus \{1\})$ 是一个复矩阵。下面的引理和定理表明，在适当的假设下，$(A, B, C)$ 能稳、能检测仍是协议 (2-4) 可解一致性问题的必要条件。

**引理 2-1** [133] 设 $H \in M_n(\mathbb{C})$ 是厄尔米特 (Hermite) 矩阵，且 $H = A + \mathrm{j}B$，其中，$A, B \in M_n(\mathbb{R})$, $\mathrm{j}^2 = -1$，$\mathbb{C}$ 是复数域。那么，$H$ 是 Hermite 正定矩阵当且仅当 $A$ 是实对称正定矩阵且 $\mathrm{j}A^{-1}B$ 的所有特征值都大于 $-1$。

**定理 2-3** 对于具有有向拓扑 $\mathcal{G} = (\mathcal{V}, \mathcal{E}, \mathcal{A})$ 和定常通信时滞 $\tau > 0$ 的网络化多智能体系统 (2-1)，如果拓扑 $\mathcal{G}$ 包含一个有向生成树，协议 (2-4) 满足式 (2-7)，并且拉普拉斯矩阵 $\mathcal{L}$ 存在一个特征根 $\lambda_{i_0}$，那么存在一个实对称正定矩阵 $P_{i_0} \in M_n(\mathbb{R})$ 使得

$$P_{i_0} > (A - \lambda_{i_0} BK)^* P_{i_0} (A - \lambda_{i_0} BK) \tag{2-9}$$

成立，则 $(A, B, C)$ 是能稳、能检测的。

**证明** 显然，$(A, C)$ 是可检测的。由式 (2-9)，得

$$P_{i_0} > (A - (\mathrm{Re}\lambda_{i_0} - \mathrm{j}\mathrm{Im}\lambda_{i_0})BK)^{\mathrm{T}} P_{i_0} (A - (\mathrm{Re}\lambda_{i_0} + \mathrm{j}\mathrm{Im}\lambda_{i_0})BK)$$

等价地

$$\Phi_{i_0} + \mathrm{j}\Psi_{i_0} > 0 \tag{2-10}$$

式中

$$\Phi_{i_0} = P_{i_0} - (A - (\mathrm{Re}\lambda_{i_0})BK)^{\mathrm{T}} P_{i_0} (A - (\mathrm{Re}\lambda_{i_0})BK) - (\mathrm{Im}\lambda_{i_0})^2 K^{\mathrm{T}} B^{\mathrm{T}} P_{i_0} BK$$

$$\Psi_{i_0} = \mathrm{Im}\lambda_{i_0}(A^{\mathrm{T}} P_{i_0} BK - K^{\mathrm{T}} B^{\mathrm{T}} P_{i_0} A), \ \mathrm{j}^2 = -1$$

由引理 2-1 可知，式 (2-10) 成立当且仅当 $\Phi_{i_0} > 0$ 并且 $\mathrm{j}\Phi_{i_0}^{-1}\Psi_{i_0}$ 的每个特征根均大于 $-1$。注意到

$$(\mathrm{Im}\lambda_{i_0})^2 K^{\mathrm{T}} B^{\mathrm{T}} P_{i_0} BK \geqslant 0$$

故

$$P_{i_0} > (A - (\mathrm{Re}\lambda_{i_0})BK)^{\mathrm{T}} P_{i_0} (A - (\mathrm{Re}\lambda_{i_0})BK)$$

因此，$A - (\mathrm{Re}\lambda_{i_0})BK$ 是 Schur 稳定的。从而，$(A, B)$ 能稳。证毕。 □

类似于文献 [93] 中的 Theorem 1，由定理 2-2 可得以下结论，证明略。

**推论 2-1** 对于具有有向拓扑 $\mathcal{G} = (\mathcal{V}, \mathcal{E}, \mathcal{A})$ 和定常通信时滞 $\tau > 0$ 的网络化多智能体系统 (2-1)，如果拓扑 $\mathcal{G}$ 包含一个有向生成树并且 $A$ 是非奇异的，那么协议 (2-4) 可解一致性问题的必要条件是 $(A, B, C)$ 能稳、能检测的。

3. 无通信时滞情形

上面已经讨论了存在定常网络时滞的网络化多智能体系统 (2-1) 的一致性问题。特别地，当通信网络无时滞时，基于如下简化的一致性协议，可以得到相同形式的一致性结果。

当通信网络无时滞，即 $\tau = 0$ 时，一致性协议 (2-4) 可以简化为如下基于观测器的一致性协议：

$$u_i(t) = K \sum_{j \in N_i} a_{ij} [\hat{x}_j(t|t-1) - \hat{x}_i(t|t-1)],\ i = 1, 2, \cdots, N \tag{2-11}$$

式中，$\hat{x}_i(t|t-1)$ 为智能体 $i$ 在 $t$ 时刻的状态估计；$K \in M_{m,n}(\mathbb{R})$ 为待设计的状态反馈增益矩阵。

对于具有有向拓扑 $\mathcal{G} = (\mathcal{V}, \mathcal{E}, \mathcal{A})$ 的网络化多智能体系统 (2-1)，可以证明存在网络时滞情形的结果 (定理 2-1 ~ 定理 2-3 和推论 2-1) 仍然适用于无网络时滞情形。由于主要推导过程是相似的，所以这里只给出相应于定理 2-1 和定理 2-2 的结论，忽略其他结论和所有证明过程。

**定理 2-4** 对于具有有向拓扑 $\mathcal{G} = (\mathcal{V}, \mathcal{E}, \mathcal{A})$ 和无通信时滞的网络化多智能体系统 (2-1)，协议 (2-11) 可解一致性问题的充要条件是 $I_{N-1} \otimes A - (\mathcal{L}_{22} - \mathbf{1}_{N-1}\mathcal{L}_{12}) \otimes (BK)$ 和 $A - LC$ 是 Schur 稳定的。

**定理 2-5** 对于具有有向拓扑 $\mathcal{G} = (\mathcal{V}, \mathcal{E}, \mathcal{A})$ 和无通信时滞的网络化多智能体系统 (2-1)，如果拓扑 $\mathcal{G}$ 包含一个有向生成树，那么协议 (2-11) 可解一致性问题的充要条件是 $A - LC$ 和 $A - \lambda_i BK$ 都是 Schur 稳定的，其中，$\lambda_i\ (i \in \mathcal{I} \setminus \{1\})$ 是有向图 $\mathcal{G}$ 的拉普拉斯矩阵 $\mathcal{L}$ 的非零特征根。

**注解 2-3** 由定理 2-1 和定理 2-4 知，无论是基于网络化预测控制方法的协议 (2-4) 还是基于观测器的协议 (2-11)，都可以通过以下两步来实现。

**步骤 1:** 设计增益矩阵 $L$ 保证观测器的存在性。这可以通过传统设计观测器的方法来实现。

**步骤 2:** 设计增益矩阵 $K$ 和拓扑 $\mathcal{G}$ 来保证网络化多智能体系统达到一致。

特别地，由定理 2-2 和定理 2-5 可知，当拓扑 $\mathcal{G}$ 包含一个有向生成树时，通信拓扑对一致性的作用可以由拉普拉斯矩阵 $\mathcal{L}$ 的非零特征根完全刻画。因此，步骤 2 可以简化为设计 $K$ 使得 $N-1$ 个矩阵对 $(A, \lambda_i B)$, $i \in \mathcal{I} \setminus \{1\}$ 都是 Schur 稳定的，其中，$\lambda_i$ 是拉普拉斯矩阵 $\mathcal{L}$ 的非零特征根。

由以上分析可知，基于网络化预测控制方法的协议 (2-4) 和基于观测器的协议 (2-11) 的设计方法可以看作满足广义的分离原理，即将传统基于观测器的状态反馈控制的分离原理推广到网络化多智能体系统。

4. 数值仿真

本节通过一个数值例子来验证提出理论结果的有效性。

**例 2-1**　考虑包含 6 个智能体的网络化多智能体系统，第 $i$ 个智能体用 $i$ 表示，$i=1,2,\cdots,6$。智能体 $i$ 的动态结构由式 (2-1) 表示，其中

$$A=\begin{bmatrix} 4 & 3 \\ -4.5 & -3.5 \end{bmatrix},\ B=\begin{bmatrix} 1 \\ -1 \end{bmatrix}, C=\begin{bmatrix} 3 \\ 2 \end{bmatrix}^{\mathrm{T}} \tag{2-12}$$

6 个智能体之间的通信关系由图 2-1 中有向图 $\mathcal{G}$ 表示，其中，邻接元素为 1。显然，$\mathcal{G}$ 包含一个有向生成树，拉普拉斯矩阵 $\mathcal{L}$ 的非零特征值是 1，代数重数是 5。选取

$$K=\begin{bmatrix} 3.5142 & 2.6601 \end{bmatrix} \text{ 和 } L=\begin{bmatrix} 1.3072 & -1.4871 \end{bmatrix}^{\mathrm{T}}$$

易验证 $A-LC$ 和 $A-BK$ 是 Schur 稳定的。由定理 2-2 可知协议 (2-4) 可解一致性问题。

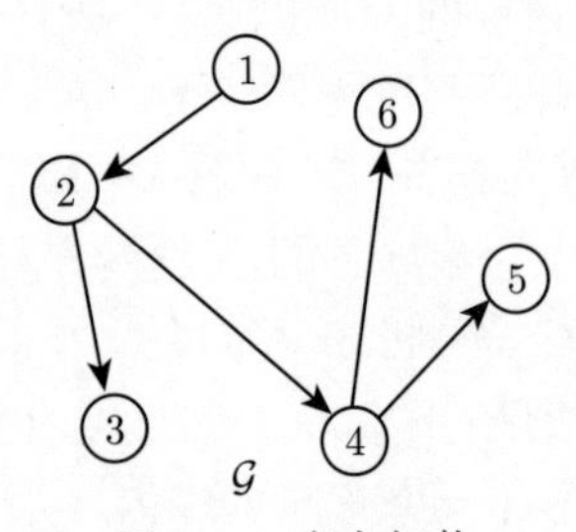


图 2-1　有向拓扑

当通信时滞 $\tau=3$ 时，取系统 (2-1) 和观测器 (2-2) 的初始状态为

$$x_1(0)=\begin{bmatrix} 1 & -2 \end{bmatrix}^{\mathrm{T}},\ x_2(0)=\begin{bmatrix} 1 & 1 \end{bmatrix}^{\mathrm{T}},\ x_3(0)=\begin{bmatrix} -1 & -2 \end{bmatrix}^{\mathrm{T}}$$

$$x_4(0) = \begin{bmatrix} 0 & -4 \end{bmatrix}^{\mathrm{T}},\ x_5(0) = \begin{bmatrix} -3 & 4 \end{bmatrix}^{\mathrm{T}}$$

$$x_6(0) = \begin{bmatrix} 4 & 0 \end{bmatrix}^{\mathrm{T}}, e_1(-2) = e_2(-2) = \begin{bmatrix} 1 & 2 \end{bmatrix}^{\mathrm{T}}$$

$$e_3(-2) = \begin{bmatrix} 3 & 1 \end{bmatrix}^{\mathrm{T}},\ e_4(-2) = \begin{bmatrix} 2 & 5 \end{bmatrix}^{\mathrm{T}}$$

$$e_5(-2) = \begin{bmatrix} 2 & 2 \end{bmatrix}^{\mathrm{T}},\ e_6(-2) = \begin{bmatrix} 6 & 1 \end{bmatrix}^{\mathrm{T}}$$

$$e_1(-1) = e_2(-1) = -\begin{bmatrix} 1 & 1 \end{bmatrix}^{\mathrm{T}},\ e_5(-1) = -\begin{bmatrix} 4 & 1 \end{bmatrix}^{\mathrm{T}}$$

$$e_3(-1) = e_4(-1) = e_6(-1) = -\begin{bmatrix} 2 & 2 \end{bmatrix}^{\mathrm{T}}$$

$$e_1(0) = -\begin{bmatrix} 0.4 & 0.5 \end{bmatrix}^{\mathrm{T}},\ e_2(0) = \begin{bmatrix} -0.1 & 0.1 \end{bmatrix}^{\mathrm{T}}$$

$$e_3(0) = \begin{bmatrix} 0.3 & -0.6 \end{bmatrix}^{\mathrm{T}}, e_4(0) = -e_6(0) = \begin{bmatrix} 0.2 & 0.2 \end{bmatrix}^{\mathrm{T}}$$

$$e_5(0) = \begin{bmatrix} -0.2 & 0.2 \end{bmatrix}^{\mathrm{T}}$$

图 2-2 展示了网络化多智能体系统的状态轨迹。

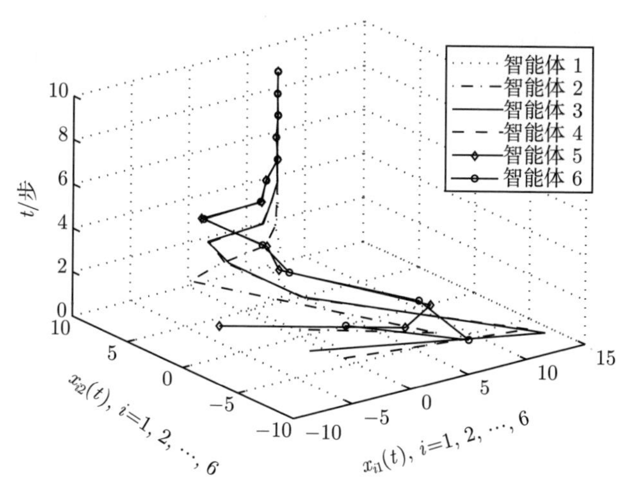


图 2-2 网络化多智能体系统的状态轨迹

### 2.1.2 不同定常时滞约束

上面研究了具有相同定常通信时滞的网络化多智能体系统的预测控制和一致性分析。通常来说，当智能体之间通过网络传输数据时，不同智能体之间的通信时滞可能是不同的。因此，本节将针对具有不同定常通信时滞的网络化同构多智能体系统，利用网络化预测控制方法，研究其状态一致性问题。

1. 问题描述

考虑由 $N$ 个智能体组成的网络化多智能体系统，智能体 $i$ 的动力学模型为

$$\begin{aligned} x_i(t+1) &= Ax_i(t) + Bu_i(t),\ t \in \mathbb{Z}^+ \\ x_i(t) &= \varphi_i(t),\ -\tau_M \leqslant t \leqslant 0,\ i \in \mathcal{V} \end{aligned} \tag{2-13}$$

式中，$x_i$ 与 $u_i$ 分别为智能体 $i$ 的状态、控制输入；$A \in M_n(\mathbb{R})$；$B \in M_{n,m}(\mathbb{R})$。假设智能体 $i$ 在 $t$ 时刻接收智能体 $j$ $(j \in N_i^*)$ 的信息时，存在通信时滞 $\tau_{ij}$，其中，$\tau_{ij}$ 是一个已知的正整数。通信时滞的存在导致智能体 $i$ 在 $t$ 时刻无法接收到智能体 $j$ 当前时刻的信息，而只能接收到它在 $t-\tau_{ij}$ 时刻的信息，$j \in N_i^*$。令 $\tau_M = \max\limits_{i,j \in \mathcal{V}} \tau_{ij}$。$\varphi_i(\cdot)$ 为给定的初始状态，$i \in \mathcal{V}$。

接下来，本节将利用网络化预测控制方法，对网络化多智能体系统 (2-13) 设计一致性协议，分析其一致性问题。假设网络化多智能体系统 (2-13) 满足以下约束条件。

**假设 2-2** 所有智能体的状态是可以得到的。并且，每个智能体 $i$ 都可以接收到智能体 $j$ 的信息，$j \in \{i\} \cup N_i^*$。

当通信网络存在时滞时，大多数文献都是利用收到的过时信息设计一致性协议，如 $u_i(t) = K \sum\limits_{j \in N_i} a_{ij}(x_j(t-\tau_{ij}) - x_i(t-\tau_{ij})),\ i \in \mathcal{V}$。显然，过去的信息不能完全、充分地反映系统的当前状况。因此，利用过时信息设计的控制率通常不能很好地控制被控对象。本节将利用网络化预测控制方法，主动补偿通信时滞，预测智能体的当前状态。从而利用预测状态设计一致性协议，获得期望性能。

2. 基于网络化预测控制方法的一致性协议的设计

令 $\tau_i = \max\limits_{j \in \{i\} \cup N_i^*} \tau_{ij},\ i \in \mathcal{V}$。对于智能体 $i$，智能体 $j$ $(j \in \{i\} \cup N_i^*)$ 从 $t-\tau_i+1$ 时刻到 $t$ 时刻的预测状态，以及从 $t-\tau_i$ 时刻到 $t$ 时刻的预测控制输入的构造方法如下所示。

**步骤 1:** 基于智能体 $i$ 在 $t$ 时刻收到的状态信息，构造智能体 $j$ $(j \in \{i\} \cup N_i^*)$ 在 $t-\tau_i$ 时刻的预测控制输入为

$$\hat{u}_j(t-\tau_i|t-\tau_i) = K \sum_{p \in N_j} a_{jp} \Delta x_{j,p}(t-\tau_i)$$

式中，$\Delta x_{j,p}(t-\tau_i)=x_p(t-\tau_i)-x_j(t-\tau_i)$ 为智能体 $j$ 和智能体 $p$ 在 $t-\tau_i$ 时刻的状态差；$K\in M_{m,n}(\mathbb{R})$ 为待设计的反馈增益矩阵。

**步骤 2**：基于系统模型 (2-13) 和步骤 1 中得到的 $\hat{u}_j(t-\tau_i|t-\tau_i)$，构造智能体 $j$ $(j\in\{i\}\cup N_i^*)$ 在 $t-\tau_i+1$ 时刻的预测状态和预测控制输入为

$$\hat{x}_j(t-\tau_i+1|t-\tau_i)=Ax_j(t-\tau_i)+B\hat{u}_j(t-\tau_i|t-\tau_i)$$

$$\hat{u}_j(t-\tau_i+1|t-\tau_i)=K\sum_{p\in N_j}a_{jp}\Delta\hat{x}_{j,p}(t-\tau_i+1|t-\tau_i)$$

$\hat{x}_j(t-p|t-q)$ $(p<q)$ 表示基于直到 $t-q$ 时刻的数据，智能体 $j$ 在 $t-p$ 时刻的预测状态。$\Delta\hat{x}_{j,p}(t-p|t-q)=\hat{x}_p(t-p|t-q)-\hat{x}_j(t-p|t-q)$ 是智能体 $j$ 和智能体 $p$ 在 $t-p$ 时刻预测状态的差。

**步骤 $\boldsymbol{k+1}$**：通过迭代，构造智能体 $j$ $(j\in\{i\}\cup N_i^*)$ 在 $t-\tau_i+k$ 时刻的预测状态和预测控制输入为

$$\hat{x}_j(t-\tau_i+k|t-\tau_i)=A\hat{x}_j(t-\tau_i+k-1|t-\tau_i)+B\hat{u}_j(t-\tau_i+k-1|t-\tau_i)$$

$$\hat{u}_j(t-\tau_i+k|t-\tau_i)=K\sum_{p\in N_j}a_{jp}\Delta\hat{x}_{j,p}(t-\tau_i+k|t-\tau_i)$$

**步骤 $\boldsymbol{\tau_i}$**：构造智能体 $j$ $(j\in\{i\}\cup N_i^*)$ 在 $t-1$ 时刻的预测状态和预测控制输入为

$$\hat{x}_j(t-1|t-\tau_i)=A\hat{x}_j(t-2|t-\tau_i)+B\hat{u}_j(t-2|t-\tau_i)$$

$$\hat{u}_j(t-1|t-\tau_i)=K\sum_{p\in N_j}a_{jp}\Delta\hat{x}_{j,p}(t-1|t-\tau_i)$$

**步骤 $\boldsymbol{\tau_i+1}$**：最后，构造智能体 $j$ $(j\in\{i\}\cup N_i)$ 在 $t$ 时刻的预测状态为

$$\hat{x}_j(t|t-\tau_i)=A\hat{x}_j(t-1|t-\tau_i)+B\hat{u}_j(t-1|t-\tau_i)$$

因此，对于具有不同通信时滞的网络化多智能体系统 (2-13)，本节设计智能体 $i$ 的一致性协议为

$$u_i(t)=u_i(t|t-\tau_i)=K\sum_{j\in N_i}a_{ij}\Delta\hat{x}_{i,j}(t|t-\tau_i) \tag{2-14}$$

式中，$K\in M_{m,n}(\mathbb{R})$ 为待设计的反馈增益矩阵。

**定义 2-2** 对于网络化多智能体系统 (2-13)，如果 $\lim\limits_{t\to\infty}\|x_i(t)-x_j(t)\|=0,\ \forall\, i,j\in\mathcal{V}$，那么称协议 (2-14) 可解 (渐近) 一致性问题，或称系统 (2-13) 在协议 (2-14) 作用下能够实现 (渐近) 一致。

下面将在定义 2-2 的基础上，分析网络化多智能体系统 (2-13) 在协议 (2-14) 的作用下能够实现一致的条件。

3. 一致性分析

由矩阵克罗内克积的性质，得

$$((l_i\mathcal{L}^k)\otimes I_n)A_c = A((l_i\mathcal{L}^k)\otimes I_n) - BK((l_i\mathcal{L}^{k+1})\otimes I_n)$$

式中，$A_c = I_N \otimes A - \mathcal{L}\otimes(BK)$；$l_i$ 是拉普拉斯矩阵 $\mathcal{L}$ 的第 $i$ 行，$i=1,2,\cdots,N$。

通过迭代，基于直到 $t-\tau_i$ 时刻的信息，智能体 $j$ $(j\in\{i\}\cup N_i)$ 在 $t$ 时刻的预测状态可以表示为

$$\hat{x}_j(t|t-\tau_i) = A^{\tau_i}x_j(t-\tau_i) + \Omega_j(\tau_i)x(t-\tau_i) \tag{2-15}$$

式中，$\Omega_j(\tau_i) = \sum\limits_{q=1}^{\tau_i}(l_j\mathcal{L}^{q-1})\otimes f(A^{\tau_i-q})$，$f(A^h)$ 是 $(A-BK)^{\tau_i}$ 展开式中 $A$ 的次数为 $h$ 的所有项，$h=0,1,\cdots,\tau_i-1$。

设 $\delta_i(t)=x_i(t)-x_1(t)$ $(i=1,2,\cdots,N)$, $x(t)=\begin{bmatrix} x_1^{\mathrm{T}}(t) & x_2^{\mathrm{T}}(t) & \cdots & x_N^{\mathrm{T}}(t)\end{bmatrix}^{\mathrm{T}}$, $u(t)=\begin{bmatrix} u_1^{\mathrm{T}}(t) & u_2^{\mathrm{T}}(t) & \cdots & u_N^{\mathrm{T}}(t)\end{bmatrix}^{\mathrm{T}}$, $\delta(t)=\begin{bmatrix} \delta_2^{\mathrm{T}}(t) & \delta_3^{\mathrm{T}}(t) & \cdots & \delta_N^{\mathrm{T}}(t)\end{bmatrix}^{\mathrm{T}}$。下面给出协议 (2-14) 可解网络化多智能体系统 (2-13) 一致性问题的充要条件。

**定理 2-6** 对于具有有向拓扑 $\mathcal{G}=(\mathcal{V},\mathcal{E},\mathcal{A})$ 和不同定常通信时滞的网络化多智能体系统 (2-13)，协议 (2-14) 可解一致性问题的充要条件是如下线性离散时滞系统：

$$\delta(t+1) = H\delta(t) + \sum_{i=1}^{N} H_{\tau_i}\delta(t-\tau_i),\ t\in\mathbb{Z}^+$$

是渐近稳定的。其中，$H=I_{N-1}\otimes A$, $\hat{R}=R_b^{\mathrm{T}}(R_bR_b^{\mathrm{T}})^{-1}$, $R_b=\begin{bmatrix} -\mathbf{1}_{N-1} & I_{N-1}\end{bmatrix}$, $H_{\tau_1} = \sum\limits_{q=0}^{\tau_1}(\mathbf{1}_{N-1}l_1\mathcal{L}^q\hat{R})\otimes(BKf(A^{\tau_1-q}))$, $H_{\tau_j} = -e_{j-1}(N-1,n)\sum\limits_{q=0}^{\tau_j}(l_j\mathcal{L}^q\hat{R})\otimes(BKf(A^{\tau_j-q}))$, $j=2,3,\cdots,N$, $f(A^h)$ 是 $(A-BK)^{\tau_i}$ 展开式中 $A$ 的次数为 $h$ 的所有项，$h=0,1,\cdots,\tau_i-1$。

**证明** 将式 (2-15) 代入式 (2-14)，得

$$u_i(t) = \Theta_i(\tau_i)x(t-\tau_i),\ i\in\mathcal{V}$$

式中，$\Theta_i(\tau_i) = -\sum\limits_{q=0}^{\tau_i}(l_i\mathcal{L}^q)\otimes(Kf(A^{\tau_i-q}))$。

引入辅助矩阵

$$R = R_b \otimes I_n,\ R_e = \begin{bmatrix} R_b^{\mathrm{T}} & \mathbf{1}_N \end{bmatrix}^{\mathrm{T}},\quad \tilde{R} = R_e \otimes I_n$$

易得 $R_e$ 和 $\tilde{R}$ 都是非奇异矩阵。

注意到

$$I_{Nn} = R^{\mathrm{T}}(RR^{\mathrm{T}})^{-1}R + \frac{1}{N}(\mathbf{1}_N\mathbf{1}_N^{\mathrm{T}}) \otimes I_n \tag{2-16}$$

再由 $\mathcal{L}\mathbf{1}_N = 0$ 且 $l_i\mathbf{1}_N = 0\ (i = 1, 2, \cdots, N)$ 得

$$\left(\sum_{q=0}^{\tau_i}(l_i\mathcal{L}^q) \otimes (BKf(A^{\tau_i - q}))\right)\left((\mathbf{1}_N\mathbf{1}_N^{\mathrm{T}}) \otimes I_n\right) = 0 \tag{2-17}$$

从而，由式 (2-16) 和式 (2-17) 得

$$\sum_{q=0}^{\tau_i}(l_i\mathcal{L}^q) \otimes (BKf(A^{\tau_i - q}))x(t - \tau_i) = \varXi_i(\tau_i)\delta(t - \tau_i)$$

式中，$\varXi_i(\tau_i) = \sum_{q=0}^{\tau_i}(l_i\mathcal{L}^q\hat{R}) \otimes (BKf(A^{\tau_i - q})),\ i = 1, 2, \cdots, N$。

因此，相对状态误差系统可以表示为

$$\delta(t+1) = H\delta(t) + \sum_{i=1}^{N} H_{\tau_i}\delta(t - \tau_i) \tag{2-18}$$

可见，系统 (2-18) 是一个线性离散多时滞系统。所以，协议 (2-14) 可解网络化多智能体系统 (2-13) 的一致性问题转换为系统 (2-18) 的稳定性问题，即协议 (2-14) 可解一致性问题当且仅当系统 (2-18) 是渐近稳定的。证毕。 □

**引理 2-2** 将有向图 $\mathcal{G}$ 的拉普拉斯矩阵 $\mathcal{L}$ 分块为 $\begin{bmatrix} \mathcal{L}_{11} & \mathcal{L}_{12} \\ \mathcal{L}_{21} & \mathcal{L}_{22} \end{bmatrix}$，其中，$\mathcal{L}_{11} \in \mathbb{R}$，$\mathcal{L}_{22} \in M_{N-1}(\mathbb{R})$，则对于任意给定的正整数 $n$，有

$$R_b\mathcal{L}^n = (\mathcal{L}_{22} - \mathbf{1}_{N-1}\mathcal{L}_{12})^n R_b$$

式中，$R_b = \begin{bmatrix} -\mathbf{1}_{N-1} & I_{N-1} \end{bmatrix}$。

**证明** 采用数学归纳法来证明此结论。由 $\mathcal{L}\mathbf{1}_N = 0$，得 $\mathcal{L}_{11} + \mathcal{L}_{12}\mathbf{1}_{N-1} = 0$ 且 $\mathcal{L}_{21} + \mathcal{L}_{22}\mathbf{1}_{N-1} = 0$。

当 $n=1$ 时，

$$R_b\mathcal{L}=\left[\begin{array}{cc}\mathcal{L}_{21}-\mathbf{1}_{N-1}\mathcal{L}_{11} & \mathcal{L}_{22}-\mathbf{1}_{N-1}\mathcal{L}_{12}\end{array}\right]=(\mathcal{L}_{22}-\mathbf{1}_{N-1}\mathcal{L}_{12})R_b$$

假设当 $n=k$ 时，结论成立，即 $R_b\mathcal{L}^k=(\mathcal{L}_{22}-\mathbf{1}_{N-1}\mathcal{L}_{12})^kR_b$。因此，当 $n=k+1$ 时，

$$R_b\mathcal{L}^{k+1}=R_b\mathcal{L}^k\mathcal{L}=(\mathcal{L}_{22}-\mathbf{1}_{N-1}\mathcal{L}_{12})^{k+1}R_b$$

故结论成立。证毕。 □

特别地，当 $\tau_1=\tau_2=\cdots=\tau_N\equiv\tau$ 时，容易得到以下结论，证明略。

**推论 2-2**　对于具有有向拓扑 $\mathcal{G}=(\mathcal{V},\mathcal{E},\mathcal{A})$ 和不同定常通信时滞的网络化多智能体系统 (式 (2-13))，当 $\tau_1=\tau_2=\cdots=\tau_N\equiv\tau$ 时，协议 (2-14) 可解一致性问题的充要条件是如下具有定常时滞 $\tau$ 的线性离散系统：

$$\delta(t+1)=H\delta(t)+H_\tau\delta(t-\tau),\ t\in\mathbb{Z}^+ \tag{2-19}$$

是渐近稳定的。其中，$H_\tau=-\sum\limits_{q=0}^{\tau}(\mathcal{L}_{22}-\mathbf{1}_{N-1}\mathcal{L}_{12})^{q+1}\otimes(BKf(A^{\tau-q}))$，$H$ 与定理 2-6 所定义的一样。

通过以上分析，可以发现在基于网络化预测控制方法设计的一致性协议 (2-14) 的作用下，网络化多智能体系统 (2-13) 的一致性问题可以转换为线性离散时滞系统的稳定性问题。从而，可以利用现有的结果得到网络化多智能体系统 (2-13) 状态达到一致的判据，使问题得到简化。

4. 数值仿真

本节将给出一个例子来验证所提出理论结果的有效性和可行性。

**例 2-2**　考虑由 4 个智能体组成的网络化多智能体系统，它们之间的通信关系由有向图 $\mathcal{G}=(\mathcal{V},\mathcal{E},\mathcal{A})$ 来表示，其中，$\mathcal{V}=\{1,2,3,4\}$, $\mathcal{E}=\{(1,2),(1,4),(2,1),(4,3)\}$，相应的邻接元素都是 1 (图 2-3)。智能体 $i$ 的动力学模型为

$$x_i(t+1)=\begin{bmatrix}1.2 & -0.5\\ 0.2 & 0.5\end{bmatrix}x_i(t)+\begin{bmatrix}0.5\\ 1\end{bmatrix}u_i(t),\ i=1,2,3,4$$

假设智能体之间通过网络传输数据时存在定常通信时滞 $\tau_{ij}$，并且 $\tau_1=2$, $\tau_2=3$, $\tau_3=4$, $\tau_4=1$。利用锥补线性化算法和文献 [134] 中的定理 1，可以求得状态反馈增益矩阵 $K=\left[\begin{array}{cc}-0.2084 & 0.4541\end{array}\right]$。它可以保证具有多时滞的线性离散系统 (2-18) 是渐近稳定的。因此，由定理 2-6 可知协议 (2-14) 可解一致性问题。

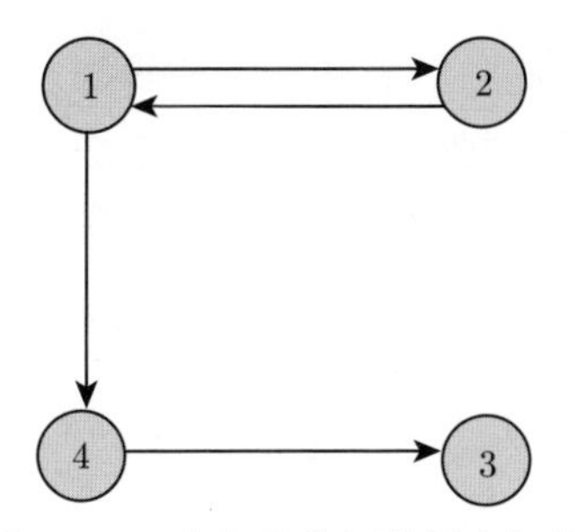

图 2-3 4 个智能体间的固定拓扑

取系统的初始状态为 $\varphi_i(t)=0, t=-5,-4,-3,-2,-1, i=1,2,3,4$。$\varphi_1(0)=\begin{bmatrix} 1 & 0 \end{bmatrix}^{\mathrm{T}}$, $\varphi_2(0)=\begin{bmatrix} 2 & -1 \end{bmatrix}^{\mathrm{T}}$, $\varphi_3(0)=\begin{bmatrix} 1 & -1 \end{bmatrix}^{\mathrm{T}}$, $\varphi_4(0)=\begin{bmatrix} -1 & -1 \end{bmatrix}^{\mathrm{T}}$。图 2-4 给出了具有不同定常通信时滞的闭环系统状态轨迹。实线表示无通信时滞情形，虚线表示具有不同定常通信时滞情形。仿真结果表明基于网络化预测控制方法，具有不同定常通信时滞的网络化多智能体系统的性能与无通信时滞的网络化多智能体系统的性能非常接近。仿真结果进一步展示了网络化预测控制方法能够有效地补偿通信时滞，改善系统性能。

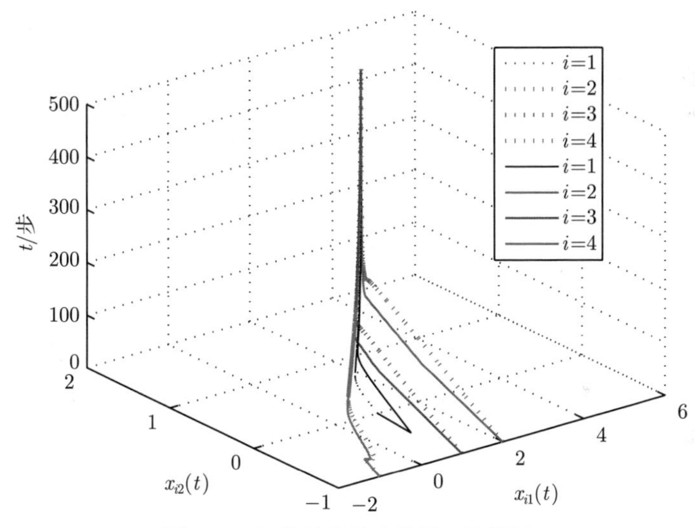

图 2-4 智能体的状态轨迹 (见彩图)

### 2.1.3 不同时变时滞约束

1. 问题描述

针对离散线性网络化同构多智能体系统，2.1.2 节基于预测控制方法研究了具有不同定常通信时滞的网络化多智能体系统的一致性问题。然而，在实际工程中，网络时滞通常都是随时间变化的。因此，本节将针对具有不同时变通信时滞的网络化同构多智能体系统，基于网络化预测控制方法来研究其一致性问题。

考虑由 $N$ 个智能体组成的网络化多智能体系统，其中，智能体 $i$ 的动力学模型为

$$\begin{aligned} x_i(t+1) &= Ax_i(t) + Bu_i(t),\ t \in \mathbb{Z}^+ \\ x_i(t) &= \varphi_i(t),\ -\tau_{_M} \leqslant t \leqslant 0,\ i \in \mathcal{V} \end{aligned} \tag{2-20}$$

式中，$x_i$、$u_i$ 分别是智能体 $i$ 的状态、控制输入；$A \in M_n(\mathbb{R})$、$B \in M_{n,m}(\mathbb{R})$ 是定常矩阵。假设通信网络存在时变时滞，即智能体 $i$ 在 $t$ 时刻接收智能体 $j$ 的信息时具有时变时滞 $\tau_{ij}(t)$，其中

$$0 \leqslant \tau_m \leqslant \underline{\tau}(t) \leqslant \tau_{ij}(t) \leqslant \overline{\tau}(t) \leqslant \tau_{_M},\ t \in \mathbb{Z}^+,\ i,j \in \mathcal{V} \tag{2-21}$$

式中，$\underline{\tau}(t)$ 和 $\overline{\tau}(t)$ 是已知的有界函数；$\tau_m$ 与 $\tau_{_M}$ 分别为上界和下界。这意味着 $\tau_{ij}(t)$ 完全可以由两个有界函数 $\underline{\tau}(t)$ 和 $\overline{\tau}(t)$ 限制。$\varphi_i(\cdot)$ 是给定的初始条件。

本节将采用网络化预测控制方法来预测智能体的当前状态，主动补偿网络时滞。基于预测状态，本节设计一个新的分布式一致性协议，分析具有不同时变通信时滞的网络化多智能体系统的一致性问题。

2. 基于网络化预测控制方法的一致性协议的设计

**假设 2-3** (1) 所有智能体的状态是可测的。

(2) 每个智能体 $i$ 都可以接收到来自智能体 $j$ 的信息，$\forall j \in \{i\} \cup N_i^*$。

(3) $\overline{\tau}(t)$ 的瞬时值是实时可测的。

由于网络时滞的存在，在 $t$ 时刻智能体 $i$ 不能获得智能体 $j$ $(j \in \{i\} \cup N_i^*)$ 的当前信息，而只能得到智能体 $j$ 在 $t - \tau_{ij}(t)$ 时刻的信息。所以，本节使用网络化预测控制方法来预测智能体的状态和控制输入，主动补偿网络时滞。为了简单起见，在 $t$ 时刻，将 $t - \overline{\tau}(t)$ 时刻的数据作为预测控制的初始数据，即使智能体 $i$ 可以得到智能体 $j$ $(j \in N_i^*)$ 在 $t - \tau_{ij}(t)$ 时刻的数据。对于智能体 $i$，本节给出构造智能体 $j$ $(j \in N_i^*)$ 从 $t - \overline{\tau}(t) + 1$ 时刻到 $t$ 时刻的预测状态和从 $t - \overline{\tau}(t)$ 时刻到 $t$ 时刻预测控制输入的一个可行方法。

**步骤 1：** 基于直到 $t$ 时刻获得的状态，构造智能体 $j$ $(j \in \{i\} \cup N_i^*)$ 在 $t - \overline{\tau}(t)$ 时刻的预测控制输入为

$$\hat{u}_j(t - \overline{\tau}(t) | t - \overline{\tau}(t)) = K \sum_{p \in N_j} a_{jp} \Delta x_{j,p}(t - \overline{\tau}(t))$$

式中，$\Delta x_{j,p}(t-\overline{\tau}(t))=x_p(t-\overline{\tau}(t))-x_j(t-\overline{\tau}(t))$ 是 $t-\overline{\tau}(t)$ 时刻智能体 $j$ 和智能体 $p$ 的状态差；$K\in M_{m,n}(\mathbb{R})$ 是待设计的反馈增益矩阵。

**步骤 2：** 基于线性系统模型 (2-20) 和步骤 1 中所得的控制输入 $\hat{u}_j(t-\overline{\tau}(t)|t-\overline{\tau}(t))$，构造智能体 $j$ $(j\in\{i\}\cup N_i^*)$ 在 $t-\overline{\tau}(t)+1$ 时刻的预测状态和预测控制输入为

$$\hat{x}_j(t-\overline{\tau}(t)+1|t-\overline{\tau}(t))=Ax_j(t-\overline{\tau}(t))+B\hat{u}_j(t-\overline{\tau}(t)|t-\overline{\tau}(t))$$
$$\hat{u}_j(t-\overline{\tau}(t)+1|t-\overline{\tau}(t))=K\sum_{p\in N_j}a_{jp}\Delta\hat{x}_{j,p}(t-\overline{\tau}(t)+1|t-\overline{\tau}(t))$$

$\hat{x}_j(t-p|t-q)$ $(p<q)$ 是基于直到 $t-q$ 时刻的数据，智能体 $j$ 在 $t-p$ 时刻的预测状态；$\Delta\hat{x}_{j,p}(t-p|t-q)=\hat{x}_p(t-p|t-q)-\hat{x}_j(t-p|t-q)$ 是 $t-p$ 时刻智能体 $j$ 和智能体 $p$ 预测状态的差。

**步骤 $\boldsymbol{k+1}$：** 通过迭代，构造智能体 $j$ $(j\in\{i\}\cup N_i^*)$ 在 $t-\overline{\tau}(t)+k$ 时刻的预测状态和预测控制输入为

$$\begin{aligned}\hat{x}_j(t-\overline{\tau}(t)+k|t-\overline{\tau}(t))&=A\hat{x}_j(t-\overline{\tau}(t)+k-1|t-\overline{\tau}(t))\\&\quad+B\hat{u}_j(t-\overline{\tau}(t)+k-1|t-\overline{\tau}(t))\\\hat{u}_j(t-\overline{\tau}(t)+k|t-\overline{\tau}(t))&=K\sum_{p\in N_j}a_{jp}\Delta\hat{x}_{j,p}(t-\overline{\tau}(t)+k|t-\overline{\tau}(t))\end{aligned}$$

**步骤 $\boldsymbol{\overline{\tau}(t)}$：** 构造智能体 $j$ $(j\in\{i\}\cup N_i^*)$ 在 $t-1$ 时刻的预测状态和预测控制输入为

$$\hat{x}_j(t-1|t-\overline{\tau}(t))=A\hat{x}_j(t-2|t-\overline{\tau}(t))+B\hat{u}_j(t-2|t-\overline{\tau}(t))$$
$$\hat{u}_j(t-1|t-\overline{\tau}(t))=K\sum_{p\in N_j}a_{jp}\Delta\hat{x}_{j,p}(t-1|t-\overline{\tau}(t))$$

**步骤 $\boldsymbol{\overline{\tau}(t)+1}$：** 最后，构造智能体 $j$ $(j\in\{i\}\cup N_i)$ 在 $t$ 时刻的预测状态为

$$\hat{x}_j(t|t-\overline{\tau}(t))=A\hat{x}_j(t-1|t-\overline{\tau}(t))+B\hat{u}_j(t-1|t-\overline{\tau}(t))$$

因此，对于具有不同时变通信时滞 (2-21) 的网络化多智能体系统 (2-20)，基于网络化预测控制方法，本节设计智能体 $i$ 的一致性协议为

$$u_i(t)=\hat{u}_i(t|t-\overline{\tau}(t))=K\sum_{j\in N_i}a_{ij}\Delta\hat{x}_{i,j}(t|t-\overline{\tau}(t)) \tag{2-22}$$

式中，$K \in M_{m,n}(\mathbb{R})$ 是待设计的反馈增益矩阵。

由此可见，通过网络化预测控制方法，智能体的当前状态可以被有效地预测。代替收到的时延状态，将当前时刻的预测状态用于一致性协议的设计。因此，要想基于网络化预测控制方法实现一致性的设计必须要求智能体有更大的内存和更强的计算能力。

**注解 2-4** 通过网络化预测控制方法，基于直到 $t-\overline{\tau}(t)$ 时刻的信息可以得到智能体 $j$ 在 $t$ 时刻的预测状态。当 $\tau_{ij}(t)<\overline{\tau}(t)$ 时，在 $t$ 时刻，可以得到智能体 $j$ 从 $t-\overline{\tau}(t)$ 时刻到 $t-\tau_{ij}(t)$ 时刻的状态和控制输入。因此，预测智能体 $j$ 在有限个时间点 $\{t-\overline{\tau}(t),t-\overline{\tau}(t)+1,\cdots,t-\tau_{ij}(t)\}$ 上的状态和控制输入是没有必要的。所以，从这个角度来看，本节所提出的预测方法增加了智能体的计算负担，具有一定的保守性。但是，本节所提出的方法在同一时刻对于所有的智能体具有统一的规则和结构，克服了不同时变时滞 $\tau_{ij}(t)$ 给协议设计造成的困难，简化了预测过程，降低了理论分析和推导的难度。因此，虽然本节提出的方法具有一定的保守性，但是给出了一个处理不同时变通信时滞的解决办法。

本节的主要目标是对网络化多智能体系统设计一致性协议使得所有智能体的状态达到一致。下面给出一致性的定义。

**定义 2-3** 对于网络化多智能体系统 (2-20)，如果系统 (2-20) 的状态满足 $\lim\limits_{t\to\infty}\|x_i(t)-x_j(t)\|=0,\ \forall i,j\in\mathcal{V}$，那么称协议 (2-22) 可解 (渐近) 一致性问题，或称系统 (2-20) 在协议 (2-22) 作用下能够实现 (渐近) 一致。

3. 一致性分析

本节将针对具有有向、固定拓扑和时变通信时滞的网络化多智能体系统 (2-20)，分析其一致性问题。

设 $\delta_i(t)=x_i(t)-x_1(t)\ (i=1,2,\cdots,N)$, $x(t)=\begin{bmatrix} x_1^{\mathrm{T}}(t) & x_2^{\mathrm{T}}(t) & \cdots & x_N^{\mathrm{T}}(t)\end{bmatrix}^{\mathrm{T}}$, $u(t)=\begin{bmatrix} u_1^{\mathrm{T}}(t) & u_2^{\mathrm{T}}(t) & \cdots & u_N^{\mathrm{T}}(t)\end{bmatrix}^{\mathrm{T}}$, $\delta(t)=\begin{bmatrix} \delta_2^{\mathrm{T}}(t) & \delta_3^{\mathrm{T}}(t) & \cdots & \delta_N^{\mathrm{T}}(t)\end{bmatrix}^{\mathrm{T}}$。下面的定理针对网络化多智能体系统 (2-20)，给出了协议 (2-22) 可解一致性问题的充要条件。

**定理 2-7** 对于具有有向拓扑 $\mathcal{G}=(\mathcal{V},\mathcal{E},\mathcal{A})$ 和不同时变通信时滞 (2-21) 的网络化多智能体系统 (2-20)，协议 (2-22) 可解一致性问题当且仅当如下具有时变时滞的离散时间切换系统：

$$\delta(t+1)=A_0\delta(t)+A_{\overline{\tau}(t)}\delta(t-\overline{\tau}(t)),\ t\in\mathbb{Z}^+$$

是渐近稳定的。其中，$A_0=I_{N-1}\otimes A$, $A_{\overline{\tau}(t)}=-\sum\limits_{q=0}^{\overline{\tau}(t)}(\mathcal{L}_{22}-\mathbf{1}_{N-1}\mathcal{L}_{12})^{q+1}\otimes$

$(BKf(A^{\overline{\tau}(t)-q}))$，$f(A^h)$ 表示 $(A-BK)^{\overline{\tau}(t)}$ 展开式中 $A$ 的次数为 $h$ 的所有项，$h=0,1,\cdots,\overline{\tau}(t)$，切换信号 $\overline{\tau}(t)$(即时变时滞) 在有限集 $\{\tau_m,\tau_m+1,\cdots,\tau_M\}$ 上任意取值，$\tau_M-\tau_m+1$ 为切换子系统的个数。

**证明** 注意到

$$((l_i\mathcal{L}^k)\otimes I_n)A_c = A((l_i\mathcal{L}^k)\otimes I_n) - BK((l_i\mathcal{L}^{k+1})\otimes I_n)$$

式中，$A_c=I_{_N}\otimes A-\mathcal{L}\otimes(BK)$；$l_i$ 是拉普拉斯矩阵 $\mathcal{L}$ 的第 $i$ 行，$i=1,2,\cdots,N$。

通过迭代，基于直到 $t-\overline{\tau}(t)$ 时刻的数据，智能体 $j$ 在 $t$ 时刻的预测状态可以表示为

$$\hat{x}_j(t|t-\overline{\tau}(t)) = A^{\overline{\tau}(t)}x_j(t-\overline{\tau}(t)) + \varOmega_j(\overline{\tau}(t))x(t-\overline{\tau}(t)),\ j\in N_i \tag{2-23}$$

式中，$\varOmega_j(\overline{\tau}(t))=\sum\limits_{q=1}^{\overline{\tau}(t)}(l_j\mathcal{L}^{q-1})\otimes f(A^{\overline{\tau}(t)-q})$，$f(A^h)$ 表示 $(A-BK)^{\overline{\tau}(t)}$ 展开式中 $A$ 的次数为 $h$ 的所有项，$h=0,1,\cdots,\overline{\tau}(t)-1$。

将式 (2-23) 代入式 (2-22)，得

$$u_i(t) = -\left(\sum_{q=0}^{\overline{\tau}(t)}(l_i\mathcal{L}^q)\otimes(Kf(A^{\overline{\tau}(t)-q}))\right)x(t-\overline{\tau}(t)) \tag{2-24}$$

因此，闭环系统的紧凑形式可以表示为

$$x(t+1) = (I_{_N}\otimes A)x(t) + \varPhi(\overline{\tau}(t))x(t-\overline{\tau}(t))$$

式中，$\varPhi(\overline{\tau}(t)) = -\sum\limits_{q=0}^{\overline{\tau}(t)}\mathcal{L}^{q+1}\otimes\big(BKf(A^{\overline{\tau}(t)-q})\big)$。

下面引入辅助矩阵

$$R_b = \begin{bmatrix} -\mathbf{1}_{_{N-1}} & I_{_{N-1}} \end{bmatrix},\ R=R_b\otimes I_n, R_e = \begin{bmatrix} R_b^{\mathrm{T}} & \mathbf{1}_{_N} \end{bmatrix}^{\mathrm{T}},\quad \tilde{R}=R_e\otimes I_n$$

易证得 $R_e$ 和 $\tilde{R}$ 都是非奇异的，并且 $I_{Nn}=R^{\mathrm{T}}(RR^{\mathrm{T}})^{-1}R+\frac{1}{N}(\mathbf{1}_{_N}\mathbf{1}_{_N}^{\mathrm{T}})\otimes I_n$，再由 $\mathcal{L}\mathbf{1}_{_N}=0$, 得

$$\varPhi(\overline{\tau}(t))[(\mathbf{1}_{_N}\mathbf{1}_{_N}^{\mathrm{T}})\otimes I_n] = -\sum_{q=0}^{\overline{\tau}(t)}(\mathcal{L}^{q+1}\mathbf{1}_{_N}\mathbf{1}_{_N}^{\mathrm{T}})\otimes(BKf(A^{\overline{\tau}(t)-q})) = 0$$

由引理 2-2 可知，相对误差系统可以表示为

$$\delta(t+1) = A_0\delta(t) + A_{\overline{\tau}(t)}\,\delta(t-\overline{\tau}(t)) \tag{2-25}$$

式中，$A_0 = I_{N-1} \otimes A$；$A_{\overline{\tau}(t)} = -\sum\limits_{q=0}^{\overline{\tau}(t)} (\mathcal{L}_{22} - \mathbf{1}_{N-1}\mathcal{L}_{12})^{q+1} \otimes (BKf(A^{\overline{\tau}(t)-q}))$。

由此可见，系统 (2-25) 是一个具有时变时滞 $\overline{\tau}(t)$ 的离散时间切换线性系统，其中，$\overline{\tau}(t) : \mathbb{Z}^+ \to \{\tau_m, \tau_m + 1, \cdots, \tau_M\}$ 是切换信号。因此，协议 (2-22) 可解一致性问题被转换为切换系统 (2-25) 的渐近稳定性问题。所以，协议 (2-22) 可解一致性问题当且仅当切换系统 (2-25) 是渐近稳定的，其中，切换信号 $\overline{\tau}(t)$ 在有限集 $\{\tau_m, \tau_m + 1, \cdots, \tau_M\}$ 上任意取值。证毕。 □

特别地，当 $\overline{\tau}(t) \equiv \overline{\tau}, \forall t \in \mathbb{Z}^+, \overline{\tau}$ 是一个已知的正整数，具有时变时滞 $\overline{\tau}(t)$ 的切换系统 (2-25) 简化为以下具有定常时滞 $\overline{\tau}$ 的离散时间线性系统：

$$\delta(t+1) = A_0\delta(t) + A_{\overline{\tau}}\delta(t - \overline{\tau}),\ t \in \mathbb{Z}^+ \tag{2-26}$$

式中，$A_{\overline{\tau}} = -\sum\limits_{q=0}^{\overline{\tau}} (\mathcal{L}_{22} - \mathbf{1}_{N-1}\mathcal{L}_{12})^{q+1} \otimes (BKf(A^{\overline{\tau}-q}))$，$A_0$ 与定理 2-7 所定义的一样。在这种情况下，容易得到以下推论，证明略。

**推论 2-3**　对于具有有向拓扑 $\mathcal{G} = (\mathcal{V}, \mathcal{E}, \mathcal{A})$ 和不同时变通信时滞 (2-21) 的网络化多智能体系统 (2-20)，当 $\overline{\tau}(t) \equiv \overline{\tau}, \forall t \in \mathbb{Z}^+$ 时，以下命题是等价的。

(1) 协议 (2-22) 可解一致性问题。

(2) 具有定常时滞 $\overline{\tau}$ 的线性离散系统 (2-26) 是渐近稳定的。

(3) 矩阵 $\Psi = \begin{bmatrix} \Psi_1 & A_{\overline{\tau}} \\ I_{n\overline{\tau}(N-1)} & 0 \end{bmatrix}$ 是 Schur 稳定的，其中，$\Psi_1 = \begin{bmatrix} A_0 & 0 & \cdots & 0 \end{bmatrix}$，$A_{\overline{\tau}}$ 如式 (2-26) 所示。

4. *数值仿真*

本节将给出数值仿真例子来验证所提出理论结果的有效性和可行性。

**例 2-3**　考虑由 4 个智能体组成的网络化多智能体系统，它们之间的通信关系由有向图 $\mathcal{G} = (\mathcal{V}, \mathcal{E}, \mathcal{A})$ 来表示，其中，$\mathcal{V} = \{1, 2, 3, 4\}$, $\mathcal{E} = \{(1, 2), (1, 4), (2, 3), (3, 1), (4, 1)\}$，相应的邻接元素都是 1 (图 2-5)。智能体 $i$ 的动力学模型为

$$x_i(t+1) = \begin{bmatrix} 1.2 & -0.5 \\ 0.2 & 0.5 \end{bmatrix} x_i(t) + \begin{bmatrix} 0.5 \\ 1 \end{bmatrix} u_i(t),\ i = 1, 2, 3, 4 \tag{2-27}$$

假设智能体之间通过网络传输数据时存在时变通信时滞 $\tau_{ij}(t)$。并且，$\tau_{ij}(t)$ 的上界函数 $\overline{\tau}(t)$ 在有限集 $\{1, 2, 3\}$ 中任意取值。利用锥补线性化算法和文献 [135] 中的定理 3，可以求得状态反馈增益矩阵 $K = \begin{bmatrix} -0.1488 & 0.3184 \end{bmatrix}$。它可以保证具

有时变时滞的切换系统 (2-25) 是渐近稳定的。因此，由定理 2-7 可知协议 (2-22) 可解一致性问题。

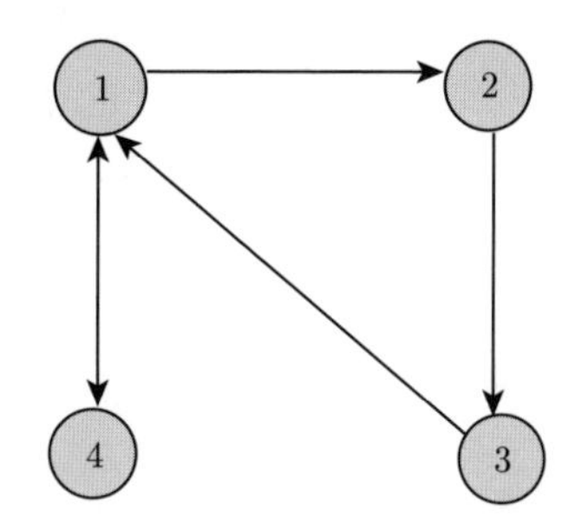


图 2-5 4 个智能体间的固定拓扑

取系统的初始状态为 $\varphi_i(t) = 0,\ t = -3,-2,-1,\ i = 1,2,3,4$。$\varphi_1(0) = \begin{bmatrix} -2 & 0 \end{bmatrix}^{\mathrm{T}}$, $\varphi_2(0) = \begin{bmatrix} -2 & -1 \end{bmatrix}^{\mathrm{T}}$, $\varphi_3(0) = \begin{bmatrix} -5 & -1 \end{bmatrix}^{\mathrm{T}}$, $\varphi_4(0) = \begin{bmatrix} 0 & -1 \end{bmatrix}^{\mathrm{T}}$。图 2-6 给出了具有时变通信时滞的闭环系统状态轨迹。实线表示无通信时滞情形，虚线表示具有时变通信时滞情形。图 2-6 表明基于网络化预测控制方法，具有时变通信时滞的网络化多智能体系统的性能与无通信时滞的网络化多智能体系统的性能非常接近。仿真结果进一步展示了网络化预测控制方法能够有效地补偿通信时滞，改善系统性能。

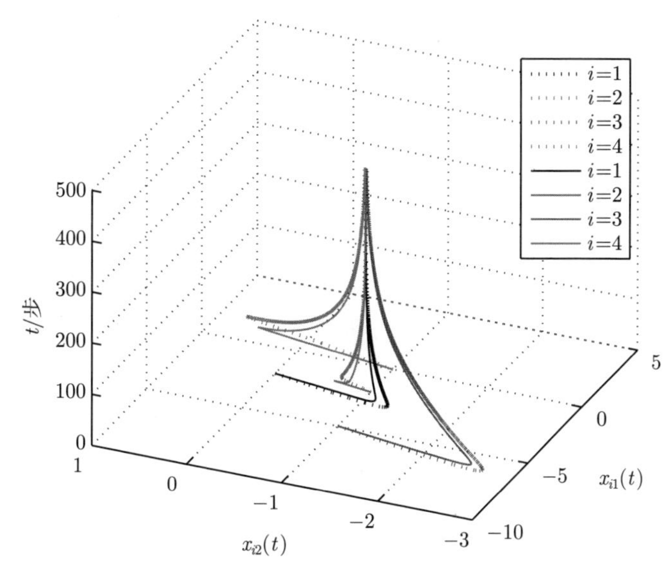


图 2-6 智能体的状态轨迹 (见彩图)

**例 2-4**　考虑例 2-3 中所给出的由 4 个智能体组成的网络化多智能体系统 (2-27)，它们之间的通信关系由图 2-5 表示。下面分别在直接利用获得的时滞状态设计一致性协议和基于网络化预测控制方法得到的预测状态设计一致性协议的控制作用下，比较多智能体系统达到一致性的效果。为了便于分析，假设通信网络存在定常时滞，即智能体 $i$ 在 $t$ 时刻接收智能体 $j$ 的信息时具有定常时滞 $\overline{\tau}, \forall t \in \mathbb{Z}^{+}$。

当不使用网络化预测控制方法时，目前常用的方法是直接利用获得的时滞状态设计一致性协议，即对于智能体 $i$，其一致性协议为

$$u_i(t) = K \sum_{j \in N_i} a_{ij} \Delta x_{i,j}(t - \overline{\tau}) \tag{2-28}$$

式中，$\Delta x_{i,j}(t-\overline{\tau}) = x_j(t-\overline{\tau}) - x_i(t-\overline{\tau})$ 是 $t-\overline{\tau}$ 时刻智能体 $i$ 和智能体 $j$ 的状态差；$K \in M_{m,n}(\mathbb{R})$ 是待设计的反馈增益矩阵。

在协议 (2-28) 作用下，误差系统可以表示为

$$\delta(t+1) = (I_{N-1} \otimes A)\delta(t) - ((\mathcal{L}_{22} - \mathbf{1}_{N-1}\mathcal{L}_{12}) \otimes (BK))\delta(t-\overline{\tau}),\ t \in \mathbb{Z}^{+} \tag{2-29}$$

误差系统 (2-29) 是具有定常时滞 $\tau$ 的时滞线性系统。所以，协议 (2-28) 可解一致性问题当且仅当具有定常时滞 $\overline{\tau}$ 的时滞线性系统 (2-29) 是渐近稳定的，即矩阵 $\varGamma = \begin{bmatrix} I_{N-1} \otimes A & (\mathbf{1}_{N-1}\mathcal{L}_{12} - \mathcal{L}_{22}) \otimes (BK) \\ I_{n\overline{\tau}(N-1)} & 0 \end{bmatrix}$ 是 Schur 稳定的。

当使用本节提出的网络化预测控制方法时，对于智能体 $i$ 可以利用得到的预测状态设计一致性协议为

$$u_i(t) = \hat{u}_i(t|t-\overline{\tau}) = K \sum_{j \in N_i} a_{ij} \Delta \hat{x}_{i,j}(t|t-\overline{\tau}) \tag{2-30}$$

式中，$K \in M_{m,n}(\mathbb{R})$ 是待设计的反馈增益矩阵。由推论 2-3 可知，对于网络化多智能体系统 (2-27)，协议 (2-30) 可解一致性问题的充要条件是 $\varPsi$ 是 Schur 稳定的。

取增益矩阵 $K = \begin{bmatrix} -0.1488 & 0.3184 \end{bmatrix}$，经计算得 $\varGamma$ 与 $\varPsi$ 的谱半径分别为 0.9898 和 0.9900。所以，协议 (2-28) 和协议 (2-30) 都可解一致性问题。图 2-7 与图 2-8 分别展示了在协议 (2-28) 和协议 (2-30) 的作用下网络化多智能体系统 (2-27) 的状态轨迹。图 2-7 和图 2-8 表明与利用时滞状态设计一致性协议相比，基于网络化预测控制方法可以使智能体状态更快更平稳地实现一致。

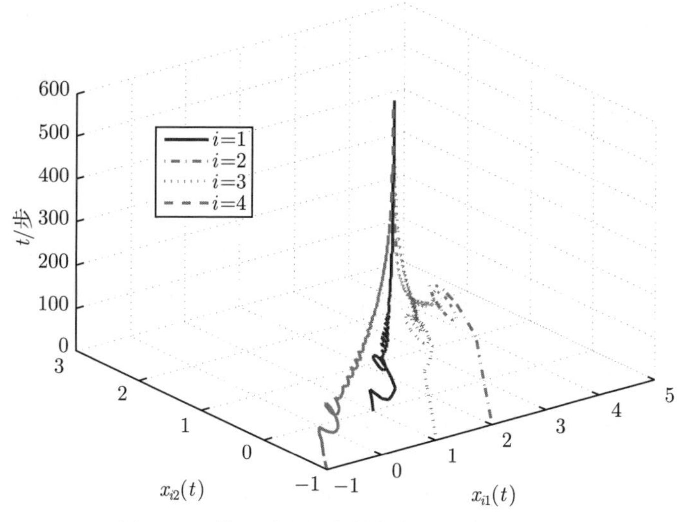


图 2-7 基于时滞状态的智能体的状态轨迹

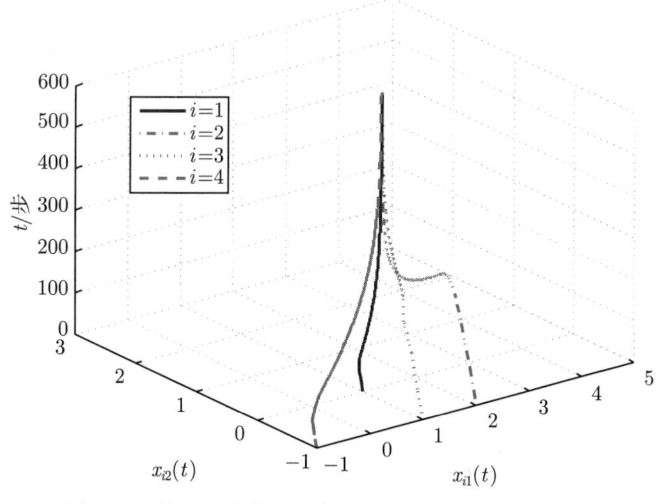


图 2-8 基于网络化预测控制机制智能体的状态轨迹

## 2.2 基于干扰补偿的分布式协议设计和一致性分析

近年来，对于多智能体系统的研究多数都是在没有外界干扰的条件下进行的，但是在工程的实际应用中外部的干扰是真实存在的。所以，本节考虑带有外部干扰和通信时滞的离散多智能体系统的状态一致性。基于网络化预测控制策略，分别设计状态反馈形式和静态输出反馈形式的分布式控制协议，从而实现具有外部干扰和通信时滞的离散多智能体系统的状态一致性。

### 2.2.1 问题描述

考虑一个由 $N$ 个智能体构成的多智能体系统，存在外部干扰的第 $i$ 个智能体的动力学模型如下：

$$\begin{cases} x_i(t+1) = Ax_i(t) + B\left(u_i(t) + d_i(t)\right) \\ y_i(t) = Cx_i(t) \end{cases} \tag{2-31}$$

式中，$x_i(t) \in M_{n,1}(\mathbb{R})$、$u_i(t) \in M_{m,1}(\mathbb{R})$、$y_i(t) \in M_{r,1}(\mathbb{R})$ 和 $d_i(t) \in M_{m,1}(\mathbb{R})$ 分别为第 $i$ 个智能体的状态、控制输入、量测输出和外部干扰；$A$、$B$、$C$ 为具有适当维数的矩阵。

由于扰动是外界引起的，所以引入外源变量

$$\begin{cases} w_i(t+1) = M_i w_i(t) \\ d_i(t) = N_i w_i(t) \end{cases} \tag{2-32}$$

式中，$w_i(t) \in M_{q,1}(\mathbb{R})$ 为外部系统的状态变量。

需要注意的是，相当一部分非线性多智能体系统设计问题可以通过线性化、反馈线性化等方式转化为线性多智能体系统的设计问题，这也是工程和理论研究中最常见的非线性问题处理思路。由此可见，研究线性多智能体系统的设计问题是研究非线性多智能体系统设计问题的基础。出于这样的考虑，本节以线性多智能体系统为研究对象。

参照输出调节理论，本节考虑一类由外部系统 (2-32) 产生的干扰，其中，$M_i$ 为包含干扰成分信息的定常矩阵。值得一提的是，对于不同的矩阵 $M_i$ 和初始状态 $w_i(t_0)$，外部系统 (2-32) 可以产生出多种实际工程上常见的干扰信号，主要包括幅值未知阶跃序列、斜率未知斜坡序列、幅值和相位未知的正弦序列的组合序列。由系统 (2-31) 可见，干扰出现在控制通道内，通常称这种类型的干扰为匹配干扰。目前，具有线性扰动 (2-32) 的离散多智能体系统 (2-31) 是研究较为广泛的带有匹配干扰的线性多智能体系统模型。所以，本节将以此模型作为研究对象，考虑其在通信网络存在时滞情形下的状态一致性问题。本节设计一种分布式控制协议，使得 $N$ 个智能体的状态在有外部干扰的条件下趋于一致。为保证理论的可行性，本节做出以下合理假设。

**假设 2-4** 外源系统产生的扰动 $d_i(t)$ 是有界的。

**假设 2-5** 网络中传输的数据包均带有时间戳。

### 2.2.2 一致性协议设计

定义一个新变量 $\bar{x}_i(t) = \begin{bmatrix} x_i^{\mathrm{T}}(t) & w_i^{\mathrm{T}}(t) \end{bmatrix}^{\mathrm{T}}$，增广系统的动力学方程为

$$\begin{cases} \bar{x}_i(t+1) = \bar{A}_i\bar{x}_i(t) + \bar{B}u_i(t) \\ y_i(t) = \bar{C}\bar{x}_i(t) \end{cases} \tag{2-33}$$

式中，$\bar{A}_i = \begin{bmatrix} A & BN_i \\ 0 & M_i \end{bmatrix}$，$i = 1, 2, \cdots, N$；$\bar{B} = \begin{bmatrix} B \\ 0 \end{bmatrix}$；$\bar{C} = \begin{bmatrix} C & 0 \end{bmatrix}$。

由于存在通信时滞，设时滞上界为 $\tau$，利用状态观测器，在 $t-\tau$ 时刻得到下一个时刻的信息：

$$\begin{cases} \hat{\bar{x}}_i(t-\tau+1|t-\tau) = \bar{A}_i\hat{\bar{x}}_i(t-\tau|t-\tau-1) + \bar{B}u_i(t-\tau|t-\tau-1) \\ \qquad\qquad + L_i\left(y_i(t-\tau) - \hat{y}_i(t-\tau|t-\tau-1)\right) \\ \hat{y}_i(t-\tau|t-\tau-1) = \bar{C}\hat{\bar{x}}_i(t-\tau|t-\tau-1) \end{cases} \tag{2-34}$$

从 $t-\tau+2$ 时刻到 $\tau$ 时刻状态和输出预测公式为

$$\begin{cases} \hat{\bar{x}}_i(t-\tau+k|t-\tau) = \bar{A}_i\hat{\bar{x}}_i(t-\tau+k-1|t-\tau) + \bar{B}u_i(t-\tau+k-1|t-\tau) \\ \hat{y}_i(t-\tau+k|t-\tau) = \bar{C}\hat{\bar{x}}_i(t-\tau+k|t-\tau), k = 2, 3, \cdots, \tau \end{cases} \tag{2-35}$$

将式 (2-34) 的 $t$ 换成 $t+\tau$，得

$$\begin{cases} \hat{\bar{x}}_i(t+1|t) = \bar{A}_i\hat{\bar{x}}_i(t|t-1) + \bar{B}u_i(t|t-1) + L_i\left(y_i(t) - \hat{y}_i(t|t-1)\right) \\ \hat{y}_i(t|t-1) = \bar{C}\hat{\bar{x}}_i(t|t-1) \end{cases} \tag{2-36}$$

设 $\bar{e}_i(t) = \bar{x}_i(t) - \hat{\bar{x}}_i(t|t-1)$, $\varepsilon_i(t) = w_i(t) - \hat{w}_i(t|t-1)$, $e_i(t) = x_i(t) - \hat{x}_i(t|t-1)$, $\bar{e}_i(t) = \begin{bmatrix} e_i^{\mathrm{T}}(t) & \varepsilon_i^{\mathrm{T}}(t) \end{bmatrix}^{\mathrm{T}}$, $L_i = \begin{bmatrix} L_{i1}^{\mathrm{T}} & L_{i2}^{\mathrm{T}} \end{bmatrix}^{\mathrm{T}}$。由式 (2-33) 减去式 (2-36)，得

$$\bar{x}_i(t+1) - \hat{\bar{x}}_i(t+1|t) = \bar{A}_i\left(\bar{x}_i(t) - \hat{\bar{x}}_i(t|t-1)\right) + L_i\left(\hat{y}_i(t|t-1) - y_i(t)\right) \tag{2-37}$$

式中，$\hat{y}_i(t|t-1) = \bar{C}\hat{\bar{x}}_i(t|t-1); y_i(t) = \bar{C}\bar{x}_i(t)$。

化简式 (2-37)，得

$$\bar{e}_i(t+1) = \begin{bmatrix} A - L_{i1}C & BN_i \\ -L_{i2}C & M_i \end{bmatrix}\begin{bmatrix} e_i(t) \\ \varepsilon_i(t) \end{bmatrix}$$

所以

$$e_i(t+1) = (A - L_{i1}C)\,e_i(t) + BN_i\varepsilon_i(t)$$

$$\varepsilon_i(t+1) = -L_{i2}Ce_i(t) + M_i\varepsilon_i(t)$$

对于具有外部扰动 (2-32) 的多智能体系统 (2-31)，本节设计依赖于智能体自身的预测状态和邻居智能体的预测状态的分布式协议：

$$u_i(t) = \hat{u}_i(t|t-\tau) = K\sum_{j=1}^{N} a_{ij}\left(\hat{x}_j(t|t-\tau) - \hat{x}_i(t|t-\tau)\right) - \hat{d}_i(t|t-\tau), \quad i \in \mathcal{V} \tag{2-38}$$

式中，$\hat{x}_i(t|t-\tau)$ 为第 $i$ 个智能体的状态估计；$\hat{d}_i(t|t-\tau)$ 为第 $i$ 个智能体的扰动估计；$a_{ij}$ 为智能体 $i$ 和智能体 $j$ 之间的邻接权值；$K$ 为待设计的增益矩阵。

**注解 2-5** 文献 [136] 仅考虑了外部干扰对多智能体系统状态一致性的影响，但没有考虑通信时滞对多智能体系统的影响。本节在文献 [136] 基础上，进一步研究了同时具有通信时滞与外部干扰的离散多智能体系统的状态一致性和输出一致性问题。由于时滞信息不能真实、完整地反映智能体当前时刻的特性，本节引入网络化预测控制方法，预测邻居智能体当前时刻的状态信息 $\hat{x}_j(t|t-\tau)$ 和自身的外部干扰信息 $\hat{d}_i(t|t-\tau)$，设计了形如式 (2-38) 的分布式协议，主动补偿通信时滞和外部干扰。避免了网络时滞和外部干扰对系统一致性产生的不良影响。

### 2.2.3 一致性分析

**定义 2-4** 如果离散多智能体系统 (2-31) 满足以下条件：

(1) $\lim\limits_{t\to\infty} \|x_i(t) - x_j(t)\| = 0, \forall i,j \in \mathcal{V}$；

(2) $\lim\limits_{t\to\infty} \|e_i(t)\| = 0, \forall i \in \mathcal{V}$，

那么，称一致性控制协议 (2-38) 可以解决有外部干扰和通信时滞的离散多智能体系统 (2-31) 的状态一致性问题，或者称离散多智能体系统 (2-31) 在一致性协议 (2-38) 下可以实现状态一致性。

由式 (2-33) ~ 式 (2-35)，得

$$\hat{\bar{x}}_i(t|t-\tau) = \bar{x}_i(t) - \bar{A}_i^{\tau-1}\bar{e}_i(t-\tau+1), \quad i = 1,2,\cdots,N \tag{2-39}$$

将 $\hat{\bar{x}}_i(t|t-1)$ 分解为

$$\hat{x}_i(t|t-\tau) = \begin{bmatrix} I_n & 0 \end{bmatrix} \hat{\bar{x}}_i(t|t-\tau)$$

$$\hat{d}_i(t|t-\tau) = \begin{bmatrix} 0 & N_i \end{bmatrix} \hat{\bar{x}}_i(t|t-\tau)$$

可以得到以下结论。

**定理 2-8** 对于一个带有扰动 (2-32) 和通信时滞的离散多智能体系统 (2-31)，协议 (2-38) 可以解决多智能体系统 (2-31) 的状态一致性问题当且仅当

$$I_{N-1} \otimes A - (\mathcal{L}_{22} - \mathbf{1}_{N-1}\mathcal{L}_{12}) \otimes (BK)$$

和

$$\begin{bmatrix} I_N \otimes A - L_1(I_N \otimes C) & (I_N \otimes B)N \\ -L_2(I_N \otimes C) & M \end{bmatrix}$$

是 Schur 稳定的。其中，$L_1=\mathrm{diag}(L_{11}, L_{21}, \cdots, L_{N1})$, $L_2=\mathrm{diag}(L_{12}, L_{22}, \cdots, L_{N2})$, $N=\mathrm{diag}(N_1, N_2, \cdots, N_N)$ 和 $M=\mathrm{diag}(M_1, M_2, \cdots, M_N)$。

**证明** 将式 (2-39) 代入控制协议式 (2-38) 中，可得

$$\begin{aligned} u_i(t) = K\sum_{j=1}^{N} a_{ij}\Big( & \begin{bmatrix} I_n & 0 \end{bmatrix} (\bar{x}_j(t) - \bar{A}_i^{\tau-1}\bar{e}_j(t-\tau+1)) \\ & - \begin{bmatrix} I_n & 0 \end{bmatrix} (\bar{x}_i(t) - \bar{A}_i^{\tau-1}\bar{e}_i(t-\tau+1))\Big) \\ & - \begin{bmatrix} 0 & N_i \end{bmatrix} (\bar{x}_j(t) - \bar{A}_i^{\tau-1}\bar{e}_j(t-\tau+1)) \end{aligned} \tag{2-40}$$

设

$$H_i(0)=0,\ H_i(\tau)=\sum_{s=1}^{\tau} A^{\tau-s}(BN_i){M_i}^{s-1},\ \tau=1,2,\cdots,N,\ i=1,2,\cdots,N$$

由式 (2-40)，得

$$\begin{aligned} x_i(t+1) = {} & Ax_i(t) - BK(\tilde{\mathcal{L}}_i \otimes I_n)\xi(t) + BKA^{\tau-1}(\mathcal{L}_i \otimes I_n)e(t-\tau+1) \\ & + BK(\mathcal{L}_i \otimes I_n)\bar{H}(\tau-1)\varepsilon(t-\tau+1) + BN_i{M_i}^{\tau-1}\varepsilon_i(t-\tau+1) \end{aligned}$$

其中，$\bar{H}(\tau-1) = \mathrm{diag}\Big(\bar{H}_1(\tau-1),\ \bar{H}_2(\tau-1),\ \cdots,\ \bar{H}_N(\tau-1)\Big)$，$\tilde{\mathcal{L}}_i = \begin{bmatrix} \mathcal{L}_{i2} & \mathcal{L}_{i3} & \cdots & \mathcal{L}_{iN} \end{bmatrix}$，$\mathcal{L}_i = \begin{bmatrix} \mathcal{L}_{i1} & \mathcal{L}_{i2} & \cdots & \mathcal{L}_{iN} \end{bmatrix}$。令

$$\begin{aligned} \xi_i(t) &= x_i(t) - x_1(t) \\ \hat{\xi}_i(t|t-\tau) &= \hat{x}_i(t|t-\tau) - \hat{x}_1(t|t-\tau), i=1,2,\cdots,N \\ \xi(t) &= \mathrm{diag}(\xi_2(t), \xi_3(t), \cdots, \xi_N(t)) \\ e(t) &= \mathrm{diag}(e_1(t), e_2(t), \cdots, e_N(t)) \\ \varepsilon(t) &= \mathrm{diag}(\varepsilon_1(t), \varepsilon_2(t), \cdots, \varepsilon_N(t)) \end{aligned}$$

得

$$\begin{aligned} \xi(t+1) = {} & (I_{N-1} \otimes A - (\mathcal{L}_{22} - \mathbf{1}_{N-1}\mathcal{L}_{12}) \otimes (BK))\,\xi(t) \\ & + \left((\mathcal{L}_2 - \mathbf{1}_{N-1} \cdot \mathcal{L}_1) \otimes (BKA^{\tau-1})\right) e(t-\tau+1) \end{aligned}$$

$$+\begin{pmatrix} ((\mathcal{L}_2-\mathbf{1}_{N-1}\cdot\mathcal{L}_1)\otimes(BK))\,\bar{H}(\tau-1) \\ +(I_{N-1}\otimes B)\bar{N}\bar{M}^{\tau-1}\begin{pmatrix}0 & I_{(N-1)q}\end{pmatrix} \\ -\left(\mathbf{1}_{N-1}\otimes(BN_1{M_1}^{\tau-1})\right)\begin{pmatrix}I_q & 0\end{pmatrix}\end{pmatrix}\varepsilon(t-\tau+1)$$

其中，$\mathcal{L}=\begin{bmatrix}\mathcal{L}_1\\ \mathcal{L}_2\end{bmatrix}=\begin{bmatrix}\mathcal{L}_{11} & \mathcal{L}_{12}\\ \mathcal{L}_{21} & \mathcal{L}_{22}\end{bmatrix}$；$\mathcal{L}_1\in M_{1,N}(\mathbb{R})$；$\mathcal{L}_2\in M_{N-1,N}(\mathbb{R})$；$\mathcal{L}_{11}\in\mathbb{R}$；$\mathcal{L}_{22}\in M_{N-1,N-1}(\mathbb{R})$；$\bar{N}=\mathrm{diag}(N_2,N_3,\cdots,N_N)$；$\bar{M}=\mathrm{diag}(M_2,M_3,\cdots,M_N)$。所以

$$\begin{bmatrix}\xi(t+1)\\ e(t-\tau+2)\\ \varepsilon(t-\tau+2)\end{bmatrix}=\varGamma\begin{bmatrix}\xi(t)\\ e(t-\tau+1)\\ \varepsilon(t-\tau+1)\end{bmatrix} \tag{2-41}$$

式中

$$\varGamma=\begin{bmatrix}I_{N-1}\otimes A-(\mathcal{L}_{22}-\mathbf{1}_{N-1}\mathcal{L}_{12})\otimes(BK) & \varOmega_1 & \varOmega_2\\ 0 & I_N\otimes A-L_1(I_N\otimes C) & (I_N\otimes B)N\\ 0 & -L_2(I_N\otimes C) & M\end{bmatrix}$$

$$\varOmega_1=\tilde{\mathcal{L}}\otimes(BKA^{\tau-1}),\ \tilde{\mathcal{L}}=\mathcal{L}_2-\mathbf{1}_{N-1}\mathcal{L}_1$$

$$\varOmega_2=\left(\tilde{\mathcal{L}}\otimes(BK)\right)\bar{H}(\tau-1)+(I_{N-1}\otimes B)\bar{N}\bar{M}^{\tau-1}\begin{bmatrix}0 & I_{(N-1)q}\end{bmatrix}$$
$$-\left(\mathbf{1}_{N-1}\otimes(BN_1{M_1}^{\tau-1})\right)\begin{bmatrix}I_q & 0\end{bmatrix}$$

基于定义 2-4，当且仅当系统 (2-41) 渐近稳定时，一致性协议 (2-38) 可以解决带有通信时滞和外部扰动的离散多智能体系统 (2-31) 的一致性问题，即 $\varGamma$ 是 Schur 稳定的。不难看出，系统 (2-41) 的系统矩阵是分块上三角矩阵。实现一致性的充要条件是当且仅当其对角线上的子矩阵 $I_{N-1}\otimes A-(\mathcal{L}_{22}-\mathbf{1}_{N-1}\mathcal{L}_{12})\otimes(BK)$ 和 $\begin{bmatrix}I_N\otimes A-L_1(I_N\otimes C) & (I_N\otimes B)N\\ -L_2(I_N\otimes C) & M\end{bmatrix}$ 是 Schur 稳定的。证毕。 □

**推论 2-4** 对于一个带有扰动 (2-32) 和通信时滞的多智能体系统 (2-31)，若拓扑图 $\mathcal{G}$ 含有一个有向生成树，那么协议 (2-38) 可解一致性问题的充要条件是 $A-\lambda_iBK$ 和 $\begin{bmatrix}I_N\otimes A-L_1(I_N\otimes C) & (I_N\otimes B)N\\ -L_2(I_N\otimes C) & M\end{bmatrix}$ 是 Schur 稳定的。其中，$\lambda_i(i=2,3,\cdots,N)$ 是有向图 $\mathcal{G}$ 的拉普拉斯矩阵 $\mathcal{L}$ 的非零特征根。

对于具有扰动 (2-32) 的多智能体系统 (2-31)，设计如下形式的输出反馈控制器：

$$u_i(t)=\hat{u}_i(t|t-\tau)=K\sum_{j=1}^{N}a_{ij}\left(\hat{y}_j(t|t-\tau)-\hat{y}_i(t|t-\tau)\right)-\hat{d}_i(t|t-\tau),i\in\mathcal{V} \quad (2\text{-}42)$$

类似于定理 2-8 的证明过程，可以得到以下结论，证明略。

**定理 2-9** 对于一个带有扰动 (2-32) 和通信时滞的离散多智能体系统 (2-31)，协议 (2-42) 可以解决离散多智能体系统状态一致性问题当且仅当 $I_{N-1}\otimes A-(\mathcal{L}_{22}-\mathbf{1}_{N-1}\mathcal{L}_{12})\otimes(BKC)$ 和 $\begin{bmatrix} I_N\otimes A-L_1(I_N\otimes C) & (I_N\otimes B)N \\ -L_2(I_N\otimes C) & M\end{bmatrix}$ 是 Schur 稳定的。其中，$L_1$、$L_2$、$N$ 和 $M$ 如定理 2-8 所示。

### 2.2.4 基于干扰补偿的状态一致性算例

为了验证理论推导的正确性，本节给出状态反馈控制作用下多智能体系统一致性的控制效果。

**例 2-5** 假设具有外部干扰 (2-32) 的离散多智能体系统 (2-31) 是由 4 个智能体构成的。智能体 $i$ 的动力学模型为

$$x_i(t+1)=\begin{bmatrix} 1.2 & 1 \\ -0.2 & -0.303\end{bmatrix}x_i(t)+\begin{bmatrix} 0 \\ 1\end{bmatrix}(u_i(t)+d_i(t))$$

$$y_i(t)=\begin{bmatrix} 1 & 0\end{bmatrix}x_i(t),\ i=1,2,3,4$$

扰动模型为

$$w_i(t+1)=\begin{bmatrix} 0.1 & 0 & 0 & 0 \\ 0 & -0.1 & 0 & 0 \\ 0 & 0 & 0.1 & 0 \\ 0 & 0 & 0 & 0.1\end{bmatrix}w_i(t)$$

$$d_i(t)=I_4 w_i(t),\ i=1,2,3,4$$

智能体之间的拓扑结构用图 $\mathcal{G}$ 来描述，如图 2-9 所示。

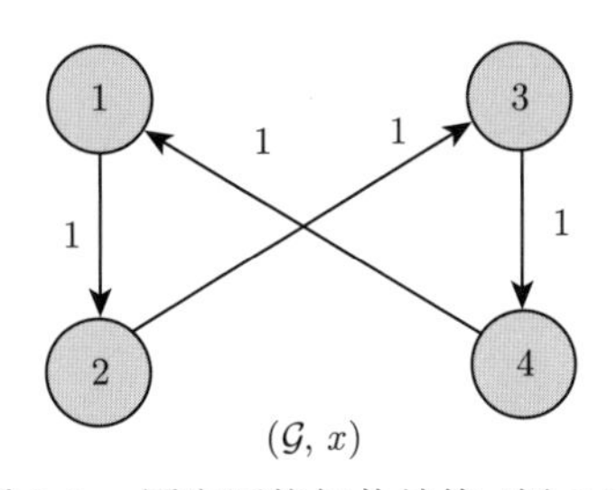


图 2-9 固定网络拓扑结构 (例 2-5)

设智能体在网络上传输数据时存在时滞的上界 $\tau = 2$。利用极点配置技术，求得观测器增益矩阵为

$$L_{11} = \begin{bmatrix} 1.0473 \\ -0.1387 \end{bmatrix}, \quad L_{21} = \begin{bmatrix} 1.0473 \\ -0.1688 \end{bmatrix}$$

$$L_{31} = \begin{bmatrix} 1.0473 \\ -0.1387 \end{bmatrix}, \quad L_{41} = \begin{bmatrix} 1.0473 \\ -0.1387 \end{bmatrix}$$

选择如下控制增益 $K = \begin{bmatrix} 0.6082 & 0.4387 \end{bmatrix}$，通过计算可得特征值 $\lambda_i$ 均在单位圆内。因此，根据定理 2-8，一致性协议 (2-38) 能够解决具有外部干扰的多智能体系统的一致性问题。设系统初始状态如下：

$$x_1(0) = \begin{bmatrix} -7 & 5 \end{bmatrix}^{\mathrm{T}}, x_2(0) = \begin{bmatrix} 13 & -10 \end{bmatrix}^{\mathrm{T}}$$

$$x_3(0) = \begin{bmatrix} -10 & -12 \end{bmatrix}^{\mathrm{T}}, x_4(0) = \begin{bmatrix} 7 & 8 \end{bmatrix}^{\mathrm{T}}$$

$$e_1(0) = \begin{bmatrix} 0.1 & -0.1 \end{bmatrix}^{\mathrm{T}}, e_2(0) = \begin{bmatrix} -0.1 & 0.1 \end{bmatrix}^{\mathrm{T}}$$

$$e_3(0) = \begin{bmatrix} 0.3 & 0 \end{bmatrix}^{\mathrm{T}}, e_4(0) = \begin{bmatrix} 0.2 & -0.2 \end{bmatrix}^{\mathrm{T}}$$

$$w_1(0) = -0.5, w_2(0) = 0.7, w_3(0) = 1, w_4(0) = 0.1$$

$$\varepsilon_1(0) = -0.3, \varepsilon_2(0) = 0.2, \varepsilon_3(0) = -0.1, \varepsilon_4(0) = 0.1$$

图 2-10 和图 2-11 展示了在状态反馈形式的协议下，多智能体系统的状态轨迹。从图中可以看出每个智能体的状态最终趋于一致，验证了本节提出方法的有效性。

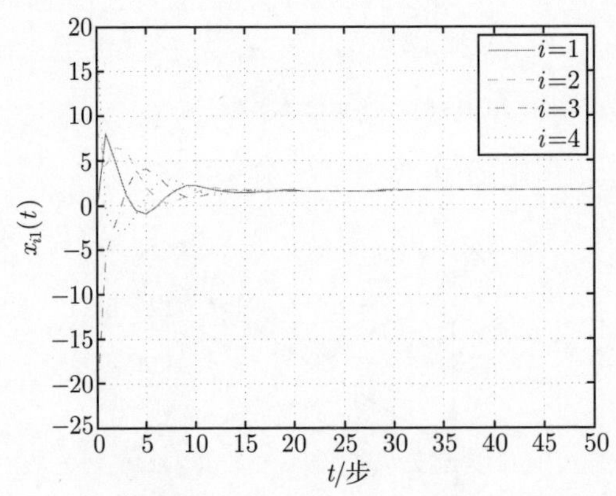


图 2-10 状态轨迹 $x_{i1}(t), i = 1, 2, 3, 4$ $(\tau = 2)$(例 2-5)

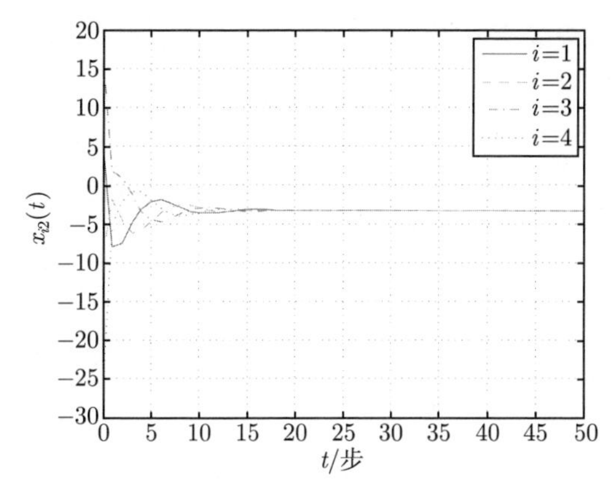


图 2-11　状态轨迹 $x_{i2}(t), i = 1, 2, 3, 4$ $(\tau = 2)$(例 2-5)

## 2.3 本章小结

本章基于网络化预测控制方法研究了离散网络化同构多智能体系统的状态一致性问题。首先，针对具有相同定常时滞和智能体状态不可测的网络化多智能体系统，利用状态观测器和预测控制方法，主动补偿网络时滞，得到当前时刻智能体状态的预测值，从而进行协议设计和一致性分析，得到协议可解一致性问题的充要条件。其次，针对具有不同定常通信时滞的网络化多智能体系统，在智能体状态可测的条件下，利用网络化预测控制方法，给出了分布式一致性协议的设计方法，并将一致性问题转换为线性离散时滞系统的渐近稳定性问题。进而，将上述结果推广到具有不同时变通信时滞的网络化多智能体系统，得到了协议可解一致性问题的充要条件。再次，考虑了外部干扰对离散多智能体系统的状态一致性的影响。最后，数值仿真验证了本章所提出理论结果的有效性和可行性。

# 第 3 章　无领航异构离散多智能体系统的一致性

针对网络化同构多智能体系统 (即在网络化多智能体系统中每个智能体具有相同的动态结构,如每个智能体的动态结构都是由一个离散线性系统 $(A, B, C)$ 描述的)，第 2 章基于网络化预测控制方法研究了具有定常和时变通信时滞的网络化同构多智能体系统的一致性问题。但是在实际工程中，每个智能体的结构可能是不同的。例如，多智能体系统中的某些智能体具有一阶积分器形式，而另一些智能体具有二阶积分器形式。通常，将智能体具有不同动态结构的网络化多智能体系统称为网络化异构多智能体系统。另外，传统的一致性协议大多基于智能体的状态与其相邻智能体的状态之差，即 $u_i(t) = \sum\limits_{j\in N_i} a_{ij}(x_j(t) - x_i(t))$。这隐含着每个智能体的状态是可以得到的。但是，在实际工程中，由于经济成本对测量条件的约束，想得到所有智能体的状态是很难实现的，甚至是不可能的。在这种情况下，利用状态观测器对智能体的状态进行估计成为有效的处理方法之一[137, 138]。文献 [88]、[132] 基于邻居智能体的相对输出提出了观测器类型的一致性协议，并引入了一致性域的概念作为协议鲁棒性的衡量准则。因此，本章将在智能体状态无法得到的情况下，利用网络化预测控制方法研究离散网络化异构多智能体系统的一致性问题。

## 3.1　智能体状态不可测情形

### 3.1.1　问题描述

考虑由 $N$ 个智能体组成的网络化多智能体系统，其中，智能体 $i$ 的动力学模型为

$$\begin{aligned} x_i(t+1) &= A_i x_i(t) + B_i u_i(t) \\ y_i(t) &= C_i x_i(t),\ t \in \mathbb{Z}^+ \\ x_i(t) &= \varphi_i(t),\ -\tau \leqslant t \leqslant 0,\ i = 1, 2, \cdots, N \end{aligned} \tag{3-1}$$

式中，$x_i$、$u_i$ 和 $y_i$ 分别表示智能体 $i$ 的状态、控制输入和量测输出；$A_i \in M_n(\mathbb{R})$、$B_i \in M_{n,m}(\mathbb{R})$、$C_i \in M_{l,n}(\mathbb{R})$ 为定常矩阵。假设 $B_i$ 是行满秩的，$i = 1, 2, \cdots, N$。假设智能体之间通过网络传递信息时存在定常通信时滞 $\tau$，并且，每个智能体获

得自身的信息也存在通信时滞 $\tau$，其中，$\tau$ 是一个已知的正整数。$\varphi_i(\cdot)$ 为给定的初始状态，$i=1,2,\cdots,N$。

类似于第 2 章的描述，仍用有向图 $\mathcal{G}=(\mathcal{V},\mathcal{E},\mathcal{A})$ 来表示智能体之间的通信关系，其中，$\mathcal{V}=\{1,2,\cdots,N\}$ 是顶点集，$\mathcal{E}\subseteq\mathcal{V}\times\mathcal{V}$ 是边集，$\mathcal{A}=[a_{ij}]\in M_N(\mathbb{R})$ 是非负加权邻接矩阵。$e_{ij}=(i,j)\in\mathcal{E}$ 意味着智能体 $j$ 能接收到智能体 $i$ 的信息。在本节中，假设所有智能体的状态不是完全可测的，但是它们的输出是完全可测的。虽然，网络的出现使得控制大规模的分布式系统变得更方便，但是网络的引入给传统的控制系统带来了新的问题，如网络诱导时滞、丢包和多包传输等。本节将主要考虑网络时滞对网络化多智能体系统的一致性造成的影响。

在给出主要结果之前，本节先给出两个引理。

**引理 3-1** [50] 有向图 $\mathcal{G}$ 的拉普拉斯矩阵 $\mathcal{L}$ 有且仅有一个零特征值的充要条件是 $\mathcal{G}$ 有一个有向生成树。

**引理 3-2** [139] 设 $S=[S_{ij}]$ 是一个对称矩阵，其中，$S_{11}\in M_r(\mathbb{R})$, $S_{12}\in M_{r,n-r}(\mathbb{R})$, $S_{22}\in M_{n-r}(\mathbb{R})$。那么，$S<0$ 的充要条件是

$$S_{11}<0,\ S_{22}-S_{12}^{\mathrm{T}}S_{11}^{-1}S_{12}<0$$

或等价地

$$S_{22}<0,\ S_{11}-S_{12}S_{22}^{-1}S_{12}^{\mathrm{T}}<0$$

### 3.1.2 基于网络化预测控制方法的一致性协议的设计

在本节中，假设智能体之间通过网络传递信息时存在定常通信时滞 $\tau$，并且，每个智能体获得自身的信息也存在通信时滞 $\tau$，其中，$\tau$ 是一个已知的正整数。因此，在 $t$ 时刻，每个智能体只能得到其自身及与之通信的智能体在 $t-\tau$ 时刻的信息。下面利用网络化预测控制方法来主动补偿网络时滞。

**假设 3-1** $(A_i,C_i)$ 是可检测的，$i=1,2,\cdots,N$。

**假设 3-2** 每个智能体都可以接收到自身和可达到它的所有智能体的信息，即智能体 $i$ 可以接收到来自智能体 $j$ 的信息，$\forall j\in\{i\}\cup N_i^*$。

因为智能体 $i$ 获得智能体 $j$ $(j\in\{i\}\cup N_i^*)$ 的信息存在时滞 $\tau$，为了克服网络时滞的影响，基于智能体 $j$ 直到 $t-\tau$ 时刻的数据，本节构造智能体 $j$ 从 $t-\tau$ 时刻到 $t$ 时刻的预测状态为

$$\begin{aligned}\hat{x}_j(t-\tau+1|t-\tau)=&A_j\hat{x}_j(t-\tau|t-\tau-1)+B_ju_j(t-\tau)\\&+L_j[y_j(t-\tau)-C_j\hat{x}_j(t-\tau|t-\tau-1)]\end{aligned}\tag{3-2a}$$

$$\begin{aligned}
\hat{x}_j(t-\tau+2|t-\tau) &= A_j\hat{x}_j(t-\tau+1|t-\tau)+B_ju_j(t-\tau+1)\\
\hat{x}_j(t-\tau+3|t-\tau) &= A_j\hat{x}_j(t-\tau+2|t-\tau)+B_ju_j(t-\tau+2)\\
&\ \ \vdots\\
\hat{x}_j(t|t-\tau) &= A_j\hat{x}_j(t-1|t-\tau)+B_ju_j(t-1),\ j\in\{i\}\cup N_i^*
\end{aligned} \tag{3-2b}$$

式中，$\hat{x}_j(t-\tau+1|t-\tau)\in M_{n,1}(\mathbb{R})$ 与 $u_j(t-\tau)\in M_{m,1}(\mathbb{R})$ 分别是向前一步的预测状态和观测器在 $t-\tau$ 时刻的输入；$L_j\in M_{n,l}(\mathbb{R})$ 可以通过观测器设计方法得到；$\hat{x}_j(t-\tau+d|t-\tau)\in M_{n,1}(\mathbb{R})$ 是智能体 $j$ 基于直到 $t-\tau$ 时刻的信息在 $t-\tau+d$ 时刻的预测状态，$u_j(t-\tau+d-1)\in M_{m,1}(\mathbb{R})$ 是 $t-\tau+d-1$ 时刻的输入，$d=2,3,\cdots,\tau,\ j\in\{i\}\cup N_i^*$。

因此，对于存在定常网络时滞 $\tau$ 的网络化异构多智能体系统 (3-1)，基于网络化预测控制方法，本节设计智能体 $i$ 的一致性协议为

$$\begin{aligned}
u_i(t) &= u_i(t|t-\tau)\\
&= B_{iR}^{-1}(K+\sum_{j=1,\,j\neq i}^{N}A_j)\hat{x}_i(t|t-\tau)\\
&\quad +K_i\sum_{j\in N_i}a_{ij}(\hat{x}_j(t|t-\tau)-\hat{x}_i(t|t-\tau)),\ i=1,2,\cdots,N
\end{aligned} \tag{3-3}$$

式中，$B_{iR}^{-1}$ 为 $B_i$ 的右逆；$K\in M_n(\mathbb{R})$ 和 $K_i\in M_{m,n}(\mathbb{R})$ 是待设计的反馈增益矩阵，$i=1,2,\cdots,N$。

**注解 3-1**　协议 (3-3) 不仅考虑了智能体 $i$ 与其邻居智能体在 $t$ 时刻的预测状态差，而且直接考虑了智能体 $i$ 在 $t$ 时刻的预测状态对于系统的影响。上面已假设 $B_i$ 是行满秩的，所以 $B_i$ 的右逆 $B_{iR}^{-1}$ 一定存在，其通解可以表示为 $B_{iR}^{-1}=VB_i^{\mathrm{T}}(B_iVB_i^{\mathrm{T}})^{-1}$，其中，$V\in M_m(\mathbb{R})$ 是满足 $\mathrm{rank}(B_iVB_i^{\mathrm{T}})=\mathrm{rank}B_i$ 的任意矩阵，$i=1,2,\cdots,N$。

**注解 3-2**　当通信网络在 $t$ 时刻存在有界时变时滞 $\tau_m\leqslant\tau(t)\leqslant\tau_M$ 时，智能体 $i$ 收到智能体 $j$ $(j\in\{i\}\cup N_i^*)$ 的信息存在 $\tau(t)$ 步的时延，其中，$\tau_m$ 和 $\tau_M$ 是已知的正整数。文献 [140]、[141] 利用驻留时间 (dwell-time) 方法处理了网络化控制系统的时变时滞问题，即当网络时滞 $\tau(t)<\tau_M$ 时，网络中的数据将被迫强制等待使得时延达到上界 $\tau_M$。此时，时变时滞被转化为定常时滞。因此，在本节中，假设网络时滞是定常的。虽然驻留时间方法具有一定的保守性，但是，当直接处理时变时滞非常困难时，该方法可以作为一个间接研究时变时滞的有效方法。

**定义 3-1**　对于网络化多智能体系统 (3-1)，如果以下条件

(1) $\lim\limits_{t\to\infty}\|x_i(t)-x_j(t)\|=0,\ \forall\, i,j=1,2,\cdots,N$；

(2) $\lim\limits_{t\to\infty}\|e_i(t)\|=0,\ \forall\, i=1,2,\cdots,N$，

成立，则称协议 (3-3) 可解一致性问题，或称系统 (3-1) 在协议 (3-3) 作用下能够实现一致。其中，$e_i(t)=\hat{x}_i(t|t-1)-x_i(t)$ 是 $t$ 时刻的估计误差。

### 3.1.3　一致性分析

设

$$\delta_i(t)=x_i(t)-x_1(t),\ i=1,2,\cdots,N$$

$$\delta(t)=\begin{bmatrix}\delta_2^{\mathrm{T}}(t) & \delta_3^{\mathrm{T}}(t) & \cdots & \delta_N^{\mathrm{T}}(t)\end{bmatrix}^{\mathrm{T}}$$

$$x(t)=\begin{bmatrix}x_1^{\mathrm{T}}(t) & x_2^{\mathrm{T}}(t) & \cdots & x_N^{\mathrm{T}}(t)\end{bmatrix}^{\mathrm{T}}$$

$$e(t)=\begin{bmatrix}e_1^{\mathrm{T}}(t) & e_2^{\mathrm{T}}(t) & \cdots & e_N^{\mathrm{T}}(t)\end{bmatrix}^{\mathrm{T}}$$

由定义 3-1 可知,协议 (3-3) 可解一致性问题当且仅当 $\lim\limits_{t\to\infty}\|e(t)\|=0$ 和 $\lim\limits_{t\to\infty}\|\delta(t)\|=0$ 同时成立。

下面给出网络化多智能体系统 (3-1) 在协议 (3-3) 的作用下智能体状态实现一致的充要条件。

**定理 3-1**　对于具有有向拓扑 $\mathcal{G}=(\mathcal{V},\mathcal{E},\mathcal{A})$ 和定常通信时滞 $\tau>0$ 的网络化多智能体系统 (3-1)，协议 (3-3) 可解一致性问题的充要条件是

$$I_{N-1}\otimes(A_s+K)-\hat{B}(\mathcal{L}_{22}\otimes I_n)+(\mathbf{1}_{N-1}\mathcal{L}_{12})\otimes(B_1K_1)$$

和

$$A_i-L_iC_i,\ i=1,2,\cdots,N$$

都是 Schur 稳定的。其中，$A_s=\sum\limits_{i=1}^{N}A_i$, $\hat{B}=\oplus\sum\limits_{i=2}^{N}B_iK_i$，$\mathcal{L}=\begin{bmatrix}\mathcal{L}_{11} & \mathcal{L}_{12}\\ \mathcal{L}_{21} & \mathcal{L}_{22}\end{bmatrix}$ 是图 $\mathcal{G}$ 的拉普拉斯矩阵，$\mathcal{L}_{11}\in\mathbb{R}$，$\mathcal{L}_{22}\in M_{N-1}(\mathbb{R})$，$\oplus\sum$ 表示矩阵的直和。

**证明**　对于智能体 $i$，由式 (3-2) 得智能体 $j$ 在 $t$ 时刻的预测状态：

$$\begin{aligned}\hat{x}_j(t|t-\tau)=&A_j^{\tau-1}(A_j-L_jC_j)\hat{x}_j(t-\tau|t-\tau-1)\\&+\sum_{s=1}^{\tau}A_j^{\tau-s}B_ju_j(t-\tau+s-1)\end{aligned}\tag{3-4}$$

$$+ A_j^{\tau-1} L_j y_j(t-\tau),\ j \in \{i\} \cup N_i^*$$

系统 (3-1) 通过迭代，得

$$x_i(t) = A_i^{\tau} x_i(t-\tau) + \sum_{s=1}^{\tau} A_i^{\tau-s} B_i u_i(t-\tau+s-1), i = 1, 2, \cdots, N \tag{3-5}$$

由式 (3-4) 和式 (3-5) 得

$$\hat{x}_j(t|t-\tau) = x_j(t) + A_j^{\tau-1} e_j(t-\tau+1),\ j \in \{i\} \cup N_i^* \tag{3-6}$$

将式 (3-6) 代入式 (3-3) 得

$$\begin{aligned} u_i(t) = & B_{iR}^{-1}(K + A_s - A_i)(x_i(t) + A_i^{\tau-1} e_i(t-\tau+1)) \\ & - d_{\text{in}}(i) K_i \left(\delta_i(t) + A_i^{\tau-1} e_i(t-\tau+1)\right) \\ & + K_i \sum_{j=1}^{N} a_{ij} \left(\delta_j(t) + A_j^{\tau-1} e_j(t-\tau+1)\right),\ i = 1, 2, \cdots, N \end{aligned}$$

因此，在分布式协议 (3-3) 的作用下，系统 (3-1) 的闭环系统可以表示为

$$\begin{aligned} x_i(t+1) = & (A_s + K) x_i(t) - d_{\text{in}}(i) B_i K_i \delta_i(t) \\ & + (A_s - A_i + K - d_{\text{in}}(i) B_i K_i) A_i^{\tau-1} e_i(t-\tau+1) \\ & + (\alpha_i \otimes (B_i K_i)) \delta(t) + (\mathcal{A}_i \otimes (B_i K_i)) \hat{A}^{\tau-1} e(t-\tau+1),\ i=1, 2, \cdots, N \end{aligned} \tag{3-7}$$

式中，$\hat{A} = \oplus \sum\limits_{i=1}^{N} A_i$；$\mathcal{A}_i \in M_{1,N}(\mathbb{R})$，$\mathcal{A} = \left[\begin{array}{cccc} \mathcal{A}_1^{\mathrm{T}} & \mathcal{A}_2^{\mathrm{T}} & \cdots & \mathcal{A}_N^{\mathrm{T}} \end{array}\right]^{\mathrm{T}}$；$\alpha_i = \left[a_{i2}\ a_{i3}\ \cdots\ a_{iN}\right]$。

从而，闭环系统的紧凑形式可以表示为

$$x(t+1) = (I_N \otimes (A_s + K)) x(t) + \Omega e(t-\tau+1) + (\Omega_1 - \Omega_2) \delta(t)$$

式中

$$\Omega = (I_N \otimes (A_s + K) - \hat{A} - (\oplus \sum_{i=1}^{N} B_i K_i)(\mathcal{L} \otimes I_n)) \hat{A}^{\tau-1}$$

$$\Omega_1 = \left[\begin{array}{cccc} \alpha_1^{\mathrm{T}} \otimes (B_1 K_1)^{\mathrm{T}} & \alpha_2^{\mathrm{T}} \otimes (B_2 K_2)^{\mathrm{T}} & \cdots & \alpha_N^{\mathrm{T}} \otimes (B_N K_N)^{\mathrm{T}} \end{array}\right]^{\mathrm{T}}$$

$$\Omega_2 = \begin{bmatrix} 0_{n\times(N-1)n} \\ \oplus\sum_{i=2}^{N} d_{in}(i)B_iK_i \end{bmatrix}$$

相对于智能体 1 的状态误差系统可以表示为

$$\delta(t+1) = Rx(t+1) = \Gamma\delta(t) + R\Omega e(t-\tau+1)$$

式中

$$R = \begin{bmatrix} -\mathbf{1}_{N-1} & I_{N-1} \end{bmatrix} \otimes I_n$$

$$\Gamma = I_{N-1} \otimes (A_s + K) - \hat{B}(\mathcal{L}_{22} \otimes I_n) + (\mathbf{1}_{N-1}\mathcal{L}_{12}) \otimes (B_1K_1)$$

由式 (3-2a) 得

$$e_i(t+1) = (A_i - L_iC_i)e_i(t),\ i = 1, 2, \cdots, N \tag{3-8}$$

由此，误差系统可以表示为

$$\begin{bmatrix} \delta(t+1) \\ e(t-\tau+2) \end{bmatrix} = \begin{bmatrix} \Gamma & R\Omega \\ 0 & \hat{A}_e \end{bmatrix} \begin{bmatrix} \delta(t) \\ e(t-\tau+1) \end{bmatrix}$$

式中，$\hat{A}_e = \oplus\sum_{i=1}^{N} A_i - L_iC_i$。

由定义 3-1 可知，协议 (3-3) 可解网络化多智能体系统 (3-1) 一致性问题的充要条件是 $\Gamma$ 和 $A_i - L_iC_i$ 都是 Schur 稳定的，$i = 1, 2, \cdots, N$。证毕。 □

**注解 3-3** 定理 3-1 表明，当智能体之间的通信存在定常网络时滞时，在基于网络化预测控制方法的协议 (3-3) 的作用下，网络化多智能体系统 (3-1) 的一致性只与每个智能体的结构和它们之间的通信拓扑有关，而与通信时滞无关。由此可见，网络化预测控制方法可以有效地补偿通信时滞造成的影响。

接下来，将给出协议 (3-3) 中反馈增益矩阵 $K, K_1, K_2, \cdots, K_N$ 的设计方法。

**定理 3-2** 对于具有有向拓扑 $\mathcal{G} = (\mathcal{V}, \mathcal{E}, \mathcal{A})$ 和定常通信时滞 $\tau > 0$ 的网络化多智能体系统 (3-1)，如果有

$H_1$：$A_i - L_iC_i$ 是 Schur 稳定的，$\forall i \in \mathcal{V}$；

$H_2$：存在矩阵 $X = X^{\mathrm{T}} > 0, Y \in M_{(N-1)(n+Nm),(N-1)n}(\mathbb{R})$ 和 $Z \in M_{n+Nm,n}(\mathbb{R})$，满足

$$YX^{-1} = I_{N-1} \otimes Z \tag{3-9}$$

$$\begin{bmatrix} X & -(\hat{A}_sX+TY)^{\mathrm{T}} \\ -(\hat{A}_sX+TY) & X \end{bmatrix} > 0 \tag{3-10}$$

那么协议 (3-3) 可解一致性问题。并且，协议 (3-3) 中的反馈增益矩阵可取为 $\bar{K}=Z$，其中，$\bar{K}=\begin{bmatrix} K^{\mathrm{T}} & K_1^{\mathrm{T}} & K_2^{\mathrm{T}} & \cdots & K_N^{\mathrm{T}} \end{bmatrix}^{\mathrm{T}}$，$\hat{A}_s=I_{N-1}\otimes A_s$, $T=[T_{ij}]\in M_{(N-1)n,(N-1)(n+Nm)}(\mathbb{R})$, $T_{ij}\in M_{n,n+Nm}(\mathbb{R})$，并且

$$T_{ij}=\begin{cases} [\,0_{n\times n}\ \ l_{1,j+1}B_1\ \ \overbrace{0_{n\times m}\ \cdots\ 0_{n\times m}}^{i-1}\ \ -l_{i+1,j+1}B_{i+1}\ \ \overbrace{0_{n\times m}\ \cdots\ 0_{n\times m}}^{N-i-1}\,], & i\neq j \\ [\,I_n\ \ l_{1,i+1}B_1\ \ \underbrace{0_{n\times m}\ \cdots\ 0_{n\times m}}_{i-1}\ \ -l_{i+1,i+1}B_{i+1}\ \ \underbrace{0_{n\times m}\ \cdots\ 0_{n\times m}}_{N-i-1}\,], & i=j \end{cases}$$

$i,j=1,2,\cdots,N-1$。

**证明**　由定理 3-1 得

$$I_{N-1}\otimes(A_s+K)-\hat{B}(\mathcal{L}_{22}\otimes I_n)+(\mathbf{1}_{N-1}\mathcal{L}_{12})\otimes(B_1K_1)=\hat{A}_s+T\hat{K} \tag{3-11}$$

式中，$\hat{K}=I_{N-1}\otimes\bar{K}$。再由式 (3-10) 和引理 3-2 得

$$(\hat{A}_sX+TY)^{\mathrm{T}}X^{-1}(\hat{A}_sX+TY)-X<0 \tag{3-12}$$

式 (3-12) 左乘 $X^{-\mathrm{T}}$，右乘 $X^{-1}$ 得

$$(\hat{A}_s+TYX^{-1})^{\mathrm{T}}X^{-1}(\hat{A}_s+TYX^{-1})-X^{-1}<0 \tag{3-13}$$

取 $\hat{K}=YX^{-1}$，$P=X^{-1}$，由式 (3-9) 和式 (3-13) 可知

$$(\hat{A}_s+T\hat{K})^{\mathrm{T}}P(\hat{A}_s+T\hat{K})-P<0 \ \text{且}\ \bar{K}=Z$$

故由 Lyapunov 稳定性理论可知，$\hat{A}_s+T\hat{K}$ 是 Schur 稳定的。由式 (3-11) 可知，$I_{N-1}\otimes(A_s+K)-\hat{B}(\mathcal{L}_{22}\otimes I_n)+(\mathbf{1}_{N-1}\mathcal{L}_{12})\otimes(B_1K_1)$ 是 Schur 稳定的。进而，由条件 $H_1$ 和定理 3-1 可知协议 (3-3) 可解一致性问题。证毕。□

当网络化多智能体系统 (3-1) 具有有向、固定拓扑 $\mathcal{G}$ 时，定理 3-1 给出了协议 (3-3) 可解一致性问题的充要条件。特别地，当拓扑 $\mathcal{G}$ 包含一个有向生成树时，可以得到网络化多智能体系统 (3-1) 达到一致的充分条件。

**推论 3-1**　对于具有有向拓扑 $\mathcal{G}=(\mathcal{V},\mathcal{E},\mathcal{A})$ 和定常通信时滞 $\tau>0$ 的网络化多智能体系统 (3-1)，当拓扑 $\mathcal{G}$ 包含一个有向生成树时，如果以下条件成立，那么协议 (3-3) 可解一致性问题：

(1) $A_i - L_iC_i$ 是 Schur 稳定的，$\forall i \in \mathcal{V}$；

(2) 存在一个矩阵 $\tilde{K} \in M_{m,n}(\mathbb{R})$ 和一个标量 $j_0 \in \mathcal{V}$，使得 $A_{j_0} - \lambda_i B_{j_0}\tilde{K}$ 对于任意的 $i \in \mathcal{V}\setminus\{1\}$ 都是 Schur 稳定的 (其中，$\lambda_i$ 是拉普拉斯矩阵 $\mathcal{L}$ 的非零特征根，$i \in \mathcal{V}\setminus\{1\}$)。

**证明** 由条件 (2) 可知，存在 $\tilde{K} \in M_{m,n}(\mathbb{R})$ 和 $j_0 \in \mathcal{I}$ 使得 $\bigcup_{i=2}^{N} \sigma(A_{j_0} - \lambda_i B_{j_0}\tilde{K}) \subseteq U_0$，其中，$U_0$ 表示以原点为圆心的单位圆盘的内部。因此，取 $K_{j_0} = \tilde{K}$，$K = -\sum_{j=1,\, j\neq j_0}^{N} A_j$。对于任意的 $s \in \mathcal{V}$，$B_s$ 是行满秩的。因此，存在 $K_s \in M_{m,n}(\mathbb{R})$ 使得 $B_sK_s = B_{j_0}K_{j_0}$。从而

$$
\begin{aligned}
& I_{N-1} \otimes (A_s + K) - \hat{B}(\mathcal{L}_{22} \otimes I_n) + (\mathbf{1}_{N-1}\mathcal{L}_{12}) \otimes (B_1K_1) \\
&= I_{N-1} \otimes A_{j_0} - (\mathcal{L}_{22} - \mathbf{1}_{N-1}\mathcal{L}_{12}) \otimes (B_{j_0}K_{j_0})
\end{aligned}
$$

式中，$A_s$、$\hat{B}$、$\mathcal{L}_{12}$ 和 $\mathcal{L}_{22}$ 如定理 3-1 中所示。

类似于文献 [93] 中的 Theorem 1 和文献 [132] 中的 Theorem 1，由拉普拉斯矩阵 $\mathcal{L}$ 的性质可知

$$
T_1^{-1}\mathcal{L}T_1 = \begin{bmatrix} 0 & \mathcal{L}_{12} \\ 0 & \mathcal{L}_{22} - \mathbf{1}_{N-1}\mathcal{L}_{12} \end{bmatrix} \tag{3-14}
$$

式中，$T_1 = \begin{bmatrix} 1 & 0 \\ \mathbf{1}_{N-1} & I_{N-1} \end{bmatrix}$。设 $\sigma(\mathcal{L}) = \{\lambda_1 = 0, \lambda_2, \cdots, \lambda_N\}$，由引理 3-1 可知，拓扑 $\mathcal{G}$ 包含一个有向生成树当且仅当 0 是 $\mathcal{L}$ 的单特征根。因此，$\lambda_i \neq 0, \forall\, i \in \mathcal{V}\setminus\{1\}$。再由式 (3-14) 得 $\sigma(\mathcal{L}_{22} - \mathbf{1}_{N-1}\mathcal{L}_{12}) = \sigma(\mathcal{L}) \setminus \{\lambda_1\}$。故存在非奇异矩阵 $T_2$，使得

$$
T_2^{-1}(\mathcal{L}_{22} - \mathbf{1}_{N-1}\mathcal{L}_{12})T_2 = J
$$

式中，$J = \mathrm{diag}(J_1, J_2, \cdots, J_s)$ 是 $\mathcal{L}_{22} - \mathbf{1}_{N-1}\mathcal{L}_{12}$ 的 Jordan 标准型，$\lambda_2, \lambda_3, \cdots, \lambda_N$ 是 $J$ 的主对角元，$J_i$ $(i = 1, 2, \cdots, s)$ 是一个上三角 Jordan 块。因此

$$
\begin{aligned}
& (T_2 \otimes I_n)^{-1}[I_{N-1} \otimes (A_s + K) - \hat{B}(\mathcal{L}_{22} \otimes I_n) + (\mathbf{1}_{N-1}\mathcal{L}_{12}) \otimes (B_1K_1)](T_2 \otimes I_n) \\
&= I_{N-1} \otimes A_{j_0} - J \otimes (B_{j_0}K_{j_0})
\end{aligned}
$$

是一个上三角分块矩阵，这意味着

$$
\sigma(I_{N-1} \otimes (A_s + K) - \hat{B}(\mathcal{L}_{22} \otimes I_n) + (\mathbf{1}_{N-1}\mathcal{L}_{12}) \otimes (B_1K_1)) = \bigcup_{i=2}^{N} \sigma(A_{j_0} - \lambda_i B_{j_0}K_{j_0}) \subseteq U_0
$$

所以，$I_{N-1} \otimes (A_s + K) - \hat{B}(\mathcal{L}_{22} \otimes I_n) + (\mathbf{1}_{N-1}\mathcal{L}_{12}) \otimes (B_1 K_1)$ 是 Schur 稳定的。进而，由条件 (1) 和定理 3-1 可知，协议 (3-3) 可解一致性问题。证毕。 □

**推论 3-2** 对于具有有向拓扑 $\mathcal{G} = (\mathcal{V}, \mathcal{E}, \mathcal{A})$ 和定常通信时滞 $\tau > 0$ 的网络化多智能体系统 (3-1)，如果以下条件成立，那么协议 (3-3) 可解一致性问题：

(1) $A_i - L_i C_i$ 是 Schur 稳定的，$\forall i \in \mathcal{V}$；

(2) 存在 $j_0 \in \mathcal{V}$ 使得 $A_{j_0}$ 是 Schur 稳定的，即在网络化多智能体系统 (3-1) 中，存在一个智能体是稳定的。

**证明** 显然,对于 $\forall s \in \mathcal{V}$,都存在 $K_s \in M_{m,n}(\mathbb{R})$ 使得 $B_s K_s = 0$。在协议 (3-3) 中,取 $K = -\sum\limits_{j=1,\, j\neq j_0}^{N} A_j$,则有 $I_{N-1}\otimes(A_s+K)-\hat{B}(\mathcal{L}_{22}\otimes I_n)+(\mathbf{1}_{N-1}\mathcal{L}_{12})\otimes(B_1K_1) = I_{N-1} \otimes A_{j_0}$ 其中，$A_s$、$\hat{B}$、$\mathcal{L}_{12}$ 和 $\mathcal{L}_{22}$ 如定理 3-1 所示。

由条件 (2) 可知，$\sigma(A_{j_0}) \subseteq U_0$。因此，$I_{N-1} \otimes (A_s + K) - \hat{B}(\mathcal{L}_{22} \otimes I_n) + (\mathbf{1}_{N-1}\mathcal{L}_{12}) \otimes (B_1 K_1)$ 是 Schur 稳定的。进而，由条件 (1) 和定理 3-1 可知协议 (3-3) 可解一致性问题。证毕。 □

### 3.1.4 无通信时滞情形

上面讨论了当通信网络存在定常时滞时，网络化多智能体系统 (3-1) 的协议设计和一致性分析。本节将针对通信网络不存在时滞这一特殊情形，讨论网络化多智能体系统 (3-1) 的协议设计和一致性分析。仍然假设所有智能体的状态不是完全可测的，但其输出是可测的。

对于智能体 $i$，为了获得其状态，采用如下状态观测器：

$$\begin{aligned} \hat{x}_i(t|t-1) &= A_i \hat{x}_i(t-1|t-2) + B_i u_i(t-1) \\ &\quad + L_i \left[ y_i(t-1) - C_i \hat{x}_i(t-1|t-2) \right],\ i = 1, 2, \cdots, N \end{aligned} \tag{3-15}$$

式中，$\hat{x}_i(t|t-1) \in M_{n,1}(\mathbb{R})$ 是智能体 $i$ 在 $t$ 时刻的状态估计；$u_i(t-1) \in M_{m,1}(\mathbb{R})$ 和 $y_i(t-1) \in M_{l,1}(\mathbb{R})$ 分别是智能体 $i$ 在 $t-1$ 时刻的输入和输出；$L_i \in M_{n,l}(\mathbb{R})$ 是观测器增益矩阵。

因此，在无通信时滞情形，本节设计如下基于观测器形式的一致性协议：

$$\begin{aligned} u_i(t) &= B_{iR}^{-1}(K + \sum_{j=1,\, j\neq i}^{N} A_j) \hat{x}_i(t|t-1) \\ &\quad + K_i \sum_{j \in N_i} a_{ij} \left[ \hat{x}_j(t|t-1) - \hat{x}_i(t|t-1) \right],\ i = 1, 2, \cdots, N \end{aligned} \tag{3-16}$$

式中，$B_{iR}^{-1}$、$K$ 和 $K_i$ 如式 (3-3) 所示，$i=1,2,\cdots,N$。

**注解 3-4** 当通信网络存在时滞时，为了基于网络化预测控制方法设计一致性协议，不仅要求每个智能体能接收到其邻居智能体的信息，而且要求智能体必须能接收到所有可达到它的智能体的信息。但是，当通信网络无时滞时，只要求每个智能体能够接收到其邻居智能体的信息就足够了。

**定义 3-2** 对于网络化多智能体系统 (3-1)，如果以下条件成立，则称协议 (3-16) 可解一致性问题，或称系统 (3-1) 在协议 (3-16) 作用下能够实现一致：

(1) $\lim\limits_{t\to\infty}\|x_i(t)-x_j(t)\|=0,\ \forall\, i,j=1,2,\cdots,N$；

(2) $\lim\limits_{t\to\infty}\|e_i(t)\|=0,\ \forall\, i=1,2,\cdots,N$。

其中，$e_i(t)=\hat{x}_i(t|t-1)-x_i(t)$ 是估计误差，$i=1,2,\cdots,N$。

下面将给出网络化多智能体系统 (3-1) 在通信网络无时滞的情形，即协议 (3-16) 可解一致性问题的充要条件。

**定理 3-3** 对于具有有向拓扑 $\mathcal{G}=(\mathcal{V},\mathcal{E},\mathcal{A})$ 和无通信时滞的网络化多智能体系统 (3-1)，协议 (3-16) 可解一致性问题的充要条件是

$$I_{N-1}\otimes(A_s+K)-\hat{B}(\mathcal{L}_{22}\otimes I_n)+(\mathbf{1}_{N-1}\mathcal{L}_{12})\otimes(B_1K_1)$$

和

$$A_i-L_iC_i,\ i=1,2,\cdots,N$$

是 Schur 稳定的，其中，$A_s$、$\hat{B}$、$\mathcal{L}_{12}$ 和 $\mathcal{L}_{22}$ 如定理 3-1 所示。

**证明** 注意到智能体 $i$ 的状态、估计状态和估计误差满足

$$\hat{x}_i(t|t-1)=x_i(t)+e_i(t),\ i=1,2,\cdots,N \tag{3-17}$$

将式 (3-17) 代入式 (3-16)，得

$$\begin{aligned}u_i(t)=&B_{iR}^{-1}(K+A_s-A_i)(x_i(t)+e_i(t))-d_{\text{in}}(i)K_i\left(\delta_i(t)+e_i(t)\right)\\&+K_i\sum_{j=1}^{N}a_{ij}\left(\delta_j(t)+e_j(t)\right),\ i=1,2,\cdots,N\end{aligned}$$

类似于定理 3-1 的推导，在分布式协议 (3-16) 的作用下，系统 (3-1) 的闭环系统和状态误差系统可以表示为

$$\begin{aligned}x_i(t+1)=&(A_s+K)x_i(t)+(A_s-A_i+K)e_i(t)\\&+B_iK_i\sum_{j=1}^{N}a_{ij}\left(\delta_j(t)+e_j(t)\right)-d_{\text{in}}(i)B_iK_i\left(\delta_i(t)+e_i(t)\right),i=1,2,\cdots,N\end{aligned}$$

$$\begin{aligned}\delta_i(t+1)=&(A_s+K-d_{\text{in}}(i)B_iK_i)\delta_i(t)+(A_s-A_i+K-d_{\text{in}}(i)B_iK_i)e_i(t)\\&+(A_s-A_1+K-d_{\text{in}}(1)B_1K_1)e_1(t)\\&+(\alpha_i\otimes(B_iK_i)-\alpha_1\otimes(B_1K_1))\,\delta(t)\\&+(\mathcal{A}_i\otimes(B_iK_i)-\mathcal{A}_1\otimes(B_1K_1))\,e(t),i=2,3,\cdots,N\end{aligned}$$

式中，$\mathcal{A}_i$ 和 $\alpha_i$ 如式 (3-7) 所示，$i=1,2,\cdots,N$。

由此，可得如下紧凑形式：

$$\delta(t+1)=\varGamma\delta(t)+\varOmega e(t) \tag{3-18}$$

式中

$$\begin{aligned}\varOmega&=R\left(I_N\otimes(A_s+K)-\oplus\sum_{i=1}^{N}A_i-(\oplus\sum_{i=1}^{N}B_iK_i)(\mathcal{L}\otimes I_n)\right),\\R&=\begin{bmatrix}-\mathbf{1}_{N-1} & I_{N-1}\end{bmatrix}\otimes I_n\\\varGamma&=I_{N-1}\otimes(A_s+K)-\hat{B}(\mathcal{L}_{22}\otimes I_n)+(\mathbf{1}_{N-1}\mathcal{L}_{12})\otimes(B_1K_1)\end{aligned}$$

由式 (3-8) 和式 (3-18)，得到误差系统为

$$\begin{bmatrix}\delta(t+1)\\e(t+1)\end{bmatrix}=\begin{bmatrix}\varGamma & \varOmega\\0 & \hat{A}_e\end{bmatrix}\begin{bmatrix}\delta(t)\\e(t)\end{bmatrix}$$

式中，$\hat{A}_e=\oplus\sum\limits_{i=1}^{N}A_i-L_iC_i$。由定义 3-2 可知，协议 (3-16) 可解一致性问题的充要条件是 $\varGamma$ 和 $A_i-L_iC_i$ 都是 Schur 稳定的，$i=1,2,\cdots,N$。证毕。 □

由定理 3-1 和定理 3-3 可以发现，无论通信网络是否存在时滞，在分别基于网络化预测控制方法和观测器方法设计的一致性协议作用下，网络化多智能体系统 (3-1) 实现一致的充要条件是相同的。同理，也可以得到类似于定理 3-2、推论 3-1 和推论 3-2 的结论。

**定理 3-4**　对于具有有向拓扑 $\mathcal{G}=(\mathcal{V},\mathcal{E},\mathcal{A})$ 和无通信时滞的网络化多智能体系统 (3-1)，如果以下条件

$H_1$：$A_i-L_iC_i$ 是 Schur 稳定的，$\forall i\in\mathcal{V}$；

$H_2$: 存在矩阵 $X=X^{\mathrm{T}}>0, Y\in M_{(N-1)(n+Nm),(N-1)n}(\mathbb{R})$ 和 $Z\in M_{n+Nm,n}(\mathbb{R})$，满足

$$YX^{-1}=I_{N-1}\otimes Z \tag{3-19}$$

$$\begin{bmatrix} X & -(\hat{A}_s X + TY)^{\mathrm{T}} \\ -(\hat{A}_s X + TY) & X \end{bmatrix} > 0 \tag{3-20}$$

那么协议 (3-16) 可解一致性问题。并且，协议 (3-16) 中的反馈增益矩阵可取为 $\bar{K} = Z$，其中，$\bar{K} = \begin{bmatrix} K^{\mathrm{T}} & K_1^{\mathrm{T}} & K_2^{\mathrm{T}} & \cdots & K_N^{\mathrm{T}} \end{bmatrix}^{\mathrm{T}}$，$\hat{A}_s = I_{N-1} \otimes A_s$, $T = [T_{ij}] \in M_{(N-1)n,(N-1)(n+Nm)}(\mathbb{R})$, $T_{ij} \in M_{n,n+Nm}(\mathbb{R})$，并且

$$T_{ij} = \begin{cases} [\,0_{n\times n} \quad l_{1,j+1}B_1 \quad \overbrace{0_{n\times m} \cdots 0_{n\times m}}^{i-1} \quad -l_{i+1,j+1}B_{i+1} \quad \overbrace{0_{n\times m} \cdots 0_{n\times m}}^{N-i-1}\,], & i \neq j \\ [\,I_n \quad l_{1,i+1}B_1 \quad \underbrace{0_{n\times m} \cdots 0_{n\times m}}_{i-1} \quad -l_{i+1,i+1}B_{i+1} \quad \underbrace{0_{n\times m} \cdots 0_{n\times m}}_{N-i-1}\,], & i = j \end{cases}$$

$i, j = 1, 2, \cdots, N-1$。

**推论 3-3** 对于具有有向拓扑 $\mathcal{G} = (\mathcal{V}, \mathcal{E}, \mathcal{A})$ 和无通信时滞的网络化多智能体系统 (3-1)，当拓扑 $\mathcal{G}$ 包含一个有向生成树时，如果以下条件成立，那么协议 (3-16) 可解一致性问题：

(1) $A_i - L_i C_i$ 是 Schur 稳定的，$\forall i \in \mathcal{V}$；

(2) 存在一个矩阵 $\tilde{K} \in M_{m,n}(\mathbb{R})$ 和一个标量 $j_0 \in \mathcal{V}$，使得 $A_{j_0} - \lambda_i B_{j_0} \tilde{K}$ 对于任意的 $i \in \mathcal{V} \setminus \{1\}$ 是 Schur 稳定的 (其中，$\lambda_i$ 是拉普拉斯矩阵 $\mathcal{L}$ 的非零特征根，$i \in \mathcal{V} \setminus \{1\}$)。

**推论 3-4** 对于具有有向拓扑 $\mathcal{G} = (\mathcal{V}, \mathcal{E}, \mathcal{A})$ 和无通信时滞的网络化多智能体系统 (3-1)，如果以下条件成立，那么，协议 (3-16) 可解一致性问题：

(1) $A_i - L_i C_i$ 是 Schur 稳定的，$\forall i \in \mathcal{V}$；

(2) 存在 $j_0 \in \mathcal{V}$ 使得 $A_{j_0}$ 是 Schur 稳定的，即在网络化多智能体系统 (3-1) 中，存在一个智能体是稳定的。

### 3.1.5 基于绝对状态预测值的一致性算例

本节给出几个数值例子来展示所提出理论结果的有效性和可行性。

**例 3-1** (具有通信时滞情形) 考虑包含 3 个智能体的网络化多智能体系统，其中，第 $i$ 个智能体用 $i$ 表示，$i$ = 1,2,3。智能体 $i$ 的动态结构由式 (3-1) 表示，其中

$$A_1 = \begin{bmatrix} 1 & -1 \\ -0.5 & 0 \end{bmatrix},\ B_1 = \begin{bmatrix} 1 & 0 & -2 \\ 0 & 0.5 & 3 \end{bmatrix},\ C_1 = \begin{bmatrix} 0 \\ -1 \end{bmatrix}^{\mathrm{T}}$$

$$A_2 = \begin{bmatrix} 0.25 & 0 \\ 2 & 0.5 \end{bmatrix},\ B_2 = \begin{bmatrix} 1 & 0 & 0.5 \\ 0 & 0.25 & -2 \end{bmatrix},\ C_2 = \begin{bmatrix} 0 \\ 1 \end{bmatrix}^{\mathrm{T}}$$

$$A_3 = \begin{bmatrix} -1 & 1 \\ 0 & 1 \end{bmatrix},\ B_3 = \begin{bmatrix} -0.2 & 0 & -1 \\ -1 & 0.5 & 1 \end{bmatrix},\ C_3 = \begin{bmatrix} 1 \\ 0 \end{bmatrix}^{\mathrm{T}}$$

3 个智能体之间的通信关系由图 3-1 中有向图 $\mathcal{G}$ 表示。

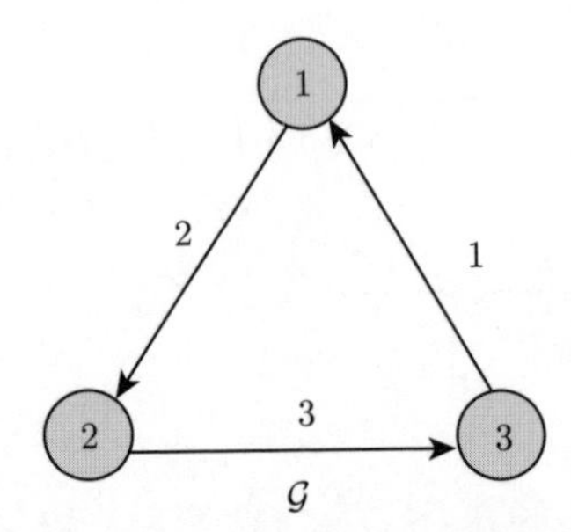


图 3-1　3 个智能体间的固定拓扑

易验证 $B_i$ 是行满秩的且 $(A_i, C_i)$ 是可检测的，$i = 1, 2, 3$。因此，对于任意的 $Q_i > 0$，离散时间 Riccati 方程

$$A_i P_i A_i^{\mathrm{T}} - P_i - A_i P_i C_i^{\mathrm{T}} (I + C_i P_i C_i^{\mathrm{T}})^{-1} C_i P_i A_i^{\mathrm{T}} + Q_i = 0 \tag{3-21}$$

存在唯一解 $P_i > 0$，并且 $A_i - L_i C_i$ 是 Schur 稳定的，其中，$L_i = A_i P_i C_i^{\mathrm{T}} (I + C_i P_i C_i^{\mathrm{T}})^{-1}$, $i = 1, 2, 3$。取 $Q_1 = Q_2 = Q_3 = \mathrm{diag}(1, 2)$，利用 MATLAB 工具箱，可以得到 Riccati 方程 (3-21) 的解 $P_i$ 及增益矩阵 $L_i$ 为

$$P_1 = \begin{bmatrix} 10.8677 & -4.1126 \\ -4.1126 & 3.8440 \end{bmatrix},\ P_2 = \begin{bmatrix} 1.0642 & 0.5226 \\ 0.5226 & 6.4671 \end{bmatrix},\ P_3 = \begin{bmatrix} 4.5519 & 3.3322 \\ 3.3322 & 5.9324 \end{bmatrix}$$

$$L_1 = \begin{bmatrix} 1.6426 \\ -0.4245 \end{bmatrix},\ L_2 = \begin{bmatrix} 0.0175 \\ 0.5730 \end{bmatrix},\ L_3 = \begin{bmatrix} -0.2197 \\ 0.6002 \end{bmatrix} \tag{3-22}$$

另外，存在矩阵

$$X = \mathrm{diag}(1, 0.25, 1, 0.25),\ Y = I_2 \otimes \varLambda,\ Z = \begin{bmatrix} Z_1^{\mathrm{T}} & Z_2^{\mathrm{T}} & Z_3^{\mathrm{T}} & Z_4^{\mathrm{T}} \end{bmatrix}^{\mathrm{T}}$$

满足式 (3-9) 和式 (3-10)，其中，$\varLambda = \begin{bmatrix} \varLambda_1^{\mathrm{T}} & \varLambda_2^{\mathrm{T}} & \varLambda_3^{\mathrm{T}} & \varLambda_4^{\mathrm{T}} \end{bmatrix}^{\mathrm{T}}$

$$\Lambda_1 = -\begin{bmatrix} 0.3136 & 0.0238 \\ 1.5409 & 0.3416 \end{bmatrix},\ \Lambda_2 = \begin{bmatrix} -24.4644 & -35.0490 \\ 73.3933 & 105.1469 \\ -12.2322 & -17.5245 \end{bmatrix}$$

$$\Lambda_3 = \begin{bmatrix} -6.6298 & -5.3550 \\ 106.0775 & 85.6805 \\ 13.2597 & 10.7101 \end{bmatrix},\ \Lambda_4 = \begin{bmatrix} -14.0492 & 59.3938 \\ -33.7181 & 142.5450 \\ 2.8098 & -11.8788 \end{bmatrix}$$

$$Z_1 = -\begin{bmatrix} 0.3136 & 0.0950 \\ 1.5409 & 1.3665 \end{bmatrix},\ Z_2 = \begin{bmatrix} -24.4644 & -140.1958 \\ 73.3933 & 420.5875 \\ -12.2322 & -70.0979 \end{bmatrix}$$

$$Z_3 = \begin{bmatrix} -6.6298 & -21.4201 \\ 106.0775 & 342.7219 \\ 13.2597 & 42.8402 \end{bmatrix},\ Z_4 = \begin{bmatrix} -14.0492 & 237.5750 \\ -33.7181 & 570.1801 \\ 2.8098 & -47.5150 \end{bmatrix}$$

由定理 3-2 可得反馈增益矩阵为

$$K = Z_1,\ K_1 = Z_2,\ K_2 = Z_3,\ K_3 = Z_4$$

通过计算得

$$\begin{aligned} &\sigma(I_2 \otimes (A_s + K) - \hat{B}(\mathcal{L}_{22} \otimes I_2) + (\mathbf{1}_2\mathcal{L}_{12}) \otimes (B_1K_1)) \\ &= \{0.1515, 0.1515, -0.0816, -0.0816\} \subseteq U_0 \end{aligned}$$

$$\begin{aligned} \bigcup_{i=1}^{3} \sigma(A_i - L_iC_i) = \{&0.7191, -0.1435, 0.0885 + 0.0944\mathrm{i}, \\ &0.0885 - 0.0944\mathrm{i}, -0.3285, 0.5482\} \subseteq U_0 \end{aligned}$$

式中，$\sigma(\cdot)$ 表示矩阵的谱。因此，由定理 3-1 可知，协议 (3-3) 可解一致性问题。

当通信时滞 $\tau = 3$ 时，取网络化多智能体系统 (3-1) 和观测器 (3-2a) 的初始条件分别为

$$x_1(0) = \begin{bmatrix} -1 \\ 5 \end{bmatrix},\ x_2(0) = \begin{bmatrix} -6 \\ -2 \end{bmatrix}$$

$$x_3(0) = \begin{bmatrix} 6 \\ -2 \end{bmatrix},\ e_1(0) = -e_2(0) = \begin{bmatrix} 0.1 \\ -0.1 \end{bmatrix},\ e_3(0) = \begin{bmatrix} 0.3 \\ 0 \end{bmatrix}$$

$$e_1(-1) = e_2(-1) = e_3(-1) = -\begin{bmatrix} 1 & 1 \end{bmatrix}^{\mathrm{T}},\ e_1(-2) = e_2(-2) = e_3(-2) = \begin{bmatrix} 1 & 1 \end{bmatrix}^{\mathrm{T}}$$

图 3-2 展示了通信时滞 $\tau=3$ 和 $\tau=0$ 时，网络化多智能体系统的状态轨迹。实线表示 $\tau=3$ 时的情形，虚线表示 $\tau=0$ 时的情形。仿真结果表明网络化预测控制方法能够有效地补偿网络时滞。基于网络化预测控制方法，存在通信时滞的网络化多智能体系统的性能非常接近无通信时滞的网络化多智能体系统的性能。

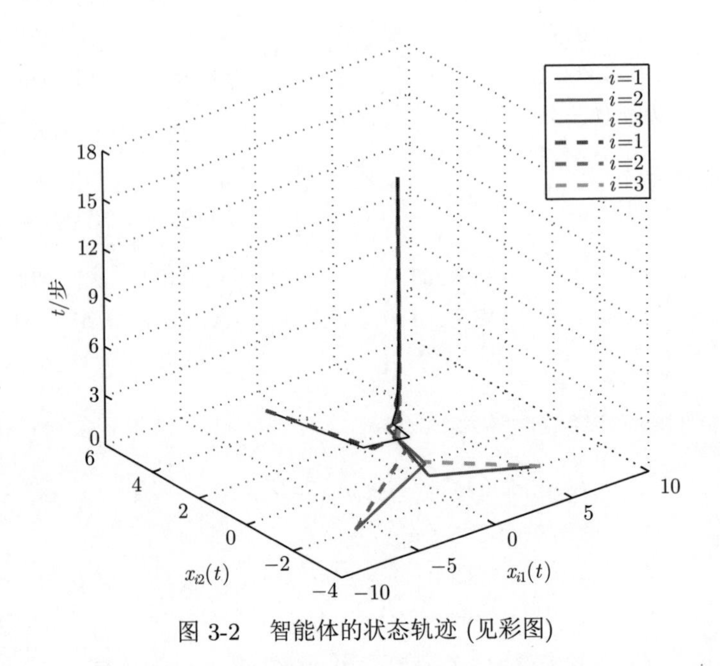


图 3-2　智能体的状态轨迹 (见彩图)

**例 3-2**　考虑包含 6 个智能体的网络化多智能体系统 (3-1)，其中，每个智能体的结构相同，即

$$A_1=A_2=A_3=A_4=A_5=A_6=\begin{bmatrix}4 & 3\\ -4.5 & -3.5\end{bmatrix}$$

$$B_1=B_2=B_3=B_4=B_5=B_6=\begin{bmatrix}1 & -2\end{bmatrix}^{\mathrm{T}}$$

$$C_1=C_2=C_3=C_4=C_5=C_6=\begin{bmatrix}3 & 2\end{bmatrix}$$

智能体之间的通信关系由图 3-3 中有向图 $\mathcal{G}$ 表示，邻接元素为 1。假设智能体间的通信时滞 $\tau=3$。下面比较不使用和使用网络化预测控制方法时多智能体系统状态达到一致性的效果。

情形一：考虑不使用网络化预测控制方法设计一致性协议。

由于通信网络存在时滞，智能体 $i$ 在 $t$ 时刻只能接收到智能体 $j$ 在 $t-\tau$ 时刻的信息。又因为智能体的状态是不可测的，基于智能体 $j$ 在 $t-\tau-1$ 时刻的输入和输出信息，利用状态观测器可以得到智能体 $j$ 在 $t-\tau$ 时刻的状态估计值，即

$$\begin{aligned}&\hat{x}_j(t-\tau|t-\tau-1)\\=&A\hat{x}_j(t-\tau-1|t-\tau-2)+Bu_j(t-\tau-1)\\&+L[y_j(t-\tau-1)-C\hat{x}_j(t-\tau-1|t-\tau-2)],\ j\in\{i\}\cup N_i^*\end{aligned}$$

因而，对于智能体 $i$，利用 $t-\tau$ 时刻的状态估计值设计一致性协议为

$$u_i(t)=K\sum_{j\in N_i}a_{ij}(\hat{x}_j(t-\tau|t-\tau-1)-\hat{x}_i(t-\tau|t-\tau-1)),\ i=1,2,\cdots,N \tag{3-23}$$

式中，$K\in M_{m,n}(\mathbb{R})$ 是待设计的反馈增益矩阵。

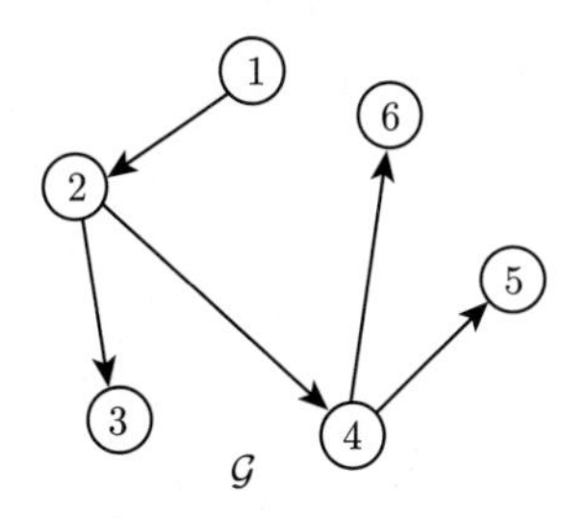


图 3-3 固定拓扑

在协议 (3-23) 的控制作用下，误差系统可以表示为如下的线性离散时滞系统：

$$\xi(t+1)=A_c\xi(t)+A_{dc}\xi(t-\tau)$$

式中，$A_c=\begin{bmatrix}I_{N-1}\otimes A & -(R_b\mathcal{L})\otimes(BK)\\0 & I_N\otimes(A-LC)\end{bmatrix}$，$R_b=\begin{bmatrix}-\mathbf{1}_{N-1} & I_{N-1}\end{bmatrix}$；$A_{dc}=\begin{bmatrix}(\mathbf{1}_{N-1}\mathcal{L}_{12}-\mathcal{L}_{22})\otimes(BK) & 0\\0 & 0\end{bmatrix}$；$\xi(t)=\begin{bmatrix}\delta(t)^{\mathrm{T}} & e(t-\tau)^{\mathrm{T}}\end{bmatrix}^{\mathrm{T}}$。所以，协议 (3-23) 可解一致性问题当且仅当矩阵 $\Psi(\tau)=\begin{bmatrix}\Psi_1 & A_{dc}\\I_{\tau n(2N-1)} & 0\end{bmatrix}$ 是 Schur 稳定的，其中，$\Psi_1=\begin{bmatrix}A_c & 0 & \cdots & 0\end{bmatrix}$。

情形二：考虑使用本节提出的网络化预测控制方法设计一致性协议。

由于每个智能体的结构相同，所以，对于智能体 $i$ 设计如下简单形式的一致性协议：

$$u_i(t) = u_i(t|t-\tau) = K\sum_{j\in N_i} a_{ij}(\hat{x}_j(t|t-\tau) - \hat{x}_i(t|t-\tau)) \tag{3-24}$$

式中，$K \in M_{m,n}(\mathbb{R})$ 是待设计的反馈增益矩阵。由定理 3-1 可知，对于网络化多智能体系统 (3-1)，协议 (3-24) 可解一致性问题的充要条件是 $\varGamma \triangleq I_{N-1} \otimes A - (\mathcal{L}_{22} - \mathbf{1}_{N-1}\mathcal{L}_{12}) \otimes (BK)$ 和 $A - LC$ 都是 Schur 稳定的。

取增益矩阵

$$L = \begin{bmatrix} 1.3072 & -1.4871 \end{bmatrix}^{\mathrm{T}},\ K = \begin{bmatrix} -0.5472 & -0.2505 \end{bmatrix}$$

经计算得 $\varPsi(\tau)$、$\varGamma$ 和 $A - LC$ 的谱半径分别为 0.9684、0.5618 和 0.5。所以，协议 (3-23) 和协议 (3-24) 都可解一致性问题。

当通信时滞 $\tau = 3$ 时，取初始条件为

$$x_1(0) = \begin{bmatrix} 1 \\ -2 \end{bmatrix},\ x_2(0) = \begin{bmatrix} 1 \\ 1 \end{bmatrix},\ x_3(0) = \begin{bmatrix} -1 \\ -2 \end{bmatrix}$$

$$x_4(0) = \begin{bmatrix} 0 \\ -4 \end{bmatrix},\ x_5(0) = \begin{bmatrix} -3 \\ 4 \end{bmatrix},\ x_6(0) = \begin{bmatrix} 4 \\ 0 \end{bmatrix}$$

$$e_1(0) = \begin{bmatrix} -0.4 \\ -0.5 \end{bmatrix},\ e_2(0) = \begin{bmatrix} -0.1 \\ 0.1 \end{bmatrix},\ e_3(0) = \begin{bmatrix} 0.3 \\ -0.6 \end{bmatrix}$$

$$e_4(0) = \begin{bmatrix} 0.2 \\ 0.2 \end{bmatrix},\ e_5(0) = \begin{bmatrix} -0.2 \\ 0.2 \end{bmatrix}$$

$$e_6(0) = \begin{bmatrix} -0.2 & -0.2 \end{bmatrix}^{\mathrm{T}}, e_i(j) = x_i(j) = \begin{bmatrix} 0 & 0 \end{bmatrix}^{\mathrm{T}}$$

$$i = 1, 2, \cdots, 6,\ j = -1, -2, -3$$

图 3-4 和图 3-5 分别展示了在协议 (3-23) 和协议 (3-24) 的作用下网络化多智能体系统 (3-1) 的状态轨迹。图 3-4 和图 3-5 表明基于网络化预测控制方法可以使智能体状态更快更平稳地实现一致。而且，在基于时滞状态估计值设计的一致性协议作用下，情形一给出了时滞相关的一致性判据。而在基于网络化预测控制方法设计的一致性协议作用下，情形二给出了时滞无关的一致性判据。因此，当网络时滞比较大时，基于网络化预测控制方法设计的一致性协议的控制效果更好。

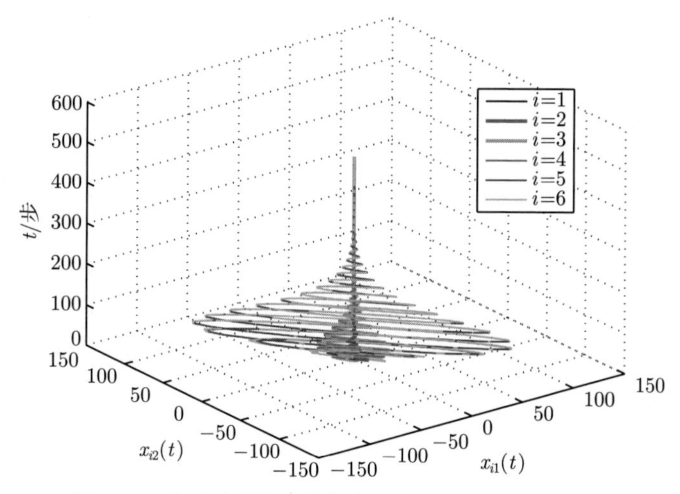


图 3-4 基于时滞状态的智能体的状态轨迹 (见彩图)

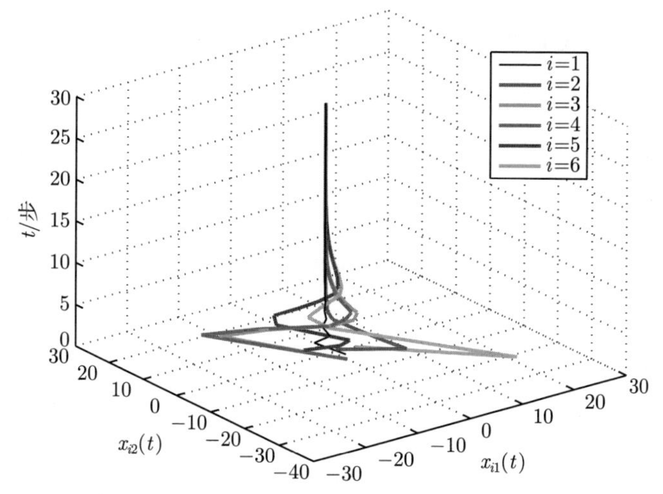


图 3-5 基于 NPCS 智能体的状态轨迹 (见彩图)

## 3.2 智能体输出不完全可测情形

3.1 节基于预测控制方法，研究了智能体的状态不可测但输出可测时网络化异构多智能体系统的一致性问题。但是，在某些情况下，每个智能体确切的输出也不是完全可以得到的，只能够得到智能体自身的输出与其他智能体输出的差值。例如，在车辆定位系统中，车辆上的视觉传感器不能直接测量出车辆在整个坐标系中的确切位置，但是能够测量出自身与相邻车辆的相对位置[142]；或者，在网络化时钟同步化问题中，当时钟具有不同的初始偏差和固有的转速时，在非时钟同步的网络中，只有时钟之间的相对时间差能够通过计算得到[143]。因此，在这种情况下，基于相对输出研究网络化多智能体系统的一致性问题更加符合实际要求。文献 [142] 利用相对输出信息，讨论了智能体动态通信拓扑和可一致性之间的关系。对于离散线性或线性化网络化多智能体系统，文献 [144] 利用相对输出信息提出了一个基于全阶观测器的一致性协议，引入了一致性区域的概念来分析一致性问题。

然而，智能体之间在通过网络传输数据时，由于有限带宽和传输速度有限等因素，不可避免地会引起数据在传输过程中发生时延。但是，文献 [142]、[144] 都没有考虑通信时滞对于网络化多智能体系统一致性问题的影响。因此，本节将针对智能体状态和输出都不完全可测的网络化多智能体系统，基于相对输出和网络化预测控制方法，研究具有定常通信时滞和有向拓扑的网络化多智能体系统的一致性问题。

### 3.2.1　问题描述

考虑由 $N$ 个智能体组成的网络化多智能体系统，其中，智能体 $i$ 的动力学模型为

$$
\begin{aligned}
x_i(t+1) &= Ax_i(t) + B_iu_i(t) \\
y_i(t) &= Cx_i(t),\ t \in \mathbb{Z}^+ \\
x_i(t) &= \varphi_i(t),\ -\tau \leqslant t \leqslant 0,\ i = 1, 2, \cdots, N
\end{aligned}
\tag{3-25}
$$

式中，$x_i$、$u_i$ 和 $y_i$ 分别是智能体 $i$ 的状态、控制输入和输出；$A \in M_n(\mathbb{R})$、$B_i \in M_{n,m}(\mathbb{R})$、$C \in M_{l,n}(\mathbb{R})$ 是定常矩阵。假设通信网络存在定常时滞 $\tau$，$\tau$ 是已知的正整数。并且，假设无法完全得到每个智能体的状态和输出。但是，相对输出是可测的。$\varphi_i(\cdot)$ 为给定的初始状态，$i = 1, 2, \cdots, N$。在网络化多智能体系统 (3-25) 中，每个智能体的输入矩阵未必相同。本节仍用加权有向图 $\mathcal{G} = (\mathcal{V}, \mathcal{E}, \mathcal{A})$ 来表示智能体之间的通信关系，其中，$\mathcal{V} = \{1, 2, \cdots, N\}$ 为顶点集，$\mathcal{E} \subseteq \mathcal{V} \times \mathcal{V}$ 为边集，$\mathcal{A} = [a_{ij}] \in M_{_N}(\mathbb{R})$ 为非负加权邻接矩阵。接下来，将对带有以上约束的网络化多智能体系统 (3-25)，本节基于相对输出和网络化预测控制方法，给出分布式协议的设计方法，分析网络化多智能体系统的一致性。

### 3.2.2　基于网络化预测控制方法的一致性协议的设计

由系统 (3-25) 得

$$
\begin{aligned}
x_j(t+1) - x_i(t+1) &= A\left(x_j(t) - x_i(t)\right) + B_ju_j(t) - B_iu_i(t) \\
y_j(t) - y_i(t) &= C\left(x_j(t) - x_i(t)\right),\ t \in \mathbb{Z}^+,\ i, j \in \mathcal{V}
\end{aligned}
$$

从而

$$\sum_{j\in N_i} a_{ij}(x_j(t)-x_i(t)) = \sum_{j\in N_i} a_{ij}A\left(x_j(t)-x_i(t)\right) + \sum_{j\in N_i} a_{ij}\left(B_ju_j(t)-B_iu_i(t)\right)$$

$$\sum_{j\in N_i} a_{ij}\left(y_j(t)-y_i(t)\right) = \sum_{j\in N_i} a_{ij}C\left(x_j(t)-x_i(t)\right),\ t\in\mathbb{Z}^+,\ i\in\mathcal{V}$$

因此，系统 (3-25) 导出的相对动态系统可以描述为

$$\begin{aligned}\xi_i(t+1) &= A\xi_i(t)+\eta_i(t),\\ \zeta_i(t) &= C\xi_i(t),\ t\in\mathbb{Z}^+,\ i=1,2,\cdots,N\end{aligned} \tag{3-26}$$

式中，$\xi_i(t) = \sum_{j\in N_i} a_{ij}(x_j(t)-x_i(t))$ 是智能体 $i$ 和其邻居智能体的相对状态加权和 (简称为智能体 $i$ 的相对状态和)；$\zeta_i(t) = \sum_{j\in N_i} a_{ij}(y_j(t)-y_i(t))$ 是智能体 $i$ 和其邻居智能体的相对输出加权和 (简称为智能体 $i$ 的相对输出和)；$\eta_i(t) = \sum_{j\in N_i} a_{ij}(B_ju_j(t)-B_iu_i(t))$ 是控制输入。

为了保证设计协议的可行性，下面给出以下合理假设。

$A_1$ $(A,C)$ 是可检测的。$A_2$ 每个智能体都能够得到其自身和可达到它的智能体的信息，即智能体 $i$ 可以接收到智能体 $j$ 的信息，$\forall j\in\{i\}\cup N_i^*$。

由于智能体的状态不是完全可测的，所以，首先设计一个观测器来估计智能体的状态。由于智能体 $i$ 在接收智能体 $j$ $(j\in\{i\}\cup N_i^*)$ 的信息时存在时滞 $\tau$，因此在 $t$ 时刻，智能体 $i$ 只能获得相对输出 $y_j(t-\tau)-y_i(t-\tau)$。由此，设计如下观测器：

$$\begin{aligned}\hat{\xi}_i(t-\tau+1|t-\tau) &= A\hat{\xi}_i(t-\tau|t-\tau-1)+\eta_i(t-\tau)\\ &\quad + L[\zeta_i(t-\tau)-C\hat{\xi}_i(t-\tau|t-\tau-1)], i=1,2,\cdots,N\end{aligned} \tag{3-27}$$

式中，$\hat{\xi}_i(t-\tau+1|t-\tau)\in M_{n,1}(\mathbb{R})$ 和 $\eta_i(t-\tau)\in M_{m,1}(\mathbb{R})$ 分别是向前一步的相对状态和的预测值及观测器在 $t-\tau$ 时刻的输入；$L\in M_{n,l}(\mathbb{R})$ 是观测器的增益矩阵，可以通过传统的观测器设计方法得到。

接下来，本节将使用网络化预测控制方法来主动补偿网络时滞。基于智能体 $i$ 直到 $t-\tau$ 时刻的相对输出及观测器 (3-27) 的状态来构造智能体 $i$ 从 $t-\tau+2$

时刻到 $t$ 时刻的相对状态和的预测值：

$$\begin{aligned}
\hat{\xi}_i(t-\tau+2|t-\tau) &= A\hat{\xi}_i(t-\tau+1|t-\tau)+\eta_i(t-\tau+1)\\
\hat{\xi}_i(t-\tau+3|t-\tau) &= A\hat{\xi}_i(t-\tau+2|t-\tau)+\eta_i(t-\tau+2)\\
&\vdots\\
\hat{\xi}_i(t|t-\tau) &= A\hat{\xi}_i(t-1|t-\tau)+\eta_i(t-1),\ i=1,2,\cdots,N
\end{aligned} \tag{3-28}$$

式中，$\hat{\xi}_i(t-p|t-q)\in M_{n,1}(\mathbb{R})$ $(p<q)$ 表示智能体 $i$ 基于直到 $t-q$ 时刻的状态在 $t-p$ 时刻的相对状态和的预测值；$\eta_i(t-\tau+d)\in M_{m,1}(\mathbb{R})$ 是 $t-\tau+d$ 时刻的输入，$d=1,2,\cdots,\tau-1$。

由式 (3-27) 和式 (3-28) 得

$$\begin{aligned}
\hat{\xi}_i(t|t-\tau) =& A^{\tau-1}(A-LC)\hat{\xi}_i(t-\tau|t-\tau-1)\\
&+\sum_{s=1}^{\tau}A^{\tau-s}\eta_i(t-\tau+s-1)+A^{\tau-1}L\zeta_i(t-\tau),\ i=1,2,\cdots,N
\end{aligned} \tag{3-29}$$

对于具有定常通信时滞 $\tau$ 的网络化多智能体系统 (3-25)，基于网络化预测控制方法，本节设计智能体 $i$ 的一致性协议为

$$u_i(t)=u_i(t|t-\tau)=K_i\hat{\xi}_i(t|t-\tau) \tag{3-30}$$

式中，$K_i\in M_{m,n}(\mathbb{R})$ 是待设计的反馈增益矩阵，$i=1,2,\cdots,N$。

**注解 3-5**　由式 (3-27) 和式 (3-28) 可知，为了得到形如式 (3-30) 的一致性协议 $u_i$，所有可达到智能体 $i$ 的信息必须是可以得到的。将预测控制序列打包后通过网络传输给其他智能体。例如，对于智能体 $i$，智能体 $j$ $(j\in\{i\}\cup N_i^*)$ 的预测控制序列

$$u_j(t|t-\tau),\ u_j(t-1|t-\tau-1),\ \cdots,\ u_j(t-\tau+1|t-2\tau+1)$$

在 $t$ 时刻通过网络打包传输给智能体 $i$。由于网络存在时滞 $\tau$，智能体 $i$ 在 $t$ 时刻利用式 (3-30) 可以得到控制量 $u_j(t-\tau-d|t-2\tau-d)$, $d=0,1,\cdots,\tau-1$。与传统的控制方法不同，本节利用网络化预测控制方法主动补偿网络时滞。

**注解 3-6**　在 2.1.1 节，基于得到的智能体的输入，利用网络化预测控制方法，预测智能体 $j$ 在 $t$ 时刻的状态 $\hat{x}_j(t|t-\tau)$。与之不同，本节直接对智能体 $i$ 在 $t$ 时刻的相对状态和 $\xi_i(t)=\sum\limits_{j\in N_i}a_{ij}(x_j(t)-x_i(t))$ 进行预测，从而设计一致性

协议 $u_i(t)=K_i\hat{\xi}_i(t|t-\tau)$。这种方法可以减小计算的复杂度，简化计算过程。另外，2.1.1 节要求所有智能体的输出必须都是可测的，本节方法并不需要此约束条件。当然，本节所提出的方法也适用于输出可测情形，具有更广泛的应用范围。

**定义 3-3** 对于网络化多智能体系统 (3-25)，如果以下条件成立，则称协议 (3-30) 可解 (渐近) 一致性问题，或称系统 (3-25) 在协议 (3-30) 的作用下能够实现 (渐近) 一致：

(1) $\lim\limits_{t\to\infty}\|x_i(t)-x_j(t)\|=0,\ \forall\, i,j\in\mathcal{V}$；

(2) $\lim\limits_{t\to\infty}\|e_i(t)\|=0,\ \forall\, i\in\mathcal{V}$。

其中，$e_i(t)=\hat{\xi}_i(t|t-1)-\xi_i(t)$ 是 $t$ 时刻的估计误差，$i\in\mathcal{V}$。

由定义 3-3 可知，一致性协议不仅要求所有智能体的状态达到一致，而且要求观测器的状态能够跟踪上相对动态系统的状态。

### 3.2.3 一致性分析

设

$$
\begin{aligned}
\delta_i(t)&=x_1(t)-x_i(t),\ i=1,2,\cdots,N\\
\delta(t)&=\begin{bmatrix}\delta_2^{\mathrm{T}}(t) & \delta_3^{\mathrm{T}}(t) & \cdots & \delta_N^{\mathrm{T}}(t)\end{bmatrix}^{\mathrm{T}}\\
e(t)&=\begin{bmatrix}e_1^{\mathrm{T}}(t) & e_2^{\mathrm{T}}(t) & \cdots & e_N^{\mathrm{T}}(t)\end{bmatrix}^{\mathrm{T}}\\
x(t)&=\begin{bmatrix}x_1^{\mathrm{T}}(t) & x_2^{\mathrm{T}}(t) & \cdots & x_N^{\mathrm{T}}(t)\end{bmatrix}^{\mathrm{T}}\\
u(t)&=\begin{bmatrix}u_1^{\mathrm{T}}(t) & u_2^{\mathrm{T}}(t) & \cdots & u_N^{\mathrm{T}}(t)\end{bmatrix}^{\mathrm{T}}\\
\xi(t)&=\begin{bmatrix}\xi_1^{\mathrm{T}}(t) & \xi_2^{\mathrm{T}}(t) & \cdots & \xi_N^{\mathrm{T}}(t)\end{bmatrix}^{\mathrm{T}}
\end{aligned}
$$

由定义 3-3 可知，协议 (3-30) 可解一致性问题当且仅当 $\lim\limits_{t\to\infty}\|e(t)\|=0$ 和 $\lim\limits_{t\to\infty}\|\delta(t)\|=0$ 同时成立。

**定理 3-5** 对于具有有向拓扑 $\mathcal{G}=(\mathcal{V},\mathcal{E},\mathcal{A})$ 和定常通信时滞 $\tau>0$ 的网络化多智能体系统 (3-25)，协议 (3-30) 可解一致性问题的充要条件是

$$
A-LC \ \ 和\ \ I_{N-1}\otimes A-(\oplus\sum_{i=2}^{N}B_iK_i)(\mathcal{L}_{22}\otimes I_n)+(\mathbf{1}_{N-1}\mathcal{L}_{12})\otimes(B_1K_1)
$$

都是 Schur 稳定的，其中，$\mathcal{L}_{\mathcal{G}}=\begin{bmatrix}\mathcal{L}_{11} & \mathcal{L}_{12}\\ \mathcal{L}_{21} & \mathcal{L}_{22}\end{bmatrix}$ 是图 $\mathcal{G}$ 的拉普拉斯矩阵，$\mathcal{L}_{12}\in$

$M_{1,N-1}(\mathbb{R})$, $\mathcal{L}_{22} \in M_{N-1}(\mathbb{R})$。

**证明** 通过迭代式 (3-25)，得到智能体 $i$ 的相对状态和：

$$\xi_i(t) = A^\tau \xi_i(t-\tau) + \sum_{s=1}^{\tau} A^{\tau-s}\eta_i(t-\tau+s-1),\ i \in \mathcal{V} \tag{3-31}$$

由式 (3-29) 和式 (3-31) 得

$$\hat{\xi}_i(t|t-\tau) = \xi_i(t) + A^{\tau-1}e_i(t-\tau+1),\ i \in \mathcal{V} \tag{3-32}$$

将式 (3-32) 代入式 (3-30) 得

$$u_i(t) = K_i(\xi_i(t) + A^{\tau-1}e_i(t-\tau+1)),\ i \in \mathcal{V}$$

注意到

$$\xi_i(t) = \sum_{j=2}^{N} l_{ij}\delta_j(t),\ i \in \mathcal{V}$$

因此，$\xi(t) = (\hat{\mathcal{L}} \otimes I_n)\delta(t)$, 其中，$\hat{\mathcal{L}} = \begin{bmatrix} \mathcal{L}_{12}^{\mathrm{T}} & \mathcal{L}_{22}^{\mathrm{T}} \end{bmatrix}^{\mathrm{T}}$。

从而，在协议 (3-30) 的作用下，系统 (3-25) 的闭环系统可以表示为

$$x(t+1) = (I_N \otimes A)x(t) + \widehat{BK}(\hat{\mathcal{L}} \otimes I_n)\delta(t) + \widehat{BKA}e(t-\tau+1) \tag{3-33}$$

式中

$$\widehat{BK} = \oplus\sum_{i=1}^{N} B_iK_i,\ \widehat{BKA} = \oplus\sum_{i=1}^{N}(B_iK_iA^{\tau-1})$$

$$\hat{B} = \begin{bmatrix} B_1 & 0_{n\times m} & 0_{n\times m} & 0_{n\times m} \\ 0_{n\times m} & B_2 & 0_{n\times m} & 0_{n\times m} \\ \vdots & \vdots & & \vdots \\ 0_{n\times m} & 0_{n\times m} & 0_{n\times m} & B_N \end{bmatrix}$$

闭环系统 (3-33) 的状态误差系统可以表示为

$$\delta(t+1) = \Gamma\delta(t) + R\widehat{BKA}e(t-\tau+1)$$

式中，$R = \begin{bmatrix} \mathbf{1}_{N-1} & -I_{N-1} \end{bmatrix} \otimes I_n$；$\Gamma = I_{N-1} \otimes A - \left(\oplus\sum_{i=2}^{N} B_iK_i\right)(\mathcal{L}_{22} \otimes I_n) + (\mathbf{1}_{N-1}\mathcal{L}_{12}) \otimes (B_1K_1)$。

误差系统可以表示为

$$\begin{bmatrix} \delta(t+1) \\ e(t-\tau+2) \end{bmatrix} = \begin{bmatrix} \Gamma & \widehat{RBKA} \\ 0 & I_N \otimes (A-LC) \end{bmatrix} \begin{bmatrix} \delta(t) \\ e(t-\tau+1) \end{bmatrix} \tag{3-34}$$

由定义 3-3 可知，协议 (3-30) 可解一致性问题的充要条件是系统 (3-34) 是渐近稳定的，或者，等价于 $\Gamma$ 和 $A-LC$ 都是 Schur 稳定的。证毕。 □

基于网络化预测控制方法，定理 3-5 给出了协议 (3-30) 可解网络化多智能体系统 (3-25) 一致性问题的时滞无关充要条件。该条件充分体现了智能体的结构和智能体之间的通信关系对网络化多智能体系统一致性的决定性作用。下面给出当 $B_i$ $(i \in \mathcal{V})$ 行满秩时，协议 (3-30) 可解一致性问题的充分条件。

**推论 3-5** 对于具有有向拓扑 $\mathcal{G}=(\mathcal{V},\mathcal{E},\mathcal{A})$ 和定常通信时滞 $\tau>0$ 的网络化多智能体系统 (3-25)，假设 $B_i$ $(i \in \mathcal{V})$ 是行满秩的。如果以下条件是 Schur 稳定的成立，那么协议 (3-30) 可解一致性问题：

(1) $A-LC$ 是 Schur 稳定的；

(2) 存在 $B_{i_0} \in \{B_1, B_2, \cdots, B_N\}$ 和 $K_{i_0} \in M_{m,n}(\mathbb{R})$，使得

$$I_{N-1} \otimes A - (\mathcal{L}_{22} - \mathbf{1}_{N-1}\mathcal{L}_{12}) \otimes (B_{i_0}K_{i_0}) \tag{3-35}$$

其中，$\mathcal{L}_{12}$ 和 $\mathcal{L}_{22}$ 如定理 3-5 所示。

**证明** 因为 $B_i$ 行满秩，所以存在 $K_i \in M_{m,n}(\mathbb{R})$ 使得 $B_iK_i = B_{i_0}K_{i_0}$，$i \in \mathcal{V} \setminus \{i_0\}$。再由式 (3-35)，得

$$\begin{aligned} & I_{N-1} \otimes A - \left(\oplus \sum_{i=2}^{N} B_iK_i\right)(\mathcal{L}_{22} \otimes I_n) + (\mathbf{1}_{N-1}\mathcal{L}_{12}) \otimes (B_1K_1) \\ = & I_{N-1} \otimes A - (\mathcal{L}_{22} - \mathbf{1}_{N-1}\mathcal{L}_{12}) \otimes (B_{i_0}K_{i_0}) \end{aligned}$$

是 Schur 稳定的。故由条件 (1) 和定理 3-5 可知协议 (3-30) 可解一致性问题。证毕。 □

**推论 3-6** 对于具有有向拓扑 $\mathcal{G}=(\mathcal{V},\mathcal{E},\mathcal{A})$ 和定常通信时滞 $\tau>0$ 的网络化多智能体系统 (3-25)，假设 $B_i$ $(i \in \mathcal{V})$ 是行满秩的，并且图 $\mathcal{G}$ 包含一个有向生成树。如果以下条件成立，那么协议 (3-30) 可解一致性问题：

(1) $A-LC$ 是 Schur 稳定的；

(2) 存在 $B_{i_0} \in \{B_1, B_2, \cdots, B_N\}$ 和 $K_{i_0} \in M_{m,n}(\mathbb{R})$ 使得 $I_{N-1} \otimes A - \lambda_j B_{i_0}K_{i_0}$ 对于任意的 $j \in \mathcal{V} \setminus \{1\}$ 是 Schur 稳定的 (其中，$\lambda_j$ 是拉普拉斯矩阵 $\mathcal{L}_{\mathcal{G}}$ 的非零特征根，$j \in \mathcal{V} \setminus \{1\}$)。

**证明** 类似于 2.1.1 节定理 2-2 的证明过程，再由推论 3-5 易得此结论，故证明略。 □

**注解 3-7** 特别地，当 $B_1 = B_2 = \cdots = B_{_N} = B$ 时，系统 (3-25) 简化为如下同构网络化多智能体系统：

$$
\begin{aligned}
x_i(t+1) &= Ax_i(t) + Bu_i(t) \\
y_i(t) &= Cx_i(t),\ t = 0, 1, 2, \cdots,\ i = 1, 2, \cdots, N
\end{aligned}
\tag{3-36}
$$

对于系统 (3-36)，基于网络化预测控制方法的一致性协议简化为

$$
u_i(t) = u_i(t|t-\tau) = K\hat{\xi}_i(t|t-\tau) \tag{3-37}
$$

式中，$K \in M_{m,n}(\mathbb{R})$ 是待设计的共同反馈增益矩阵。

对于网络化多智能体系统 (3-36)，相应于定理 3-5 和推论 3-6 的一致性结果很容易得到，即对于具有有向拓扑 $\mathcal{G} = (\mathcal{V}, \mathcal{E}, \mathcal{A})$ 和定常通信时滞 $\tau > 0$ 的网络化多智能体系统 (3-36)，协议 (3-37) 可解一致性问题的充要条件是 $A - LC$ 和 $I_{_{N-1}} \otimes A - (\mathcal{L}_{22} - \mathbf{1}_{_{N-1}}\mathcal{L}_{12}) \otimes (BK)$ 都是 Schur 稳定的。进而，当 $\mathcal{G}$ 包含一个有向生成树时，协议 (3-37) 可解一致性问题的充要条件是 $A - LC$ 和 $A - \lambda_i BK$ 都是 Schur 稳定的，其中，$\lambda_i$ 是 $\mathcal{L}_{\mathcal{G}}$ 的非零特征根，$i \in \mathcal{V} \setminus \{1\}$。

### 3.2.4 基于相对状态预测值的一致性算例

本节将给出两个数值例子来展示所提出理论结果的有效性。

**例 3-3** 考虑由 3 个智能体组成的网络化多智能体系统，它们之间的通信关系由图 3-6 中的有向图 $\mathcal{G}_1$ 表示。智能体 $i$ ($i = 1,\ 2,\ 3$) 的动态结构由系统 (3-25) 描述，式中

$$
A = \begin{bmatrix} 0.5 & 1 \\ 0 & 0.5 \end{bmatrix},\ B_1 = \begin{bmatrix} 0.02 & 1 \\ 0.2 & 0 \end{bmatrix}, B_2 = \begin{bmatrix} 0 & 1 \\ 1 & 0 \end{bmatrix}
$$

$$
B_3 = \begin{bmatrix} 1 & 2 \\ 3 & 4 \end{bmatrix},\ C = \begin{bmatrix} 1 \\ 0 \end{bmatrix}^{\mathrm{T}}
$$

显然，$(A, C)$ 是可检测的，并且 $B_i$ 是行满秩的，$i = 1, 2, 3$。故存在

$$
L = \begin{bmatrix} 0.6474 \\ 0.1267 \end{bmatrix}
$$

使得 $A - LC$ 是 Schur 稳定的。显然，$\mathcal{G}_1$ 包含一个有向生成树，拉普拉斯矩阵 $\mathcal{L}_{\mathcal{G}_1}$ 的非零特征根是 1，代数重数为 2。对于智能体 1 的输入矩阵 $B_1$，可以求得存在

$$K_1 = \begin{bmatrix} 0.0154 & 0.4995 \\ 0.2649 & 0.5802 \end{bmatrix}$$

使得 $A - B_1K_1$ 是 Schur 稳定的。因此，由推论 3-6 可知，协议 (3-30) 可解一致性问题。

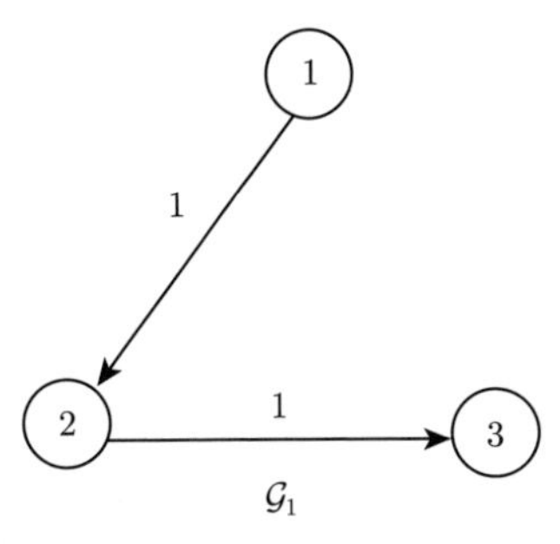


图 3-6 固定拓扑 $\mathcal{G}_1$

取

$$K_2 = \begin{bmatrix} 0.0031 & 0.0999 \\ 0.2653 & 0.5902 \end{bmatrix},\ K_3 = \begin{bmatrix} -0.5274 & -1.0804 \\ 0.3963 & 0.8353 \end{bmatrix}$$

及初始条件为

$$x_1(0) = -\begin{bmatrix} 1 & 2 \end{bmatrix}^{\mathrm{T}},\ x_2(0) = \begin{bmatrix} -5 & 1 \end{bmatrix}^{\mathrm{T}},\ x_3(0) = \begin{bmatrix} 4 & -2 \end{bmatrix}^{\mathrm{T}}$$

$$e_1(0) = \begin{bmatrix} 0 & -0.1 \end{bmatrix}^{\mathrm{T}},\ e_2(0) = \begin{bmatrix} -0.1 & 0.1 \end{bmatrix}^{\mathrm{T}},\ e_3(0) = \begin{bmatrix} 0.1 & -0.1 \end{bmatrix}^{\mathrm{T}}$$

$$e_1(-1) = e_2(-1) = e_3(-1) = -\mathbf{1}_2,\ e_1(-2) = e_2(-2) = e_3(-2) = \mathbf{1}_2$$

当智能体间的通信时滞 $\tau = 3$ 时，图 3-7 展示了网络化多智能体系统的状态轨迹。

对于具有有向拓扑 $\mathcal{G}$ 和定常通信时滞 $\tau > 0$ 的网络化多智能体系统 (3-36)，通过预测智能体的状态，2.1.1 节在所有智能体输出都可测时，给出了系统实现一致的充要条件。正如注解 3-6 所述，本节给出的结论也适用于 2.1.1 节所考虑的问题。下面给出一个例子来比较两种方法。

**例 3-4** 考虑由 6 个智能体组成的网络化多智能体系统，智能体 $i$ 的动态结构由式 (3-36) 所描述，其中

$$A = \begin{bmatrix} 4 & 3 \\ -4.5 & -3.5 \end{bmatrix},\ B = \begin{bmatrix} 1 \\ -0.5 \end{bmatrix},\ C = \begin{bmatrix} 2 \\ 1 \end{bmatrix}^{\mathrm{T}}$$

智能体之间的通信关系如图 3-8 中的有向图 $\mathcal{G}_2$ 所示。

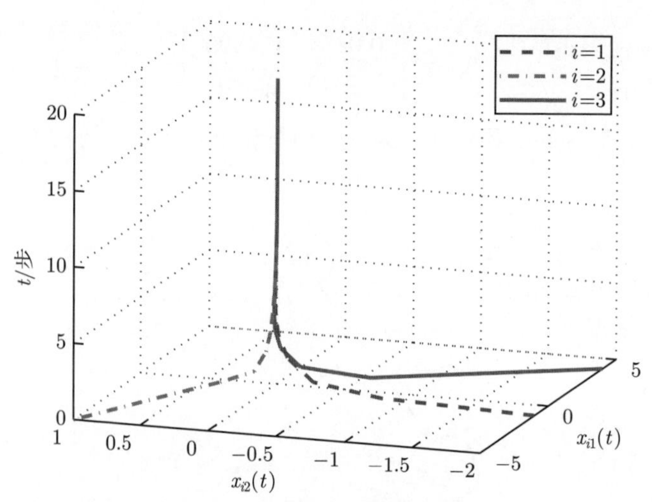

图 3-7　状态轨迹 (智能体异构)

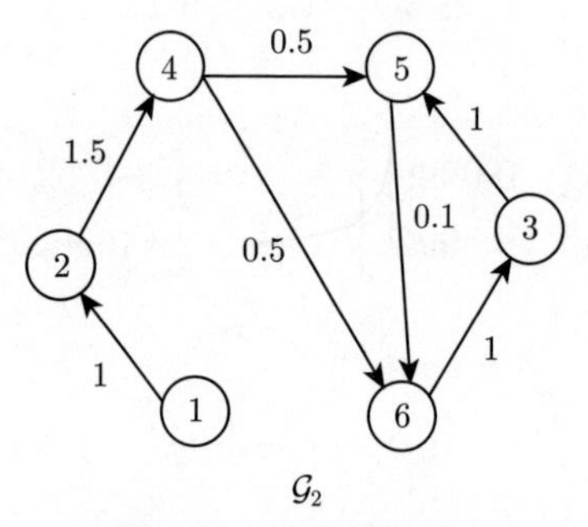

图 3-8　固定拓扑 $\mathcal{G}_2$

易得 $\mathcal{G}_2$ 包含一个有向生成树，并且拉普拉斯矩阵 $\mathcal{L}_{\mathcal{G}_2}$ 的非零特征根 $\Lambda = \{1, 1.5, 0.4342, 1.3329 \pm 0.2567i\}$。

取

$$K = \begin{bmatrix} 1.1086 & 0.7033 \end{bmatrix},\ L = \begin{bmatrix} 1.0418 & -1.0622 \end{bmatrix}^{\mathrm{T}}$$

易验证 $A - LC$ 和 $A - \lambda BK$ 对于任意的 $\lambda \in \Lambda$ 都是 Schur 稳定的。因此，协议 (3-37) 可解一致性问题。假设智能体间的通信时滞 $\tau = 3$，并且当闭环系统的相对状态 $\|\delta_i(t)\| < 10^{-4}$ 时，认为网络化多智能体系统的状态达到一致，$i = 1, 2, \cdots, 6$。取初始条件为

$$x_1(0) = \begin{bmatrix} 10 & -2 \end{bmatrix}^{\mathrm{T}},\ x_2(0) = \begin{bmatrix} 1 & 10 \end{bmatrix}^{\mathrm{T}},\ x_3(0) = \begin{bmatrix} -1 & -10 \end{bmatrix}^{\mathrm{T}}$$

$$x_4(0) = \begin{bmatrix} 6 & -4 \end{bmatrix}^{\mathrm{T}},\ x_5(0) = \begin{bmatrix} 13 & 9 \end{bmatrix}^{\mathrm{T}},\ x_6(0) = \begin{bmatrix} 4 & 15 \end{bmatrix}^{\mathrm{T}}$$

$$e_1(0) = e_2(0) = e_3(0) = e_4(0) = e_5(0) = e_6(0) = 0$$

$$e_1(-1) = e_2(-1) = e_3(-1) = e_4(-1) = e_5(-1) = e_6(-1) = 3I_2$$

$$e_1(-2) = e_2(-2) = e_3(-2) = e_4(-2) = e_5(-2) = e_6(-2) = 4I_2$$

图 3-9(a) 展示了在 2.1.1 节中提出方法的作用下，网络化多智能体系统的状态轨迹。图 3-9(b) 展示了在本节提出方法的作用下，网络化多智能体系统的状态轨迹。仿真曲线表明，在 2.1.1 节提出方法的作用下，系统状态达到一致需要 35 步，而在本节提出方法的作用下，系统的状态达到一致需要 22 步。因此，这个例子表明在某些情况下，直接预测相对状态比直接预测智能体的状态更加有效。

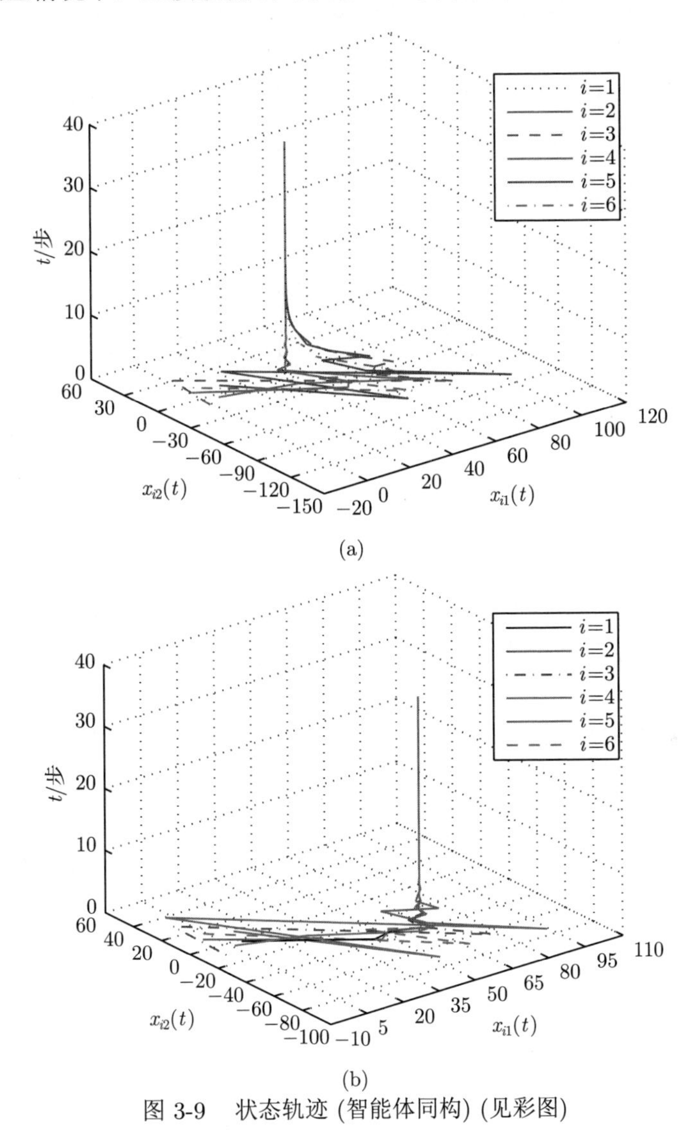


图 3-9 状态轨迹 (智能体同构) (见彩图)

## 3.3 基于动态补偿器的网络化多智能体系统的一致性

3.1 节和 3.2 节基于预测控制方法分别讨论了在智能体的状态不可测，以及智能体的输出可测和不完全可测的情形下，网络化异构多智能体系统的一致性问题。在智能体状态无法完全得到的情况下，基于网络化预测控制方法，本节给出具有状态反馈形式的一致性协议。并在此基础上，本节给出网络化多智能体系统的状态达到一致的充要条件。但在工程应用中，具有输出反馈形式的一致性协议有时更易于工程实现。而且，具有动态补偿器 (也称动态输出反馈) 形式的一致性协议增加了设计的自由度，使得一致性协议的设计更加灵活。因此，本节在智能体状态无法完全得到但输出可测的情况下，基于网络化预测控制方法，设计具有动态补偿器形式的一致性协议，研究离散线性网络化异构多智能体系统的一致性问题。

### 3.3.1 状态一致性分析与控制

1. 问题描述

考虑由 $N$ 个智能体组成的网络化多智能体系统，智能体 $i$ 的动力学模型为

$$
\begin{aligned}
x_i(t+1) = A_i x_i(t) + B_i u_i(t),\ y_i(t) = C_i x_i(t),\ t \in \mathbb{Z}^+, i \in \mathcal{V} \\
x_i(t) = \varphi_{xi}(t),\ u_i(t) = \varphi_{ui}(t),\ y_i(t) = \varphi_{yi}(t), -2\tau \leqslant t \leqslant 0
\end{aligned}
\tag{3-38}
$$

式中，$x_i \in M_{n,1}(\mathbb{R})$、$u_i \in M_{m,1}(\mathbb{R})$ 和 $y_i \in M_{l,1}(\mathbb{R})$ 分别为智能体 $i$ 的状态、控制输入和量测输出；$A_i \in M_n(\mathbb{R})$、$B_i \in M_{n,m}(\mathbb{R})$ 和 $C_i \in M_{l,n}(\mathbb{R})$ 是定常矩阵；$\tau$ 是智能体之间的通信时滞，这意味着智能体被迫只能收到具有 $\tau$ 步时延的数据；$\varphi_{xi}(\cdot)$、$\varphi_{ui}(\cdot)$ 和 $\varphi_{yi}(\cdot)$ 分别是智能体 $i$ 的初始状态、初始输入和初始输出。注意到，在网络化多智能体系统 (3-38) 中，每个智能体的结构未必相同。

本节仍用加权有向图 $\mathcal{G} = (\mathcal{V}, \mathcal{E}, \mathcal{A})$ 来表示智能体之间的通信关系，其中，$\mathcal{V} = \{1, 2, \cdots, N\}$ 为顶点集，$\mathcal{E} \subseteq \mathcal{V} \times \mathcal{V}$ 为边集，$\mathcal{A} = [a_{ij}] \in M_N(\mathbb{R})$ 为非负加权邻接矩阵。首先，给出以下假设。

**假设 3-3** (1) 通信时滞 $\tau$ 是一个已知的正整数。

(2) 所有智能体的状态是无法得到的，但是它们的输出是可测的。

(3) 每个智能体都能够接收到其自身及可达到它的智能体的信息，即智能体 $i$ 能够接收到智能体 $j$ 的信息，$\forall j \in \{i\} \cup N_i^*$。

由于智能体之间的通信网络存在时滞，每个智能体只能接收到过时的信息而不能接收到当前信息。通常来说，利用过时的信息进行控制器设计和系统调节，并不能对系统进行很好的控制。所以，本节基于网络化预测控制方法主动补偿网络时滞，有效地预测智能体的当前状态。

2. 具有动态补偿器形式的一致性协议的设计

因为智能体 $i$ 接收智能体 $j$ $(j \in \{i\} \cup N_i^*)$ 的信息存在时滞 $\tau$，为了克服网络时滞的负面影响，基于智能体 $j$ 直到 $t-\tau$ 时刻的输出数据，构造智能体 $j$ 从 $t-\tau$ 时刻到 $t$ 时刻的预测状态为

$$\begin{aligned}\hat{x}_j(t-\tau+1|t-\tau) &= A_j\hat{x}_j(t-\tau|t-\tau-1) + B_j u_j(t-\tau) \\ &\quad + G_j\left[y_j(t-\tau) - C_j\hat{x}_j(t-\tau|t-\tau-1)\right]\end{aligned} \tag{3-39a}$$

$$\begin{aligned}\hat{x}_j(t-\tau+2|t-\tau) &= A_j\hat{x}_j(t-\tau+1|t-\tau) + B_j u_j(t-\tau+1) \\ \hat{x}_j(t-\tau+3|t-\tau) &= A_j\hat{x}_j(t-\tau+2|t-\tau) + B_j u_j(t-\tau+2) \\ &\ \ \vdots \\ \hat{x}_j(t|t-\tau) &= A_j\hat{x}_j(t-1|t-\tau) + B_j u_j(t-1),\ j \in \{i\} \cup N_i^*\end{aligned} \tag{3-39b}$$

式中，$\hat{x}_j(t-\tau+1|t-\tau) \in M_{n,1}(\mathbb{R})$ 是向前一步的预测状态；$u_j(t-\tau) \in M_{m,1}(\mathbb{R})$ 是观测器在 $t-\tau$ 时刻的输入；$G_j \in M_{n,l}(\mathbb{R})$ 是观测器增益矩阵，可以使用观测器设计方法得到；$\hat{x}_j(t-\tau+d|t-\tau) \in M_{n,1}(\mathbb{R})$ 是智能体 $j$ 基于直到 $t-\tau$ 时刻的信息在 $t-\tau+d$ 时刻的预测状态，$u_j(t-\tau+d-1) \in M_{m,1}(\mathbb{R})$ 是 $t-\tau+d-1$ 时刻的输入，$d=2,3,\cdots,\tau$, $j \in \{i\} \cup N_i^*$。$\hat{x}_j(t|t-1) = \varphi_{\hat{x}_j}(t|t-1)$, $-2\tau \leqslant t \leqslant 0$, $\varphi_{\hat{x}_j}(t|t-1)(\cdot)$ 是观测器的初始状态。

由式 (3-39) 和直到 $t-\tau$ 时刻的数据，本节构造智能体 $j$ 在 $t$ 时刻的预测输出为

$$\hat{y}_j(t|t-\tau) = C_j\hat{x}_j(t|t-\tau),\ j \in \{i\} \cup N_i^*$$

因此，对于智能体 $i$，本节设计具有动态补偿器形式的一致性协议为

$$\begin{aligned}z_i(t+1) &= \hat{A}_i z_i(t) + \hat{B}_i\hat{y}_i(t|t-\tau) + \hat{H}_i\hat{\zeta}_i(t|t-\tau) \\ u_i(t) &= \hat{C}_i z_i(t) + \hat{D}_i\hat{y}_i(t|t-\tau) + \hat{F}_i\hat{\zeta}_i(t|t-\tau),\ t \in \mathbb{Z}^+ \\ z_i(t) &= \varphi_{zi}(t),\ -\tau \leqslant t \leqslant 0,\ i \in \mathcal{V}\end{aligned} \tag{3-40}$$

式中，$z_i(t) \in M_{\tilde{n},1}(\mathbb{R})$ 是协议的状态；$\hat{\zeta}_i(t|t-\tau) = \sum\limits_{j\in N_i} a_{ij}\Delta\hat{y}_{i,j}(t|t-\tau)$, $\Delta\hat{y}_{i,j}(t|t-\tau) = \hat{y}_j(t|t-\tau) - \hat{y}_i(t|t-\tau)$ 是智能体 $i$ 和智能体 $j$ 预测输出的差，$\mathcal{A} = [a_{ij}] \in M_N(\mathbb{R})$ 是有向图 $\mathcal{G}$ 的加权邻接矩阵；$\varphi_{zi}(t)$ 是协议的初始状态；$\hat{A}_i$、$\hat{B}_i$、$\hat{C}_i$、$\hat{D}_i$、$\hat{H}_i$ 和 $\hat{F}_i$ 是待设计的系数矩阵。

**注解 3-8**　传统的一致性协议为 $u_i(t) = \sum\limits_{j \in N_i} a_{ij}\Delta x_{i,j}(t)$, 其中，$\Delta x_{i,j}(t) = x_j(t) - x_i(t)$ 是智能体 $i$ 和智能体 $j$ 在 $t$ 时刻的状态差，$i \in \mathcal{V}$。这隐含假设所有智能体的状态前提是可以得到的。然而，在许多实际问题中，智能体的状态很难直接测量。因此，在工程实际中，通常使用输出反馈设计。所以，本节设计了具有动态输出反馈形式的一致性协议 (3-40)。当 $\tilde{n} > 0$ 时，动态输出反馈 (3-40) 具有一般形式，它可以增加设计的自由度和灵活性。当 $\tilde{n} = 0$ 时，将动态输出反馈 (3-40) 简化为一个静态输出反馈 $u_i(t) = \hat{D}_i\hat{y}_i(t|t-\tau) + \hat{F}_i\hat{\zeta}_i(t|t-\tau)$, $i \in \mathcal{V}$。

为了实现网络化预测控制方法主动补偿网络时滞，要求每个智能体 $i$ 都必须具有智能体 $j$ 的预测器 (3-39) 和控制器 (3-40)，$\forall j \in N_i^*$。下面将详细地解释网络化预测控制方法的实现过程。在 $t$ 时刻，智能体 $i$ 只能接收到智能体 $j$ 的信息 $\{u_j(t-\tau), y_j(t-\tau), z_j(t-\tau)\}$。基于 $\{u_j(t-\tau), y_j(t-\tau)\}$，利用式 (3-39a)，可以得到向前一步的预测状态 $\hat{x}_j(t-\tau+1|t-\tau)$，再利用智能体 $i$ 在 $t$ 时刻已获得的信息 $\{y_j(t-2\tau), y_j(t-2\tau+1)\}$、$\{u_j(t-2\tau), u_j(t-2\tau+1), \cdots, u_j(t-\tau)\}$ 和 $z_j(t-\tau)$ ($j \in N_i^*$)，通过式 (3-39) 和式 (3-40)，可以得到输入 $u_j(t-\tau+1)$ 和协议状态 $z_j(t-\tau+1)$。故由式 (3-39b) 得到预测状态 $\hat{x}_j(t-\tau+2|t-\tau)$。接下来，基于数据 $\{y_j(t-2\tau+1), y_j(t-2\tau+2)\}$、$\{u_j(t-2\tau+1), u_j(t-2\tau+2), \cdots, u_j(t-\tau+1)\}$ 和 $z_j(t-\tau+1)$ ($j \in N_i^*$)，利用同样的方法，可以得到输入 $u_j(t-\tau+2)$ 和协议状态 $z_j(t-\tau+2)$。从而，可以通过迭代的方法得到输入 $u_j(t+d)$ 和预测状态 $\hat{x}_j(t+d+1|t-\tau)$，$d = -\tau+1, -\tau+2, \cdots, -1$, $j \in N_i^*$。通过上面的分析，可以发现所提出的方法将不可避免地增加计算负担。但是，根据式 (3-39) 和式 (3-40) 构造的方法，可以得到智能体在当前时刻状态的预测方法。因此，至少在理论上，本节提出的网络化预测控制方法是可行的。特别地，当网络时滞 $\tau = 1$ 时，基于观测器 (3-39a) 得到向前一步的预测状态已经足够了，不需要预测过程 (3-39b)，即 $\hat{x}_j(t|t-1) = A_j\hat{x}_j(t-1|t-2) + B_ju_j(t-1) + G_j[y_j(t-1) - C_j\hat{x}_j(t-1|t-2)]$, $j \in \{i\} \cup N_i^*$。

**定义 3-4**　对于具有通信时滞 $\tau$ 的网络化多智能体系统 (3-38)，如果以下条件成立，则称协议 (3-40) 可解 (渐近) 一致性问题，或称系统 (3-38) 在协议 (3-40) 作用下能够实现一致：

(1) $\lim\limits_{t\to\infty} \|x_i(t) - x_j(t)\| = 0$, $\forall i, j \in \mathcal{V}$;

(2) $\lim\limits_{t\to\infty} z_i(t) = 0$, $\forall i \in \mathcal{V}$;

(3) $\lim\limits_{t\to\infty} e_i(t) = 0$, $\forall i \in \mathcal{V}$。

其中，$e_i(t) = \hat{x}_i(t|t-1) - x_i(t)$ 是向前一步的状态估计误差，满足 $e_i(t+1) = (A_i - G_iC_i)e_i(t)$, $t \in \mathbb{Z}^+$, $e_i(t) = \varphi_{ei}(t)$, $-2\tau \leqslant t \leqslant 0$, $\varphi_{ei}(\cdot)$ 是初始条件，$i \in \mathcal{V}$。

由定义 3-4 可知，协议 (3-40) 可解一致性问题的充要条件是任意两个智能体的状态差渐近收敛于 0，协议 (3-40) 是渐近稳定的，并且观测器的跟踪误差渐近收敛于 0。

3. 状态一致性分析

设 $x(t)=[x_1^{\mathrm{T}}(t)\ \cdots\ x_N^{\mathrm{T}}(t)]^{\mathrm{T}}$, $z(t)=[z_1^{\mathrm{T}}(t)\ \cdots\ z_N^{\mathrm{T}}(t)]^{\mathrm{T}}$, $u(t)=[u_1^{\mathrm{T}}(t)\ \cdots\ u_N^{\mathrm{T}}(t)]^{\mathrm{T}}$, $e(t)=\left[e_1^{\mathrm{T}}(t)\ \cdots\ e_N^{\mathrm{T}}(t)\right]^{\mathrm{T}}$, $\delta(t)=[\delta_2^{\mathrm{T}}(t)\ \cdots\ \delta_N^{\mathrm{T}}(t)]^{\mathrm{T}}$, $\delta_i(t)=x_1(t)-x_i(t)$, $i\in\mathcal{V}$,则协议 (3-40) 可解一致性问题当且仅当 $\lim\limits_{t\to\infty}\|\delta(t)\|=0$、$\lim\limits_{t\to\infty}\|z(t)\|=0$ 和 $\lim\limits_{t\to\infty}\|e(t)\|=0$ 同时成立。

**条件 3-1**　$F_1$: $\mathrm{rank}(C_{\mathrm{row}}R^{\mathrm{T}})<\mathrm{rank}(C_{\mathrm{row}})$, 其中，$C_{\mathrm{row}}=[C_1\ \ C_2\ \ \cdots\ \ C_N]$ 并且

$$R=[\ \mathbf{1}_{N-1}\quad -I_{N-1}\ ]\otimes I_n \tag{3-41}$$

$F_2$: 存在 $A_0\in M_n(\mathbb{R})$ 使得对于任意 $i\in\mathcal{V}$，都有

$$\mathrm{rank}(C_i^{\mathrm{T}}\otimes B_i)=\mathrm{rank}([C_i^{\mathrm{T}}\otimes B_i\ \ \mathrm{vec}(A_i-A_0)]) \tag{3-42}$$

式中，$\mathrm{vec}(A_i-A_0)\in M_{n^2,1}(R)$ 表示 $A_i-A_0$ 按列排列构成的列向量，即 $\mathrm{vec}(A_i-A_0)=\left[\ a_1^{\mathrm{T}}\ \ a_2^{\mathrm{T}}\ \ \cdots\ \ a_n^{\mathrm{T}}\ \right]^{\mathrm{T}}$，$a_k$ 是 $A_i-A_0$ 的第 $k$ 列，$k=1,2,\cdots,n$。

**引理 3-3**　下面三个条件是等价的。

(1) $\mathrm{rank}(C_{\mathrm{row}}R^{\mathrm{T}})<\mathrm{rank}(C_{\mathrm{row}})$。

(2) $\mathcal{N}_L(C_{\mathrm{row}}R^{\mathrm{T}})\backslash\mathcal{N}_L(C_{\mathrm{row}})\neq\phi$，其中，$\mathcal{N}_L(\cdot)$ 表示矩阵的左零空间，即 $\mathcal{N}_L(C_{\mathrm{row}})=\{y\in M_{l,1}(R):y^{\mathrm{T}}C_{\mathrm{row}}=0\}$，$\phi$ 是空集。

(3) 存在一个正整数 $q$ 和一个非零矩阵 $S\in M_{q,n}(\mathbb{R})$，使得 $\mathrm{rank}(C_{\mathrm{row}})=\mathrm{rank}([\ C_{\mathrm{row}}^{\mathrm{T}}\quad \mathbf{1}_N\otimes S^{\mathrm{T}}\ ]^{\mathrm{T}})$。

**证明**　由于 $\dim\mathcal{N}_L(C_{\mathrm{row}})<\dim\mathcal{N}_L(C_{\mathrm{row}}R^{\mathrm{T}})$ 和 $\mathrm{rank}(C_{\mathrm{row}}R^{\mathrm{T}})<\mathrm{rank}(C_{\mathrm{row}})$ 等价，易得条件 (1) 和条件 (2) 等价。

若条件 (2) 成立，则存在 $\varepsilon\in\mathcal{N}_L(C_{\mathrm{row}}R^{\mathrm{T}})$ 且 $\varepsilon\notin\mathcal{N}_L(C_{\mathrm{row}})$。从而，$\varepsilon^{\mathrm{T}}(C_1-C_j)=0$, $j\in\mathcal{V}\backslash\{1\}$，并且存在一个 $i\in\mathcal{V}$ 使得 $\varepsilon^{\mathrm{T}}C_i\neq 0$。故 $\varepsilon^{\mathrm{T}}C_1=\cdots=\varepsilon^{\mathrm{T}}C_N\neq 0$。取 $S=\varepsilon^{\mathrm{T}}C_1\in M_{1,n}(\mathbb{R})$，得 $\mathrm{rank}([\ C_{\mathrm{row}}^{\mathrm{T}}\quad \mathbf{1}_N\otimes S^{\mathrm{T}}\ ]^{\mathrm{T}})=\mathrm{rank}(C_{\mathrm{row}})$，即条件 (3) 成立。

另外，若条件 (3) 成立，则存在一个非零矩阵 $T\in M_{q,l}(\mathbb{R})$ 使得 $TC_{\mathrm{row}}=\mathbf{1}_N^{\mathrm{T}}\otimes S\neq 0$。从而，$TC_1=\cdots=TC_N=S$。故 $TC_{\mathrm{row}}R^{\mathrm{T}}=0$。设 $T=[\ T_1^{\mathrm{T}}\quad\cdots\quad T_q^{\mathrm{T}}\ ]^{\mathrm{T}}$，其中，$T_i\in M_{1,l}(\mathbb{R})$, $i=1,2,\cdots,q$。则存在 $i_0\in\{1,2,\cdots,q\}$ 使得 $T_{i_0}\neq 0$，并且 $T_{i_0}C_{\mathrm{row}}\neq 0$，$T_{i_0}C_{\mathrm{row}}R^{\mathrm{T}}=0$，即 $T_{i_0}^{\mathrm{T}}\in\mathcal{N}_L(C_{\mathrm{row}}R^{\mathrm{T}})\backslash\mathcal{N}_L(C_{\mathrm{row}})$，故条件 (2) 成立。综上所述，条件 (2) 和条件 (3) 等价。证毕。 □

由引理 3-3 知，若条件 3-1 中的 $F_1$ 成立，则存在非零矩阵 $F \in M_{m,n}(\mathbb{R})$ 和 $H \in M_{\tilde{n},n}(\mathbb{R})$ 使得

$$\begin{aligned} \operatorname{rank}(C_{\text{row}}) &= \operatorname{rank}([\ C_{\text{row}}^{\mathrm{T}} \quad \mathbf{1}_{N} \otimes F^{\mathrm{T}}\ ]^{\mathrm{T}}) \\ \operatorname{rank}(C_{\text{row}}) &= \operatorname{rank}([\ C_{\text{row}}^{\mathrm{T}} \quad \mathbf{1}_{N} \otimes H^{\mathrm{T}}\ ]^{\mathrm{T}}) \end{aligned} \tag{3-43}$$

此外，引理 3-3 的证明过程也提供了矩阵 $F$ 和 $H$ 的构造方法。进而，若条件 $F_2$ 成立，则以下结论成立。

$F_3$：矩阵方程 $YC_{\text{row}} = \mathbf{1}_{N}^{\mathrm{T}} \otimes S$ 有解，且其通解为 $Y = (\mathbf{1}_{N}^{\mathrm{T}} \otimes S)C_{\text{row}}^{-} + Z(I_l - C_{\text{row}}C_{\text{row}}^{-})$，其中，$C_{\text{row}}^{-}$ 是 $C_{\text{row}}$ 的 $\{1\}$-逆，$Z \in M_{q,l}(\mathbb{R})$ 是任意矩阵。

$F_4$：对于任意的 $i \in \mathcal{V}$，矩阵方程 $B_iX_iC_i = A_i - A_0$ 有解，且其通解为 $X_i = B_i^{-}(A_i - A_0)C_i^{-} + (Z - B_i^{-}B_iZC_iC_i^{-})$，其中，$B_i^{-}$ 是 $B_i$ 的 $\{1\}$-逆，$Z \in M_{m,l}(\mathbb{R})$ 是任意矩阵。

记 $A_{D} = \operatorname{diag}(A_1, \cdots, A_N)$, $\hat{A}_{D} = \operatorname{diag}(\hat{A}_1, \cdots, \hat{A}_N)$, $B_{D} = \operatorname{diag}(B_1, \cdots, B_N)$, $\hat{B}_{D} = \operatorname{diag}(\hat{B}_1, \cdots, \hat{B}_N)$, $C_{D} = \operatorname{diag}(C_1, \cdots, C_N)$, $\hat{C}_{D} = \operatorname{diag}(\hat{C}_1, \cdots, \hat{C}_N)$, $D_{D} = \operatorname{diag}(D_1, \cdots, D_N)$, $\hat{D}_{D} = \operatorname{diag}(\hat{D}_1, \cdots, \hat{D}_N)$。对于具有有向拓扑 $\mathcal{G}$ 和通信时滞 $\tau$ 的网络化多智能体系统 (3-38)，下面给出协议 (3-40) 可解一致性问题的充要条件。

**定理 3-6** 对于具有有向拓扑 $\mathcal{G} = (\mathcal{V}, \mathcal{E}, \mathcal{A})$ 和通信时滞 $\tau$ 的网络化多智能体系统 (3-38)，如果条件 3-1 成立，那么 $(A_i, C_i)$ $(i \in \mathcal{V})$ 是可检测的，并且存在 $\hat{A}_i \in M_{\tilde{n}}$ 和 $\hat{C}_i \in M_{m,\tilde{n}}$ 使得

$$\Gamma = \begin{bmatrix} I_{N-1} \otimes A_0 + RB_{D}(\mathcal{L}_2 \otimes F) & RB_{D}\hat{C}_{D} \\ \mathcal{L}_2 \otimes H & \hat{A}_{D} \end{bmatrix} \tag{3-44}$$

是 Schur 稳定的，则协议 (3-40) 可解一致性问题，其中，$\mathcal{L}_2 = \mathcal{L}[\ 0 \quad I_{N-1}\ ]^{\mathrm{T}}$, $\mathcal{L}$ 是有向图 $\mathcal{G}$ 的拉普拉斯矩阵，$R$、$A_0$、$F$ 和 $H$ 如式 (3-41) ~ 式 (3-43) 所示。

**证明** 由 $(A_i, C_i)$ 可知，存在观测器增益矩阵 $G_i$，使得 $A_i - G_iC_i$ 是 Schur 稳定的，$i \in \mathcal{V}$。构造协议 (3-40) 中的系数矩阵为

$$\begin{cases} \hat{D}_i = B_i^{\dagger}(A_0 - A_i)C_i^{\dagger},\ \hat{H}_i = (\mathbf{1}_{N}^{\mathrm{T}} \otimes H)C_{\text{row}}^{\dagger} \\ \hat{F}_i = (\mathbf{1}_{N}^{\mathrm{T}} \otimes F)C_{\text{row}}^{\dagger},\ i \in \mathcal{V} \end{cases} \tag{3-45}$$

式中，$B_i^{\dagger}$、$C_i^{\dagger}$ 和 $C_{\text{row}}^{\dagger}$ 分别是 $B_i$、$C_i$ 和 $C_{\text{row}}$ 的穆尔-彭罗斯 (Moore-Penrose) 逆。取 $\hat{B}_i$ 满足

$$\hat{B}_iC_i = 0,\ i \in \mathcal{V} \tag{3-46}$$

由条件 3-1 和引理 3-3 得

$$B_i B_i^{\dagger}(A_i - A_0)C_i^{\dagger}C_i = A_i - A_0$$

$$(\mathbf{1}_N^{\mathrm{T}} \otimes F)C_{\mathrm{row}}^{\dagger}C_{\mathrm{row}} = \mathbf{1}_N^{\mathrm{T}} \otimes F$$

$$(\mathbf{1}_N^{\mathrm{T}} \otimes H)C_{\mathrm{row}}^{\dagger}C_{\mathrm{row}} = \mathbf{1}_N^{\mathrm{T}} \otimes H$$

从而

$$(\mathbf{1}_N^{\mathrm{T}} \otimes F)C_{\mathrm{row}}^{\dagger}C_i = F,\ (\mathbf{1}_N^{\mathrm{T}} \otimes H)C_{\mathrm{row}}^{\dagger}C_i = H, i \in \mathcal{V} \tag{3-47}$$

下面只需证明当协议 (3-40) 满足式 (3-45) 和式 (3-46) 时，定义 3-4 的条件都成立。

通过迭代，智能体 $j$ 在 $t$ 时刻的预测状态可以表示为

$$\begin{aligned}\hat{x}_j(t|t-\tau) &= A_j^{\tau-1}(A_j - G_jC_j)\hat{x}_j(t-\tau|t-\tau-1)\\ &\quad + \sum_{s=1}^{\tau} A_j^{\tau-s}B_ju_j(t-\tau+s-1) + A_j^{\tau-1}G_jy_j(t-\tau)\end{aligned} \tag{3-48}$$

由式 (3-38) 可知，智能体 $j$ 的状态可以表示为

$$x_j(t) = A_j^{\tau}x_j(t-\tau) + \sum_{s=1}^{\tau} A_j^{\tau-s}B_ju_j(t-\tau+s-1) \tag{3-49}$$

由式 (3-48) 和式 (3-49) 得

$$\hat{x}_j(t|t-\tau) = x_j(t) + A_j^{\tau-1}e_j(t-\tau+1),\ j \in \{i\} \cup N_i^*$$

从而

$$\hat{\zeta}_i(t|t-\tau) = -\sum_{j=1}^{N} l_{ij}C_j\left(x_j(t) + A_j^{\tau-1}e_j(t-\tau+1)\right) \tag{3-50}$$

将式 (3-47) 和式 (3-50) 代入式 (3-40)，得

$$\begin{aligned}u_i(t) &= \hat{C}_iz_i(t) + B_i^{\dagger}(A_0 - A_i)C_i^{\dagger}C_i(x_i(t) + A_i^{\tau-1}e_i(t-\tau+1))\\ &\quad + F(\tilde{l}_i \otimes I_n)\delta(t) - F(l_i \otimes I_n)A_D^{\tau-1}e(t-\tau+1)\end{aligned}$$

式中，$\tilde{l}_i = [\ l_{i2}\quad l_{i3}\quad \cdots\quad l_{iN}\ ]$；$l_i = [\ l_{i1}\quad \tilde{l}_i\ ]$；$i \in \mathcal{V}$。

因此，闭环系统的紧凑形式可以表示为

$$x(t+1) = (I_N \otimes A_0)x(t) + B_D\hat{C}_Dz(t) + B_D(\mathcal{L}_2 \otimes F)\delta(t)$$

$$+ [I_N \otimes A_0 - A_D - B_D(\mathcal{L} \otimes F)]A_D^{\tau-1}e(t-\tau+1)$$

$$z(t+1) = \hat{A}_D z(t) + (\mathcal{L}_2 \otimes H)\delta(t) - (\mathcal{L} \otimes H)A_D^{\tau-1}e(t-\tau+1)$$

再由 $\delta(t) = Rx(t)$ 可知，增广系统可以表示为

$$\xi(t+1) = \Omega\xi(t) \tag{3-51}$$

式中

$$\xi(t) = [\ \delta^{\mathrm{T}}(t) \quad z^{\mathrm{T}}(t) \quad e^{\mathrm{T}}(t-\tau+1)\ ]^{\mathrm{T}}$$

$$\Omega = \begin{bmatrix} \Gamma & \Omega_1 \\ 0 & A_D - G_D C_D \end{bmatrix}$$

$$\Omega_1 = \begin{bmatrix} \Omega_{11} \\ \Omega_{12} \end{bmatrix}$$

$$\Omega_{11} = R[I_N \otimes A_0 - A_D - B_D(\mathcal{L} \otimes F)]$$

$$\Omega_{12} = -(\mathcal{L} \otimes H)A_D^{\tau-1}$$

由式 (3-44) 是 Schur 稳定的可知系统 (3-51) 是渐近稳定的。因此，协议 (3-40) 可解一致性问题。证毕。 □

由 Lyapunov 稳定性理论知，式 (3-44) 是 Schur 稳定的当且仅当存在正定矩阵 $P$ 使得

$$\Gamma^{\mathrm{T}}P\Gamma - P < 0 \tag{3-52}$$

根据定理 3-6 的证明过程，本节给出构造协议 (3-40) 的一个算法。

**算法 3-1** 构造协议 (3-40) 的一个算法。

**步骤 1**：判断 $(A_i, C_i)$ 是否是可检测的，$i \in \mathcal{V}$。若不可检测，则退出。

**步骤 2**：判断条件 3-1 是否成立。若成立，则根据引理 3-3 的证明过程，计算满足式 (3-43) 的 $F$ 和 $H$。若不成立，则退出。

**步骤 3**：计算 Moore-Penrose 逆 $B_i^{\dagger}$、$C_i^{\dagger}$ 和 $C_{\mathrm{row}}^{\dagger}$，由式 (3-45) 计算 $\hat{D}_i$、$\hat{F}_i$ 和 $\hat{H}_i$，$i \in \mathcal{V}$。

**步骤 4**：计算 $C_i$ 左零空间的一组基，从而构造满足式 (3-46) 的 $\hat{B}_i$，$i \in \mathcal{V}$。

**步骤 5**：求解关于变量 $\Gamma$ 和 $P$ 的矩阵不等式 (3-52)，得到 $\hat{A}_i$ 和 $\hat{C}_i$, $i \in \mathcal{V}$。

算法 3-1 给出了构造协议 (3-40) 的一种算法。在后面“数值仿真”中，将通过数值例子来展示算法 3-1 的可行性。下面给出协议 (3-40) 可解一致性问题的充分条件。

**推论 3-7**　对于具有向拓扑 $\mathcal{G}=(\mathcal{V},\mathcal{E},\mathcal{A})$ 和通信时滞 $\tau$ 的网络化多智能体系统 (3-38)，如果条件 3-1 和以下条件成立，那么协议 (3-40) 可解一致性问题：

(1) $(A_i, C_i)$ 是可检测的，并且 $\hat{A}_i$ 是 Schur 稳定的，$i\in\mathcal{V}$；

(2) $I_{N-1}\otimes A_0+RB_D(\mathcal{L}_2\otimes F)$ 是 Schur 稳定的。

其中，$A_0$、$R$、$\mathcal{L}_2$ 和 $F$ 如定理 3-6 所示。

**证明**　类似于定理 3-6 的证明过程，仍然选取 $\hat{B}_i$、$\hat{D}_i$、$\hat{H}_i$ 和 $\hat{F}_i$ 具有式 (3-45) 和式 (3-46) 的形式。进而，取 $\hat{C}_i$ 满足 $B_i\hat{C}_i=0,\ i\in\mathcal{V}$。在这种情况下，$\varGamma$ 是 Schur 稳定的当且仅当 $\hat{A}_i$ $(i\in\mathcal{V})$ 是 Schur 稳定的且条件 (2) 成立。因此，再由条件 (1) 和定理 3-6 可知，协议 (3-40) 可解一致性问题。□

**推论 3-8**　对于具有向拓扑 $\mathcal{G}=(\mathcal{V},\mathcal{E},\mathcal{A})$ 和通信时滞 $\tau$ 的网络化多智能体系统 (3-38)，假设 $B_1=\cdots=B_N\triangleq B$。如果

$$I_{N-1}\otimes A_0-(\mathcal{L}_{22}-\mathbf{1}_{N-1}\mathcal{L}_{12})\otimes(BF) \tag{3-53}$$

是 Schur 稳定的，并且条件 3-1 和推论 3-7 中条件 (1) 成立，那么协议 (3-40) 可解一致性问题。进而，若拓扑 $\mathcal{G}$ 包含一个有向生成树，则式 (3-53) 简化为 $A_0-\lambda_i BF$ $(i\in\mathcal{V})$ 是 Schur 稳定的，其中，$A_0$ 和 $F$ 分别由式 (3-42) 和式 (3-43) 所定义，$\lambda_i$ $(i\in\mathcal{V})$ 是图 $\mathcal{G}$ 的拉普拉斯矩阵 $\mathcal{L}$ 的非零特征根，$\mathcal{L}_{12}=[\ l_{12}\quad l_{13}\quad\cdots\quad l_{1N}\ ]$，$\mathcal{L}_{22}=[\ 0\quad I_{N-1}\ ]\mathcal{L}[\ 0\quad I_{N-1}\ ]^{\mathrm{T}}$。

**证明**　类似于 3.1 节中推论 3-1 的证明过程，由推论 3-7 易证得此结论。证明略。□

对于具有定常通信时滞的网络化多智能体系统 (3-38)，本节已经讨论了其一致性问题。基于网络化预测控制 (3-39)，本节设计协议 (3-40) 来主动补偿通信时滞。特别地，当智能体之间的通信不存在时滞时，协议 (3-40) 简化为以下形式：

$$\begin{aligned}z_i(t+1)&=\hat{A}_i z_i(t)+\hat{B}_i y_i(t)+\hat{H}_i\zeta_i(t)\\u_i(t)&=\hat{C}_i z_i(t)+\hat{D}_i y_i(t)+\hat{F}_i\zeta_i(t),\ t\in\mathbb{Z}^+\end{aligned} \tag{3-54}$$

此时，本节设计协议 (3-54) 可以直接利用 $t$ 时刻的量测输出 $y_i(t)$ 和 $\zeta_i(t)=\sum\limits_{j\in N_i}a_{ij}(y_j(t)-y_i(t))$。相应地，将定义 3-4 简化为以下形式。

**定义 3-5**　对于无通信时滞的网络化多智能体系统 (3-38)，如果 $\lim\limits_{t\to\infty}\|x_i(t)-x_j(t)\|=0$ 并且 $\lim\limits_{t\to\infty}z_i(t)=0,\ \forall i,j\in\mathcal{V}$，那么称协议 (3-54) 可解一致性问题，或称系统 (3-38) 在协议 (3-54) 作用下能够实现一致。

类似于上述分析过程，在一致性协议 (3-54) 的作用下，网络化多智能体系统 (3-38) 的增广系统可以描述为

$$\hat{\xi}(t+1) = \Gamma \hat{\xi}(t)$$

式中，$\hat{\xi}(t) = [\delta^{\mathrm{T}}(t)\ z^{\mathrm{T}}(t)]^{\mathrm{T}}$，$\Gamma$ 由式 (3-44) 所定义。因此，易证得以下结论。证明略。

**定理 3-7** 对于无通信时滞且具有有向拓扑 $\mathcal{G} = (\mathcal{V}, \mathcal{E}, \mathcal{A})$ 的网络化多智能体系统 (3-38)，如果条件 3-1 成立，并且存在 $\hat{A}_i \in M_{\tilde{n}}$ 和 $\hat{C}_i \in M_{m,\tilde{n}}$, $i \in \mathcal{V}$，使得 $\Gamma$ 是 Schur 稳定的。那么，协议 (3-54) 可解一致性问题。

类似地，对于无通信时滞且具有有向拓扑 $\mathcal{G} = (\mathcal{V}, \mathcal{E}, \mathcal{A})$ 的网络化多智能体系统 (3-38)，在一致性协议 (3-54) 的控制作用下，仍然可以得到基于推论 3-7 和推论 3-8 的结论。结论略。

接下来，考虑具有定常通信时滞和有向拓扑 $\mathcal{G} = (\mathcal{V}, \mathcal{E}, \mathcal{A})$ 的网络化多智能体系统 (3-38) 的一种特殊结构：

$$\begin{aligned} x_i(t+1) &= Ax_i(t) + B_i u_i(t) \\ y_i(t) &= Cx_i(t),\ t =\in \mathbb{Z}^+,\ i = 1, 2, \cdots, N \end{aligned} \tag{3-55}$$

式中，$A \in M_n(\mathbb{R})$、$B_i \in M_{n,m}(\mathbb{R})$ 和 $C \in M_{l,n}(\mathbb{R})$ 是定常矩阵，即在网络化多智能体系统 (3-38) 中，每个智能体具有相同的系统矩阵和输出矩阵。

与式 (3-39) 类似，构造智能体 $j$ 从 $t-\tau$ 时刻到 $t$ 时刻的预测状态为

$$\begin{aligned} \hat{x}_j(t-\tau+1|t-\tau) &= A\hat{x}_j(t-\tau|t-\tau-1) + B_j u_j(t-\tau) \\ &\quad + G_j\left[y_j(t-\tau) - C\hat{x}_j(t-\tau|t-\tau-1)\right] \\ \hat{x}_j(t-\tau+2|t-\tau) &= A\hat{x}_j(t-\tau+1|t-\tau) + B_j u_j(t-\tau+1) \\ \hat{x}_j(t-\tau+3|t-\tau) &= A\hat{x}_j(t-\tau+2|t-\tau) + B_j u_j(t-\tau+2) \\ &\ \ \vdots \\ \hat{x}_j(t|t-\tau) &= A\hat{x}_j(t-1|t-\tau) + B_j u_j(t-1),\ j \in \{i\} \cup N_i^* \end{aligned} \tag{3-56}$$

智能体 $j$ 在 $t$ 时刻的预测输出为

$$\hat{y}_j(t|t-\tau) = C\hat{x}_j(t|t-\tau),\ j \in \{i\} \cup N_i^*$$

结合网络化多智能体系统 (3-55)，本节将协议 (3-40) 简化为

$$\begin{aligned} z_i(t+1) &= \hat{A}_i z_i(t) + \hat{H}_i \hat{\zeta}_i(t|t-\tau) \\ u_i(t) &= \hat{C}_i z_i(t) + \hat{F}_i \hat{\zeta}_i(t|t-\tau),\ t=\in \mathbb{Z}^+,\ i=1,2,\cdots,N \end{aligned} \tag{3-57}$$

**定理 3-8** 对于具有有向拓扑 $\mathcal{G}=(\mathcal{V},\mathcal{E},\mathcal{A})$ 和通信时滞 $\tau$ 的网络化多智能体系统 (3-55)，协议 (3-57) 可解一致性问题的充要条件是 $(A,C)$ 是可检测的，并且存在 $\hat{A}_i \in M_{\tilde{n}}$、$\hat{C}_i \in M_{m,\tilde{n}}$、$\hat{H}_i \in M_{\tilde{n},l}$ 和 $\hat{F}_i \in M_{m,l}$，$i=1,2,\cdots,N$，使得

$$\Theta \triangleq \begin{bmatrix} I_{N-1}\otimes A + RB_D\hat{F}_D(\mathcal{L}_2\otimes C) & RB_D\hat{C}_D \\ \hat{H}_D(\mathcal{L}_2\otimes C) & \hat{A}_D \end{bmatrix}$$

是 Schur 稳定的，其中，$R$ 和 $\mathcal{L}_2$ 分别由式 (3-41) 和定理 3-6 所定义。

**证明** 由式 (3-50) 得

$$\hat{\zeta}_i(t|t-\tau) = C(\tilde{l}_i\otimes I_n)\delta(t) - CA^{\tau-1}(l_i\otimes I_n)e(t-\tau+1) \tag{3-58}$$

将式 (3-58) 代入式 (3-57)，得闭环系统

$$\begin{aligned} x_i(t+1) &= Ax_i(t) + B_i\hat{C}_i z_i(t) + B_i\hat{F}_i C(\tilde{l}_i\otimes I_n)\delta(t) \\ &\quad - B_i\hat{F}_i CA^{\tau-1}(l_i\otimes I_n)e(t-\tau+1) \\ z_i(t+1) &= \hat{A}_i z_i(t) + \hat{H}_i C(\tilde{l}_i\otimes I_n)\delta(t) \\ &\quad - \hat{H}_i CA^{\tau-1}(l_i\otimes I_n)e(t-\tau+1), i=1,2,\cdots,N \end{aligned}$$

紧凑形式可以表示为

$$\begin{aligned} x(t+1) &= (I_N\otimes A)x(t) + B_D\hat{C}_D z(t) + B_D\hat{F}_D(\mathcal{L}_2\otimes C)\delta(t) \\ &\quad - B_D\hat{F}_D(\mathcal{L}\otimes(CA^{\tau-1}))e(t-\tau+1) \\ z(t+1) &= \hat{A}_D z(t) + \hat{H}_D(\mathcal{L}_2\otimes C)\delta(t) - \hat{H}_D(\mathcal{L}\otimes(CA^{\tau-1}))e(t-\tau+1) \end{aligned}$$

从而，得到增广闭环系统为

$$\xi(t+1) = \tilde{\Omega}\xi(t) \tag{3-59}$$

式中

$$\xi(t) = [\ \delta^{\mathrm{T}}(t)\quad z^{\mathrm{T}}(t)\quad e^{\mathrm{T}}(t-\tau+1)\ ]^{\mathrm{T}}$$

$$\tilde{\Omega} = \begin{bmatrix} \tilde{\Omega}_1 & RB_D\hat{C}_D & \tilde{\Omega}_2 \\ \hat{H}_D(\mathcal{L}_2\otimes C) & \hat{A}_D & \tilde{\Omega}_3 \\ 0 & 0 & \tilde{\Omega}_4 \end{bmatrix}$$

$$\tilde{\Omega}_1 = I_{N-1} \otimes A + RB_D\hat{F}_D(\mathcal{L}_2 \otimes C)$$

$$\tilde{\Omega}_2 = -RB_D\hat{F}_D(\mathcal{L} \otimes (CA^{\tau-1}))$$

$$\tilde{\Omega}_3 = -\hat{H}_D(\mathcal{L} \otimes (CA^{\tau-1}))$$

$$\tilde{\Omega}_4 = I_N \otimes A - G_D(I_N \otimes C)$$

由定义 3-4 可知，协议 (3-57) 可解一致性问题当且仅当系统 (3-59) 是渐近稳定的。或者，等价于 $\tilde{\Omega}$ 是 Schur 稳定的，即 $(A, C)$ 是可检测的且 $\Theta$ 是 Schur 稳定的。证毕。 □

基于定理 3-8，可以得到以下充分条件。

**推论 3-9**　对于具有有向拓扑 $\mathcal{G} = (\mathcal{V}, \mathcal{E}, \mathcal{A})$ 和通信时滞 $\tau$ 的网络化多智能体系统 (3-55)，如果存在 $\hat{A}_i \in M_{\tilde{n}}$ 和 $\hat{F}_i \in M_{m,l}$, $i = 1, 2, \cdots, N$, 满足

(1) $(A, C)$ 是可检测的；

(2) $\hat{A}_i$ 是 Schur 稳定的，$i = 1, 2, \cdots, N$；

(3) $I_{N-1} \otimes A + RB_D\hat{F}_D(\mathcal{L}_2 \otimes C)$ 是 Schur 稳定的，

那么协议 (3-57) 可解一致性问题。其中，$R$、$\mathcal{L}_2$ 和 $\hat{F}_D$ 如定理 3-8 所示。

**证明**　取 $\hat{C}_i$ 满足 $B_i\hat{C}_i = 0$，或者取 $\hat{H}_i$ 满足 $\hat{H}_iC = 0$, $i = 1, 2, \cdots, N$。由定理 3-8，易得证结论。证毕。 □

**推论 3-10**　对于具有有向拓扑 $\mathcal{G} = (\mathcal{V}, \mathcal{E}, \mathcal{A})$ 和通信时滞 $\tau$ 的网络化多智能体系统 (3-55)，如果推论 3-9 中的条件 (1) 和条件 (2) 成立，并且存在 $\hat{F}_1$, $\hat{F}_2$, $\cdots$, $\hat{F}_N$，使得

$$B_1\hat{F}_1C = B_2\hat{F}_2C = \cdots = B_N\hat{F}_NC \tag{3-60}$$

及

$$I_{N-1} \otimes A - (\mathcal{L}_{22} - \mathbf{1}_{N-1}\mathcal{L}_{12}) \otimes (B_1\hat{F}_1C) \tag{3-61}$$

是 Schur 稳定的，那么协议 (3-57) 可解一致性问题。进而，如果拓扑 $\mathcal{G}$ 包含一个有向生成树，式 (3-61) 是 Schur 稳定的被替换为 $A - \lambda_iB_1\hat{F}_1C$ 是 Schur 稳定的，$i = 1, 2, \cdots, N$，其中，$\mathcal{L}_{12}$、$\mathcal{L}_{22}$ 和 $\lambda_i$ 如推论 3-8 所示。

**证明**　由式 (3-60)，得

$$I_{N-1} \otimes A + RB_D\hat{F}_D(\mathcal{L}_2 \otimes C) = I_{N-1} \otimes A - (\mathcal{L}_{22} - \mathbf{1}_{N-1}\mathcal{L}_{12}) \otimes (B_1\hat{F}_1C)$$

故由定理 3-8 易证得此结论。证毕。 □

4. 数值仿真

本节将给出几个数值例子来展示所提出理论结果的有效性和可行性。

**例 3-5** (定常通信时滞情形)　考虑由 3 个智能体组成的网络化多智能体系统，智能体 $i$ $(i=1,2,3)$ 的动态结构由系统 (3-38) 描述，其中

$$A_1=\begin{bmatrix}1.7 & -1.3\\ 2.6 & -2.8\end{bmatrix},\quad A_2=\begin{bmatrix}0.2 & 0.2\\ 0.6 & 2.6\end{bmatrix},\quad A_3=\begin{bmatrix}-0.4 & 0.2\\ 0.2 & 0.2\end{bmatrix}$$
$$B_1=\begin{bmatrix}1 & 0.5\\ 2 & 1\end{bmatrix},\quad B_2=\begin{bmatrix}0 & 0\\ 1 & 2\end{bmatrix},\quad B_3=\begin{bmatrix}1 & 1\\ -1 & -1\end{bmatrix} \tag{3-62}$$
$$C_1=\begin{bmatrix}0 & 1 & 0\\ -1 & 0 & 0\end{bmatrix}^{\mathrm{T}},\quad C_2=\begin{bmatrix}0 & 1 & 1\\ 2 & 0 & 2\end{bmatrix}^{\mathrm{T}}\quad C_3=\begin{bmatrix}1 & 1 & 0\\ 0 & 0 & 1\end{bmatrix}^{\mathrm{T}}$$

假设通信时滞为 $\tau$，智能体之间的通信关系由图 3-10 中的有向图 $\mathcal{G}$ 表示。

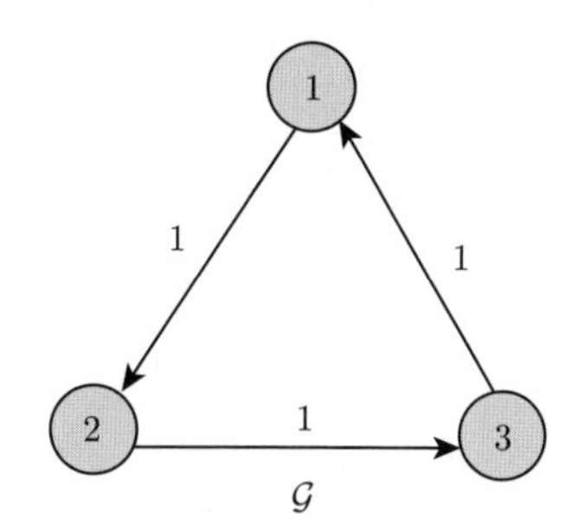


图 3-10　三个智能体之间的固定拓扑

通过计算可得 $\mathrm{rank}(C_{\mathrm{row}}R^{\mathrm{T}})=2$，$\mathrm{rank}(C_{\mathrm{row}})=3$。显然，$\mathrm{rank}(C_{\mathrm{row}}R^{\mathrm{T}})<\mathrm{rank}(C_{\mathrm{row}})$。并且，存在 $A_0=\begin{bmatrix}0.2 & 0.2\\ -0.4 & 0.2\end{bmatrix}$ 满足式 (3-42)。故条件 3-1 成立。易证得 $(A_i,C_i)$ 是可检测的，$i=1,2,3$。从而，对于任意的 $Q_i>0$，离散时间代数 Riccati 方程

$$A_iP_iA_i^{\mathrm{T}}-P_i-A_iP_iC_i^{\mathrm{T}}(I+C_iP_iC_i^{\mathrm{T}})^{-1}C_iP_iA_i^{\mathrm{T}}+Q_i=0 \tag{3-63}$$

存在唯一解 $P_i>0$，并且满足 $A_i-G_iC_i$ 是 Schur 稳定的，其中，$G_i=A_iP_iC_i^{\mathrm{T}}(I+C_iP_iC_i^{\mathrm{T}})^{-1}$，$i=1,2,3$。取 $Q_1=Q_3=\mathrm{diag}(1,2)$，$Q_2=\mathrm{diag}(1,4)$，解得 Riccati 方程 (3-63) 的解和观测器 (3-39a) 的增益矩阵为

$$P_1=\begin{bmatrix}3.6484 & 4.7560\\ 4.7560 & 10.9183\end{bmatrix},\quad P_2=\begin{bmatrix}1.0140 & 0.0616\\ 0.0616 & 4.8240\end{bmatrix}$$

$$P_3 = \begin{bmatrix} 1.0816 & -0.0005 \\ -0.0005 & 2.0405 \end{bmatrix},\ G_1 = \begin{bmatrix} 0.8690 & 0.8933 & 0 \\ 2.0258 & 1.2485 & 0 \end{bmatrix}$$

$$G_2 = \begin{bmatrix} 0.0194 & 0.0605 & 0.0799 \\ 0.6393 & -0.0118 & 0.6275 \end{bmatrix},\ G_3 = \begin{bmatrix} -0.1368 & -0.1368 & 0.1342 \\ 0.0684 & 0.0684 & 0.1342 \end{bmatrix}$$

另外，

$$\mathcal{N}_L(C_{\mathrm{row}}R^{\mathrm{T}})\backslash\mathcal{N}_L(C_{\mathrm{row}}) = \left\{k\begin{bmatrix} 0 & -1 & 0 \end{bmatrix}^{\mathrm{T}},\ k \in \mathbb{R}\right\}$$

由引理 3-3，得

$$F = \begin{bmatrix} -0.35 & 0 \\ 0.5 & 0 \end{bmatrix},\ H = \begin{bmatrix} -1 & 0 \\ 2 & 0 \end{bmatrix}$$

满足式 (3-43)。由 MATLAB 工具箱可以求得

$$B_1^{\dagger} = \begin{bmatrix} 0.16 & 0.32 \\ 0.08 & 0.16 \end{bmatrix},\ B_2^{\dagger} = \begin{bmatrix} 0 & 0.2 \\ 0 & 0.4 \end{bmatrix},\ B_3^{\dagger} = \begin{bmatrix} 0.25 & -0.25 \\ 0.25 & -0.25 \end{bmatrix}$$

$$C_1^{\dagger} = \begin{bmatrix} 0 & 1 & 0 \\ -1 & 0 & 0 \end{bmatrix},\ C_2^{\dagger} = \frac{1}{6}\begin{bmatrix} -2 & 4 & 2 \\ 2 & -1 & 1 \end{bmatrix},\ C_3^{\dagger} = \begin{bmatrix} 0.5 & 0.5 & 0 \\ 0 & 0 & 1 \end{bmatrix}$$

$$C_{\mathrm{row}}^{\dagger} = \begin{bmatrix} -0.0357 & 0.3571 & -0.0357 \\ -0.3036 & 0.0357 & 0.1964 \\ -0.2321 & 0.3214 & 0.2679 \\ 0.2143 & -0.1429 & 0.2143 \\ 0.2679 & 0.3214 & -0.2321 \\ -0.1964 & -0.0357 & 0.3036 \end{bmatrix}$$

由式 (3-45)，得

$$\hat{D}_1 = -\begin{bmatrix} 1.2 & 1.2 & 0 \\ 0.6 & 0.6 & 0 \end{bmatrix}, \hat{D}_2 = -\begin{bmatrix} 0.0933 & 0.0533 & 0.1467 \\ 0.1867 & 0.1067 & 0.2933 \end{bmatrix}$$

$$\hat{D}_3 = \begin{bmatrix} 0.15 & 0.15 & 0 \\ 0.15 & 0.15 & 0 \end{bmatrix} \tag{3-64}$$

$$\hat{F}_1 = \hat{F}_2 = \hat{F}_3 = \begin{bmatrix} 0 & -0.35 & 0 \\ 0 & 0.5 & 0 \end{bmatrix}, \hat{H}_1 = \hat{H}_2 = \hat{H}_3 = \begin{bmatrix} 0 & -1 & 0 \\ 0 & 2 & 0 \end{bmatrix}$$

注意到

$$\mathcal{N}_L(C_1) = \left\{k\begin{bmatrix} 0 & 0 & 1 \end{bmatrix}^{\mathrm{T}},\ k \in \mathbb{R}\right\}$$

$$\mathcal{N}_L(C_2) = \left\{k\begin{bmatrix} -1 & -1 & 1 \end{bmatrix}^{\mathrm{T}},\ k \in \mathbb{R}\right\}$$

$$\mathcal{N}_L(C_3) = \left\{k\begin{bmatrix} 1 & -1 & 0 \end{bmatrix}^{\mathrm{T}},\ k \in \mathbb{R}\right\}$$

由式 (3-46)，得

$$\hat{B}_1 = \begin{bmatrix} 0 & 0 & 1 \\ 0 & 0 & 2 \end{bmatrix},\ \hat{B}_3 = \begin{bmatrix} 1 & -1 & 0 \\ 2 & -2 & 0 \end{bmatrix}, \hat{B}_2 = \begin{bmatrix} -1 & -1 & 1 \\ -0.5 & -0.5 & 0.5 \end{bmatrix} \tag{3-65}$$

取

$$\begin{aligned} &\hat{A}_1 = \begin{bmatrix} 0.5 & 0 \\ 0 & 0.2 \end{bmatrix},\quad \hat{A}_2 = \begin{bmatrix} -0.3 & 0 \\ 0 & 0.8 \end{bmatrix},\quad \hat{A}_3 = \begin{bmatrix} 0.1 & 0 \\ 0 & -0.4 \end{bmatrix} \\ &\hat{C}_1 = \begin{bmatrix} -1 & -2 \\ 2 & 4 \end{bmatrix},\quad \hat{C}_2 = \begin{bmatrix} -2 & -1 \\ 1 & 0.5 \end{bmatrix},\quad \hat{C}_3 = \begin{bmatrix} -1 & -2 \\ 1 & 2 \end{bmatrix} \end{aligned} \tag{3-66}$$

经过计算，得

$$\sigma(\mathit{\Gamma}) = \{0.5, 0.2, -0.3, 0.8, 0.1, -0.4, 0.1945 \pm 0.4323\mathrm{i}, 0.1805 \pm 0.1314\mathrm{i}\} \subseteq U_0$$

因此，由定理 3-6 可知，网络化多智能体系统 (3-38) 能够实现一致。

当 $\tau = 3$ 时，取网络化多智能体系统 (3-38)、协议 (3-40) 和观测器 (3-39a) 的初始条件为

$$x_1(0) = \begin{bmatrix} 4 & 3 \end{bmatrix}^{\mathrm{T}},\ x_2(0) = \begin{bmatrix} -1 & 10 \end{bmatrix}^{\mathrm{T}},\ x_3(0) = \begin{bmatrix} -6 & 2 \end{bmatrix}^{\mathrm{T}} \tag{3-67}$$

$$z_1(0) = \begin{bmatrix} 1 & 2 \end{bmatrix}^{\mathrm{T}},\ z_2(0) = \begin{bmatrix} -1 & 1 \end{bmatrix}^{\mathrm{T}},\ z_3(0) = \begin{bmatrix} 1 & -2 \end{bmatrix}^{\mathrm{T}} \tag{3-68}$$

$$e_1(0) = \begin{bmatrix} 0.5 & -0.5 \end{bmatrix}^{\mathrm{T}},\ e_1(-1) = \begin{bmatrix} -0.3 & 0.1 \end{bmatrix}^{\mathrm{T}},\ e_1(-2) = \begin{bmatrix} 0.2 & 0.4 \end{bmatrix}^{\mathrm{T}}$$

$$e_2(0) = \begin{bmatrix} -0.5 & 0.5 \end{bmatrix}^{\mathrm{T}},\ e_2(-1) = \begin{bmatrix} 0.3 & 0.2 \end{bmatrix}^{\mathrm{T}},\ e_2(-2) = \begin{bmatrix} 0.5 & 0.4 \end{bmatrix}^{\mathrm{T}}$$

$$e_3(0) = \begin{bmatrix} 0.2 & 0.5 \end{bmatrix}^{\mathrm{T}},\ e_3(-1) = \begin{bmatrix} -0.4 & 1 \end{bmatrix}^{\mathrm{T}},\ e_3(-2) = \begin{bmatrix} 0.3 & -0.5 \end{bmatrix}^{\mathrm{T}}$$

图 3-11 ~ 图 3-13 分别展示了网络化多智能体系统 (3-38) 和协议 (3-40) 的状态轨迹，以及观测器 (3-39a) 的估计误差轨迹。

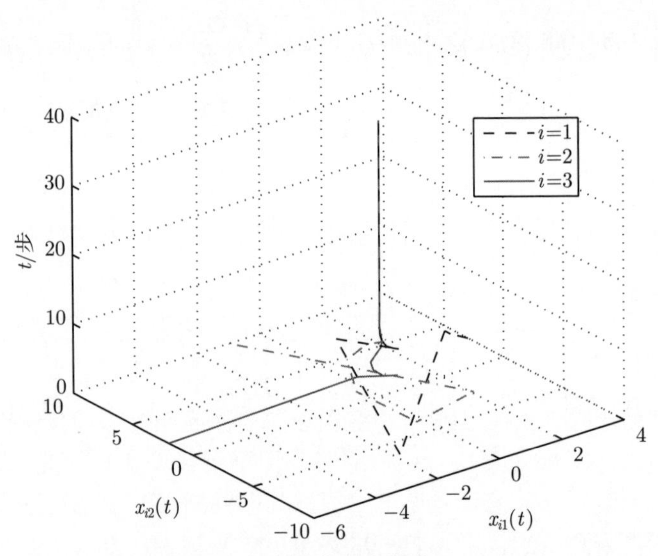


图 3-11　智能体的状态轨迹 ($\tau = 3$)

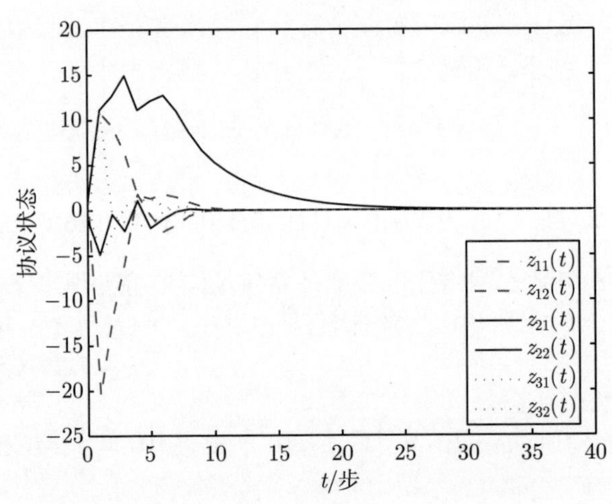


图 3-12　协议的状态轨迹 ($\tau = 3$) (见彩图)

当 $\tau = 5$ 时，取网络化多智能体系统 (3-38)、协议 (3-40) 和观测器 (3-39a) 的初始条件为

$$x_1(0) = \begin{bmatrix} -5 & 5 \end{bmatrix}^{\mathrm{T}}, x_2(0) = \begin{bmatrix} 5 & -5 \end{bmatrix}^{\mathrm{T}}, x_3(0) = \begin{bmatrix} 10 & -10 \end{bmatrix}^{\mathrm{T}}$$

$$z_1(0) = \begin{bmatrix} 2 & 0 \end{bmatrix}^{\mathrm{T}}, z_2(0) = \begin{bmatrix} -1 & 0 \end{bmatrix}^{\mathrm{T}}, z_3(0) = \begin{bmatrix} 1 & 0 \end{bmatrix}^{\mathrm{T}}$$

$$e_1(0) = \begin{bmatrix} 0.3 & 0.5 \end{bmatrix}^{\mathrm{T}}, e_2(0) = \begin{bmatrix} -0.1 & 0.1 \end{bmatrix}^{\mathrm{T}}, e_3(0) = \begin{bmatrix} -0.3 & 0.2 \end{bmatrix}^{\mathrm{T}}$$

$$e_1(-1) = -\begin{bmatrix} 0.5 & 0.8 \end{bmatrix}^{\mathrm{T}}, e_2(-1) = \begin{bmatrix} 0.8 & -0.5 \end{bmatrix}^{\mathrm{T}}, e_3(-1) = -\begin{bmatrix} 0.6 & 0.1 \end{bmatrix}^{\mathrm{T}}$$

$$e_1(-2) = \begin{bmatrix} 0.5 & -0.5 \end{bmatrix}^{\mathrm{T}}, e_2(-2) = \begin{bmatrix} 0.1 & -0.5 \end{bmatrix}^{\mathrm{T}}, e_3(-2) = \begin{bmatrix} -0.2 & 0.5 \end{bmatrix}^{\mathrm{T}}$$

$$e_1(-3) = \begin{bmatrix} -0.4 & 0.4 \end{bmatrix}^{\mathrm{T}}, e_2(-3) = \begin{bmatrix} -0.4 & 0 \end{bmatrix}^{\mathrm{T}}$$

$$e_3(-3) = \begin{bmatrix} 0.4 & -0.2 \end{bmatrix}^{\mathrm{T}},\ e_1(-4) = e_2(-4) = e_3(-4) = \begin{bmatrix} 0 & 0 \end{bmatrix}^{\mathrm{T}}$$

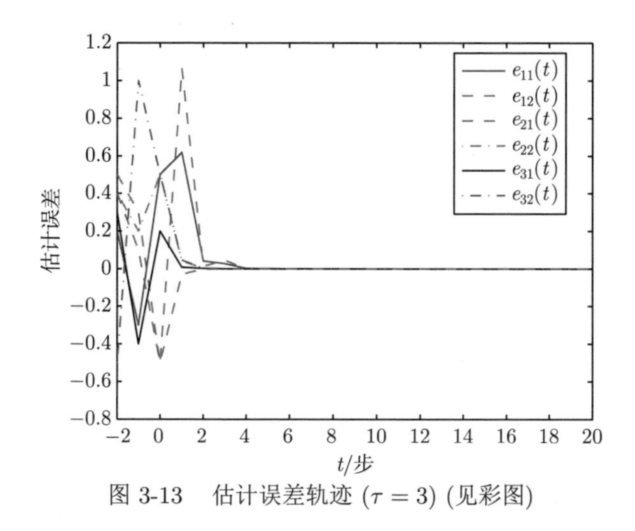


图 3-13 估计误差轨迹 ($\tau = 3$) (见彩图)

图 3-14 ~ 图 3-16 分别展示了网络化多智能体系统 (3-38) 和协议 (3-40) 的状态轨迹及观测器 (3-39a) 的估计误差轨迹。仿真结果表明，在协议 (3-40) 的作用下，系统 (3-38) 的状态能够实现一致，协议的状态是渐近稳定的并且观测器的状态渐近跟踪系统的状态。

**例 3-6** (无通信时滞情形) 考虑例 3-5 中式 (3-62) 所描述的网络化多智能体系统 (3-38)，它们之间的通信关系仍由图 3-10 表示。假设智能体之间的通信不存在时滞。由定理 3-6 和定理 3-7 可知，网络化多智能体系统 (3-38) 实现一致的条件是相同的。所以，式 (3-64) ~ 式 (3-66) 仍适用于无通信时滞情形。设网络化多智能体系统 (3-38) 与协议 (3-54) 的初始条件分别为式 (3-67) 和式 (3-68)。图 3-17 展示了无通信时滞时，网络化多智能体系统 (3-38) 的状态轨迹。图 3-18 展示了协议 (3-54) 的状态轨迹。进而，假设当 $\|\delta_i(t)\| < 10^{-4}$ 时，网络化多智能体系统 (3-38) 达到一致，$i = 1, 2, 3$。通过计算得，在无通信时滞情形，系统 (3-38) 的状态经过 15 步达到一致。当通信时滞为 3 时，系统 (3-38) 的状态经过 19 步达到一致。可见，通过网络化预测控制方法，具有通信时滞的网络化多智能体系统的性能非常接近无通信时滞的网络化多智能体系统的性能。

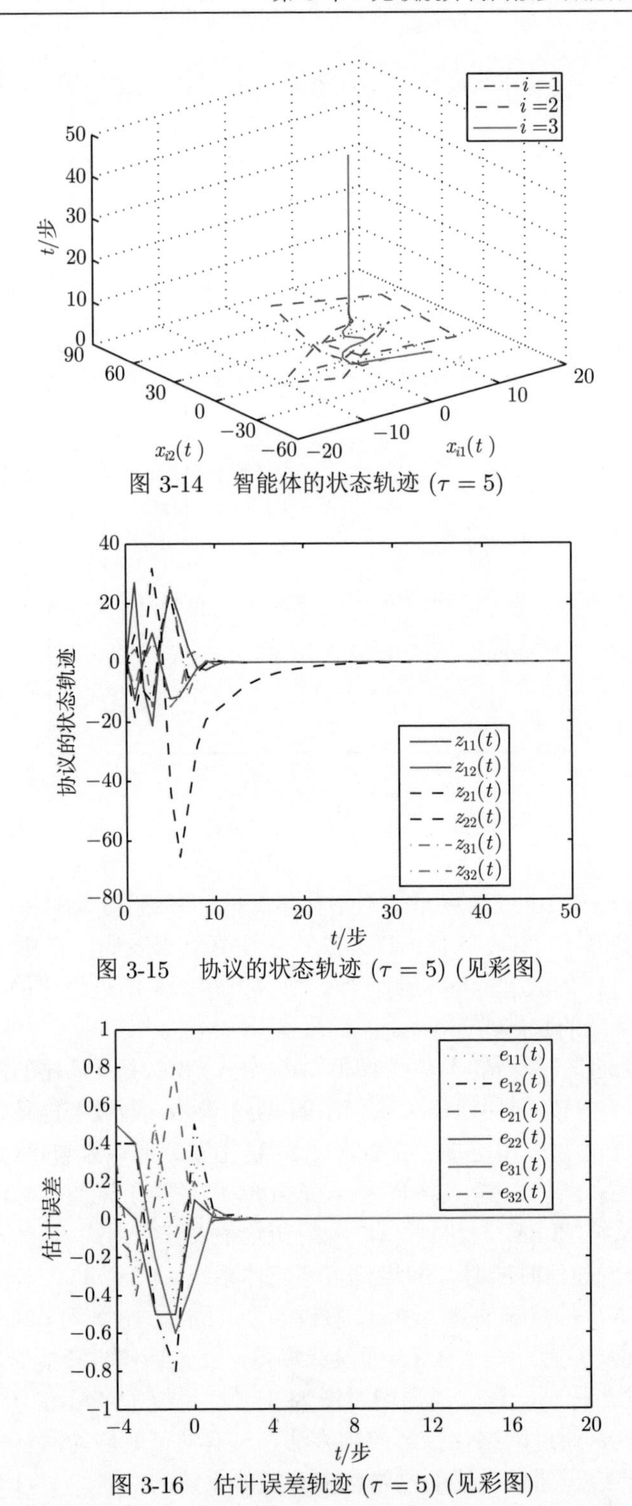


图 3-14　智能体的状态轨迹 ($\tau = 5$)

图 3-15　协议的状态轨迹 ($\tau = 5$) (见彩图)

图 3-16　估计误差轨迹 ($\tau = 5$) (见彩图)

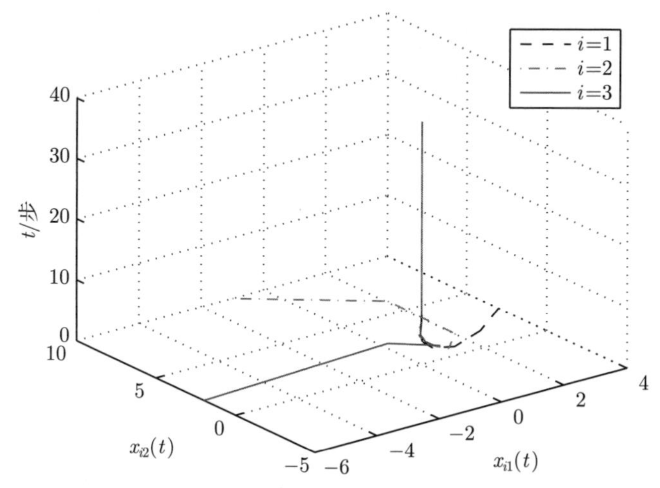

图 3-17　智能体的状态轨迹 (无通信时滞)

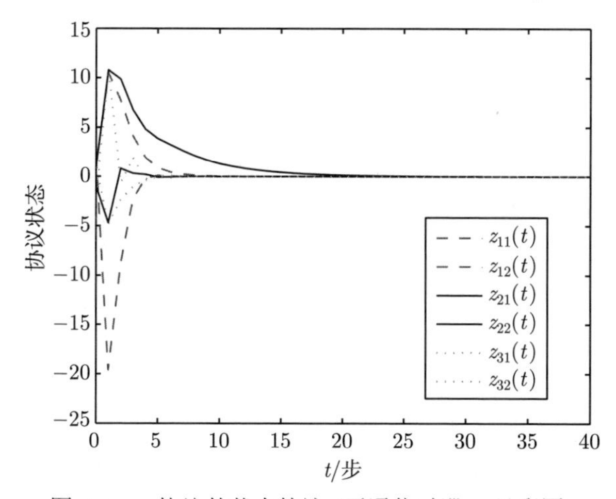

图 3-18　协议的状态轨迹 (无通信时滞) (见彩图)

### 3.3.2 输出一致性分析与控制

3.3.1 节研究了在动态补偿器协议控制作用下异构多智能体系统的状态一致性问题。注意到虽然每个智能体的系数矩阵是不同的，但是系统的阶次却是相同的。在实际生活中，每个智能体的结构可能是完全不同的。例如，多智能体系统中一些智能体具有一阶积分器的形式，另一些智能体具有二阶积分器的形式，一些智能体可能是无人机，另一些智能体可能是无人艇。在这种情况下，状态一致性是没有意义的。因此，研究具有一般形式的异构多智能体系统的输出一致性问题更具有实际意义。

1. 问题描述和一致性协议设计

考虑由 $N$ 个智能体组成的离散异构多智能体系统，智能体 $i$ 的动力学模型可以描述为

$$\begin{aligned} x_i(t+1) &= A_i x_i(t) + B_i u_i(t) \\ y_i(t) &= C_i x_i(t) \\ x_i(t) &= \phi_{xi}(t),\ \ -2\tau \leqslant t \leqslant 0 \\ u_i(t) &= \phi_{ui}(t),\ \ -2\tau \leqslant t \leqslant 0 \\ y_i(t) &= \phi_{yi}(t),\ \ -2\tau \leqslant t \leqslant 0 \end{aligned} \tag{3-69}$$

式中，$x_i(t) \in M_{n_i,1}(\mathbb{R})$、$u_i(t) \in M_{m_i,1}(\mathbb{R})$ 和 $y_i(t) \in M_{l,1}(\mathbb{R})$ 分别是智能体 $i$ 的状态、控制输入和量测输出；$A_i \in M_{n_i}$、$B_i \in M_{n_i,m_i}$、$C_i \in M_{l,n_i}$ 是定常矩阵；$\tau$ 是已知的定常通信时滞；$\phi_{xi}(\cdot)$、$\phi_{ui}(\cdot)$ 和 $\phi_{yi}(\cdot)$ 分别是智能体 $i$ 的初始状态、初始控制输入和初始输出。

本节仍用加权有向图 $\mathcal{G} = (\mathcal{V}, \mathcal{E}, \mathcal{A})$ 来表示智能体之间的通信关系，其中，$\mathcal{V} = \{1, 2, \cdots, N\}$ 为顶点集，$\mathcal{E} \subseteq \mathcal{V} \times \mathcal{V}$ 为边集，$\mathcal{A} = [a_{ij}] \in M_N(\mathbb{R})$ 为非负加权邻接矩阵。接下来，将研究具有定常通信时滞的异构多智能体系统 (3-69) 的输出一致性。

因为智能体 $i$ 获得智能体 $j\,(j \in \{i\} \cup N_i^*)$ 的信息存在定常通信时滞 $\tau$，为了克服通信时滞的影响，基于智能 $j$ 直到 $t-\tau$ 时刻的数据，本节构造智能体 $j$ 从 $t-\tau+1$ 时刻到 $t$ 时刻的预测状态为

$$\begin{aligned} \hat{x}_j(t-\tau+1|t-\tau) &= A_j \hat{x}_j(t-\tau|t-\tau-1) + B_j u_j(t-\tau) \\ &\quad + G_j(y_j(t-\tau) - C_j \hat{x}_j(t-\tau|t-\tau-1)) \\ \hat{x}_j(t-\tau+d|t-\tau) &= A_j \hat{x}_j(t-\tau+d-1|t-\tau) + B_j u_j(t-\tau+d-1) \\ d = 2,\, 3,& \cdots, \tau,\ \ j \in \{i\} \cup N_i^* \end{aligned} \tag{3-70}$$

式中，$\hat{x}_j(t-\tau+1|t-\tau) \in M_{n_j,1}(\mathbb{R})$ 是向前一步的预测状态；$u_j(t-\tau) \in M_{m_j,1}(\mathbb{R})$ 是观测器在 $t-\tau$ 时刻的输入；$\hat{x}_j(t-\tau+d|t-\tau) \in M_{n_j1}(\mathbb{R})$ 是智能体 $j$ 基于直到 $t-\tau$ 时刻的信息在 $t-\tau+d$ 时刻的预测状态；$u_j(t-\tau+d-1) \in M_{m_i,1}(\mathbb{R})$ 是 $t-\tau+d-1$ 时刻的输入，$d = 2, 3, \cdots, \tau$,　$j \in \{i\} \cup N_i^*$；矩阵 $G_j \in M_{n_j,l}(\mathbb{R})$ 可以由观测器设计来得到。

对于存在定常通信时滞 $\tau$ 的离散异构多智能体系统 (3-69), 基于网络化预测控制方法，智能体 $i$ 的一致性算法设计如下：

$$\begin{aligned} z_i(t+1) &= \hat{A}_i z_i(t) + \hat{B}_i \hat{y}_i(t|t-\tau) + \hat{H}_i \hat{\zeta}_i(t|t-\tau) \\ u_i(t) &= \hat{C}_i z_i(t) + \hat{D}_i \hat{y}_i(t|t-\tau) + \hat{F}_i \hat{\zeta}_i(t|t-\tau) \\ z_i(t) &= \varphi_{zi}(t), \quad -2\tau \leqslant t \leqslant 0, \quad i \in \mathcal{V} \end{aligned} \tag{3-71}$$

式中，$z_i(t) \in M_{\tilde{n}_b 1}(\mathbb{R})$ 是协议的状态；$\hat{y}_i(t|t-\tau) = C_i \hat{x}_i(t|t-\tau)$ 是 $t$ 时刻的输出预测；$\hat{\zeta}_i(t|t-\tau) = \sum\limits_{j\in N_i} a_{ij} \Delta\hat{y}_{ij}(t|t-\tau)$，$\Delta\hat{y}_{ij}(t|t-\tau) = \hat{y}_j(t|t-\tau) - \hat{y}_i(t|t-\tau)$ 是智能体 $i$ 和智能体 $j$ 输出预测的差；$\varphi_{zi}(t)$ 是协议的初始状态；$\hat{A}_i$、$\hat{B}_i$、$\hat{C}_i$、$\hat{D}_i$、$\hat{F}_i$ 和 $\hat{H}_i$ 是待设计的系数矩阵，$i = 1, 2, \cdots, N$。

2. 输出一致性分析

**定义 3-6** 对于离散异构多智能体系统 (3-69)，如果以下条件成立，那么协议 (3-71) 可解输出一致性：

(1) $\lim\limits_{t\to\infty} ||y_i(t) - y_j(t)|| = 0, \ \forall\, i, j = 1, 2, \cdots, N$；

(2) $\lim\limits_{t\to\infty} ||z_i(t)|| = 0, \forall\, i = 1, 2, \cdots, N$；

(3) $\lim\limits_{t\to\infty} ||e_i(t)|| = 0, \forall\, i = 1, 2, \cdots, N$。

其中，$e_i(t) = \hat{x}_i(t|t-1) - x_i(t)$ 是向前一步的状态估计误差。

设

$$\begin{aligned} \delta_i(t) &= y_i(t) - y_1(t), \ i = 1, 2, \cdots, N \\ \delta(t) &= \begin{bmatrix} \delta_2^{\mathrm{T}}(t) & \delta_3^{\mathrm{T}}(t) & \cdots & \delta_N^{\mathrm{T}}(t) \end{bmatrix}^{\mathrm{T}} \\ x(t) &= \begin{bmatrix} x_1^{\mathrm{T}}(t) & x_2^{\mathrm{T}}(t) & \cdots & x_N^{\mathrm{T}}(t) \end{bmatrix}^{\mathrm{T}} \\ y(t) &= \begin{bmatrix} y_1^{\mathrm{T}}(t) & y_2^{\mathrm{T}}(t) & \cdots & y_N^{\mathrm{T}}(t) \end{bmatrix}^{\mathrm{T}} \\ e(t) &= \begin{bmatrix} e_1^{\mathrm{T}}(t) & e_2^{\mathrm{T}}(t) & \cdots & e_N^{\mathrm{T}}(t) \end{bmatrix}^{\mathrm{T}} \\ z(t) &= \begin{bmatrix} z_1^{\mathrm{T}}(t) & z_2^{\mathrm{T}}(t) & \cdots & z_N^{\mathrm{T}}(t) \end{bmatrix}^{\mathrm{T}} \end{aligned}$$

由定义 3-6 可知，协议 (3-71) 可解输出一致性当且仅当 $\lim\limits_{t\to\infty} ||\delta(t)|| = 0$、$\lim\limits_{t\to\infty} ||z(t)|| = 0$ 和 $\lim\limits_{t\to\infty} ||e(t)|| = 0$ 同时成立。

简单起见，记

$$R = \begin{bmatrix} -1_{N-1} & I_{N-1} \end{bmatrix} \otimes I_l$$

$$A_D = \mathrm{diag}(A_1, A_2, \cdots, A_N)$$

$$B_D = \mathrm{diag}(B_1, B_2, \cdots, B_N)$$

$$C_D = \mathrm{diag}(C_1, C_2, \cdots, C_N)$$

$$D_D = \mathrm{diag}(D_1, D_2, \cdots, D_N)$$

$$\hat{A}_D = \mathrm{diag}(\hat{A}_1, \hat{A}_2, \cdots, \hat{A}_N)$$

$$\hat{C}_D = \mathrm{diag}(\hat{C}_1, \hat{C}_2, \cdots, \hat{C}_N)$$

$$\hat{H}_D = \mathrm{diag}(\hat{H}_1, \hat{H}_2, \cdots, \hat{H}_N)$$

$$\hat{F}_D = \mathrm{diag}(\hat{F}_1, \hat{F}_2, \cdots, \hat{F}_N)$$

假设 $(A_i, C_i)$ 是可检测的，故存在 $G_i \in M_{n_i,l}(\mathbb{R})$ 使得 $A_i - G_iC_i$ 是 Schur 的，$i = 1, 2, \cdots, N$。$G_a$ 为观测器 (3-70) 的增益矩阵，$i = 1, 2, \cdots, N$。对于智能体 $i$，由式 (3-70) 可知，智能体 $j$ 在 $t$ 时刻的预测状态为

$$\begin{aligned} \hat{x}_j(t|t-\tau) = & A_j^{\tau-1}(A_j - G_jC_j)\hat{x}_j(t-\tau|t-\tau-1) \\ & + \sum_{s=1}^{\tau} A_j^{\tau-s}B_ju_j(t-\tau+s-1) \\ & + A_j^{\tau-1}G_jy_j(t-\tau), j \in \{i\} \bigcup N_i^* \end{aligned} \tag{3-72}$$

由式 (3-70) 可知系统状态可以表示为

$$x_i(t) = A_i^{\tau}x_i(t-\tau) + \sum_{s=1}^{\tau} A_i^{\tau-s}B_iu_i(t-\tau+s-1) \tag{3-73}$$

由式 (3-72) 和式 (3-73)，得

$$\begin{aligned} \hat{x}_j(t|t-\tau) &= x_j(t) + A_j^{\tau-1}e_j(t-\tau+1) \\ \hat{y}_j(t|t-\tau) &= y_j(t) + C_jA_j^{\tau-1}e_j(t-\tau+1), j \in \{i\} \cup N_i^* \end{aligned} \tag{3-74}$$

因此

$$\hat{\zeta}_i(t|t-\tau) = -\sum_{j=1}^{N} l_{ij}\left(y_j(t) + C_jA_j^{\tau-1}e_j(t-\tau+1)\right) \tag{3-75}$$

将式 (3-74) 和式 (3-75) 代入式 (3-71)，得

$$u_i(t) = \hat{C}_i z_i(t) + \hat{D}_i y_i(t) - \hat{F}_i \sum_{j=2}^{N} l_{ij} \delta_j(t) + \hat{D}_i C_i A_i^{\tau-1} e_i(t-\tau+1) - \hat{F}_i \sum_{j=1}^{N} l_{ij} C_j A_j^{\tau-1} e_j(t-\tau+1)$$

所以，闭环系统可以表示为

$$\begin{aligned} x_i(t+1) = {} & A_i x_i(t) + B_i \hat{C}_i z_i(t) + B_i \hat{D}_i y_i(t) - B_i \hat{F}_i (\tilde{l}_i \otimes I_l) \delta(t) \\ & + B_i \hat{D}_i C_i A_i^{\tau-1} e_i(t-\tau+1) - B_i \hat{F}_i (l_i \otimes I_l) C_D A_D^{\tau-1} e(t-\tau+1) \end{aligned} \tag{3-76}$$

进而，有

$$\begin{aligned} y_i(t+1) = {} & C_i \left( A_i + B_i \hat{D}_i C_i \right) x_i(t) + C_i B_i \hat{C}_i z_i(t) \\ & - C_i B_i \hat{F}_i (\tilde{l}_i \otimes I_l) \delta(t) + C_i B_i \hat{D}_i C_i A_i^{\tau-1} e_i(t-\tau+1) \\ & - C_i B_i \hat{F}_i \left( l_i \otimes I_l \right) C_D A_D^{\tau-1} e(t-\tau+1) \end{aligned} \tag{3-77}$$

式中，$\tilde{l}_i = l_i \begin{bmatrix} 0 & I_{N-1} \end{bmatrix}^{\mathrm{T}}$，$l_i$ 是拉普拉斯矩阵 $\mathcal{L}$ 的第 $i$ 行。

$$\begin{aligned} z_i(t+1) = {} & \hat{A}_i z_i(t) + \hat{B}_i \left[ y_i(t) + C_i A_i^{-1} e_i(t-\tau+1) \right] \\ & - \hat{H}_i \sum_{j=2}^{N} l_{ij} \delta_j(t) - \hat{H}_i \sum_{j=1}^{N} l_{ij} C_j A_j^{\tau-1} e_j(t-\tau+1) \end{aligned} \tag{3-78}$$

**定理 3-9** 对于具有固定有向拓扑 $\mathcal{G}$ 和定常通信时滞 $\tau$ 的离散异构多智能体系统 (3-69)。如果以下条件成立，那么协议 (3-71) 可解输出一致性：

(1) $(A_i, C_i)$ 是可检测的，$i \in \mathcal{V}$；

(2) $\operatorname{rank}\left(C_i^{\mathrm{T}} \otimes C_i B_i\right) = \operatorname{rank}\left(\left[C_i^{\mathrm{T}} \otimes C_i B_i \ \operatorname{vec}\left(C_i A_i\right)\right]\right), i \in \mathcal{V}$；

(3) $\hat{B}_i C_i = 0,\ i \in \mathcal{V}$；

(4) 矩阵 $\varGamma$ 是 Schur 稳定的，其中

$$\varGamma = \begin{bmatrix} R C_D B_D & 0 \\ 0 & I_{\tilde{n}} \end{bmatrix} \begin{bmatrix} \hat{F}_D & \hat{C}_D \\ \hat{H}_D & \hat{A}_D \end{bmatrix} \begin{bmatrix} -(\mathcal{L}_2 \otimes I_l) & 0 \\ 0 & I_{\tilde{n}} \end{bmatrix} \tag{3-79}$$

其中，$\tilde{n}=\sum\limits_{i=1}^{N}\tilde{n}_i$, $\mathcal{L}_2=\mathcal{L}\begin{bmatrix} 0 & I_{n-1} \end{bmatrix}^{\mathrm{T}}$, $\mathcal{L}$ 是有向图 $\mathcal{G}$ 的拉普拉斯矩阵。

**证明**　若定理 3-9 中条件 (2) 成立，则存在 $\hat{D}_i\in M_{m_i,l}(\mathbb{R})$, 满足 $C_i\big(A_i+B_i\hat{D}_iC_i\big)=0$，即 $C_iB_i\hat{D}_iC_i=-C_iA_i, i\in\mathcal{V}$。若定理 3-9 中条件 (3) 成立，则存在 $\hat{B}_i$ 使得 $\hat{B}_iC_i=0,\quad i\in\mathcal{V}$。式 (3-77) 和式 (3-78) 可以简化为

$$
\begin{aligned}
y_i(t+1)&=C_iB_i\hat{C}_iz_i(t)-C_iB_i\hat{F}_i\left(\tilde{l}_i\otimes I_l\right)\delta(t)-C_iA_i^{\tau}e_i(t-\tau+1)\\
&\quad -C_iB_i\hat{F}_i\left(l_i\otimes I_l\right)C_DA_D^{\tau-1}e(t-\tau+1) \qquad (3\text{-}80)\\
z_i(t+1)&=\hat{A}_iz_i(t)-\hat{H}_i\left(\tilde{l}_i\otimes I_l\right)\delta(t)-H_i\left(l_i\otimes I_l\right)C_DA_D^{\tau-1}e(t-\tau+1)
\end{aligned}
$$

从而，闭环系统的紧凑形式可以表示为

$$
\begin{aligned}
y(t+1)&=C_DB_D\hat{C}_Dz(t)-\ C_DB_D\hat{F}_D(\mathcal{L}_2\otimes I_l)\delta(t)\\
&\quad -\left[C_DA_D^{\tau}+C_DB_D\hat{F}_D(\mathcal{L}\otimes I_l)C_DA_D^{\tau-1}\right]e(t-\tau+1)\\
z(t+1)&=\hat{A}_Dz(t)-\hat{H}_D(\mathcal{L}_2\otimes I_l)\delta(t)-\hat{H}_D(\mathcal{L}\otimes I_l)C_DA_D^{\tau-1}e(t-\tau+1)
\end{aligned}
$$

因为 $\delta(t)=Ry(t)$，所以增广闭环系统可以表示为

$$
\varepsilon(t+1)=\varOmega\varepsilon(t) \qquad (3\text{-}81)
$$

式中

$$
\begin{aligned}
\xi(t)&=\left[\delta^{\mathrm{T}}(t)\quad z^{\mathrm{T}}(t)\quad e^{\mathrm{T}}(t-\tau+1)\right]^{\mathrm{T}}\\
\varOmega&=\begin{bmatrix} \varGamma & \varOmega_1\\ 0A_D-G_DC_D & \end{bmatrix}\\
\varOmega_1&=\left[\varOmega_{11}^{\mathrm{T}}(t)\quad \varOmega_{12}^{\mathrm{T}}(t)\right]^{\mathrm{T}}\\
\varOmega_{11}&=RC_D\left[B_D\hat{F}_D(\mathcal{L}\otimes I_l)C_D-A_D\right]A_D^{\tau-1}\\
\varOmega_{12}&=\hat{H}_D(\mathcal{L}\otimes I_l)C_DA_D^{\tau-1}
\end{aligned}
$$

由定理 3-9 中条件 (4) 可知，$\varGamma$ 是 Schur 稳定的，系统 (3-81) 是渐近稳定的。因此，由定义 3-6 可知，协议 (3-71) 可解输出一致性。证毕。　□

**引理 3-4**　假设 $A\in M_{m,n}(\mathbb{R}), B\in M_{n,m}(\mathbb{R})$，则矩阵 $AB$ 和 $BA$ 有相同的非零特征值。

**推论 3-11** 考虑到具有固定有向拓扑 $\mathcal{G}$ 和定常通信时滞 $\tau$ 的离散异构多智能体系统 (3-69)，如果定理 3-9 中的条件 (1)、条件 (2) 和条件 (3) 成立，且 $\Gamma_1 = \begin{bmatrix} \hat{F}_D & \hat{C}_D \\ \hat{H}_D & \hat{A}_D \end{bmatrix} \begin{bmatrix} -(\mathcal{L} \otimes I_l) C_D B_D & 0 \\ 0 & I_{\tilde{n}} \end{bmatrix}$ 是 Schur 稳定的，那么协议 (3-71) 可解输出一致性。其中，$\mathcal{L}$ 是有向图 $\mathcal{G}$ 的拉普拉斯矩阵。

**证明** 由引理 3-4 可知，式 (3-79) 中的 $\Gamma$ 是 Schur 稳定的当且仅当

$$\Gamma_1 = \begin{bmatrix} \hat{F}_D & \hat{C}_D \\ \hat{H}_D & \hat{A}_D \end{bmatrix} \begin{bmatrix} -(\mathcal{L}_2 \otimes I_l) & 0 \\ 0 & I_{\widehat{n}} \end{bmatrix} \begin{bmatrix} RC_D B_D & 0 \\ 0 & I_{\widehat{n}} \end{bmatrix}$$

是 Schur 稳定的。

注意到

$$0 = \mathcal{L} 1_N = \begin{bmatrix} \mathcal{L}_{11} + \mathcal{L}_{12} 1_{N-1} \\ \mathcal{L}_{21} + \mathcal{L}_{22} 1_{N-1} \end{bmatrix}$$

所以 $\mathcal{L}_{11} = -\mathcal{L}_{12} 1_{N-1}$ 且 $\mathcal{L}_{21} = -\mathcal{L}_{22} 1_{N-1}$。那么 $(\mathcal{L}_2 \otimes I_l) R = \mathcal{L} \otimes I_l$。因此，$\Gamma_1 = \begin{bmatrix} \hat{F}_D & \hat{C}_D \\ \hat{H}_D & \hat{A}_D \end{bmatrix} \begin{bmatrix} -(\mathcal{L} \otimes I_l) C_D B_D & 0 \\ 0 & I_{\tilde{n}} \end{bmatrix}$。证毕。 □

**定理 3-10** 考虑到具有固定有向拓扑 $\mathcal{G}$ 和定常通信时滞 $\tau$ 的离散异构多智能体系统。如果以下条件成立，那么协议 (3-71) 可解输出一致性：

(1) 定理 3-9 中条件 (1) 和条件 (2) 成立；

(2) $\hat{B}_i C_1 = 0, \quad i \in \mathcal{V}$；

(3) 矩阵 $\tilde{\Gamma} = \begin{bmatrix} RC_D B_D & 0 \\ 0 & I_{\widehat{n}} \end{bmatrix} \begin{bmatrix} -\hat{F}_D(\mathcal{L}_2 \otimes I_l) & \hat{C}_D \\ \hat{B}_D - \hat{H}_D(\mathcal{L}_2 \otimes I_l) & \hat{A}_D \end{bmatrix}$ 是 Schur 稳定的。

其中，$\mathcal{L}_2 = \mathcal{L}\begin{bmatrix} 0 & I_{N-1} \end{bmatrix}^{\mathrm{T}}$ 且 $\mathcal{L}$ 是有向图 $\mathcal{G}$ 的拉普拉斯矩阵。

**证明** 由式 (3-78) 和定理 3-10 中的条件 (2)，可知

$$\begin{aligned} z_i(t+1) = {} & \hat{A}_i z_i(t) + \hat{B}_i \delta_i(t) + \hat{B}_i C_i A_i^{\tau-1} e_i(t-\tau+1) - \hat{H}_i \left(\tilde{l}_i \otimes I_l\right) \delta(t) \\ & - \hat{H}_i (l_i \otimes I_l) C_D A_D^{\tau-1} e(t-\tau+1) \end{aligned} \tag{3-82}$$

由式 (3-80) 和式 (3-82) 可知，增广闭环系统为

$$\varepsilon(t+1) = \tilde{\Omega} \varepsilon(t)$$

式中

$$\tilde{\Omega}=\begin{bmatrix}\tilde{\Gamma} & \tilde{\Omega}_1\\ 0 & A_D-G_DC_D\end{bmatrix},\tilde{\Omega}_1=\begin{bmatrix}\Omega_{11}^{\mathrm{T}}(t) & \tilde{\Omega}_{12}^{\mathrm{T}}(t)\end{bmatrix}^{\mathrm{T}}$$

$$\tilde{\Omega}_{12}=\left[\hat{B}_D-\hat{H}_D\left(\mathcal{L}\otimes I_l\right)\right]C_DA_D^{\tau-1}$$

$\Omega_{11}$ 在定理 3-9 中已定义。遵循定理 3-10 中的条件 (1) 和条件 (2)，协议 (3-71) 可解输出一致性。证毕。 □

**推论 3-12**　具有固定有向拓扑 $\mathcal{G}$ 和定常通信时滞 $\tau$ 的离散异构多智能体系统 (3-69)，如果定理 3-10 中条件 (1) 和条件 (2) 成立且

$$\tilde{\Gamma}_1=\begin{bmatrix}-\hat{F}_D\left(\mathcal{L}\otimes I_l\right) & \hat{C}_D\\ \left(\hat{B}_DR-\hat{H}_D\left(\mathcal{L}\otimes I_l\right)\right)C_DB_D & \hat{A}_D\end{bmatrix}$$

是 Schur 稳定的，则协议 (3-71) 可解输出一致性。

**证明**　证明过程与推论 3-11 相似，此处略。 □

**注解 3-9**　特别地，当 $n_1=n_2=\cdots=n_N=n,\quad m_1=m_2=\cdots=m_N=m$ 且 $\tilde{n}_1=\tilde{n}_2=\cdots=\tilde{n}_N=\tilde{n}$。此时，异构多智能体系统退化为同构多智能体系统，如果条件 $\mathrm{rank}\left(C_{\mathrm{row}}R^{\mathrm{T}}\right)<\mathrm{rank}\left(C_{\mathrm{row}}\right)$ 成立，其中，$C_{\mathrm{row}}=\begin{bmatrix}C_1 & C_2 & \cdots & C_N\end{bmatrix}$ 且 $R=\begin{bmatrix}-\mathbf{1}_{N-1} & I_{N-1}\end{bmatrix}\otimes I_l$。由引理 3-3 可知，存在非零矩阵 $H\in M_{\tilde{n},n}(\mathbb{R})$，使得 $\mathrm{rank}\left(C_{\mathrm{row}}\right)=\mathrm{rank}\left(\left[C_{\mathrm{row}}^{\mathrm{T}}\mathbf{1}_N\otimes H^{\mathrm{T}}\right]\right)$。因此，矩阵方程

$$YC_{\mathrm{row}}=\mathbf{1}_N^{\mathrm{T}}\otimes H \tag{3-83}$$

有解，通解为 $Y=\left(\mathbf{1}_N^{\mathrm{T}}\otimes H\right)C_{\mathrm{row}}^{-}+Z\left(I_l-C_{\mathrm{row}}C_{\mathrm{row}}^{-}\right)$，其中，$Z\in M_{q,l}(R)$ 是任意的矩阵。

特别地，$Y=\left(\mathbf{1}_N^{\mathrm{T}}\otimes H\right)C_{\mathrm{row}}^{-}$ 是式 (3-83) 的一个特解，因此，$\left(\mathbf{1}_N^{\mathrm{T}}\otimes H\right)C_{\mathrm{row}}^{-}C_{\mathrm{row}}=\mathbf{1}_N^{\mathrm{T}}\otimes H$。显然，$\left(\mathbf{1}_N^{\mathrm{T}}\otimes H\right)C_{\mathrm{row}}^{-}C_i=H$。协议 (3-71) 中的系数矩阵 $\hat{H}_i$ 可被构造为 $\hat{H}_i=\left(\mathbf{1}_N^{\mathrm{T}}\otimes H\right)C_{\mathrm{row}}^{-}$。

**注解 3-10**　特别地，当通信网络没有时滞时，协议 (3-71) 可以简化为

$$\begin{aligned}z_i(t+1)&=\hat{A}_iz_i(t)+\hat{B}_iy_i(t)+\hat{H}_i\zeta_i(t)\\ u_i(t)&=\hat{C}_iz_i(t)+\hat{D}_iy_i(t)+\hat{F}_i\zeta_i(t)\end{aligned} \tag{3-84}$$

式中，$\zeta_i(t)=\sum\limits_{j\in N_i}a_{ij}\Delta y_{ij}(t)\ \Delta y_{ij}(t)=y_j(t)-y_i(t)\ \Delta y_{ij}(t)=y_j(t)-y_i(t)$ 是智能体 $i$ 和智能体 $j$ 的输出差。

对于无通信网络时滞的离散异构多智能体系统 (3-69), 若满足 $\lim\limits_{t\to\infty}\|y_i(t)-y_j(t)\|=0$ 且 $\lim\limits_{t\to\infty}z_i(t)=0,\quad i,j\in\mathcal{V}$，则协议 (3-84) 可解输出一致性。与之前的分析类似，多智能体系统 (3-69) 的增广矩阵为 $\xi(t+1)=\Gamma\xi(t)$，其中 $\xi(t)=\begin{bmatrix}\delta^{\mathrm{T}}(t) & z^{\mathrm{T}}(t)\end{bmatrix}^{\mathrm{T}}$，$\Gamma$ 仍然被定义为式 (3-79)。此时便可得到无通信时滞的离散异构多智能体系统 (3-69) 达到输出一致的充分条件，即如果定理 3-9 中的条件 (2) $\sim$ 条件 (4) 成立，那么协议 (3-84) 可解输出一致性。

3. 数值仿真

**例 3-7** 考虑通信时滞 $\tau=4$ 和由四个智能体组成的网络化多智能体系统，智能体 $i$ ($i=1,2,3,4$) 的动态结构由系统 (3-69) 描述。其中

$$
\begin{gathered}
A_1=\begin{bmatrix}1.5 & 0 & 1\\ -3 & 0 & -2\\ 1 & 0 & 0.5\end{bmatrix},\ B_1=\begin{bmatrix}1 & 0.5 & 1\\ -2 & -1 & -2\\ 1 & 1 & 0\end{bmatrix}\\
A_2=\begin{bmatrix}0.2 & -0.2 & 0.2\\ 0 & 0 & 0\\ -0.8 & 3.2 & 3.2\end{bmatrix},\ B_2=\begin{bmatrix}1 & 2 & 1\\ 0 & 0 & 0\\ 2 & -3 & 1\end{bmatrix}\\
A_3=\begin{bmatrix}-1.2 & 0.6 & 0.6\\ 0.9 & 0.6 & 3\\ 1.2 & -0.6 & -0.6\end{bmatrix},\ B_3=\begin{bmatrix}1 & 1 & 1\\ 1 & -3 & 1\\ -1 & -1 & -1\end{bmatrix}\\
A_4=\begin{bmatrix}0.6 & 0.3 & 0.3\\ 0.6 & 0.3 & 0.3\\ 0.3 & 0.6 & 0.3\end{bmatrix},\ B_4=\begin{bmatrix}1 & 2 & 1\\ 1 & 2 & 1\\ 1 & 1 & 0\end{bmatrix}\\
C_1=\begin{bmatrix}0 & 1 & 0 & 0\\ -1 & 0 & 0 & 1\\ 0 & 1 & 1 & 0\end{bmatrix}^{\mathrm{T}},\ C_2=\begin{bmatrix}2 & 0 & 2 & 1\\ 1 & 1 & 0 & 0\\ 0 & 0 & 1 & 1\end{bmatrix}^{\mathrm{T}}\\
C_3=\begin{bmatrix}0 & 1 & 1 & 0\\ 2 & 0 & 2 & 1\\ 1 & 1 & 0 & 0\end{bmatrix}^{\mathrm{T}},\ C_4=\begin{bmatrix}1 & -1 & 1 & 2\\ -1 & -1 & -3 & 2\\ 1 & -1 & 2 & 2\end{bmatrix}^{\mathrm{T}}
\end{gathered}
\tag{3-85}
$$

4 个智能体间的固定拓扑如图 3-19 所示。

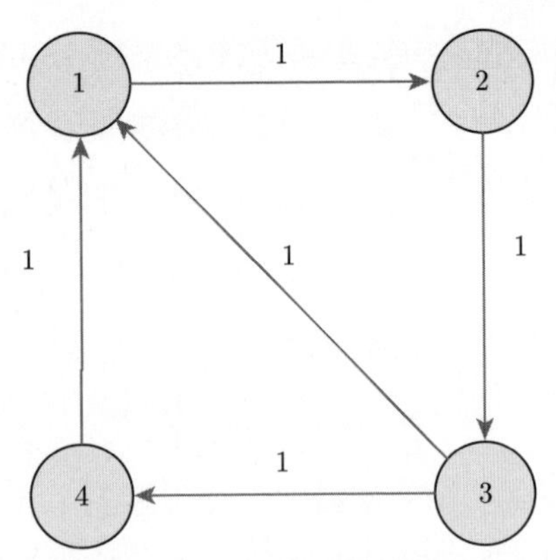


图 3-19　4 个智能体间的固定拓扑

因为，$\operatorname{rank}\left(C_i^{\mathrm{T}} \otimes C_i B_i\right)=\operatorname{rank}\left(\left[C_i^{\mathrm{T}} \otimes C_i B_i \quad \operatorname{vec}\left(C_i A_i\right)\right]\right)$。所以，存在矩阵

$$\hat{D}_1=\begin{bmatrix}-0.9444 & -0.2222 & 0.2778 & -0.0556\\ 0.4444 & -0.7778 & 0.2222 & -0.4444\\ -0.7778 & -0.8889 & 0.1111 & -1.2222\end{bmatrix}$$

$$\hat{D}_2=\begin{bmatrix}-0.1933 & -0.7933 & 0.5200 & -0.2800\\ -0.2907 & 0.7733 & -0.1920 & 0.8400\\ 0.5347 & -0.3133 & 0.3440 & -2.0800\end{bmatrix}$$

$$\hat{D}_3=\begin{bmatrix}-1.1792 & 0.0792 & 0.2583 & 2.5750\\ 0.5583 & 0.0417 & 0.4833 & -0.1500\\ -0.1792 & 0.0792 & 0.2583 & 0.5750\end{bmatrix}$$

$$\hat{D}_4=\begin{bmatrix}0.0667 & 0.4133 & -0.1000 & -0.8267\\ 0.0833 & -1.1233 & 0.1000 & 0.2467\\ -0.9833 & -0.5367 & 0.2000 & -0.9267\end{bmatrix}$$

满足 $C_i(A_i+B_i\hat{D}_iC_i)=0,\ \ i=1,2,3,4$。当 $(A_i, C_i)$ 是可检测时，对于任意正定矩阵 $Q_i$，离散时间代数 Riccati 方程

$$A_iP_iA_i^{\mathrm{T}}-P_i-A_iP_iC_i^{\mathrm{T}}\left(R+C_iP_iC_i^{\mathrm{T}}\right)^{-1}C_iP_iA_i^{\mathrm{T}}+Q_i=0$$

存在唯一解 $P_i>0$ 使得 $A_i-G_iC_i$ 是 Schur 稳定的。其中，$G_i=A_iP_iC_i^{\mathrm{T}}(R+C_iP_iC_i^{\mathrm{T}})^{-1}$, $i=1,2,3,4$。从而，得到反馈增益矩阵如下：

$$G_1=\begin{bmatrix}-0.5658 & 0.9798 & 0.1109 & 0.5658\\ -1.1315 & 1.9595 & 0.2218 & 1.1315\\ -0.7483 & 0.6770 & -0.0185 & 0.7483\end{bmatrix}$$

$$G_2 = \begin{bmatrix} -0.0435 & -0.0831 & 0.0962 & 0.0764 \\ 0.0058 & 0.2086 & -0.0004 & 0.1011 \\ 0.1389 & 0.0323 & -0.0383 & -0.0916 \end{bmatrix}$$

$$G_3 = \begin{bmatrix} 0.1382 & 0.1574 & 0.0192 & 0.0569 \\ 0.9046 & 1.2447 & 0.3401 & -0.4876 \\ 0.1992 & 0.2060 & 0.0068 & 0.1982 \end{bmatrix}$$

$$G_4 = \begin{bmatrix} -0.3522 & -0.0308 & 0.1401 & 0.0616 \\ -0.0215 & -0.0786 & -0.0453 & 0.1573 \\ 0.0138 & -0.0570 & -0.0027 & 0.1141 \end{bmatrix}$$

取 $Q_1 = Q_2 = Q_3 = \mathrm{diag}\,(1,\ 1,\ 2)$ 和 $Q_4 = \mathrm{diag}(1,\ 1,\ 4)$, 解得 Riccati 方程的解为

$$P_1 = \begin{bmatrix} 2.2843 & -2.5685 & 0.8379 \\ -2.5685 & 6.1371 & -1.6758 \\ 0.8379 & -1.6758 & 2.5604 \end{bmatrix}, P_2 = \begin{bmatrix} 1.0333 & 0 & 0.0289 \\ 0 & 1 & 0 \\ 0.0289 & 0 & 24.2120 \end{bmatrix}$$

$$P_3 = \begin{bmatrix} 6.0145 & 5.8239 & -5.0145 \\ 5.8239 & 10.6571 & -5.8239 \\ -5.0145 & -5.8239 & 7.0145 \end{bmatrix}, P_4 = \begin{bmatrix} 1.0912 & 0.0912 & 0.0145 \\ 0.0912 & 1.0912 & 0.0145 \\ 0.0145 & 0.0145 & 4.0379 \end{bmatrix}$$

取 $\hat{H}_i = \begin{bmatrix} 0 & -0.7071 & 0 & -0.7071 \\ 0 & 0.5657 & 0 & 0.5657 \\ 0 & -0.3536 & 0 & -0.3536 \end{bmatrix}$，$i = 1, 2, 3, 4$。为满足 $\hat{B}_i C_i = 0$，取

$$\hat{B}_1 = \begin{bmatrix} 1 & 0 & 0 & 1 \\ 2 & 0 & 0 & 2 \\ -1 & 0 & 0 & -1 \end{bmatrix}, \hat{B}_2 = \begin{bmatrix} 1 & -1 & -2 & 2 \\ 0.5 & -0.5 & -1 & 1 \\ 0.2 & -0.2 & -0.4 & 0.4 \end{bmatrix}$$

$$\hat{B}_3 = \begin{bmatrix} -1 & 1 & -1 & 0 \\ 2 & -2 & 2 & 0 \\ -0.8 & 0.8 & -0.8 & 0 \end{bmatrix}, \hat{B}_4 = \begin{bmatrix} 0 & 2 & 0 & 1 \\ 0 & -4 & 0 & -2 \\ 0 & 0.4 & 0 & 0.2 \end{bmatrix}$$

通过解 $\Gamma^{\mathrm{T}} P \Gamma - P < 0$，可得

$$\hat{A}_1 = \mathrm{diag}(2,\ 2,\ 5),\ \hat{A}_2 = \mathrm{diag}(5,\ 2,\ 3),\ \hat{A}_3 = \mathrm{diag}(1,\ 8,\ 8),\ \hat{A}_4 = \mathrm{diag}(4,\ 1,\ 5)$$

$$\hat{C}_1 = \begin{bmatrix} 2 & 1 & 3 \\ -2 & -1 & -3 \\ -1 & -0.5 & -1.5 \end{bmatrix}, \hat{C}_2 = \begin{bmatrix} 0.5 & 1 & 1.5 \\ 0.1 & 0.2 & 0.3 \\ -0.7 & -1.4 & -2.1 \end{bmatrix}$$

$$\hat{C}_3 = \begin{bmatrix} 1 & 2 & 2 \\ 0 & 0 & 0 \\ -1 & -2 & -2 \end{bmatrix}, \hat{C}_4 = \begin{bmatrix} -2 & 1 & 2.6 \\ 2 & -1 & -2.6 \\ -2 & 1 & 2.6 \end{bmatrix}$$

$$\hat{F}_i = \begin{bmatrix} 0 & -0.2475 & 0 & -0.2475 \\ 0 & 0.1273 & 0 & 0.1273 \\ 0 & 0.4243 & 0 & 0.4243 \end{bmatrix}, i = 1, 2, 3, 4$$

使式 (3-79) 是 Schur 稳定的。因此，由定理 3-9 可知，协议 (3-71) 可解输出一致性。

当时滞 $\tau = 4$ 时，假设离散异构多智能体系统 (3-69)、协议 (3-71) 和观测器 (3-70) 的初始条件为

$$x_1(0) = \begin{bmatrix} -1 & 2 & 2 & -1 \end{bmatrix}^{\mathrm{T}}, x_2(0) = \begin{bmatrix} 3 & -3 & 4 & -4 \end{bmatrix}^{\mathrm{T}}$$

$$x_3(0) = \begin{bmatrix} 5 & 6 & -6 & -5 \end{bmatrix}^{\mathrm{T}}$$

$$x_4(0) = \begin{bmatrix} 7 & -7 & 8 & 1 \end{bmatrix}^{\mathrm{T}}, z_1(0) = \begin{bmatrix} 1 & 0 & 2 \end{bmatrix}^{\mathrm{T}}, z_2(0) = \begin{bmatrix} 0 & -2 & 0 \end{bmatrix}^{\mathrm{T}}$$

$$z_3(0) = \begin{bmatrix} -1 & 0 & 3 \end{bmatrix}^{\mathrm{T}}, z_4(0) = \begin{bmatrix} 0 & -3 & 0 \end{bmatrix}^{\mathrm{T}}, e_1(0) = \begin{bmatrix} 0.1 & 0.3 & 0.5 \end{bmatrix}^{\mathrm{T}}$$

$$e_2(0) = \begin{bmatrix} 0.3 & 0.2 & 0.4 \end{bmatrix}^{\mathrm{T}}, e_3(0) = \begin{bmatrix} -0.2 & 0.4 & -0.1 \end{bmatrix}^{\mathrm{T}}, e_4(0) = \begin{bmatrix} 0.1 & 0.5 & 1 \end{bmatrix}^{\mathrm{T}}$$

$$e_1(-1) = \begin{bmatrix} 0.4 & 0.2 & 0.6 \end{bmatrix}^{\mathrm{T}}, e_2(-1) = \begin{bmatrix} 0.1 & 0.4 & 0.3 \end{bmatrix}^{\mathrm{T}}$$

$$e_3(-1) = \begin{bmatrix} -0.2 & -1 & 0.1 \end{bmatrix}^{\mathrm{T}}, e_4(-1) = \begin{bmatrix} 0.3 & 0.4 & 0.2 \end{bmatrix}^{\mathrm{T}}$$

$$e_1(-2) = \begin{bmatrix} 1 & 0.1 & 0.3 \end{bmatrix}^{\mathrm{T}}, e_2(-2) = \begin{bmatrix} 0.1 & 1 & 0.4 \end{bmatrix}^{\mathrm{T}}$$

$$e_3(-2) = \begin{bmatrix} 0.8 & 0.5 & 0.2 \end{bmatrix}^{\mathrm{T}}, e_4(-2) = \begin{bmatrix} 0.6 & 0.8 & -0.1 \end{bmatrix}^{\mathrm{T}}$$

$$e_1(-3) = \begin{bmatrix} 1 & 0.9 & 0.2 \end{bmatrix}^{\mathrm{T}}, e_2(-3) = \begin{bmatrix} 0.1 & 0.7 & 1 \end{bmatrix}^{\mathrm{T}}$$

$$e_3(-3) = \begin{bmatrix} 0.3 & -0.2 & 0.1 \end{bmatrix}^{\mathrm{T}}, e_4(-3) = \begin{bmatrix} 0.5 & 0.1 & -0.3 \end{bmatrix}^{\mathrm{T}}$$

图 3-20 ~ 图 3-22 分别展示了多智能体系统 (3-69) 的输出轨迹、协议 (3-71) 的状态轨迹及估计误差轨迹。

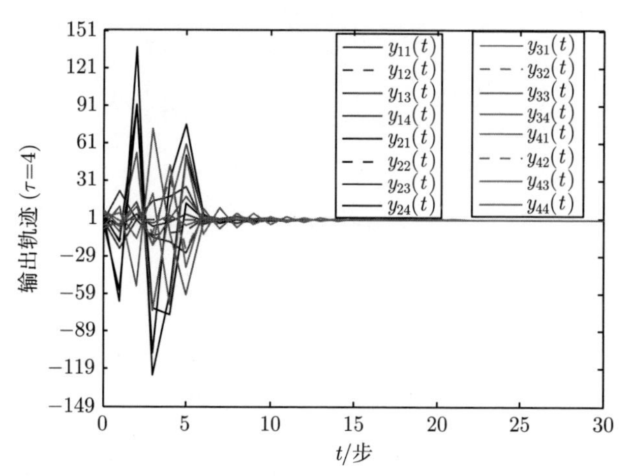


图 3-20 输出轨迹 $y_i(t), i=1,2,3,4$ $(\tau=4)$ (见彩图)

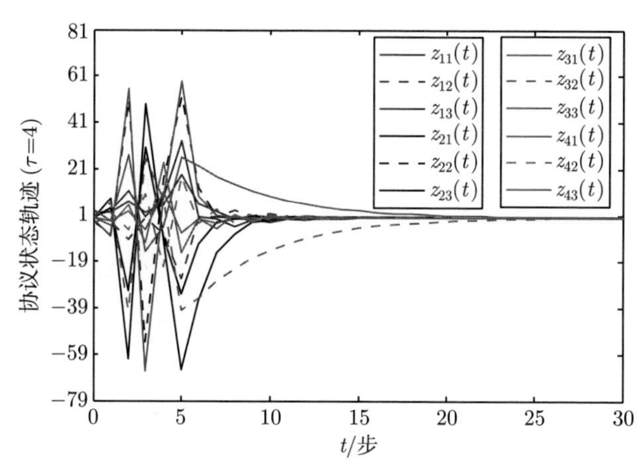


图 3-21 协议状态轨迹 $z_i(t), i=1,2,3,4$ $(\tau=4)$ (见彩图)

**例 3-8** 考虑由 4 个智能体组成的离散异构多智能体系统，智能体的动态结构由式 (3-69) 描述，其中

$$A_1=\begin{bmatrix}1.2 & 0\\ -2.4 & 0\end{bmatrix},\ B_1=\begin{bmatrix}1 & 1\\ -2 & -2\end{bmatrix}, A_2=\begin{bmatrix}0 & 0\\ 0.2 & 1.8\end{bmatrix},\ B_2=\begin{bmatrix}0 & 0\\ 2 & 1\end{bmatrix}$$

$$A_3=\begin{bmatrix}-1 & 0.5\\ 1 & -0.5\end{bmatrix},\ B_3=\begin{bmatrix}1 & 1\\ -1 & -1\end{bmatrix}, A_4=\begin{bmatrix}0.45 & 0.9\\ 0.9 & 1.8\end{bmatrix},\ B_4=\begin{bmatrix}1 & 0.5\\ 2 & 1\end{bmatrix}$$

$$C_1=\begin{bmatrix}0 & 1 & 0\\ -1 & 0 & 0\end{bmatrix}^{\mathrm{T}},\ C_2=\begin{bmatrix}0 & 1 & 1\\ 2 & 0 & 2\end{bmatrix}^{\mathrm{T}}, C_3=\begin{bmatrix}1 & 1 & 0\\ 0 & 0 & 1\end{bmatrix}^{\mathrm{T}}, C_4=\begin{bmatrix}1 & 1 & 2\\ 1 & 0 & 2\end{bmatrix}^{\mathrm{T}}$$

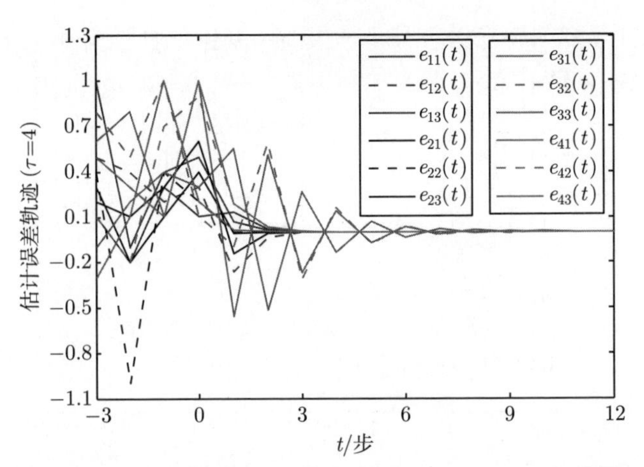


图 3-22　估计误差轨迹 $e_i(t), i = 1, 2, 3, 4$ ($\tau = 4$) (见彩图)

4 个异构智能体间的固定有向拓扑如图 3-23 所示。

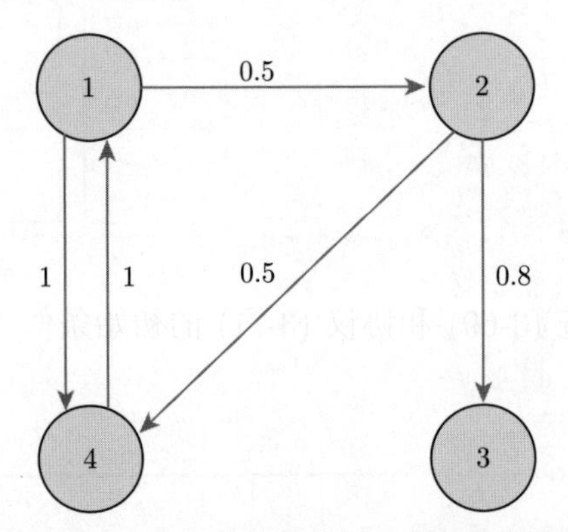


图 3-23　4 个异构智能体间的固定有向拓扑

注意到在 $(A_i, C_i)$ 可检测时，无时滞和有时滞情形实现输出一致性的条件相同。故取 $Q_1 = Q_2 = Q_3 = \mathrm{diag}(1,\ 3)$ 和 $Q_4 = \mathrm{diag}(1,\ 6)$，得到 Riccati 方程的解为

$$P_1 = \begin{bmatrix} 1.8548 & -1.7097 \\ -1.7097 & 6.4194 \end{bmatrix}, P_2 = \begin{bmatrix} 1 & 0 \\ 0 & 3.4125 \end{bmatrix}, P_3 = \begin{bmatrix} 1.6024 & -0.6024 \\ -0.6024 & 3.6024 \end{bmatrix}$$

$$P_4 = \begin{bmatrix} 1.2397 & 0.4795 \\ 0.4795 & 6.9590 \end{bmatrix}, G_1 = \begin{bmatrix} 0.1124 & 0.7124 & 0 \\ -0.2247 & -1.4247 & 0 \end{bmatrix}$$

$$G_2 = \begin{bmatrix} 0 & 0 & 0 \\ 0.4789 & -0.0930 & 0.3860 \end{bmatrix}$$

$$G_3 = \begin{bmatrix} -0.3926 & -0.3926 & 0.4195 \\ 0.3926 & 0.3926 & -0.4195 \end{bmatrix}, G_4 = \begin{bmatrix} 0.1669 & -0.1989 & 0.3339 \\ 0.3339 & -0.3978 & 0.6677 \end{bmatrix}$$

取

$$\hat{A}_1 = \text{diag}(0.2, 0.5), \quad \hat{A}_2 = \text{diag}(0.5, 0.2)$$

$$\hat{A}_3 = \text{diag}(0.1, 0.8), \quad \hat{A}_4 = \text{diag}(0.4, 0.5)$$

$$\hat{B}_1 = \begin{bmatrix} 0 & 0 & 1 \\ 0 & 0 & 2 \end{bmatrix}, \quad \hat{B}_2 = \begin{bmatrix} 1.5 & 1.5 & -1.5 \\ 0.5 & 0.5 & -0.5 \end{bmatrix}$$

$$\hat{B}_3 = \begin{bmatrix} 1.2 & -1.2 & 0 \\ 1 & -1 & 0 \end{bmatrix}, \hat{B}_4 = \begin{bmatrix} 2 & 0 & -1 \\ 4 & 0 & -2 \end{bmatrix}$$

$$\hat{C}_1 = \begin{bmatrix} 1 & 1 \\ -1 & -1 \end{bmatrix}, \hat{C}_2 = \begin{bmatrix} -0.5 & -0.5 \\ 1 & 1 \end{bmatrix}, \hat{C}_3 = \begin{bmatrix} -0.8 & -0.8 \\ 0.8 & 0.8 \end{bmatrix}, \hat{C}_4 = \begin{bmatrix} -1 & -1 \\ 2 & 2 \end{bmatrix}$$

$$\hat{H}_i = \begin{bmatrix} 0 & 1 & 0 \\ 0 & -0.8 & 0 \end{bmatrix}, \hat{F}_i = \begin{bmatrix} 0 & 0.35 & 0 \\ 0 & -0.6 & 0 \end{bmatrix}, i = 1, 2, 3, 4$$

通过验证，满足定理 3-9 的条件，故可以实现输出一致。当 $\tau = 0$ 和 $\tau = 2$ 时，假设离散多智能体系统 (3-69) 和协议 (3-71) 的初始条件为

$$x_1(0) = \begin{bmatrix} 0 & 3 & 2 \end{bmatrix}^{\mathrm{T}}, x_2(0) = \begin{bmatrix} 1 & -1 & 5 \end{bmatrix}^{\mathrm{T}}$$

$$x_3(0) = \begin{bmatrix} 6 & -2 & -10 \end{bmatrix}^{\mathrm{T}}, x_4(0) = \begin{bmatrix} 8 & -3 & 1 \end{bmatrix}^{\mathrm{T}}$$

$$z_1(0) = \begin{bmatrix} 1 & 2 \end{bmatrix}^{\mathrm{T}}, z_2(0) = \begin{bmatrix} -3 & 3 \end{bmatrix}^{\mathrm{T}}, z_3(0) = \begin{bmatrix} -4 & 4 \end{bmatrix}^{\mathrm{T}}, z_4(0) = \begin{bmatrix} 5 & -5 \end{bmatrix}^{\mathrm{T}}$$

当 $\tau = 2$ 时，假设观测器 (3-70) 的初始条件为

$$e_1(0) = \begin{bmatrix} 0.4 & -0.5 \end{bmatrix}^{\mathrm{T}}, e_2(0) = \begin{bmatrix} 0.5 & 0.1 \end{bmatrix}^{\mathrm{T}}$$

$$e_1(-1) = \begin{bmatrix} 0.3 & 0.2 \end{bmatrix}^{\mathrm{T}}, e_2(-1) = \begin{bmatrix} 0.5 & -0.4 \end{bmatrix}^{\mathrm{T}}$$

$$e_1(-2) = \begin{bmatrix} 1 & 0.2 \end{bmatrix}^{\mathrm{T}}, e_2(-2) = \begin{bmatrix} -0.5 & 0.5 \end{bmatrix}^{\mathrm{T}}$$

$$e_1(-3) = \begin{bmatrix} -0.4 & 0.5 \end{bmatrix}^{\mathrm{T}}, e_2(-3) = \begin{bmatrix} 0.2 & -0.8 \end{bmatrix}^{\mathrm{T}}$$

将时滞 $\tau = 0$ 和时滞 $\tau = 2$ 两种情况进行比较，图 3-24 和图 3-25 分别展示了时滞 $\tau = 0$ 与时滞 $\tau = 2$ 时多智能体系统的输出轨迹和协议状态轨迹。当时滞 $\tau = 2$ 时，估计误差轨迹如图 3-26 所示。在无时滞 $(\tau = 0)$ 的情况下，系统 (3-69) 的输出经过 11 步达到一致。在时滞 $\tau = 2$ 的情况下，系统 (3-69) 的输出均经过 12 步达到一致。结果表明，通过采用网络化预测控制方法主动补偿通信时滞，离散多智能体系统的性能与无通信时滞的结果非常接近。

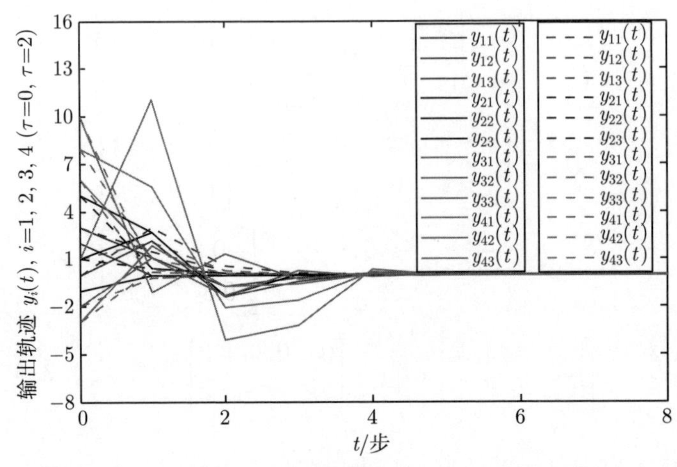


图 3-24　输出轨迹 $y_i(t), i = 1, 2, 3, 4$ (虚线表示 $\tau = 0$, 实线表示 $\tau = 2$) (见彩图)

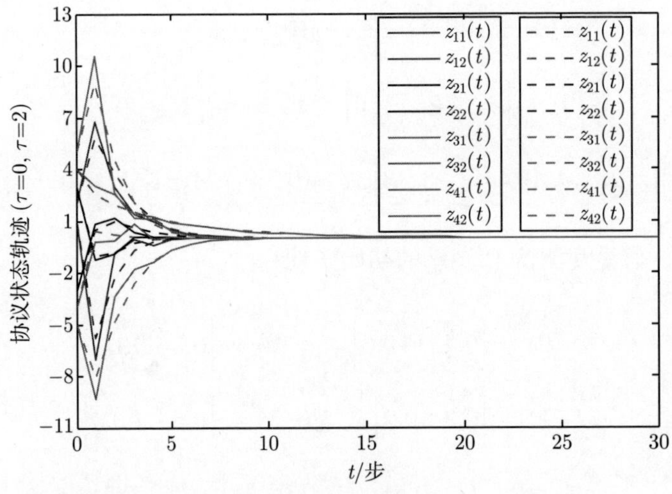


图 3-25　协议状态轨迹 $z_i(t), i = 1, 2, 3, 4$ (虚线表示 $\tau = 0$, 实线表示 $\tau = 2$) (见彩图)

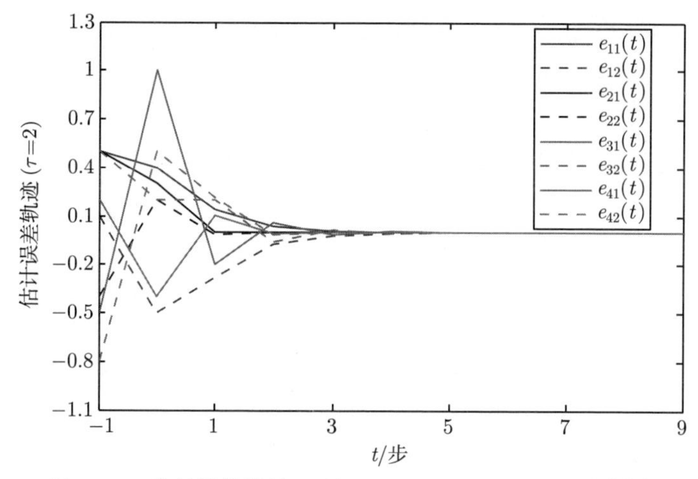


图 3-26 估计误差轨迹 $e_i(t), i = 1, 2, 3, 4\ (\tau = 2)$ (见彩图)

## 3.4 本 章 小 结

本章基于网络化预测控制方法研究了具有定常通信时滞的网络化异构多智能体系统的一致性问题。首先，在智能体状态不可测但输出可测情形，利用网络化预测控制方法，研究了具有定常通信时滞的网络化异构多智能体系统的一致性问题，得到了时滞无关的充要条件。其次，针对智能体状态和输出都不完全可测的网络化异构多智能体系统，基于相对输出和网络化预测控制方法，给出了其在存在定常通信时滞和有向拓扑结构下能够达到一致的充要条件。再次，在智能体状态不可测但输出可测的情况下，基于网络化预测控制方法，设计了具有动态补偿器形式的一致性协议，增加了设计的自由度，并在适当的假设条件下，得到了具有定常通信时滞的网络化异构多智能体能够实现状态一致和输出一致的充分条件，以及一致性协议的设计方法。最后，通过数值例子验证了本章所提出理论结果的有效性和可行性。

# 第 4 章　离散多智能体系统的领导跟随一致性

在许多实际应用中，系统中的智能体的状态需要收敛到某一给定目标的状态，该目标通常称为领导者。领导者的动态独立于跟随者，跟踪目标是使得所有跟随者的状态与领导者的状态趋于一致。这种问题称为领导跟随一致性问题。领导者的引入极大地扩展了多智能体系统的工程应用。如在无人机编队表演飞行中，需要有领导者无人机带领做出相应动作，使其他跟随者无人机完成与领导者无人机一样的动作，完成编队表演的任务。因此，多智能体系统的领导跟随一致性问题越来越受到研究学者的关注。

在有领导者的多智能体系统中领导者通常不受跟随者的影响，但是它们会对跟随者的行为产生一定的影响，因此，通常可以通过控制领导者的行为来达到控制目标：即将整个系统的控制转化成对单个自主体的控制，这不仅能够简化控制的设计及实施，也能够节省精力，降低控制成本。但是在协同控制过程中非常容易受到网络带宽、外部干扰、执行器饱和等方面的影响，导致在各个智能体之间进行信息交互时不可避免地会产生丢包与时延。因此，本章以网络化预测控制方法为切入点，研究具有通信约束的离散多智能体系统的领导跟随一致性问题。

## 4.1　具有外部干扰和通信约束的领导跟随一致性

### 4.1.1　问题描述

考虑一个由 $N$ 个跟随者和一个领导者组成的多智能体系统，存在外部干扰的第 $i$ 个跟随者的动力学模型如下：

$$\left\{\begin{array}{l} x_i(t+1)=Ax_i(t)+B\left(u_i(t)+d_i(t)\right) \\ y_i(t)=Cx_i(t), i=1,2,\cdots,N \end{array}\right. \tag{4-1}$$

式中，$x_i(t)\in M_{n,1}(\mathbb{R})$ 为第 $i$ 个智能体状态；$u_i(t)\in M_{m,1}(\mathbb{R})$ 为控制输入；$d_i(t)\in M_{m,1}(\mathbb{R})$ 为外部干扰；$y_i(t)\in M_{r,1}(\mathbb{R})$ 为量测输出；$A$、$B$、$C$ 为具有适当维数的矩阵。

领导者的动力学方程为

$$\left\{\begin{array}{l} x_0(t+1)=Ax_0(t)+Bd_0(t) \\ y_0(t)=Cx_0(t) \end{array}\right. \tag{4-2}$$

式中，$x_0(t) \in M_{n,1}(\mathbb{R})$ 为领导者的状态；$y_0(t) \in M_{r,1}(\mathbb{R})$ 为领导者的输出；$d_0(t) \in M_{m,1}(\mathbb{R})$ 为外部干扰。

由于扰动是外界引起的，引入外源变量

$$\begin{cases} w_i(t+1) = M_i w_i(t) \\ d_i(t) = N_i w_i(t), \quad i = 0, 1, 2, \cdots, N \end{cases} \tag{4-3}$$

式中，$w_i(t) \in M_{q,1}(\mathbb{R})$ 为外部干扰。

**假设 4-1** 外源系统产生的扰动 $d_i(k)$ 是有界的。

**假设 4-2** 网络中传输的数据包均带有时间戳。

### 4.1.2 分布式协议设计和一致性分析

基于 2.2 节提出的网络化预测策略和干扰补偿方法，分别对跟随者 (4-1) 和领导者 (4-2) 设计形如式 (2-34) 和式 (2-35) 的观测器和预测策略。从而，针对具有通信约束和外部扰动 (4-3) 的多智能体系统 (4-1) 和 (4-2)，本节对第 $i$ 个跟随者设计如下形式的分布式协议：

$$\begin{aligned} u_i(t) =& \hat{u}_i(t|t-\tau) \\ =& K_1 \sum_{j=1}^{N} a_{ij} \left(\hat{x}_j(t|t-\tau) - \hat{x}_i(t|t-\tau)\right) - \hat{d}_i(t|t-\tau) \\ &+ K_2 \beta_i (\hat{x}_0(t|t-\tau) - \hat{x}_i(t|t-\tau)) + \hat{d}_0(t|t-\tau), \quad i \in \mathcal{V} \end{aligned} \tag{4-4}$$

式中，$\beta_i$ 是领导者与跟随者之间的信息传递关系。

**定义 4-1** 如果线性离散多智能体系统 (4-1) 和 (4-2) 满足以下条件：

(1) $\lim\limits_{t\to\infty} \|x_0(t) - x_i(t)\| = 0, \forall i \in \mathcal{V}$；

(2) $\lim\limits_{t\to\infty} \|e_i(t)\| = 0, \forall i \in \mathcal{V}$，

那么称控制协议 (4-4) 可解领导跟随状态一致性问题，或者称离散多智能体系统 (4-1) 和 (4-2) 在一致性协议 (4-4) 下可以实现领导跟随状态一致性。

由 2.2.3 节的分析方法可以得到如下结论。

**定理 4-1** 对于带有扰动 (4-3) 的离散多智能体系统 (4-1) 和 (4-2)，控制协议 (4-4) 可以解决领导跟随状态一致性问题的充要条件是矩阵

$$\varGamma_3 = \begin{bmatrix} \varOmega_1 & \varOmega_2 & \varOmega_3 & \varOmega_4 & \varOmega_5 \\ 0 & A - L_{01}C & BN_0 & 0 & 0 \\ 0 & -L_{02}C & M_0 & 0 & 0 \\ 0 & 0 & 0 & I_N \otimes A - L_1(I_N \otimes C) & (I_N \otimes B) \cdot N \\ 0 & 0 & 0 & -L_2(I_N \otimes C) & M \end{bmatrix}$$

是 Schur 稳定的。其中，

$$\Omega_1 = I_N \otimes A - \beta \otimes (BK_2) - \mathcal{L} \otimes (BK_1)$$

$$\Omega_2 = -(\beta \mathbf{1}_N) \otimes (BK_2 A^{\tau-1})$$

$$\Omega_3 = -(\beta \mathbf{1}_N) \otimes (BK_2 H_0(\tau-1)) - \mathbf{1}_N \otimes (BN_0 M_0^{\tau-1})$$

$$\Omega_4 = \mathcal{L} \otimes (BK_1 A^{\tau-1}) + \beta \otimes (BK_2 A^{\tau-1})$$

$$\Omega_5 = (\mathcal{L} \otimes (BK_1) + \beta \otimes (BK_2))\bar{H}(\tau-1) + (I_n \otimes B)\, N M^{\tau-1}$$

$$M = \mathrm{diag}(M_1,\quad M_2,\quad \cdots,\quad M_N)$$

$$N = \mathrm{diag}(N_1,\quad N_2,\quad \cdots,\quad N_N)$$

$$L_1 = \mathrm{diag}(L_{11},\quad L_{21},\quad \cdots,\quad L_{N1})$$

$$L_2 = \mathrm{diag}(L_{12},\quad L_{22},\quad \cdots,\quad L_{N2})$$

**推论 4-1**　对于带有扰动的离散多智能体系统 (4-1) 和 (4-2)，一致性控制协议 (4-4) 可以解决领导跟随一致性问题的充分必要条件是 $I_N \otimes A - \beta \otimes (BK_2) - \mathcal{L} \otimes (BK_1)$、$\begin{bmatrix} A - L_{01}C & BN_0 \\ -L_{02}C & M_0 \end{bmatrix}$ 和 $\begin{bmatrix} I_N \otimes A - L_1(I_N \otimes C) & (I_N \otimes B)N \\ -L_2(I_N \otimes C) & M \end{bmatrix}$ 都是 Schur 稳定的。

如果假设 4-1、假设 4-2和其他条件不变，将状态反馈变成输出反馈，即设计如下输出反馈协议：

$$\begin{aligned} u_i(t) =& \hat{u}_i(t|t-\tau) \\ =& K_1 \sum_{j=1}^{N} a_{ij} \left(\hat{y}_j(t|t-\tau) - \hat{y}_i(t|t-\tau)\right) - \hat{d}_i(t|t-\tau) \\ &+ K_2 \beta_i (\hat{y}_0(t|t-\tau) - \hat{y}_i(t|t-\tau)) + \hat{d}_0(t|t-\tau), \quad i \in \mathcal{V} \end{aligned} \tag{4-5}$$

类似于定理 4-1的证明，可以得到如下结论。

**定理 4-2**　对于带有扰动 (4-3) 的离散多智能体系统 (4-1) 和 (4-2)，控制协议 (4-5) 可以解决具有通信时滞和外部干扰的线性离散多智能体系统的领导跟随状态一致性问题的充要条件是矩阵

$$\varGamma_4 = \begin{bmatrix} \varOmega_1 & \varOmega_2 & \varOmega_3 & \varOmega_4 & \varOmega_5 \\ 0 & A - L_{01}C & BN_0 & 0 & 0 \\ 0 & -L_{02}C & M_0 & 0 & 0 \\ 0 & 0 & 0 & I_N \otimes A - L_1(I_N \otimes C) & (I_N \otimes B) \cdot N \\ 0 & 0 & 0 & -L_2(I_N \otimes C) & M \end{bmatrix}$$

是 Schur 稳定的。其中，

$$\varOmega_1 = I_N \otimes A - \beta \otimes (BK_2C) - \mathcal{L} \otimes (BK_1C)$$

$$\varOmega_2 = -(\beta \mathbf{1}_N) \otimes (BK_2CA^{\tau-1})$$

$$\varOmega_3 = -(\beta \mathbf{1}_N) \otimes (BK_2CH_0(\tau-1)) - \mathbf{1}_N \otimes (BN_0M_0^{\tau-1})$$

$$\varOmega_4 = \mathcal{L} \otimes (BK_1CA^{\tau-1}) + \beta \otimes (BK_2CA^{\tau-1})$$

$$\varOmega_5 = (\mathcal{L} \otimes (BK_1C) + \beta \otimes (BK_2C))\bar{H}(\tau-1) + (I_n \otimes B)\, NM^{\tau-1}$$

$M$、$N$、$L_1$、$L_2$ 如定理 4-1中所示。

### 4.1.3 基于干扰补偿的领导跟随一致性算例

本节用一个例子验证提出理论结果的有效性。

**例 4-1** 假设具有外部干扰的离散多智能体系统 (4-1) 和 (4-2) 由 5 个智能体组成，5 个智能体分别用 0、1、2、3、4 来表示，其中，0 代表领导者智能体，1、2、3、4 分别代表跟随者智能体。智能体 $i(i = 0, 1, 2, 3, 4)$ 的动态结构由式 (4-1) 描述。其中

$$A = \begin{bmatrix} 1.4583 & 0.7018 \\ -0.4942 & 0.2322 \end{bmatrix}, B = \begin{bmatrix} 0 \\ 1 \end{bmatrix}, C = \begin{bmatrix} 1 & 0 \end{bmatrix}$$

固定网络拓扑结构如图 4-1所示。

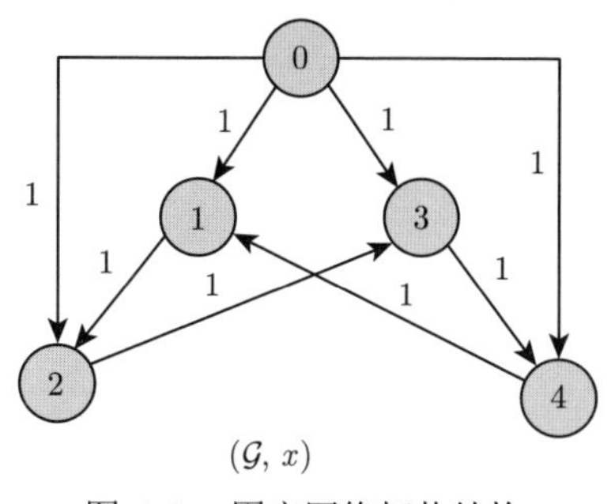


图 4-1 固定网络拓扑结构

令 $M_i = \text{diag}(0.1, -0.1, 0.1, 0.1)$，$N_i = I_4$，$M_0 = 0.1, N_0 = 1$。领导者与跟随者之间的信息传递关系为 $\beta_i = I_4$。假设网络传输数据时时滞存在上界 $(\tau = 2)$。利用极点配置技术，本节求得观测器增益矩阵为

$$L_1 = \begin{bmatrix} 1.4583 \\ -0.4942 \end{bmatrix}, L_2 = \begin{bmatrix} 1.4583 \\ -0.4942 \end{bmatrix}, L_3 = \begin{bmatrix} 1.4583 \\ -0.4942 \end{bmatrix}, L_4 = \begin{bmatrix} 1.4583 \\ -0.4942 \end{bmatrix}$$

$$L_0 = [1.4583 \quad -0.4942]^{\mathrm{T}}$$

根据推论 4-1，选择如下控制增益：

$$K_1 = \begin{bmatrix} 1.4465e-06 & 6.9614e-07 \end{bmatrix}, K_2 = \begin{bmatrix} 1.8160 & 1.3440 \end{bmatrix}$$

通过计算可得特征值均在单位圆内，因此，根据推论 4-1，协议可解具有外部干扰的多智能体系统的领导跟随一致性问题。选取系统初始状态如下：

$$w_0(0) = -0.3, w_1(0) = -0.5, w_2(0) = 0.7, w_3(0) = 1, w_4(0) = 0.1$$

$$\varepsilon_0(0) = -0.5, \varepsilon_1(0) = -0.3, \varepsilon_2(0) = 0.2, \varepsilon_3(0) = -0.1, \varepsilon_4(0) = 0.1$$

$$x_0(0) = \begin{bmatrix} -1 & 1 \end{bmatrix}^{\mathrm{T}}, x_1(0) = \begin{bmatrix} -7 & 5 \end{bmatrix}^{\mathrm{T}}, x_2(0) = \begin{bmatrix} 13 & -10 \end{bmatrix}^{\mathrm{T}}$$

$$x_3(0) = \begin{bmatrix} -10 & -12 \end{bmatrix}^{\mathrm{T}}, x_4(0) = \begin{bmatrix} 7 & 8 \end{bmatrix}^{\mathrm{T}}$$

$$e_0(0) = e_4(0) = \begin{bmatrix} 0.2 & -0.2 \end{bmatrix}^{\mathrm{T}}$$

$$e_1(0) = -e_2(0) = \begin{bmatrix} 0.1 & -0.1 \end{bmatrix}^{\mathrm{T}}, e_3(0) = \begin{bmatrix} 0.3 & 0 \end{bmatrix}^{\mathrm{T}}$$

图 4-2和图 4-3展示了在状态反馈的一致性协议下，多智能体系统可以实现状态一致性。图 4-4和图 4-5展示了每个智能体的观测误差轨迹。

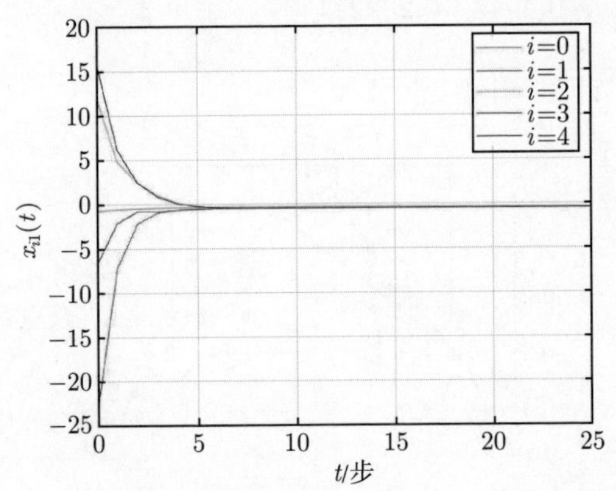


图 4-2　状态轨迹 $x_{i1}(t), i = 1, 2, 3, 4$ $(\tau = 2)$ (见彩图)

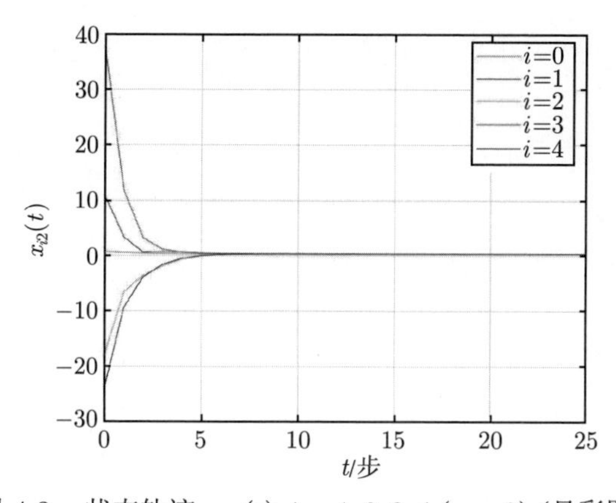


图 4-3 状态轨迹 $x_{i2}(t), i=1,2,3,4\ (\tau=2)$ (见彩图)

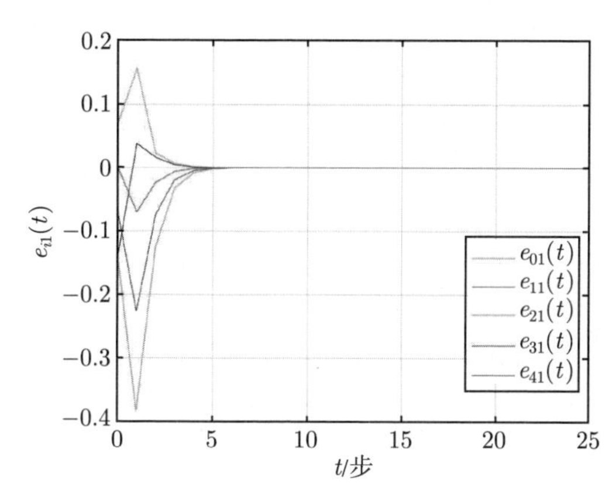


图 4-4 误差轨迹 $e_{i1}(t), i=1,2,3,4\ (\tau=2)$ (见彩图)

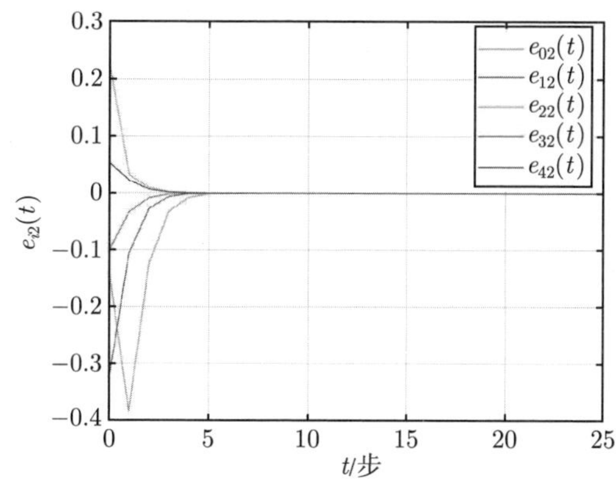


图 4-5 误差轨迹 $e_{i2}(t), i=1,2,3,4\ (\tau=2)$ (见彩图)

## 4.2　无自时滞的领导跟随一致性

在许多实际应用中，受环境等因素的影响，智能体之间的通信关系会随之改变，这种会随时间改变的通信关系称为切换拓扑。针对智能体在接收自身信息时有/无通信时延和数据丢包情况，本节采用网络化预测控制方法进行主动补偿，提出两种网络化控制协议，实现切换拓扑下的领导跟随一致性。

考虑一个领导者智能体和 $N$ 个跟随者智能体构成的离散网络化异构多智能体系统，领导者智能体动力学模型为

$$\begin{cases} x_0(t+1) = A_0x_0(t) + B_0u_0(t) \\ y_0(t) = C_0x_0(t) \end{cases} \tag{4-6}$$

式中，$x_0(t) \in M_{n,1}(\mathbb{R})$、$u_0(t) \in M_{r,1}(\mathbb{R})$ 和 $y_0(t) \in M_{m,1}(\mathbb{R})$ 分别是领导者的状态、控制输入和量测输出。

第 $i$ 个跟随者动力学模型描述为

$$\begin{cases} x_i(t+1) = A_ix_i(t) + B_iu_i(t) \\ y_i(t) = C_ix_i(t), i = 1, 2, \cdots, N \end{cases} \tag{4-7}$$

式中，$x_i(t) \in M_{n,1}(\mathbb{R})$、$u_i(t) \in M_{r,1}(\mathbb{R})$ 和 $y_i(t) \in M_{m,1}(\mathbb{R})$ 是第 $i$ 个跟随者的状态、控制输入和量测输出；$A_i \in M_{n,n}(\mathbb{R})$、$B_i \in M_{n,r}(\mathbb{R})$ 和 $C_i \in M_{m,n}(\mathbb{R})$。

**注解 4-1**　在实际工程应用中，多智能体系统中存在异构的结构或参数。本节将考虑具有固定维数、不同动力学描述的多智能体系统。即 $A_i$、$B_i$、$C_i$ 是不一样的，$i = 0, 1, \cdots, N$。图 $\bar{\mathcal{G}}_{\sigma(t)}$ 描述多智能体系统的切换拓扑，包含顶点为 0 的领导者智能体和 $N$ 个跟随者智能体。所有可能的拓扑图定义为 $\bar{\mathcal{G}}_p = \{\bar{\mathcal{G}}_1, \bar{\mathcal{G}}_2, \cdots, \bar{\mathcal{G}}_S\}$，其中，索引集 $\mathcal{P} = \{1, 2, \cdots, S\}$，定义切换信号 $\sigma(t) : \{1, 2, \cdots, t, \cdots\} \to \mathcal{P}$ 来描述索引集。

为了保证设计的分布式控制协议的可行性，假设智能体的状态不可获得，但输出可以测量，同时对于 $i = 0, 1, \cdots, N$，矩阵对 $(A_i, C_i)$ 是可检测的。假设通过网络传输的数据都是带有时间戳的，且所有智能体的时钟都是同步的。两个智能体之间的通信时延上界是 $n_f$，连续丢包数上界是 $n_d$。令 $\tau = n_f + n_d$，即 $\tau$ 是通信时延上界和连续丢包数上界之和。在多智能体系统中，至少一个跟随者智能体与领导者智能体有通信，且在任意切换信号 $\sigma(t)$ 下，切换拓扑图 $\bar{\mathcal{G}}_{\sigma(t)}$ 是连通的。基于以上条件，本节的主要目的是设计分布式协议，使 $N$ 个跟随者智能体的状态能跟踪上领导者智能体的状态。本节考虑了当跟随者智能体接收领导者智能

体与其他跟随者智能体信息时都有通信时延和数据丢包，而领导者和跟随者收到自己信息时是没有通信时延和数据丢包的情形。对于多智能体系统一致性问题的研究，大多数文献设计了基于状态信息的控制协议，假设智能体的状态信息是已知的或可测量的。然而，在实际应用中，由于技术水平等方面的限制，无法直接获得智能体的状态。为了克服这些困难，本节采用 3.1.2 节提出的预测控制方法来补偿网络产生的通信时延和数据丢包。

构造智能体 $i$ 的状态观测器为

$$\begin{aligned}\hat{x}_i(t-\tau+1\mid t-\tau)=&A_i\hat{x}_i(t-\tau\mid t-\tau-1)+B_iu_i(t-\tau)\\&+L_i\left(y_i(t-\tau)-\hat{y}_i(t-\tau\mid t-\tau-1)\right)\\\hat{y}_i(t-\tau\mid t-\tau-1)=&C_i\hat{x}_i(t-\tau\mid t-\tau-1),i=0,1,2,\cdots,N\end{aligned}\tag{4-8}$$

式中，$\hat{x}_i(t-\tau+1\mid t-\tau)\in M_{n,1}$ 是指由智能体 $i$ 在 $t-\tau$ 时刻的信息预测 $t-\tau+1$ 时刻的状态；$\hat{y}_i(t-\tau\mid t-\tau-1)\in M_{m,1}(\mathbb{R})$ 是由 $t-\tau-1$ 时刻的信息预测 $t-\tau$ 时刻的输出信息；$L_i\in M_{n,m}(\mathbb{R})$ 是状态观测器增益矩阵。

对智能体 $i$，从 $t-\tau+2$ 时刻到 $t$ 时刻的预测状态为

$$\begin{aligned}\hat{x}_i(t-\tau+l\mid t-\tau)&=A_i\hat{x}_i(t-\tau+l-1\mid t-\tau)+B_iu_i(t-\tau+l-1)\\\hat{y}_i(t-\tau+l-1\mid t-\tau)&=C_i\hat{x}_i(t-\tau+l-1\mid t-\tau),l=2,3,\cdots,\tau\end{aligned}\tag{4-9}$$

### 4.2.1 无自时滞的状态反馈控制协议设计及一致性分析

针对网络化多智能体系统，为了补偿网络造成的通信时延和数据丢包，本节提出基于预测的控制协议。本节设计领导者的控制协议如下：

$$u_0(t)=K_0\hat{x}_0(t\mid t-1)\tag{4-10}$$

式中，$K_0\in M_{r,n}(\mathbb{R})$ 是待设计的增益矩阵。

跟随者的控制协议设计如下：

$$\begin{aligned}u_i(t)=&K_{i1}\sum_{j\in\mathcal{N}_i(t)}a_{ij}(t)\left(\hat{x}_j(t\mid t-\tau)-\hat{x}_i(t\mid t-1)\right)\\&+K_{i2}\beta_i(t)\left(\hat{x}_0(t\mid t-\tau)-\hat{x}_i(t\mid t-1)\right),i=1,2,\cdots,N\end{aligned}\tag{4-11}$$

式中，$\sum\limits_{j\in\mathcal{N}_i(t)}a_{ij}(t)\left(\hat{x}_j(t\mid t-\tau)-\hat{x}_i(t\mid t-1)\right)$ 是没有自时滞情况下的智能体 $i$ 与其邻居智能体预测状态差的加权和；$\hat{x}_i(t\mid t-\tau)$ 和 $\hat{x}_i(t\mid t-1)$ 是使用时延信息

预测得到的当前时刻信息；$\hat{x}_0(t \mid t-\tau) - \hat{x}_i(t \mid t-1)$ 是无自时滞情况下的跟随者预测状态和领导者预测状态差；$K_{i1} \in M_{r,n}(\mathbb{R})$ 和 $K_{i2} \in M_{r,n}(\mathbb{R})$ 是待设计的增益矩阵。本节考虑两个控制增益矩阵分别对跟随者智能体之间关系和领导者与跟随者之间关系的控制，以增加控制设计的灵活性。

**定义 4-2**　考虑网络化异构多智能体系统(4-6)和(4-7)，以及分布式协议(4-10)和(4-11)，如果 $\lim\limits_{t\to+\infty}\|x_i(t)-x_0(t)\| = 0, i = 1,2,\cdots,N$ 成立，那么称控制协议(4-10) 和(4-11)可解领导跟随一致性问题。

令 $\delta_i(t) = x_i(t) - x_0(t), i = 1,2,\cdots,N$。为了便于分析和计算，引入了以下变量：

$$\delta(t) = \begin{bmatrix}\delta_1^{\mathrm{T}}(t) & \delta_2^{\mathrm{T}}(t) & \cdots & \delta_N^{\mathrm{T}}(t)\end{bmatrix}^{\mathrm{T}}$$

$$e(t) = \begin{bmatrix}e_1^{\mathrm{T}}(t) & e_2^{\mathrm{T}}(t) & \cdots & e_N^{\mathrm{T}}(t)\end{bmatrix}^{\mathrm{T}}$$

$$X(t) = \begin{bmatrix}x_1^{\mathrm{T}}(t) & x_2^{\mathrm{T}}(t) & \cdots & x_N^{\mathrm{T}}(t)\end{bmatrix}^{\mathrm{T}}$$

$$E(t) = \begin{bmatrix}\delta^{\mathrm{T}}(t) & e^{\mathrm{T}}(t-\tau+1) & e_0^{\mathrm{T}}(t-\tau+1) & x_0^{\mathrm{T}}(t)\end{bmatrix}^{\mathrm{T}}$$

$$\beta_{\sigma(t)} = \mathrm{diag}\left(\beta_1(t), \beta_2(t), \cdots, \beta_N(t)\right)$$

$$\tilde{A} = \mathrm{diag}\left(A_1, A_2, \cdots, A_N\right)$$

$$\tilde{B} = \mathrm{diag}\left(B_1, B_2, \cdots, B_N\right)$$

$$\tilde{C} = \mathrm{diag}\left(C_1, C_2, \cdots, C_N\right)$$

$$K_1 = \mathrm{diag}\left(K_{11}, K_{21}, \cdots, K_{N1}\right)$$

$$K_2 = \mathrm{diag}\left(K_{12}, K_{22}, \cdots, K_{N2}\right)$$

$$A_{lc} = \mathrm{diag}\left(A_1 - L_1C_1, A_2 - L_2C_2, \cdots, A_N - L_NC_N\right)$$

**定理 4-3**　考虑具有切换拓扑 $\bar{\mathcal{G}}_{\sigma(t)}$ 的异构多智能体系统(4-6)和(4-7)，如果切换线性系统

$$E(t+1) = \varOmega_{\sigma(t)} E(t)$$

在任意切换信号下都是渐近稳定的，那么控制协议(4-10)和(4-11)可以解决领导跟随一致性问题。其中

$$\varOmega_{\sigma(t)}=\begin{bmatrix}\bar{A}_{\sigma(t)} & \bar{B}_{\sigma(t)} & \bar{C}_{\sigma(t)} & \bar{D}_{\sigma(t)}\\ \mathbf{0} & A_{lc} & \mathbf{0} & \mathbf{0}\\ \mathbf{0} & \mathbf{0} & A_0-L_0C_0 & \mathbf{0}\\ \mathbf{0} & \mathbf{0} & B_0K_0\left(A_0-L_0C_0\right)^{\tau-1} & A_0+B_0K_0\end{bmatrix}$$

$$\bar{A}_{\sigma(t)}=\tilde{A}-\tilde{B}K_1\left(\mathcal{L}_{\sigma(t)}\otimes I_n\right)-\tilde{B}K_2\left(\beta_{\sigma(t)}\otimes I_n\right)$$

$$\bar{B}_{\sigma(t)}=\tilde{B}K_1\left(\mathcal{A}_{\sigma(t)}\otimes I_n\right)\tilde{A}^{\tau-1}-\tilde{B}K_1\left(\mathcal{D}_{\sigma(t)}\otimes I_n\right)A_{lc}^{\tau-1}-\tilde{B}K_2\left(\beta_{\sigma(t)}\otimes I_n\right)A_{lc}^{\tau-1}$$

$$\bar{C}_{\sigma(t)}=\tilde{B}K_2\left(\beta_{\sigma(t)}\otimes I_n\right)\left(\mathbf{1}_N\otimes A_0^{\tau-1}\right)-\mathbf{1}_N\otimes\left(B_0K_0\left(A_0-L_0C_0\right)^{\tau-1}\right)$$

$$\bar{D}_{\sigma(t)}=\left(\tilde{A}-I_N\otimes\left(A_0+B_0K_0\right)\right)\left(\mathbf{1}_N\otimes I_n\right)$$

**证明** 由式(4-6)、式(4-7)、式(4-10) 和式(4-11)，状态偏差可以描述为

$$\begin{aligned}\delta_i(t+1)=&A_i\delta_i(t)+\sum_{j\in N_i(t)}a_{ij}(t)B_iK_{i1}\left(\delta_j(t)-\delta_i(t)\right)-B_iK_{i2}\beta_i(t)\delta_i(t)\\&+\sum_{j\in N_i(t)}a_{ij}(t)B_iK_{i1}\left(A_j^{\tau-1}e_j(t-\tau+1)-(A_i-L_iC_i)^{\tau-1}e_i(t-\tau+1)\right)\\&-B_iK_{i2}\beta_i(t)(A_i-L_iC_i)^{\tau-1}e_i(t-\tau+1)+B_iK_{i2}\beta_i(t)A_0^{\tau-1}e_0(t-\tau+1)\\&-B_0K_0(A_0-L_0C_0)^{\tau-1}e_0(t-\tau+1)+(A_i-A_0)x_0(t)-B_0K_0x_0(t)\end{aligned}$$

因此，闭环系统状态偏差的紧凑形式可以表示为

$$\begin{aligned}\delta(t+1)=&\left(\tilde{A}-\tilde{B}K_1(\mathcal{L}_{\sigma(t)}\otimes I_n)-\tilde{B}K_2(\beta_{\sigma(t)}\otimes I_n)\right)\delta(t)\\&+\left(\tilde{B}K_1(\mathcal{A}_{\sigma(t)}\otimes I_n)\tilde{A}^{\tau-1}-\tilde{B}K_1(\mathcal{D}_{\sigma(t)}\otimes I_n)A_{lc}^{\tau-1}\right.\\&\left.-\tilde{B}K_2(\beta_{\sigma(t)}\otimes I_n)A_{lc}^{\tau-1}\right)e(t-\tau+1)+\left(\tilde{B}K_2(\beta_{\sigma(t)}\otimes I_n)(\mathbf{1}_N\otimes A_0^{\tau-1})\right.\\&\left.-\mathbf{1}_N\otimes(B_0K_0(A_0-L_0C_0)^{\tau-1})\right)e_0(t-\tau+1)\\&+(\tilde{A}-I_N\otimes(A_0+B_0K_0))(\mathbf{1}_N\otimes I_n)x_0(t)\end{aligned}\tag{4-12}$$

观测误差系统可以表示为

$$e\left(t-\tau+2\right)=A_{lc}e\left(t-\tau+1\right)$$

$$e_0\left(t-\tau+2\right)=\left(A_0-L_0C_0\right)e_0\left(t-\tau+1\right) \tag{4-13}$$

领导者智能体的闭环系统可以表示为

$$x_0\left(t+1\right)=\left(A_0+B_0K_0\right)x_0\left(t\right)+B_0K_0\left(A_0-L_0C_0\right)^{\tau-1}e_0\left(t-\tau+1\right) \tag{4-14}$$

因此，从式(4-12)~ 式(4-14)可以得到闭环网络化多智能体系统为

$$E\left(t+1\right)=\Omega_{\sigma(t)}E\left(t\right) \tag{4-15}$$

因此，如果切换线性系统(4-15)在任意切换信号下是渐近稳定的，那么当时间 $t$ 趋近于无穷大时，闭环系统(4-15) 的状态 $E\left(t\right)$ 收敛到零。显然，$\lim\limits_{t\to\infty}\|\delta\left(t\right)\|=0$，$\lim\limits_{t\to\infty}\|e_0\left(t\right)\|=0$，$\lim\limits_{t\to\infty}\|e\left(t\right)\|=0$ 和 $\lim\limits_{t\to\infty}\|x_0\left(t\right)\|=0$ 成立，$i=1,2,\cdots,N$。也就是说，所有跟随者的状态可以与领导者的状态达成一致，所有智能体的状态渐近收敛于零，观测器的状态可以渐近估计智能体的状态。由定义 4-2可知，控制协议(4-10)和(4-11) 解决了异构多智能体系统(4-6)和(4-7)的领导跟随一致性问题。证毕。 □

**注解 4-2** 定理 4-3表明，在基于网络化预测控制的控制协议(4-10) 和(4-11)作用下，具有切换拓扑的多智能体系统(4-6)和(4-7)的领导跟随一致性与网络产生的通信时延和数据丢包数无关，只与智能体的动力学模型及通信拓扑有关。此外，定理 4-3不仅实现了领导跟随一致性，同时也保证了所有智能体的渐近稳定性。因此，在定理 4-3 的条件下，网络化多智能体系统(4-6) 和(4-7) 在控制协议(4-10)与(4-11)的作用下可以实现领导跟随一致性和渐近稳定性。

众所周知，如果所有子系统都存在一个共同的 Lyapunov 函数，那么在任意切换信号下，可以保证切换系统是渐近稳定的。系统中各子系统的共同二次 Lyapunov 函数的存在保证了切换系统的二次稳定性。二次稳定性是一类特殊的指数稳定性，它隐含着渐近稳定性。所以，下面的结果是显而易见的。

**推论 4-2** 考虑切换拓扑为 $\bar{\mathcal{G}}_{\sigma(t)}$，如果存在正定矩阵 $P$，使得对于任意 $\sigma\left(t\right)\in\mathcal{P}$ 满足 $\Omega_{\sigma(t)}^{\mathrm{T}}P\Omega_{\sigma(t)}-P<0$。那么网络化多智能体系统(4-6)和(4-7)在控制协议(4-10) 和(4-11) 下可以实现领导跟随一致性。

### 4.2.2 无自时滞的输出反馈控制协议设计及一致性分析

大多数文献利用智能体的状态来设计分布式状态反馈控制律。在实际的工业生产中，由于各种条件的限制，系统的某些状态不能被测量，或者测量成本很高，

使得状态反馈的实现更加复杂。所以在某些情况下无法访问智能体的状态。输出反馈是控制系统设计中两种主要的反馈策略之一。其意义在于以被测输出作为反馈量，形成反馈控制，从而达到系统预期的性能指标要求。系统的输出容易从外界获得，且大多具有明确的物理意义，因此，输出反馈更容易实现。此外，静态输出反馈控制器具有阶数小、结构简单、易于实现等优点。与状态反馈控制相比，输出反馈控制能提高系统的抗干扰能力和可靠性。

为了补偿网络引起的通信时延和数据丢包，针对网络化多智能体系统(4-6)和(4-7)，本节提出以下基于预测的输出反馈形式的控制协议。

领导者控制协议设计如下：

$$u_0(t) = K_0 \hat{y}_0(t|t-1) \tag{4-16}$$

跟随者的控制协议设计如下：

$$\begin{aligned} u_i(t) = & K_{i1} \sum_{j \in \mathcal{N}_i(t)} a_{ij}(t) \left( \hat{y}_j(t \mid t-\tau) - \hat{y}_i(t \mid t-1) \right) \\ & + K_{i2} \beta_i(t) \left( \hat{y}_0(t \mid t-\tau) - \hat{y}_i(t \mid t-1) \right), i = 1, 2, \cdots, N \end{aligned} \tag{4-17}$$

式中，$K_{i1} \in M_{r,m}(\mathbb{R})$ 和 $K_{i2} \in M_{r,m}(\mathbb{R})$ 是待设计的增益矩阵。

与定理 4-3的推导过程类似，基于控制协议(4-16)和(4-17)，领导跟随一致性问题很容易得到解决。从而可以获得以下结论。

**推论 4-3** 考虑具有切换拓扑为 $\bar{\mathcal{G}}_{\sigma(t)}$ 的网络化多智能体系统(4-6) 和(4-7)。

(1) 如果切换线性系统

$$E(t+1) = \Pi_{\sigma(t)} E(t)$$

在任意切换信号下都是渐近稳定的。那么，静态输出反馈控制协议(4-16)和 (4-17)可以实现领导跟随一致性。其中

$$\Pi_{\sigma(t)} = \begin{bmatrix} \hat{A}_{\sigma(t)} & \hat{B}_{\sigma(t)} & \hat{C}_{\sigma(t)} & \hat{D}_{\sigma(t)} \\ \mathbf{0} & A_{lc} & \mathbf{0} & \mathbf{0} \\ \mathbf{0} & \mathbf{0} & A_0 - L_0 C_0 & \mathbf{0} \\ \mathbf{0} & \mathbf{0} & B_0 K_0 C_0 \left( A_0 - L_0 C_0 \right)^{\tau-1} & A_0 + B_0 K_0 C_0 \end{bmatrix}$$

$$\hat{A}_{\sigma(t)} = \tilde{A} - \tilde{B} K_1 \left( \mathcal{L}_{\sigma(t)} \otimes I_n \right) \tilde{C} - \tilde{B} K_2 \left( \beta_{\sigma(t)} \otimes I_n \right) \tilde{C}$$

$$\begin{aligned} \hat{B}_{\sigma(t)} = & \tilde{B} K_1 \left( \mathcal{A}_{\sigma(t)} \otimes I_n \right) \tilde{C} \tilde{A}^{\tau-1} - \tilde{B} K_1 \left( \mathcal{D}_{\sigma(t)} \otimes I_n \right) \tilde{C} A_{lc}^{\tau-1} \\ & - \tilde{B} K_2 \left( \beta_{\sigma(t)} \otimes I_n \right) \tilde{C} A_{lc}^{\tau-1} \end{aligned}$$

$$\hat{C}_{\sigma(t)} = \tilde{B}K_2\left(\beta_{\sigma(t)} \otimes I_n\right)\left(\mathbf{1}_N \otimes C_0 A_0^{\tau-1}\right) - \mathbf{1}_N \otimes \left(B_0 K_0 C_0\left(A_0 - L_0 C_0\right)^{\tau-1}\right)$$

$$\hat{D}_{\sigma(t)} = \left(\tilde{A} - I_N \otimes \left(A_0 + B_0 K_0 C_0\right)\right)\left(\mathbf{1}_N \otimes I_n\right)$$

(2) 如果存在正定矩阵 $P$ 使得对于任意 $\sigma(t) \in \mathcal{P}$ 满足 $\Pi_{\sigma(t)}^{\mathrm{T}} P \Pi_{\sigma(t)} - P < 0$。那么，网络化多智能体系统 (4-6)和(4-7)在控制协议(4-16)和(4-17)下可以实现领导跟随一致性。

## 4.3 有自时滞的领导跟随状态一致性

由于网络带宽的限制，当通信信道阻塞时，不可避免地会出现网络通信时延和数据包丢失现象。4.2 节讨论了所有智能体接收自身数据没有通信时延和数据丢包情形下的领导跟随一致性问题。然而，在某些情况下，智能体在接收自己的信息时，存在通信时延。时延现象可能发生在传感器老化、执行器运行时延或计算能力丧失等情况下。另外，由于网络带宽的限制等，智能体在接收自己的信息时也可能会受到限制。本节将研究领导者智能体和跟随者智能体接收相邻智能体与自身的信息时都具有通信时延与数据丢包的领导跟随一致性问题。

### 4.3.1 有自时滞的状态反馈控制协议设计及一致性分析

考虑异构多智能体系统(4-6)和(4-7)，研究智能体接收自身信息时有通信时延和数据丢包的领导跟随一致性问题。领导者控制协议设计如下：

$$u_0(t) = K_0 \hat{x}_0(t|t-\tau) \tag{4-18}$$

跟随者的控制协议设计如下：

$$\begin{aligned} u_i(t) = & K_{i1} \sum_{j \in \mathcal{N}_i(t)} a_{ij}(t)\left(\hat{x}_j(t \mid t-\tau) - \hat{x}_i(t \mid t-\tau)\right) \\ & + K_{i2}\beta_i(t)\left(\hat{x}_0(t \mid t-\tau) - \hat{x}_i(t \mid t-\tau)\right), i = 1, 2, \cdots, N \end{aligned} \tag{4-19}$$

式中，$K_{i1} \in M_{r,n}(\mathbb{R})$ 和 $K_{i2} \in M_{r,n}(\mathbb{R})$ 是待设计的增益矩阵。

**定义 4-3** 考虑网络化异构多智能体系统(4-6)和(4-7)，以及分布式协议(4-18)和(4-19)，如果 $\lim\limits_{t \to +\infty} \|x_i(t) - x_0(t)\| = 0$ $(i = 1, 2, \cdots, N)$ 成立，那么称控制协议(4-18)和(4-19)可以解决领导跟随一致性问题。

**定理 4-4** 考虑切换拓扑为 $\bar{\mathcal{G}}_{\sigma(t)}$ 的异构多智能体系统(4-6)和(4-7)。如果切换线性系统

$$E(t+1) = \Omega_{\sigma(t)} E(t)$$

在任意切换信号下都是渐近稳定的。那么，控制协议(4-18) 和(4-19) 可以解决领导跟随一致性问题。其中

$$\bar{\Omega}_{\sigma(t)} = \begin{bmatrix} \bar{A}_{\sigma(t)} & \bar{B}_{\sigma(t)} & \bar{C}_{\sigma(t)} & \bar{D}_{\sigma(t)} \\ \mathbf{0} & A_{lc} & \mathbf{0} & \mathbf{0} \\ \mathbf{0} & \mathbf{0} & A_0 - L_0 C_0 & \mathbf{0} \\ \mathbf{0} & \mathbf{0} & B_0 K_0 A_0^{\tau-1} & A_0 + B_0 K_0 \end{bmatrix}$$

$$\begin{aligned} E(t) &= \begin{bmatrix} \delta^{\mathrm{T}}(t) & e^{\mathrm{T}}(t-\tau+1) & e_0^{\mathrm{T}}(t-\tau+1) & x_0^{\mathrm{T}}(t) \end{bmatrix}^{\mathrm{T}} \\ \bar{A}_{\sigma(t)} &= \tilde{A} - \tilde{B}K_1\left(\mathcal{L}_{\sigma(t)} \otimes I_n\right) - \tilde{B}K_2\left(\beta_{\sigma(t)} \otimes I_n\right) \\ \bar{B}_{\sigma(t)} &= -\tilde{B}K_1\left(\mathcal{L}_{\sigma(t)} \otimes I_n\right)\tilde{A}^{\tau-1} - \tilde{B}K_2\left(\beta_{\sigma(t)} \otimes I_n\right)\tilde{A}^{\tau-1} \\ \bar{C}_{\sigma(t)} &= \tilde{B}K_2\left(\beta_{\sigma(t)} \otimes I_n\right)\left(\mathbf{1}_N \otimes A_0^{\tau-1}\right) - \mathbf{1}_N \otimes \left(B_0 K_0 A_0^{\tau-1}\right) \\ \bar{D}_{\sigma(t)} &= \left(\tilde{A} - I_N \otimes (A_0 + B_0 K_0)\right)(\mathbf{1}_N \otimes I_n) \end{aligned}$$

**证明** 与定理 4-3的推导过程类似，证明过程略。 □

**推论 4-4** 考虑具有切换拓扑 $\bar{\mathcal{G}}_{\sigma(t)}$ 的异构多智能体系统(4-6)和(4-7)。如果存在正定矩阵 $P$，使得对于任意切换信号 $\sigma(t) \in \mathcal{P}$ 满足 $\bar{\Omega}_{\sigma(t)}^{\mathrm{T}} P \bar{\Omega}_{\sigma(t)} - P < 0$。那么，网络化异构多智能体系统(4-6) 和(4-7)在控制协议(4-18) 和(4-19) 下可以实现多智能体系统的领导跟随一致性。

### 4.3.2 有自时滞的输出反馈控制协议设计及一致性分析

为了补偿网络引起的通信时延和数据丢包，针对网络化多智能体系统(4-6)和(4-7)，本节提出了基于预测输出反馈形式的控制协议：

$$u_0(t) = K_0 \hat{y}_0(t|t-\tau) \tag{4-20}$$

$$\begin{aligned} u_i(t) = K_{i1} &\sum_{j \in \mathcal{N}_i(t)} a_{ij}(t)(\hat{y}_j(t|t-\tau) - \hat{y}_i(t|t-\tau)) \\ &+ K_{i2}\beta_i(t)(\hat{y}_0(t|t-\tau) - \hat{y}_i(t|t-\tau)), \quad i = 1, 2, \cdots, N \end{aligned} \tag{4-21}$$

式中，$K_0 \in M_{r,m}(\mathbb{R})$、$K_{i1} \in M_{r,m}(\mathbb{R})$ 和 $K_{i2} \in M_{r,m}(\mathbb{R})$ 是待设计的增益矩阵。

**推论 4-5** 下面考虑具有切换拓扑 $\bar{\mathcal{G}}_{\sigma(t)}$ 的网络化多智能体系统(4-6)和(4-7)。

(1) 如果切换线性系统

$$E(t+1)=\bar{\Pi}_{\sigma(t)}E(t)$$

在任意切换信号下都是渐近稳定的。那么,静态输出反馈控制协议(4-20)和 (4-21)可以实现领导跟随一致性。其中

$$\bar{\Pi}_{\sigma(t)}=\begin{bmatrix}\hat{A}_{\sigma(t)} & \hat{B}_{\sigma(t)} & \hat{C}_{\sigma(t)} & \hat{D}_{\sigma(t)}\\ \mathbf{0} & A_{lc} & \mathbf{0} & \mathbf{0}\\ \mathbf{0} & \mathbf{0} & A_0-L_0C_0 & \mathbf{0}\\ \mathbf{0} & \mathbf{0} & B_0K_0C_0A_0^{\tau-1} & A_0+B_0K_0C_0\end{bmatrix}$$

$$\begin{aligned}\hat{A}_{\sigma(t)}=&\tilde{A}-\tilde{B}K_1(\mathcal{L}_{\sigma(t)}\otimes I_n)\tilde{C}-\tilde{B}K_2(\beta_{\sigma(t)}\otimes I_n)\tilde{C}\\ \hat{B}_{\sigma(t)}=&-\tilde{B}\left(K_1(\mathcal{L}_{\sigma(t)}\otimes I_n)\tilde{C}+K_2(\beta_{\sigma(t)}\otimes I_n)\tilde{C}\right)\tilde{A}^{\tau-1}\\ \hat{C}_{\sigma(t)}=&\tilde{B}K_2(\beta_{\sigma(t)}\otimes I_n)(\mathbf{1}_N\otimes C_0A_0^{\tau-1})-\mathbf{1}_N\otimes(B_0K_0C_0A_0^{\tau-1})\\ \hat{D}_{\sigma(t)}=&(\tilde{A}-I_N\otimes(A_0+B_0K_0C_0))(\mathbf{1}_N\otimes I_n)\end{aligned}$$

(2) 如果存在正定矩阵 $P$，使得对于任意 $\sigma(t)\in\mathcal{P}$ 满足 $\bar{\Pi}_{\sigma(t)}^{\mathrm{T}}P\bar{\Pi}_{\sigma(t)}-P<0$。那么，网络化多智能体系统(4-6) 与(4-7) 在分布式协议(4-20) 和(4-21)下可以实现领导跟随一致性。

### 4.3.3　自时滞情形的一致性对比算例

本节将给出了一个数值仿真来验证提出理论结果的有效性。

**例 4-2**　考虑由一个编号为 0 的领导者和三个编号分别为 1、2、3 的跟随者组成的多智能体网络。假设系统的动力学由式 (4-6) 和式(4-7)描述，其中

$$A_0=\begin{bmatrix}1 & 0 & 0\\ 0 & 1 & 0.5\\ 0 & 0.5 & 1\end{bmatrix},B_0=\begin{bmatrix}0 & 0.4\\ 0.3 & 0.5\\ 0.2 & 0\end{bmatrix},C_0=\begin{bmatrix}0.2 & 0 & -0.8\\ 1 & 0.1 & 0.5\end{bmatrix}$$

$$A_1=\begin{bmatrix}1 & 0 & 0\\ 0 & 1 & 0.2\\ 0 & -0.8 & 1\end{bmatrix},B_1=\begin{bmatrix}0.2 & -0.2\\ 0 & 0\\ 0.6 & 0.3\end{bmatrix},\quad C_1=\begin{bmatrix}0.5 & 0.6 & 0\\ 0 & 0.5 & -1\end{bmatrix}$$

$$A_2 = \begin{bmatrix} 1 & 0 & 0 \\ 0 & 1 & 0.5 \\ 0 & -0.5 & 1 \end{bmatrix}, B_2 = \begin{bmatrix} 0.5 & 0.1 \\ 0 & 0 \\ 0 & 0.3 \end{bmatrix}, \quad C_2 = \begin{bmatrix} 0.2 & 0 & -1 \\ -1 & 0.5 & 1 \end{bmatrix}$$

$$A_3 = \begin{bmatrix} 1 & 0.7 & 0 \\ -0.7 & 1 & 0 \\ 0 & 0 & 1 \end{bmatrix}, B_3 = \begin{bmatrix} -0.5 & 0 \\ -0.6 & 0.3 \\ 0 & -0.6 \end{bmatrix}, C_3 = \begin{bmatrix} 1 & 0 & -1.5 \\ 0 & 0.5 & 0.4 \end{bmatrix}$$

假设网络参数 $\tau = 3$，通信拓扑图如图 4-6 所示。

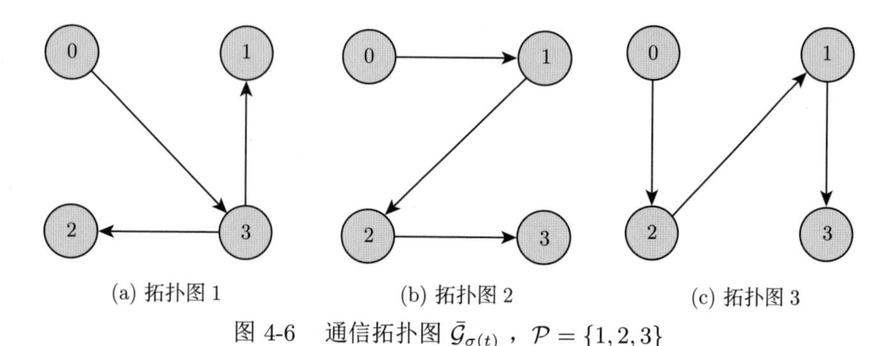


(a) 拓扑图 1 (b) 拓扑图 2 (c) 拓扑图 3

图 4-6 通信拓扑图 $\bar{\mathcal{G}}_{\sigma(t)}$ ，$\mathcal{P} = \{1, 2, 3\}$

通过计算，开环系统的特征值为

$$\lambda_{A_0} = \{0.5, 1, 1.5\}, \lambda_{A_1} = \{1, 1+0.4\text{i}, 1-0.4\text{i}\}$$
$$\lambda_{A_2} = \{1, 1+0.5\text{i}, 1-0.5\text{i}\}, \lambda_{A_3} = \{1, 1+0.7\text{i}, 1-0.7\text{i}\}$$

显然，领导者和跟随者的开环系统都是不稳定的。

由 Riccati 方程得到状态观测器(4-8)中的增益矩阵为

$$L_0 = \begin{bmatrix} 0.4101 & 0.6356 \\ -1.0613 & 0.3156 \\ -1.1128 & 0.3195 \end{bmatrix}, L_1 = \begin{bmatrix} 0.8142 & -0.3980 \\ 0.3151 & 0.3044 \\ -0.1404 & -0.9007 \end{bmatrix}$$
$$L_2 = \begin{bmatrix} -0.2383 & -0.6712 \\ 0.1858 & 0.0786 \\ -0.9452 & 0.0182 \end{bmatrix}, L_3 = \begin{bmatrix} 0.6068 & 0.7815 \\ 0.0676 & 1.3220 \\ -0.3354 & -0.0851 \end{bmatrix}$$

通过锥补线性化，得到协议(4-10)和(4-11) 满足定理 4-3和定理 4-4 的状态反馈增益矩阵为

$$K_0 = \begin{bmatrix} 0.8008 & -1.4978 & -1.5342 \\ -0.8126 & -0.5186 & -0.4274 \end{bmatrix}, K_{11} = \begin{bmatrix} 0.5978 & -0.0119 & 0.6694 \\ -1.0944 & -0.8659 & 0.4787 \end{bmatrix}$$

$$K_{21}=\begin{bmatrix}0.6475 & 0.4042 & -0.2333\\ 0.4178 & 0.0518 & 1.9263\end{bmatrix}, K_{31}=\begin{bmatrix}-0.8897 & -0.7171 & -0.1541\\ -0.4458 & -0.2494 & -0.2503\end{bmatrix}$$

$$K_{12}=\begin{bmatrix}1.7174 & 0.1121 & 1.5069\\ -3.4912 & -0.9321 & 1.0297\end{bmatrix}, K_{22}=\begin{bmatrix}1.6914 & 0.4745 & -0.0011\\ 0.5386 & -0.4449 & 3.5267\end{bmatrix}$$

$$K_{32}=\begin{bmatrix}-1.1932 & -1.7278 & -0.0020\\ -0.7830 & -0.0452 & -1.4145\end{bmatrix}$$

通过计算，得到闭环系统的特征值为

$$\lambda_{(A_0+B_0K_0)}=\{0.39, 0.69, 0.59\}$$

$$\begin{aligned}\lambda_{\bar{A}_{\sigma(1)}}=&\{0.68, 0.72+0.17\mathrm{i}, 0.72-0.17\mathrm{i}, 0.69,\\ &0.68+0.4\mathrm{i}, 0.68-0.4\mathrm{i}, 0.73, -0.13, -0.07\}\end{aligned}$$

$$\begin{aligned}\lambda_{\bar{A}_{\sigma(2)}}=&\{-0.07, -0.07, 0.61+0.59\mathrm{i}, 0.61-0.59\mathrm{i},\\ &0.68+0.4\mathrm{i}, 0.68-0.4\mathrm{i}, 0.69, 0.83, 0.89\}\end{aligned}$$

$$\begin{aligned}\lambda_{\bar{A}_{\sigma(3)}}=&\{0.61+0.59\mathrm{i}, 0.61-0.59\mathrm{i}, 0.72+0.17\mathrm{i},\\ &0.72-0.17\mathrm{i}, 0.68, 0.83, -0.1, 0.35, 0.79\}\end{aligned}$$

显然，领导者与跟随者的闭环系统是渐近稳定的，可以实现领导跟随一致性。

选择系统的初始状态为 $x_0=\begin{bmatrix}2 & 2 & 2\end{bmatrix}^{\mathrm{T}}$，$x_1=\begin{bmatrix}1 & 1.5 & 2.5\end{bmatrix}^{\mathrm{T}}$，$x_2=\begin{bmatrix}1.5 & -2 & -1.5\end{bmatrix}^{\mathrm{T}}$，$x_3=\begin{bmatrix}-1.5 & -1 & 1\end{bmatrix}^{\mathrm{T}}$，并给领导者一个参考输入 $r_0=3$。从图 4-7和图 4-8 可以看出，领导者可以跟踪参考输入，并且所有跟随者的状态都可以与领导者的状态达成一致。实线是基于预测控制方法补偿网络约束的情形，虚线是没有通信时延和数据包丢失的情形。假定状态偏差 $\delta_i(t)$ 小于 $10^{-4}$ 时认为多智能体系统达到领导跟随一致性。通过计算发现对于存在或不存在自时滞的系统(4-6)和(4-7)，无论是否存在通信时延和数据包丢失，达到领导跟随一致分别需要 67 步和 74 步。这意味着就收敛时间而言，所提出预测方法的效果与无通信时延和数据丢失的情况相同。因此，所提出的网络化预测方法可以有效地补偿网络时延和数据丢失。

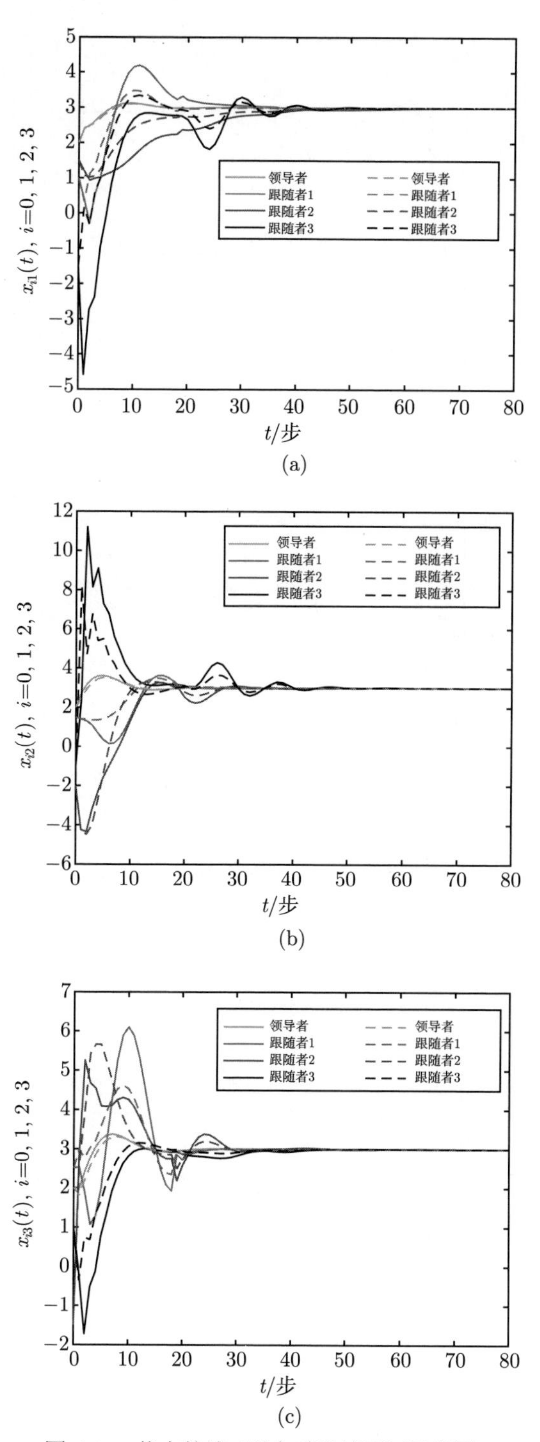


图 4-7　状态轨迹 (无自时滞情形)(见彩图)

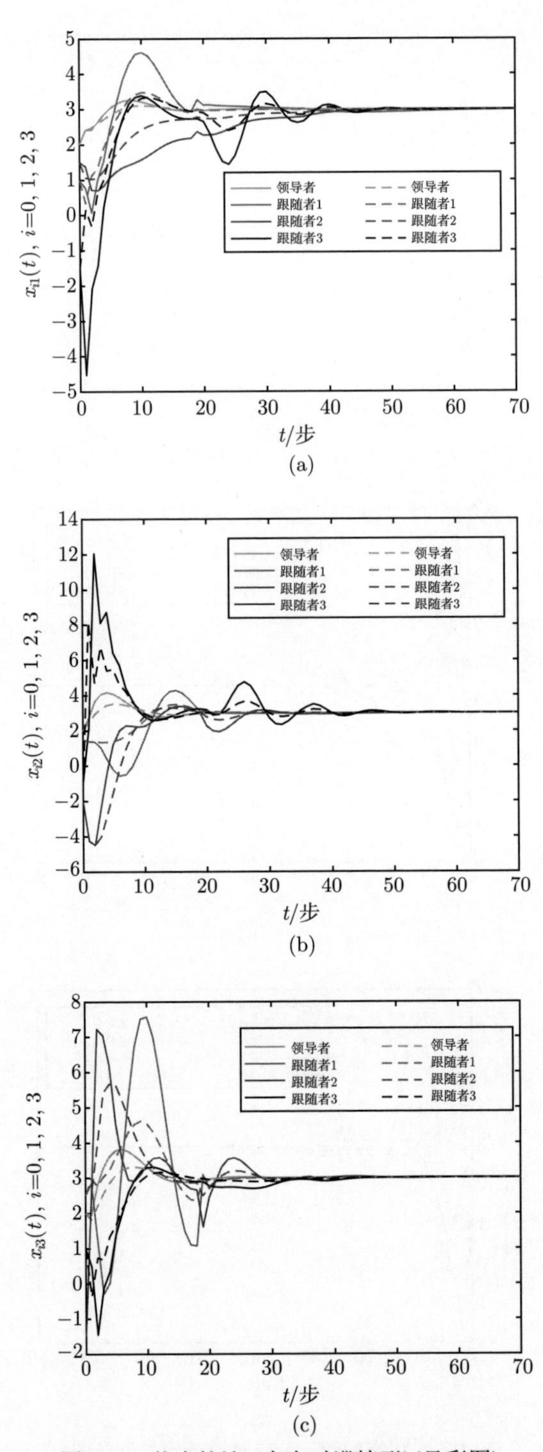


图 4-8　状态轨迹 (有自时滞情形)(见彩图)

## 4.4 本章小结

本章讨论了具有通信约束的离散网络化多智能体系统的领导跟随状态一致性问题。首先，设计了状态反馈及输出反馈形式的控制协议，给出了具有通信时延和外部干扰的多智能体系统实现领导跟随一致性的充要条件。然后，研究了切换拓扑下带有通信时延和数据丢包的异构多智能体系统的领导跟随一致性。分别给出了智能体接收自身信息有/无通信时延和数据丢包两种情况多智能体系统实现领导跟随一致性的充分条件。最后，数值仿真例子验证了在所提出协议的控制作用下，跟随者智能体可以跟踪上领导者智能体的状态，并且网络化预测方法可以有效地补偿通信约束，得到的控制效果与无通信时延和数据丢包情形下的离散异构多智能体系统的状态轨迹几乎一致。

# 第 5 章 网络化多智能体系统的分组一致性

在多智能体系统协同控制领域中，一致性分析一直是基础研究的重点之一，已被广泛地运用于许多科学项目中。如分布式传感器网络 [145,149]、智能交通管理系统 [150-152]、电源变换器 [153]、质子交换膜燃料电池进气系统 [154]、无人机[155] 等。一般来说，一致性问题的主要目标是基于多智能体与其邻居之间的信息交换，设计合适的控制协议，使多智能体系统中的所有多智能体收敛到一个共同状态，也称为完全一致性。前面几章基于预测控制方法分别讨论了离散网络化多智能体系统的一致性和领导跟随一致性问题。针对通信网络存在时延的情形，基于网络化预测控制方法，前面几章给出了相应一致性协议的设计方法和达到一致性的判据。值得注意的是，上述研究结果仅讨论如何设计适当的协议和算法来保证网络中所有智能体的一致性要求。然而，在多智能体控制系统的复杂实际应用中，外部环境的变化、合作任务分配甚至时间可能导致网络中的智能体收敛到不止一个一致状态。特别是在进行大型复杂网络系统的分析和设计时，可以根据具体的合作要求将复杂大型网络分解为几个较小的子网络。在自然界中，多种物种之间存在觅食和迁徙等互动行为，例如，鸟类、鱼类和灵长类动物经常与同伴和其他物种协调它们的行为 [156]。在社交网络的研究中，一些人类意见动态演化模型的分析结果表明，在某些情况下，所有智能体会演变成为群体，并且处于同一群体中的智能体渐近地达成一致状态 [157]。因此，一个重要的问题是设计适当的协议使得网络中的智能体达到多个一致状态，这种一致性称为“分组一致性 (group consensus)” [158-160]。分组一致性的核心是将一个网络分为多个子网络，网络中的智能体相应地被分为多个组，不仅一个组里的智能体之间可以交换信息，不同组里的智能体之间也可以交换信息。分组一致性比完全一致性更为普遍，其主要目标是设计适当的控制协议和算法，使得处于同一子群组中的智能体达成状态一致，但不同子群组之间的一致状态可能不同[161]。由于将分组一致性应用于多群体形成、集群控制等领域具有潜在的应用价值，因此，一些学者进行了分组一致性的研究[162]。本章针对不同形式的动力学模型，研究了网络化多智能体系统的分组一致性问题。首先，针对具有一阶积分器形式的网络化多智能体系统，分别研究其在有向固定拓扑和有向切换拓扑下的分组一致性问题，并将其推广到高阶多智能体系统，而且进一步分析了分组一致性协议的存在性 (即可一致性) 问题。其次，研究了具有通信约束的离散网络化多智能体系统的分组一致性问题。最后，考虑了外部扰动对系统一致性的影响。

## 5.1 连续多智能体系统的分组一致性

文献 [159] 利用图论和代数论的方法，研究了具有无向固定拓扑的网络化多智能体系统的分组一致性。文献 [158]、[160] 基于双树形变换的方法，将上述结果推广到具有切换拓扑和存在通信时滞的情形。然而，在文献 [158]~ [160] 中，对智能体的通信关系都有一个共同的假设，即一组中的每个节点 (智能体) 到另一组的所有节点的邻接权值的和在任何时刻都恒等于零。这一假设过于严格，它排除了很多通信拓扑结构。在这一假设下，即使不同组之间的智能体之间发生信息交换，它们的邻接权值也必须为零，即忽略了它们之间的通信。下面给出几个例子来展示这一现象 (图 5-1和图 5-2)。

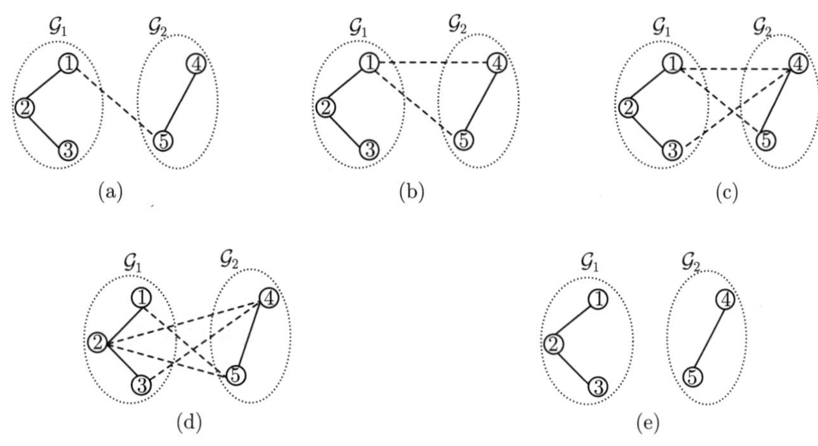


图 5-1 无向拓扑情形

根据文献 [158]~ [160] 中的假设，图 5-1中的拓扑 (a)~(d) 都等价于图 5-1(e)，图 5-2 中的拓扑 (a)~(d) 都等价于图 5-2(e)，即两组智能体之间不发生通信。可见，这一假设大大限制了结果的应用范围。本节将放宽这一假设条件，只要求一组中的每个节点到另一组的所有节点邻接权值的和在每一时刻都相等。因此，文献 [158]~ [160] 中的结果成为本节结果的一个特例。首先，本节将研究一阶积分器构成的网络化多智能体系统在有向固定/切换拓扑结构下的分组一致性问题。其次，将结果推广到智能体由一般线性系统所描述的网络化多智能体系统，并给出了系统达到分组一致的充要条件。最后，分析分组一致性协议的存在性 (即可一致性) 问题。不失一般性，本节只研究网络化多智能体系统的两组一致性，即智能体被分为两组，每组分别达到一致。在此基础上，两组一致性的结果很容易被推广到多组一致性。

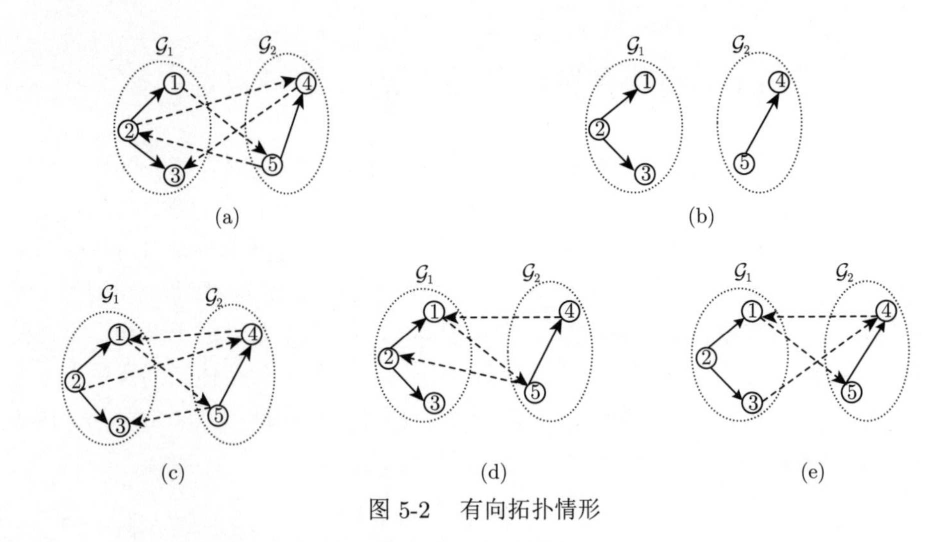


图 5-2 有向拓扑情形

### 5.1.1 一阶网络化多智能体系统的分组一致性

本节将针对具有一阶积分器形式的网络化多智能体系统，分别研究其在有向固定拓扑和有向切换拓扑下的分组一致性问题，给出系统达到分组一致的充要条件。

1. 问题描述

设 $\mathscr{G}=(\mathscr{V},\mathscr{E}(\mathscr{G}),\mathscr{A}(\mathscr{G}))$ 是具有 $n$ 个顶点的加权有向图，其中，顶点集 $\mathscr{V}=\{v_1,v_2,\cdots,v_n\}$，边集 $\mathscr{E}(\mathscr{G})\subseteq\mathscr{V}\times\mathscr{V}$，加权邻接矩阵 $\mathscr{A}(\mathscr{G})=[a_{ij}]\in M_n(\mathbb{R})$。将顶点的指标集记作 $\mathcal{I}=\{1,2,\cdots,n\}$。将 $\mathscr{G}$ 中从顶点 $v_i$ 到顶点 $v_j$ 的有向边记作 $e_{ij}=(v_i,v_j)$，相应于 $e_{ij}$ 的邻接元素 $a_{ji}$ 是一个非零实数，即 $e_{ij}\in\mathscr{E}(\mathscr{G})\Leftrightarrow a_{ji}\neq 0$。假设 $a_{ii}=0,\ \forall i\in\mathcal{I}$。定义顶点 $v_i$ 的邻点集为 $N_i=\{v_j\in\mathscr{V}:(v_j,v_i)\in\mathscr{E}(\mathscr{G})\}$，图 $\mathscr{G}$ 的拉普拉斯矩阵为 $L(\mathscr{G})=\mathscr{D}(\mathscr{G})-\mathscr{A}(\mathscr{G})$，其中，$\mathscr{D}(\mathscr{G})=\mathrm{diag}(d_1,d_2,\cdots,d_n)$，$d_i=\sum\limits_{j=1,j\neq i}^{n}a_{ij},\ i=1,\cdots,n$。

对于一个包含 $n$ 个智能体的网络，设 $x_i\in\mathbb{R}$ 是智能体 $i$ 的状态，称 $(\mathscr{G},x)$ 是一个状态为 $x=\begin{bmatrix}x_1 & x_2 & \cdots & x_n\end{bmatrix}^{\mathrm{T}}\in M_{n,1}(\mathbb{R})$，拓扑为 $\mathscr{G}$ 的网络。

不失一般性，本节考虑包含 $n+m$ 个智能体的网络 $(\mathscr{G},x)$ $(n,m>1)$，其中，拓扑 $\mathscr{G}=(\mathscr{V},\mathscr{E}(\mathscr{G}),\mathscr{A}(\mathscr{G}))$ 是一个加权有向图，$x=\begin{bmatrix}x_1 & x_2 & \cdots & x_{n+m}\end{bmatrix}^{\mathrm{T}}$ 是状态。智能体 $i$ 的动力学模型为

$$\dot{x}_i(t)=u_i(t)\in\mathbb{R},\quad i\in\mathscr{I}\triangleq\{1,2,\cdots,n+m\} \tag{5-1}$$

式中，$u_i(t)$ 是控制输入。在不引起上下文混淆的情况下，本节在下面的描述中省略时间变量 $t$。

设 $\eta_1 = \begin{bmatrix} x_1 & x_2 & \cdots & x_n \end{bmatrix}^{\mathrm{T}}$，$\eta_2 = \begin{bmatrix} x_{n+1} & x_{n+2} & \cdots & x_{n+m} \end{bmatrix}^{\mathrm{T}}$，$\mathscr{I}_1 = \{1,2,\cdots,n\}$，$\mathscr{I}_2 = \{n+1,n+2,\cdots,n+m\}$，$\mathscr{V}_1 = \{v_1,v_2,\cdots,v_n\}$，$\mathscr{V}_2 = \{v_{n+1},v_{n+2},\cdots,v_{n+m}\}$，$x = \begin{bmatrix} \eta_1^{\mathrm{T}} & \eta_2^{\mathrm{T}} \end{bmatrix}^{\mathrm{T}}$，则 $\mathscr{V} = \mathscr{V}_1 \cup \mathscr{V}_2$，$\mathscr{I} = \mathscr{I}_1 \cup \mathscr{I}_2$。令 $N_{1i} = \{v_j \in \mathscr{V}_1 : (v_j,v_i) \in \mathscr{E}(\mathscr{G})\}$ 和 $N_{2i} = \{v_j \in \mathscr{V}_2 : (v_j,v_i) \in \mathscr{E}(\mathscr{G})\}$，那么 $N_i = \{v_j \in \mathscr{V} : (v_j,v_i) \in \mathscr{E}(\mathscr{G})\} = N_{1i} \cup N_{2i}$。定义 $\mathscr{G}_k = (\mathscr{V}_k,\mathscr{E}_k(\mathscr{G}),\mathscr{A}_k(\mathscr{G}))$，其中，$\mathscr{E}_k(\mathscr{G}) = \{(v_i,v_j) \in \mathscr{E} : i,j \in \mathscr{I}_k\}$，$\mathscr{A}_k(\mathscr{G})$ 沿袭 $\mathscr{A}(\mathscr{G})$ 中的值，$k=1,2$。因此，可以把网络 $(\mathscr{G},x)$ 看作由两个子网络 $(\mathscr{G}_1,\eta_1)$ 和 $(\mathscr{G}_2,\eta_2)$ 组成。不仅子网络中的智能体之间发生信息交换，而且不同子网络中的智能体之间也会发生信息交换。

本节的主要目的是针对两组之间的智能体存在通信的情形，设计协议使得前 $n$ 个智能体状态达到一个一致值，后 $m$ 个智能体的状态达到另一个一致值。对于包含 $n+m$ 个智能体的网络化多智能体系统(5-1)，本节将分别讨论其在有向固定拓扑和有向切换拓扑情况下的分组一致性问题。

2. 切换拓扑情形

本节将研究具有有向切换拓扑的网络化多智能体系统的分组一致性问题。

假设存在一个不相交、有界、连续时间序列 $[t_i,t_{i+1})$，$i=0,1,2,\cdots$，初始时刻 $t_0=0$。记 $\mathcal{G}=\{G_1,G_2,\cdots,G_N\}$ 是所有可能拓扑图的集合，$\mathscr{P}=\{1,2,\cdots,N\}$ 为 $\mathcal{G}$ 的指标集。为了描述随时间变化的拓扑图，定义切换信号 $\varrho(t):[0,\infty)\to\mathscr{P}$，它是一个分段常值函数。因此，用 $G_{\varrho(t)} = (\mathscr{V},\mathscr{E}(G_{\varrho(t)}),\mathscr{A}(G_{\varrho(t)}))$ 表示网络化多智能体系统(5-1)在 $t$ 时刻的通信拓扑；$\mathscr{G}_1(\varrho(t)) = (\mathscr{V}_1,\mathscr{E}_1(G_{\varrho(t)}),\mathscr{A}_1(G_{\varrho(t)}))$ 和 $\mathscr{G}_2(\varrho(t)) = (\mathscr{V}_2,\mathscr{E}_2(G_{\varrho(t)}),\mathscr{A}_2(G_{\varrho(t)}))$ 分别表示 $G_{\varrho(t)}$ 的两个子网络的拓扑，其中，$\mathscr{E}_k(\varrho(t)) = \{(v_i,v_j) \in \mathscr{E}(G_{\varrho(t)}) : i,j \in \mathscr{I}_k\}$，$\mathscr{A}_k(G_{\varrho(t)})$ 沿袭 $\mathscr{A}(G_{\varrho(t)})$ 的值，$k=1,2$。从而，邻接权值 $a_{ij}(t)$ $(i,j=1,2,\cdots,n+m)$ 是时变的。相应于切换图 $G_{\varrho(t)}$ 的拉普拉斯矩阵 $L(G_{\varrho(t)})$ 也是时变的，切换点为 $t_i$，$i=0,1,2,\cdots$。但是，$L(G_{\varrho(t)})$ 在任意区间 $[t_i,t_{i+1})$ 内都是时不变的。

对于具有切换拓扑的网络化多智能体系统(5-1)，设计如下形式的协议：

$$u_i(t)=\begin{cases} \displaystyle\sum_{v_j\in N_{1i}(G_{\varrho(t)})} a_{ij}(t)(x_j(t)-x_i(t)) + \sum_{v_j\in N_{2i}(G_{\varrho(t)})} a_{ij}(t)x_j(t), \ \forall\, i\in\mathscr{I}_1 \\ \displaystyle\sum_{v_j\in N_{1i}(G_{\varrho(t)})} a_{ij}(t)x_j(t) + \sum_{v_j\in N_{2i}(G_{\varrho(t)})} a_{ij}(t)(x_j(t)-x_i(t)), \ \forall\, i\in\mathscr{I}_2 \end{cases} \tag{5-2}$$

式中，$a_{ij}(t) \in \mathbb{R}, \forall i,j \in \mathscr{I}$；$N_{1i}(G_{\varrho(t)}) = \{v_j \in \mathscr{V}_1 : (v_i,v_j) \in \mathscr{E}(G_{\varrho(t)})\}$；$N_{2i}(G_{\varrho(t)}) = \{v_j \in \mathscr{V}_2 : (v_i,v_j) \in \mathscr{E}(G_{\varrho(t)})\}$。

**定义 5-1**　对于具有有向拓扑 $\mathscr{G}$ 的网络化多智能体系统(5-1)，如果对于任意初始条件 $x(0) \in M_{n+m,1}(\mathbb{R})$，智能体的状态都满足

(1) $\lim\limits_{t\to\infty} \|x_i(t) - x_j(t)\| = 0,\ \forall\ i,j \in \mathscr{I}_1$；

(2) $\lim\limits_{t\to\infty} \|x_i(t) - x_j(t)\| = 0,\ \forall\ i,j \in \mathscr{I}_2$，

则称协议(5-2)可解分组 (渐近) 一致性问题[158-160]。

在协议(5-2)的作用下，网络化多智能体系统(5-1) 的闭环系统可以表示为如下的线性时变系统：

$$\dot{x}(t) = -H_{G_{\varrho(t)}} x(t) \tag{5-3}$$

式中

$$H_{G_{\varrho(t)}} = \begin{bmatrix} L(\mathscr{G}_1(\varrho(t))) & A(t) \\ B(t) & L(\mathscr{G}_2(\varrho(t))) \end{bmatrix}$$

$$A(t) = -\begin{bmatrix} a_{1,n+1}(t) & a_{1,n+2}(t) & \cdots & a_{1,n+m}(t) \\ a_{2,n+1}(t) & a_{2,n+2}(t) & \cdots & a_{2,n+m}(t) \\ \vdots & \vdots & & \vdots \\ a_{n,n+1}(t) & a_{n,n+2}(t) & \cdots & a_{n,n+m}(t) \end{bmatrix} \tag{5-4}$$

$$B(t) = -\begin{bmatrix} a_{n+1,1}(t) & a_{n+1,2}(t) & \cdots & a_{n+1,n}(t) \\ a_{n+2,1}(t) & a_{n+2,2}(t) & \cdots & a_{n+2,n}(t) \\ \vdots & \vdots & & \vdots \\ a_{n+m,1}(t) & a_{n+m,2}(t) & \cdots & a_{n+m,n}(t) \end{bmatrix}$$

$L(\mathscr{G}_1(\varrho(t)))$ 与 $L(\mathscr{G}_2(\varrho(t)))$ 分别是子网络 $\mathscr{G}_1(\varrho(t))$ 和 $\mathscr{G}_2(\varrho(t))$ 的拉普拉斯矩阵。

假设协议(5-2)满足以下条件。

**假设 5-1**　(1) $\sum\limits_{j=n+1}^{n+m} a_{ij}(t) = \alpha(t),\ \forall\ i \in \mathscr{I}_1$。

(2) $\sum\limits_{j=1}^{n} a_{ij}(t) = \beta(t),\ \forall\ i \in \mathscr{I}_2$。其中，$\alpha(t)$ 和 $\beta(t)$ 是关于 $t$ 的实值函数。

**注解 5-1**　对于邻接权值，假设 5-1只要求一个组中的每个智能体到另一个组中的所有智能体邻接权值的和在每一时刻都相等。但并不要求 $\alpha(t) \equiv 0$ 且 $\beta(t) \equiv 0$。从这一点看，文献 [158]～ [160] 中的约束条件被放宽。

设

$$e(t)=\begin{bmatrix} e_1^{\mathrm{T}}(t) & e_2^{\mathrm{T}}(t) \end{bmatrix}^{\mathrm{T}}$$

$$e_1(t)=\begin{bmatrix} x_1(t)-x_2(t) & x_1(t)-x_3(t) & \cdots & x_1(t)-x_n(t) \end{bmatrix}^{\mathrm{T}}$$

$$e_2(t)=\begin{bmatrix} x_{n+1}(t)-x_{n+2}(t) & \cdots & x_{n+1}(t)-x_{n+m}(t) \end{bmatrix}^{\mathrm{T}}$$

经过计算，得

$$e(t)=Rx(t),\ R=\mathrm{diag}(R_1,R_2) \tag{5-5}$$

式中，$R_1=\begin{bmatrix} \mathbf{1}_{n-1} & -I_{n-1} \end{bmatrix}$, $R_2=\begin{bmatrix} \mathbf{1}_{m-1} & -I_{m-1} \end{bmatrix}$。

**定理 5-1** 若假设 5-1成立，则系统(5-3) 简化为如下形式：

$$\dot{e}(t)=\Phi_{G_{\varrho(t)}}e(t) \tag{5-6}$$

式中，$\Phi_{G_{\varrho(t)}}=-RH_{G_{\varrho(t)}}R^{\mathrm{T}}(RR^{\mathrm{T}})^{-1}$，$\varrho(t):[0,\infty)\to\mathscr{P}$ 是一个分段常值切换信号。

**证明** 若假设 5-1成立，则有 $A(t)\mathbf{1}_m=-\alpha(t)\mathbf{1}_n$ 且 $B(t)\mathbf{1}_n=-\beta(t)\mathbf{1}_m$。

设

$$\widetilde{R}=\mathrm{diag}(\widetilde{R}_1,\widetilde{R}_2),\ \widetilde{R}_1=\begin{bmatrix} R_1^{\mathrm{T}} & \mathbf{1}_n \end{bmatrix}^{\mathrm{T}},\ \widetilde{R}_2=\begin{bmatrix} R_2^{\mathrm{T}} & \mathbf{1}_m \end{bmatrix}^{\mathrm{T}}$$

通过计算可得 $\det\widetilde{R}_1=n, \det\widetilde{R}_2=m$。从而 $\widetilde{R}_1$、$\widetilde{R}_2$ 和 $\widetilde{R}$ 都是非奇异的。注意到，$R_1\mathbf{1}_n=0$ 且 $R_2\mathbf{1}_m=0$，由式(5-3) 和式(5-5)得

$$\begin{aligned}\dot{e}(t)&=-\begin{bmatrix} R_1L(\mathscr{G}_1(\varrho(t)))R_1^{\mathrm{T}}(R_1R_1^{\mathrm{T}})^{-1}R_1 \\ R_1A(t)R_2^{\mathrm{T}}(R_2R_2^{\mathrm{T}})^{-1}R_2-\dfrac{\alpha(t)}{m}R_1\mathbf{1}_n\mathbf{1}_m^{\mathrm{T}} \\ R_2B(t)R_1^{\mathrm{T}}(R_1R_1^{\mathrm{T}})^{-1}R_1-\dfrac{\beta(t)}{n}R_2\mathbf{1}_m\mathbf{1}_n^{\mathrm{T}} \\ R_2L(\mathscr{G}_2(\varrho(t)))R_2^{\mathrm{T}}(R_2R_2^{\mathrm{T}})^{-1}R_2 \end{bmatrix}x(t)\\ &=\Phi_{G_{\varrho(t)}}e(t)\end{aligned}$$

综上所述，结论成立。证毕。 □

由定理 5-1可知，协议(5-2) 可解系统分组一致性问题和系统(5-6)的收敛性满足如下关系。

**定理 5-2** 对于具有有向切换拓扑 $G_{\varrho(t)}=(\mathscr{V},\ \mathscr{E}(G_{\varrho(t)}),\mathscr{A}(G_{\varrho(t)}))$ 的网络化多智能体系统(5-1)，协议(5-2) 可解分组一致性问题的充要条件是系统(5-6)的解在任意切换信号 $\varrho(t)$ 下都收敛到 0。

众所周知，对于具有任意切换信号的切换系统，收敛、(全局) 渐近稳定和 (全局) 指数稳定是相互等价的。

**定理 5-3**　对于具有有向切换拓扑 $G_{\varrho(t)} = (\mathscr{V}, \mathscr{E}(G_{\varrho(t)}), \mathscr{A}(G_{\varrho(t)}))$ 的网络化多智能体系统(5-1)，协议(5-2) 可解分组一致性问题的充要条件是系统(5-6)在任意切换信号 $\varrho(t)$ 下都是渐近稳定的。

3. 固定拓扑情形

在固定拓扑情形，协议(5-2)和假设 5-1 分别简化为以下形式：

$$u_i(t) = \begin{cases} \sum\limits_{v_j \in N_{1i}} a_{ij}(x_j(t) - x_i(t)) + \sum\limits_{v_j \in N_{2i}} a_{ij}x_j(t), & \forall\, i \in \mathscr{I}_1 \\ \sum\limits_{v_j \in N_{1i}} a_{ij}x_j(t) + \sum\limits_{v_j \in N_{2i}} a_{ij}(x_j(t) - x_i(t)), & \forall\, i \in \mathscr{I}_2 \end{cases} \tag{5-7}$$

式中，$a_{ij} \in \mathbb{R}$ 是时不变的，$\forall i, j \in \mathscr{I}$。

**假设 5-2**　(1) $\sum\limits_{j=n+1}^{n+m} a_{ij} = \alpha,\ \forall\, i \in \mathscr{I}_1$。

(2) $\sum\limits_{j=1}^{n} a_{ij} = \beta,\ \forall\, i \in \mathscr{I}_2$。其中，$\alpha$ 和 $\beta$ 都是常数。在这里，$\alpha$ 和 $\beta$ 并不要求等于零。

由于固定拓扑是切换拓扑的一个特殊情况，所以，在协议 (5-7) 的作用下，系统(5-1)的闭环系统可以表示为

$$\dot{x}(t) = -H_G x(t),\ H_G = \begin{bmatrix} L(\mathscr{G}_1) & A \\ B & L(\mathscr{G}_2) \end{bmatrix} \tag{5-8}$$

式中，$L(\mathscr{G}_1)$ 与 $L(\mathscr{G}_2)$ 分别是子网络 $\mathscr{G}_1 = (\mathscr{V}_1, \mathscr{E}_1(G), \mathscr{A}_1(G))$ 和 $\mathscr{G}_2 = (\mathscr{V}_2, \mathscr{E}_2(G), \mathscr{A}_2(G))$ 的拉普拉斯矩阵。$A$ 和 $B$ 如式(5-4)所示，其中，只需将 $a_{ij}(t)$ 替换为 $a_{ij}$，$i, j = 1, 2, \cdots, n+m$。

由定理 5-1，可以得到以下结论。

**推论 5-1**　若假设 5-2成立，则系统(5-8) 简化为以下形式：

$$\dot{e}(t) = \varPhi_G e(t) \tag{5-9}$$

式中

$$\varPhi_G = -RH_G R^{\mathrm{T}}(RR^{\mathrm{T}})^{-1} \tag{5-10}$$

**定理 5-4**　对于具有有向固定拓扑 $G = (\mathscr{V}, \mathscr{E}(G), \mathscr{A}(G))$ 的网络化多智能体系统(5-1)，以下条件是等价的。

(1) 协议(5-7)可解分组一致性问题。

(2) 对于任意的初始状态 $x(0) \in M_{n+m,1}(\mathbb{R})$，都有 $\lim\limits_{t\to\infty} e(t) = 0$，其中，$e(t)$ 满足式(5-9)。

(3) 由式(5-10)定义的 $\Phi_G$ 是 Hurwitz 稳定的，即 $\Phi_G$ 的所有特征根都在左半开复平面内。

由定理 5-4可知，对于具有有向固定拓扑的网络化多智能体系统(5-1)，在一致性协议(5-7)的作用下，其分组一致性完全由 $\Phi_G$ 的 Hurwitz 稳定性决定。

**定理 5-5** 设

$$U_1 = \begin{bmatrix} \frac{1}{\sqrt{n}}\mathbf{1}_n & U_{12} \end{bmatrix} \text{ 和 } U_2 = \begin{bmatrix} \frac{1}{\sqrt{m}}\mathbf{1}_m & U_{22} \end{bmatrix}$$

是两个正交矩阵，$U_{12} \in M_{n,n-1}(\mathbb{R})$ 和 $U_{22} \in M_{m,m-1}(\mathbb{R})$ 是任意两个矩阵。那么，$\Phi_G$ 是 Hurwitz 稳定的当且仅当 $\Psi_G$ 是 Hurwitz 稳定的，其中

$$\Psi_G = -\widehat{U}^{\mathrm{T}} H_G \widehat{U},\ \widehat{U} = \mathrm{diag}(U_{12}, U_{22})$$

而且 $\Psi_G$ 的 Hurwitz 稳定性与 $U_{12}$ 和 $U_{22}$ 的选取无关。

**证明** 设 $U = \mathrm{diag}(U_1, U_2)$, 则 $RU = \begin{bmatrix} 0 & R_1U_{12} & 0 & 0 \\ 0 & 0 & 0 & R_2U_{22} \end{bmatrix}$。由 $R_1$ 和 $R_2$ 行满秩知，$R_1U_{12}$ 和 $R_2U_{22}$ 都是非奇异的。从而

$$\begin{aligned}
\Phi_G &= -(RU)(U^{\mathrm{T}}H_GU)(RU)^{\mathrm{T}}[(RU)(RU)^{\mathrm{T}})]^{-1} \\
&= \begin{bmatrix} R_1U_{12} & 0 \\ 0 & R_2U_{22} \end{bmatrix} \Psi_G \begin{bmatrix} R_1U_{12} & 0 \\ 0 & R_2U_{22} \end{bmatrix}^{-1}
\end{aligned}$$

因此，$\Phi_G$ 和 $\Psi_G$ 相似。由于相似矩阵具有相同的特征根，可得 $\Phi_G$ 是 Hurwitz 稳定的当且仅当 $\Psi_G$ 是 Hurwitz 稳定的。

下面将证明 $\Psi_G$ 的 Hurwitz 稳定性与 $U_{12}$ 和 $U_{22}$ 的选取无关。

任取两个矩阵 $\widetilde{U}_{12} \in M_{n,n-1}(\mathbb{R})$ 和 $\widetilde{U}_{22} \in M_{m,m-1}(\mathbb{R})$，使得 $\begin{bmatrix} \frac{1}{\sqrt{n}}\mathbf{1}_n & \widetilde{U}_{12} \end{bmatrix}$ 和 $\begin{bmatrix} \frac{1}{\sqrt{m}}\mathbf{1}_m & \widetilde{U}_{22} \end{bmatrix}$ 都是正交矩阵。则存在正交矩阵 $T_1 \in M_{n-1}(\mathbb{R})$ 和 $T_2 \in M_{m-1}(\mathbb{R})$ 使得 $\widetilde{U}_{12} = U_{12}T_1$ 且 $\widetilde{U}_{22} = U_{22}T_2$。

令 $\widetilde{\Psi}_G = -\widetilde{U}^{\mathrm{T}}H_G\widetilde{U}$, $\widetilde{U} = \mathrm{diag}(\widetilde{U}_{12}, \widetilde{U}_{22})$, 则 $\widetilde{\Psi}_G = \mathrm{diag}^{-1}(T_1, T_2)\Psi_G\mathrm{diag}(T_1, T_2)$，即 $\widetilde{\Psi}_G$ 和 $\Psi_G$ 相似。由相似矩阵的性质可知，$\widetilde{\Psi}_G$ 是 Hurwitz 稳定的当且仅当 $\Psi_G$ 是 Hurwitz 稳定的。因此，$\Psi_G$ 的 Hurwitz 稳定性与 $U_{12}$ 和 $U_{22}$ 的选取无关。证毕。 □

由 Lyapunov 稳定性理论可知，如果对于具有任意切换信号的切换系统存在一个共同二次 Lyapunov 函数，那么该切换系统是二次稳定的。而且二次稳定一定是渐近稳定的。所以可以得到以下结论。

**推论 5-2**　对于具有切换拓扑 $G_{\varrho(t)}=(\mathscr{V},\mathscr{E}(G_{\varrho(t)}),\mathscr{A}(G_{\varrho(t)}))$ 的网络化多智能体系统(5-1)，如果存在 $P>0$ 使得以下条件成立，那么协议(5-2)可解分组一致性问题：

(1) $\Phi_{G_i}^{\mathrm{T}}P+P\Phi_{G_i}<0,\ i=1,2,\cdots,N$；

(2) $\Psi_{G_i}^{\mathrm{T}}P+P\Psi_{G_i}<0,\ i=1,2,\cdots,N$。

其中，$\Psi_{G_i}=-\widehat{U}^{\mathrm{T}}H_{G_i}\widehat{U}$, $\Psi_{G_i}$ 的定义类似于定理 5-5 中的 $\Psi_G$，只需将 $H_G$ 替换为 $H_{G_i}$ 即可，$i=1,2,\cdots,N$。

4. 数值仿真

**例 5-1**　考虑由 4 个智能体组成的网络化多智能体系统(5-1)，其中，$m=n=2$。假设智能体之间的通信拓扑在 $G_1$ 和 $G_2$ 之间任意切换，见图 5-3，切换时间是 0.05 s。

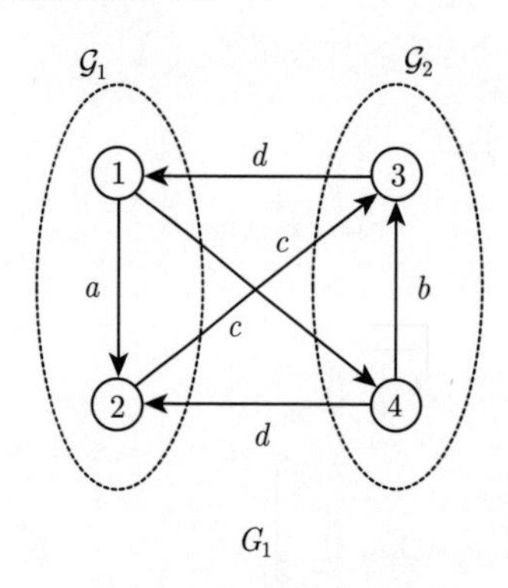


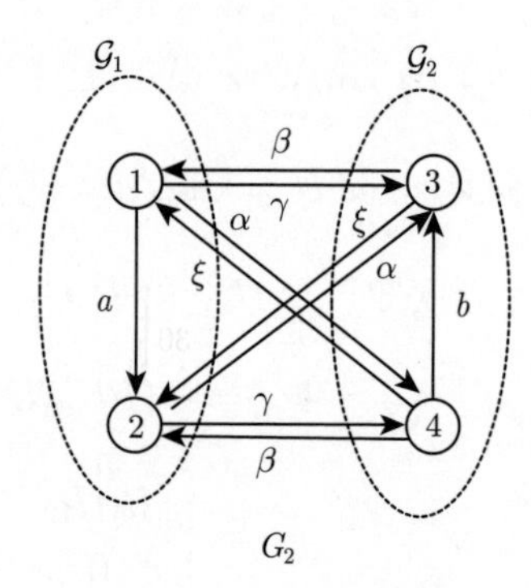


图 5-3　切换图

通过计算，得

$$H_{G_1}=\begin{bmatrix} a & -a & 0 & -c \\ 0 & 0 & -c & 0 \\ -d & 0 & 0 & 0 \\ 0 & -d & -b & b \end{bmatrix},\ H_{G_2}=\begin{bmatrix} a & -a & -\gamma & -\alpha \\ 0 & 0 & -\alpha & -\gamma \\ -\beta & -\xi & 0 & 0 \\ -\xi & -\beta & -b & b \end{bmatrix}$$

$$\Phi_{G_1}=\begin{bmatrix} -a & -c \\ d & -b \end{bmatrix},\ \Phi_{G_2}=\begin{bmatrix} -a & \gamma-\alpha \\ \beta-\xi & -b \end{bmatrix}$$

取 $a=1$, $b=2$, $c=-7$, $d=7$, $\alpha=1$, $\beta=9$, $\gamma=-8$, $\xi=-2$,

$P = 10^{-11} \times \begin{bmatrix} 0.7354 & -0.3650 \\ -0.3650 & 0.6838 \end{bmatrix}$。易得 $P > 0$ 且 $P\Phi_{G_i} + \Phi_{G_i}^{\mathrm{T}} P < 0$, $i = 1, 2$。由推论 5-2可知，协议(5-2) 可解分组一致性问题。图 5-4展示了 4 个智能体的状态轨迹。图 5-5展示了智能体的状态误差轨迹。仿真时间为 5s。

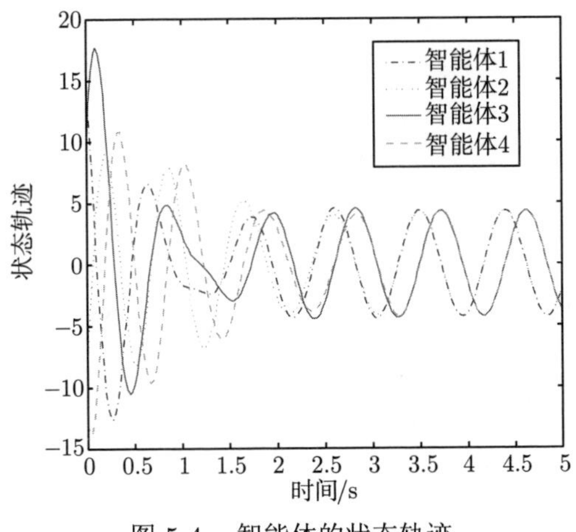


图 5-4　智能体的状态轨迹

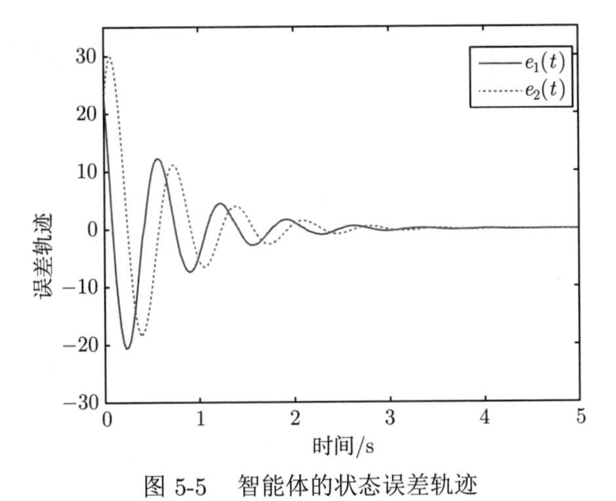


图 5-5　智能体的状态误差轨迹

### 5.1.2　高阶网络化多智能体系统的分组一致性

5.1.1 节分析了一阶网络化多智能体系统的分组一致性。本节将一阶网络化多智能体系统的分组一致性结果推广到高阶网络化多智能体系统。

1. 问题描述

不失一般性，考虑包含 $N+M$ $(N, M>1)$ 个智能体的网络化多智能体系统，智能体 $i$ 的动力学模型为

$$\dot{x}_i(t)=Ax_i(t)+Bu_i(t),\ i=1,2,\cdots,N+M \tag{5-11}$$

式中，$x_i(t)\in M_{n,1}(\mathbb{R})$ 与 $u_i(t)\in M_{r,1}(\mathbb{R})$ 分别为智能体 $i$ 的状态和控制输入；$A\in M_n(\mathbb{R})$ 和 $B\in M_{n,r}(\mathbb{R})$ 为定常矩阵。

智能体之间的通信关系由加权有向图 $G=(\mathscr{V},\mathscr{E},\mathscr{A})$ 表示，其中，$\mathscr{V}=\{v_1,v_2,\cdots,v_{N+M}\}$，将顶点集 $\mathscr{V}$ 的指标集记作 $\mathscr{I}=\{1,2,\cdots,N+M\}$。

设

$$\begin{aligned}
&\mathscr{I}_1=\{1,2,\cdots,N\},\mathscr{I}_2=\{N+1,N+2,\cdots,N+M\}\\
&\mathscr{V}_1=\{v_1,v_2,\cdots,v_N\},\mathscr{V}_2=\{v_{N+1},v_{N+2},\cdots,v_{N+M}\}\\
&X_1(t)=\begin{bmatrix} x_1^{\mathrm{T}}(t) & x_2^{\mathrm{T}}(t) & \cdots & x_N^{\mathrm{T}}(t)\end{bmatrix}^{\mathrm{T}}\\
&X_2(t)=\begin{bmatrix} x_{N+1}^{\mathrm{T}}(t) & x_{N+2}^{\mathrm{T}}(t) & \cdots & x_{N+M}^{\mathrm{T}}(t)\end{bmatrix}^{\mathrm{T}}\\
&x(t)=\begin{bmatrix} X_1^{\mathrm{T}}(t) & X_2^{\mathrm{T}}(t)\end{bmatrix}^{\mathrm{T}}\\
&\Theta=\{(i,j):i\in\mathscr{I}_1,j\in\mathscr{I}_2\}\cup\{(i,j):i\in\mathscr{I}_2,j\in\mathscr{I}_1\}
\end{aligned}$$

则 $\mathscr{V}=\mathscr{V}_1\cup\mathscr{V}_2$ 且 $\mathscr{I}=\mathscr{I}_1\cup\mathscr{I}_2$。

令

$$N_{1i}=\{v_j\in\mathscr{V}_1:(v_j,v_i)\in\mathscr{E}\},\ N_{2i}=\{v_j\in\mathscr{V}_2:(v_j,v_i)\in\mathscr{E}\}$$

则 $v_i$ 的邻点集满足

$$N_i=\{v_j\in\mathscr{V}:(v_j,v_i)\in\mathscr{E}\}=N_{1i}\cup N_{2i}$$

定义 $\mathscr{G}_k=(\mathscr{V}_k,\mathscr{E}_k,\mathscr{A}_k)$，其中，$\mathscr{E}_k=\{(v_i,v_j)\in\mathscr{E}:i,j\in\mathscr{I}_k\}$，邻接矩阵 $\mathscr{A}_k$ 沿袭 $\mathscr{A}$ 的值，$k=1,2$。所以，网络 $(G,x(t))$ 可以看作由两个子网络 $(\mathscr{G}_1,X_1(t))$ 和 $(\mathscr{G}_2,X_2(t))$ 构成。$N_{1i}$ 和 $N_{2i}$ 可以看作智能体 $i$ 分别在子网络 $(\mathscr{G}_1,X_1(t))$ 和 $(\mathscr{G}_2,X_2(t))$ 中的邻点集。

2. 一致性协议的设计和分组一致性分析

本节将研究具有有向固定拓扑 $G=(\mathscr{V},\mathscr{E},\mathscr{A})$ 的网络化多智能体系统(5-11)的分组一致性问题。

对于网络化多智能体系统(5-11)，本节设计如下协议：

$$u_i(t)=\begin{cases}K\left(\sum\limits_{v_j\in N_{1i}}a_{ij}(x_j(t)-x_i(t))+\sum\limits_{v_j\in N_{2i}}a_{ij}x_j(t)\right),\ \forall\ i\in\mathscr{I}_1\\ K\left(\sum\limits_{v_j\in N_{1i}}a_{ij}x_j(t)+\sum\limits_{v_j\in N_{2i}}a_{ij}(x_j(t)-x_i(t))\right),\ \forall\ i\in\mathscr{I}_2\end{cases}\tag{5-12}$$

式中，$K\in M_{r,n}(\mathbb{R})$ 是待设计的反馈增益矩阵；$a_{ij}\geqslant 0,\ \forall\ i,j\in\mathscr{I}_1$; $a_{ij}\geqslant 0,\ \forall\ i,j\in\mathscr{I}_2$ 且 $a_{ij}\in\mathbb{R},\ \forall\ (i,j)\in\Theta$。

设

$$\begin{aligned}&\xi_i(t)=x_1(t)-x_i(t),\ i\in\mathscr{I}_1\\&\eta_i(t)=x_{N+1}(t)-x_i(t),\ i\in\mathscr{I}_2\\&\xi(t)=\begin{bmatrix}\xi_2^{\mathrm{T}}(t) & \xi_3^{\mathrm{T}}(t) & \cdots & \xi_N^{\mathrm{T}}(t)\end{bmatrix}^{\mathrm{T}}\\&\eta(t)=\begin{bmatrix}\eta_{N+2}^{\mathrm{T}}(t) & \eta_{N+3}^{\mathrm{T}}(t) & \cdots & \eta_{N+M}^{\mathrm{T}}(t)\end{bmatrix}^{\mathrm{T}}\\&\delta(t)=\begin{bmatrix}\xi^{\mathrm{T}}(t) & \eta^{\mathrm{T}}(t)\end{bmatrix}^{\mathrm{T}}\end{aligned}\tag{5-13}$$

通过引入此变换，网络化多智能体系统(5-11) 的分组一致性问题被转化为分析 $\delta(t)$ 的收敛性问题，即协议(5-12)可解分组一致性问题当且仅当 $\|\delta(t)\|\to 0,\ t\to\infty$。

令

$$\begin{aligned}&u(t)=\begin{bmatrix}u_1^{\mathrm{T}}(t) & u_2^{\mathrm{T}}(t) & \cdots & u_{N+M}^{\mathrm{T}}(t)\end{bmatrix}^{\mathrm{T}}\\&\Omega_1=-\begin{bmatrix}a_{1,N+1} & a_{1,N+2} & \cdots & a_{1,N+M}\\ a_{2,N+1} & a_{2,N+2} & \cdots & a_{2,N+M}\\ \vdots & \vdots & & \vdots\\ a_{N,N+1} & a_{N,N+2} & \cdots & a_{N,N+M}\end{bmatrix}\\&\Omega_2=-\begin{bmatrix}a_{N+1,1} & a_{N+1,2} & \cdots & a_{N+1,N}\\ a_{N+2,1} & a_{N+2,2} & \cdots & a_{N+2,N}\\ \vdots & \vdots & & \vdots\\ a_{N+M,1} & a_{N+M,2} & \cdots & a_{N+M,N}\end{bmatrix}\end{aligned}\tag{5-14}$$

易得

$$u(t)=-(H_G\otimes K)x(t)\tag{5-15}$$

式中，$H_G=\begin{bmatrix} L_1 & \Omega_1 \\ \Omega_2 & L_2 \end{bmatrix}$，$L_1$ 与 $L_2$ 分别是 $\mathscr{G}_1$ 和 $\mathscr{G}_2$ 的拉普拉斯矩阵。

由式(5-13)，得

$$\delta(t)=(R\otimes I_n)x(t) \tag{5-16}$$

式中

$$R=\operatorname{diag}(R_1,R_2),\ R_1=\begin{bmatrix} \mathbf{1}_{N-1} & -I_{N-1} \end{bmatrix},\ R_2=\begin{bmatrix} \mathbf{1}_{M-1} & -I_{M-1} \end{bmatrix}$$

假设协议(5-12)满足以下约束条件。

**假设 5-3**　(1) $\sum\limits_{j=N+1}^{N+M} a_{ij}=\alpha,\ \forall\, i\in\mathscr{I}_1$

(2) $\sum\limits_{j=1}^{N} a_{ij}=\beta,\ \forall\, i\in\mathscr{I}_2$。其中，$\alpha,\beta\in\mathbb{R}$ 为常数。

**定理 5-6**　对于具有有向固定拓扑 $G=(\mathscr{V},\mathscr{E},\mathscr{A})$ 的网络化多智能体系统(5-11)，若假设 5-3 成立，则以下结论等价。

(1) 协议(5-12)可解一致性问题。

(2) $\Phi_G\triangleq I_{N+M-2}\otimes A-\left(RH_GR^{\mathrm{T}}(RR^{\mathrm{T}})^{-1}\right)\otimes(BK)$ 是 Hurwitz 稳定的。

**证明**　若假设 5-3成立，则

$$\Omega_1\mathbf{1}_M=-\alpha\mathbf{1}_N,\ \Omega_2\mathbf{1}_N=-\beta\mathbf{1}_M \tag{5-17}$$

由式(5-11)和式(5-15)，得

$$\dot{x}(t)=\ \left(I_{N+M}\otimes A-H_G\otimes(BK)\right)x(t) \tag{5-18}$$

设

$$\widetilde{R}=\operatorname{diag}(\widetilde{R}_1,\widetilde{R}_2),\ \widetilde{R}_1=\begin{bmatrix} R_1^{\mathrm{T}} & \mathbf{1}_N \end{bmatrix}^{\mathrm{T}},\ \widetilde{R}_2=\begin{bmatrix} R_2^{\mathrm{T}} & \mathbf{1}_M \end{bmatrix}^{\mathrm{T}}$$

通过计算，得 $\det\widetilde{R}_1=N,\det\widetilde{R}_2=M$。由此可知 $\widetilde{R}_1$、$\widetilde{R}_2$ 和 $\widetilde{R}$ 都是非奇异的。

注意到

$$R_1\mathbf{1}_N=\mathbf{0},\ R_2\mathbf{1}_M=\mathbf{0},\ L_1\mathbf{1}_N=\mathbf{0},\ L_2\mathbf{1}_M=\mathbf{0}$$

再由式(5-17)，得

$$\begin{aligned} RH_G&=\begin{bmatrix} R_1L_1R_1^{\mathrm{T}}(R_1R_1^{\mathrm{T}})^{-1}R_1 & R_1\Omega_1R_2^{\mathrm{T}}(R_2R_2^{\mathrm{T}})^{-1}R_2 \\ R_2\Omega_2R_1^{\mathrm{T}}(R_1R_1^{\mathrm{T}})^{-1}R_1 & R_2L_2R_2^{\mathrm{T}}(R_2R_2^{\mathrm{T}})^{-1}R_2 \end{bmatrix} \\ &=RH_GR^{\mathrm{T}}(RR^{\mathrm{T}})^{-1}R \end{aligned} \tag{5-19}$$

由式(5-16)、式(5-18)和式(5-19)，得

$$
\begin{aligned}
\dot{\delta}(t) &= (I_{N+M-2} \otimes A)(R \otimes I_n)x(t) - \left[(RH_G R^{\mathrm{T}}(RR^{\mathrm{T}})^{-1}R) \otimes (BK)\right] x(t) \\
&= \left[I_{N+M-2} \otimes A - (RH_G R^{\mathrm{T}}(RR^{\mathrm{T}})^{-1}) \otimes (BK)\right] \delta(t) \\
&= \Phi_G \delta(t)
\end{aligned}
$$

由定义 5-1可知，协议(5-12) 使分组一致性问题可解当且仅当 $\|\delta(t)\| \to 0, t \to \infty$。或者等价于 $\Phi_G$ 是 Hurwitz 稳定的。综上所述，结论成立。证毕。 □

**定理 5-7** 设 $U_{12} \in M_{N\times(N-1)}(\mathbb{R})$ 和 $U_{22} \in M_{M\times(M-1)}(\mathbb{R})$ 是满足

$$
U_1 = \begin{bmatrix} \frac{1}{\sqrt{N}}\mathbf{1}_N & U_{12} \end{bmatrix} \text{ 和 } U_2 = \begin{bmatrix} \frac{1}{\sqrt{M}}\mathbf{1}_M & U_{22} \end{bmatrix}
$$

为正交矩阵的任意矩阵。若假设 5-3成立，则以下结论是等价的。

(1) 协议(5-12)可解分组一致性问题。

(2) $\Gamma_G \triangleq I_{N+M-2} \otimes A - \Psi_G \otimes (BK)$ 是 Hurwitz 稳定的，其中

$$
\Psi_G = \widehat{U}^{\mathrm{T}} H_G \widehat{U},\ \widehat{U} = \begin{bmatrix} U_{12} & \mathbf{0} \\ \mathbf{0} & U_{22} \end{bmatrix}
$$

而且 $\Gamma_G$ 的 Hurwitz 稳定性与 $U_{12}$ 和 $U_{22}$ 的选取无关。

**证明** 设

$$
U = \mathrm{diag}(U_1, U_2)
$$

则

$$
RU = \begin{bmatrix} \mathbf{0} & R_1U_{12} & \mathbf{0} & \mathbf{0} \\ \mathbf{0} & \mathbf{0} & \mathbf{0} & R_2U_{22} \end{bmatrix}
$$

由于 $R_1$ 和 $R_2$ 是行满秩矩阵，$U_1$ 和 $U_2$ 都是正交矩阵，可得 $R_1U_{12}$ 和 $R_2U_{22}$ 都是非奇异的。从而

$$
\begin{aligned}
& RH_G R^{\mathrm{T}}(RR^{\mathrm{T}})^{-1} \\
= & \begin{bmatrix} (R_1U_{12})U_{12}^{\mathrm{T}}L_1U_{12}(R_1U_{12})^{-1} & (R_1U_{12})U_{12}^{\mathrm{T}}\Omega_1U_{22}(R_2U_{22})^{-1} \\ (R_2U_{22})U_{22}^{\mathrm{T}}\Omega_2U_{12}(R_1U_{12})^{-1} & (R_2U_{22})U_{22}^{\mathrm{T}}L_2U_{22}(R_2U_{22})^{-1} \end{bmatrix} \\
= & \ T\Psi_G T^{-1}
\end{aligned}
$$

式中

$$
T = \begin{bmatrix} R_1U_{12} & 0 \\ 0 & R_2U_{22} \end{bmatrix}
$$

因此

$$(T\otimes I_n)^{-1}\Phi_G(T\otimes I_n)=I_{N+M-2}\otimes A-\Psi_G\otimes(BK)=\Gamma_G$$

即 $\Phi_G$ 和 $\Gamma_G$ 相似。由于相似矩阵的特征根相同，所以，$\Phi_G$ 是 Hurwitz 稳定的当且仅当 $\Gamma_G$ 是 Hurwitz 稳定的。

下面证明 $\Gamma_G$ 的 Hurwitz 稳定性与 $U_{12}$ 和 $U_{22}$ 的选取无关。

任取两个矩阵 $\widetilde{U}_{12}\in M_{N,N-1}(\mathbb{R})$ 和 $\widetilde{U}_{22}\in M_{M,M-1}(\mathbb{R})$，使得

$$\begin{bmatrix}\frac{1}{\sqrt{N}}\mathbf{1}_N & \widetilde{U}_{12}\end{bmatrix} \text{和} \begin{bmatrix}\frac{1}{\sqrt{M}}\mathbf{1}_M & \widetilde{U}_{22}\end{bmatrix}$$

都是正交矩阵。从而存在正交矩阵 $T_1\in M_{N-1}(\mathbb{R})$ 和 $T_2\in M_{M-1}(\mathbb{R})$，使得 $\widetilde{U}_{12}=U_{12}T_1$ 且 $\widetilde{U}_{22}=U_{22}T_2$。

设

$$\widetilde{\Psi}_G=\widetilde{U}^{\mathrm{T}}H_G\widetilde{U},\ \widetilde{U}=\begin{bmatrix}\widetilde{U}_{12} & \mathbf{0}\\ \mathbf{0} & \widetilde{U}_{22}\end{bmatrix}$$

则

$$\widetilde{\Psi}_G=\mathrm{diag}(T_1,T_2)^{-1}\Psi_G\mathrm{diag}(T_1,T_2)$$

所以

$$\begin{aligned}\widetilde{\Gamma}_G&\triangleq I_{N+M-2}\otimes A-\widetilde{\Psi}_G\otimes(BK)\\&=(\mathrm{diag}(T_1,T_2)\otimes I_n)^{-1}\Gamma_G(\mathrm{diag}(T_1,T_2)\otimes I_n)\end{aligned}$$

即 $\widetilde{\Gamma}_G$ 和 $\Gamma_G$ 相似。由相似矩阵的性质可知，$\widetilde{\Gamma}_G$ 是 Hurwitz 稳定的当且仅当 $\Gamma_G$ 是 Hurwitz 稳定的。故 $\Gamma_G$ 的 Hurwitz 稳定性与 $U_{12}$ 和 $U_{22}$ 的选取无关。证毕。 □

3. 数值仿真

本节将给出两个数值例子来验证提出理论结果的有效性。

**例 5-2**　考虑由 4 个智能体 ($M=N=2$) 组成的网络化多智能体系统，智能体 $i$ 的动力学模型为

$$\dot{x}_i(t)=\begin{bmatrix}-3 & 0\\ 0 & -1.5\end{bmatrix}x_i(t)+\begin{bmatrix}1\\1\end{bmatrix}u_i(t),\ i=1,2,3,4$$

式中，$x_i(t)\in M_{2,1}(\mathbb{R})$ 与 $u_i(t)\in\mathbb{R}$ 分别为智能体 $i$ 的状态和控制输入。智能体之间的通信拓扑如图 5-6所示，其中，$a=4$, $b=7$, $\alpha=\beta=1$, $\xi=\gamma=-2$。取反馈增益矩阵 $K=\begin{bmatrix}1 & 1\end{bmatrix}$，易证，$\Phi_G$ 是 Hurwitz 稳定的。由定理 5-6 可知，

协议(5-12)可解分组一致性问题。图 5-7展示了 4 个智能体的状态轨迹，其中，箭头方向表示状态轨迹的运动方向。图 5-8 与图 5-9分别展示了误差轨迹 $\xi_2(t)$ 和 $\eta_4(t)$。

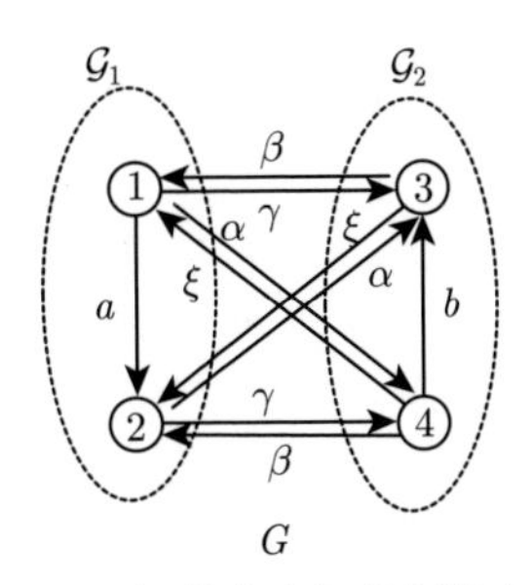


图 5-6 智能体之间的通信拓扑

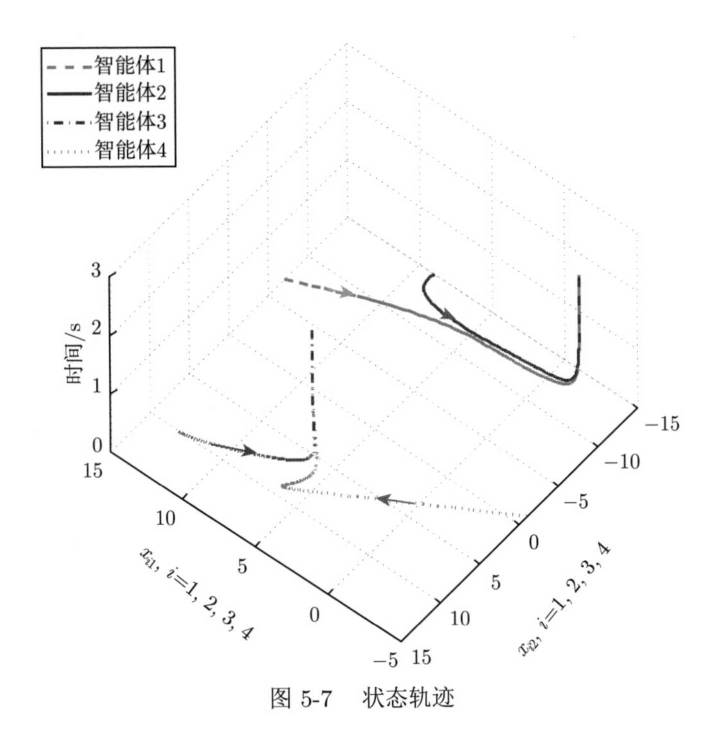


图 5-7 状态轨迹

**例 5-3** 考虑由 4 个智能体 ($M = N = 2$) 组成的网络化多智能体系统，智能体 $i$ 的动态结构为

$$\dot{x}_i(t) = \begin{bmatrix} -2 & 0 \\ 0 & -1 \end{bmatrix} x_i(t) + \begin{bmatrix} -1 \\ 0 \end{bmatrix} u_i(t),\ i = 1, 2, 3, 4$$

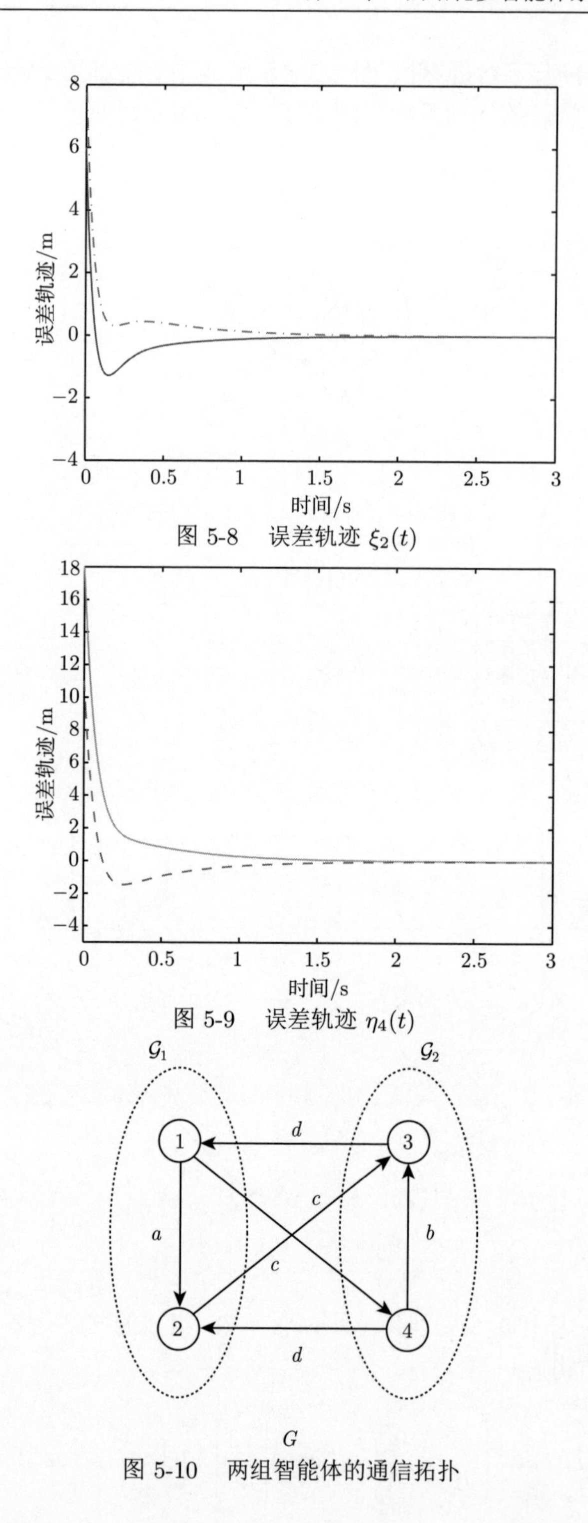


图 5-8　误差轨迹 $\xi_2(t)$

图 5-9　误差轨迹 $\eta_4(t)$

图 5-10　两组智能体的通信拓扑

式中，$x_i(t) \in M_{2,1}(\mathbb{R})$ 与 $u_i(t) \in \mathbb{R}$ 分别为智能体 $i$ 的状态和控制输入。两组智能体的通信拓扑如图 5-10所示，其中，$a = b = c = 1$, $d = -1$。取反馈增益矩阵 $K = \begin{bmatrix} 1 & 1 \end{bmatrix}$。经计算得，$\Phi_G$ 的特征根为 $\lambda_1 = 0$, $\lambda_2 = -2$, $\lambda_3 = \lambda_4 = -1$。由定理 5-6 可知，协议(5-12) 不能可解分组一致性问题。图 5-11展示了智能体的状态轨迹，其中，箭头方向表示状态轨迹的运动方向。图 5-12与图 5-13分别展示了误差轨迹 $\|\xi_2(t)\|_2$ 和 $\|\eta_4(t)\|_2$。

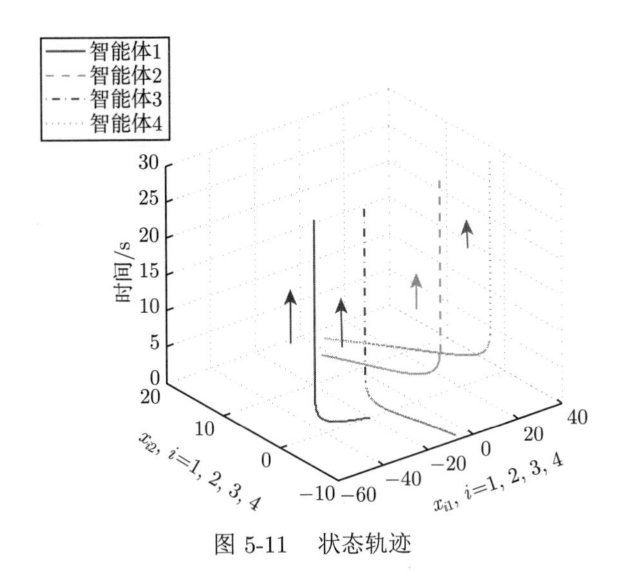


图 5-11　状态轨迹

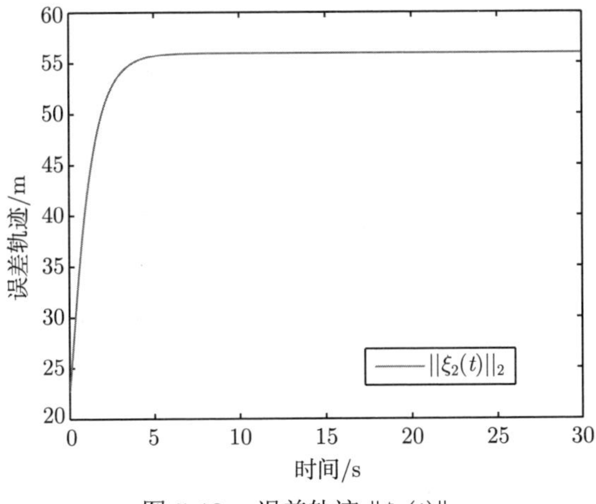


图 5-12　误差轨迹 $\|\xi_2(t)\|_2$

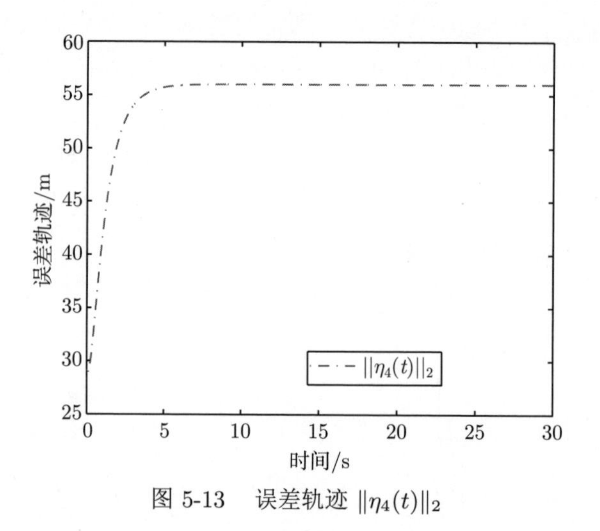

图 5-13 误差轨迹 $\|\eta_4(t)\|_2$

### 5.1.3 网络化多智能体系统的分组可一致性

前两节分别讨论了一阶和高阶网络化多智能体系统的分组一致性问题。分组一致性问题的主要目标是设计协议使得每组内的智能体分别能达到一致。自然地，会产生这样的疑问:在什么条件下,一致性协议能够存在?也就是可一致性问题[93]。因此，本节将讨论高阶网络化多智能体系统的分组可一致性问题。

1. 连续时间情形

本节将研究连续时间高阶网络化多智能体系统的分组可一致性问题。

考虑由 $N+M$ $(N,M>1)$ 个智能体组成的连续时间网络化多智能体系统，智能体 $i$ 的动力学模型为

$$\begin{cases}\dot{x}_i(t)=Ax_i(t)+Bu_i(t)\\ y_i(t)=Cx_i(t),\ i=1,2,\cdots,N+M\end{cases}\tag{5-20}$$

式中，$x_i(t)\in M_{n,1}(\mathbb{R})$、$u_i(t)\in M_{r,1}(\mathbb{R})$ 和 $y_i(t)\in M_{m,1}(\mathbb{R})$ 分别是智能体 $i$ 的状态、控制输入和量测输出；$A\in M_n(\mathbb{R})$、$B\in M_{n,r}(\mathbb{R})$ 和 $C\in M_{m,n}(\mathbb{R})$ 是定常矩阵。

网络化多智能体系统 (5-20) 的通信关系由加权有向图 $\mathscr{G}=(\mathscr{V},\mathscr{E},\mathscr{A})$ 表示，其中，$\mathscr{V}=\{v_1,v_2,\cdots,v_{N+M}\}$，$\mathscr{E}\subseteq\mathscr{V}\times\mathscr{V}$。将顶点集 $\mathscr{V}$ 的指标集记作 $\mathscr{I}=\{1,2,\cdots,N+M\}$。

设

$$\mathscr{V}_1 = \{v_1, v_2, \cdots, v_N\}, \mathscr{V}_2 = \{v_{N+1}, v_{N+2}, \cdots, v_{N+M}\}$$
$$\mathscr{I}_1 = \{1, 2, \cdots, N\}, \mathscr{I}_2 = \{N+1, N+2, \cdots, N+M\}$$
$${}^1x(t) = \begin{bmatrix} x_1^{\mathrm{T}}(t) & x_2^{\mathrm{T}}(t) & \cdots & x_N^{\mathrm{T}}(t) \end{bmatrix}^{\mathrm{T}} \in M_{Nn,1}(\mathbb{R})$$
$${}^2x(t) = \begin{bmatrix} x_{N+1}^{\mathrm{T}}(t) & x_{N+2}^{\mathrm{T}}(t) & \cdots & x_{N+M}^{\mathrm{T}}(t) \end{bmatrix}^{\mathrm{T}} \in M_{Mn,1}(\mathbb{R})$$
$$x(t) = \begin{bmatrix} {}^1x(t)^{\mathrm{T}} & {}^2x(t)^{\mathrm{T}} \end{bmatrix}^{\mathrm{T}}$$
$$\Theta = \{(i,j) : i \in \mathscr{I}_1, j \in \mathscr{I}_2\} \cup \{(i,j) : i \in \mathscr{I}_2, j \in \mathscr{I}_1\}$$

定义 $\mathscr{G}_k = (\mathscr{V}_k, \mathscr{E}_k, \mathscr{A}_k)$，其中，$\mathscr{E}_k = \{(v_i, v_j) \in \mathscr{E} : i, j \in \mathscr{I}_k\}$，$\mathscr{A}_k$ 沿袭 $\mathscr{A}$ 的值，$k = 1, 2$。那么，网络 $(\mathscr{G}, x(t))$ 可以看作由两个子网络 $(\mathscr{G}_1, {}^1x(t))$ 和 $(\mathscr{G}_2, {}^2x(t))$ 构成。除了每个子网络中的智能体之间可以发生通信，两个子网络中的智能体之间也可以发生通信。

对于网络化多智能体系统 (5-20)，本节设计如下输出反馈形式的协议：

$$u_i(t) = \begin{cases} K\left(\sum\limits_{v_j \in N_{1i}} a_{ij}(y_j(t) - y_i(t)) + \sum\limits_{v_j \in N_{2i}} a_{ij} y_j(t)\right), \ \forall\, i \in \mathscr{I}_1 \\ K\left(\sum\limits_{v_j \in N_{1i}} a_{ij} y_j(t) + \sum\limits_{v_j \in N_{2i}} a_{ij}(y_j(t) - y_i(t))\right), \ \forall\, i \in \mathscr{I}_2 \end{cases} \tag{5-21}$$

式中，$K \in M_{r,m}(\mathbb{R})$ 是待设计的反馈增益矩阵，邻接权值满足如下条件：

$$\begin{aligned} &a_{ij} \geqslant 0, \forall\, i, j \in \mathscr{I}_1 \\ &a_{ij} \geqslant 0, \forall\, i, j \in \mathscr{I}_2 \\ &a_{ij} \in \mathbb{R}, \forall\, (i,j) \in \Theta \end{aligned} \tag{5-22}$$

设

$$u(t) = \begin{bmatrix} u_1^{\mathrm{T}}(t) & u_2^{\mathrm{T}}(t) & \cdots & u_{N+M}^{\mathrm{T}}(t) \end{bmatrix}^{\mathrm{T}} \tag{5-23}$$

考虑以下容许控制集

$$\mathscr{U} = \{u(t) : [0, \infty] \to M_{r(N+M),1}(\mathbb{R}) \,|\, u_i(t) \text{ 满足式 (5-21) 和式 (5-22)}, \ \forall\, t \geqslant 0,\ i = 1, 2, \cdots, N+M\}$$

对于容许控制集 $\mathscr{U}$，本节讨论在什么条件下，网络化多智能体系统 (5-20) 关于 $\mathscr{U}$ 是分组可一致的。下面给出网络化多智能体系统 (5-20) 关于一个给定的容许控制集 $\mathscr{U}$ 分组可一致的定义。

**定义 5-2**　如果存在 $u(t) \in \mathscr{U}$，使得对于任意初始状态 $x_i(0)$，$i = 1, 2, \cdots, N + M$，网络化多智能体系统 (5-20) 都满足

$$\begin{cases} \lim\limits_{t\to\infty} \|x_i(t) - x_j(t)\| = 0, \ \forall\, i, j \in \mathscr{I}_1 \\ \lim\limits_{t\to\infty} \|x_i(t) - x_j(t)\| = 0, \ \forall\, i, j \in \mathscr{I}_2 \end{cases} \tag{5-24}$$

则称网络化多智能体系统 (5-20) 关于容许控制集 $\mathscr{U}$ 是分组可一致的。

注意到，当系统矩阵 $A$ 的所有特征根都位于左半开复平面时，显然，系统 (5-20) 关于容许控制集 $\mathscr{U}$ 是分组可一致的。因此，本节不考虑这种特殊情形，即假设系统矩阵 $A$ 的所有特征根不都位于左半开复平面。

设

$$\begin{aligned} &\xi_i(t) = x_1(t) - x_i(t), \ i \in \mathscr{I}_1 \\ &\eta_i(t) = x_{N+1}(t) - x_i(t), \ i \in \mathscr{I}_2 \\ &\xi(t) = \begin{bmatrix} \xi_2^{\mathrm{T}}(t) & \xi_3^{\mathrm{T}}(t) & \cdots & \xi_N^{\mathrm{T}}(t) \end{bmatrix}^{\mathrm{T}} \\ &\eta(t) = \begin{bmatrix} \eta_{N+2}^{\mathrm{T}}(t) & \eta_{N+3}^{\mathrm{T}}(t) & \cdots & \eta_{N+M}^{\mathrm{T}}(t) \end{bmatrix}^{\mathrm{T}} \\ &\delta(t) = \begin{bmatrix} \xi^{\mathrm{T}}(t) & \eta^{\mathrm{T}}(t) \end{bmatrix}^{\mathrm{T}} \end{aligned} \tag{5-25}$$

由变换式(5-25)和定义 5-2 可知，式(5-24) 成立当且仅当 $\|\delta(t)\| \to 0, t \to \infty$。也就是说，如果存在 $u(t) \in \mathscr{U}$，使得对于任意初始状态 $x_i(0)$，$i = 1, 2, \cdots, N + M$，都有 $\|\delta(t)\| \to 0, t \to \infty$。那么，系统 (5-20) 关于容许控制集 $\mathscr{U}$ 是分组可一致的。

在给出主要结果之前，先给出一个引理。

**引理 5-1**　给定一个矩阵 $V = [v_{ij}] \in M_n(\mathbb{R})$，其中，$v_{ii} \leqslant 0, v_{ij} \geqslant 0, \forall\, i \neq j$ 且 $\sum\limits_{j=1}^{n} v_{ij} = 0$，$\forall i = 1, 2, \cdots, n$，则 $V$ 至少有一个零特征根，且所有特征根都位于左半开复平面内。而且，$V$ 有且仅有一个零特征根的充要条件是相应于 $V$ 的有向图包含一个生成树[50]。

为了推导方便，假设协议(5-21)的邻接权值 $a_{ij}$ 满足以下约束条件，即两个子网络之间的效果是平衡的[158-160]。

**假设 5-4**　$\sum\limits_{j=N+1}^{N+M} a_{ij} = 0, \ \forall\, i \in \mathscr{I}_1$ 和 $\sum\limits_{j=1}^{N} a_{ij} = 0, \ \forall\, i \in \mathscr{I}_2$。

设

$$\Omega_1 = -\begin{bmatrix} a_{1,N+1} & a_{1,N+2} & \cdots & a_{1,N+M} \\ a_{2,N+1} & a_{2,N+2} & \cdots & a_{2,N+M} \\ \vdots & \vdots & & \vdots \\ a_{N,N+1} & a_{N,N+2} & \cdots & a_{N,N+M} \end{bmatrix}$$

$$\Omega_2 = -\begin{bmatrix} a_{N+1,1} & a_{N+1,2} & \cdots & a_{N+1,N} \\ a_{N+2,1} & a_{N+2,2} & \cdots & a_{N+2,N} \\ \vdots & \vdots & & \vdots \\ a_{N+M,1} & a_{N+M,2} & \cdots & a_{N+M,N} \end{bmatrix}$$

则有向图 $\mathscr{G}$ 的拉普拉斯矩阵 $L(\mathscr{G})$ 可以表示为

$$L(\mathscr{G}) = \begin{bmatrix} L(\mathscr{G}_1) & \Omega_1 \\ \Omega_2 & L(\mathscr{G}_2) \end{bmatrix} \tag{5-26}$$

式中，$L(\mathscr{G}_1)$ 与 $L(\mathscr{G}_2)$ 分别是有向图 $\mathscr{G}_1$ 和 $\mathscr{G}_2$ 的拉普拉斯矩阵。

由定义 5-2和引理 5-1，可以得到以下结论。

**定理 5-8** 如果假设 5-4成立，那么系统(5-20) 关于容许控制集 $\mathscr{U}$ 分组可一致的必要条件是 $(A,B,C)$ 能稳、能检测，拉普拉斯矩阵 $L(\mathscr{G})$ 零特征根的代数重数是 2。进而，如果 $\Omega_1=0$ 或 $\Omega_2=0$，那么 $\mathscr{G}_1$ 和 $\mathscr{G}_2$ 分别包含一个生成树。

**证明** 由定义 5-2可知，如果系统(5-20) 关于容许控制集 $\mathscr{U}$ 是分组可一致的，那么存在 $K\in M_{r,m}(\mathbb{R})$ 和

$$u_i(t) = \begin{cases} K\left(\sum\limits_{v_j\in N_{1i}} a_{ij}(y_j(t)-y_i(t)) + \sum\limits_{v_j\in N_{2i}} a_{ij}y_j(t)\right), \ \forall\, i\in\mathscr{I}_1 \\ K\left(\sum\limits_{v_j\in N_{1i}} a_{ij}y_j(t) + \sum\limits_{v_j\in N_{2i}} a_{ij}(y_j(t)-y_i(t))\right), \ \forall\, i\in\mathscr{I}_2 \end{cases} \tag{5-27}$$

使得式(5-24)成立。其中，$a_{ij}$ 满足式(5-22)，$i,j=1,2,\cdots,N+M$。或者等价于

$$\|\delta(t)\|\to 0,\ t\to\infty \tag{5-28}$$

由假设 5-4可知

$$\Omega_1\mathbf{1}_M=\mathbf{0},\ \Omega_2\mathbf{1}_N=\mathbf{0} \tag{5-29}$$

再由式(5-23)和式(5-27)，得

$$u(t) = -\left(L(\mathscr{G}) \otimes (KC)\right) x(t)$$

注意到

$$x(t) = \hat{x}(t) + (\hat{C} \otimes I_n)\delta(t)$$

式中

$$\begin{aligned} \hat{x}(t) &= \left[ \begin{array}{cc} (\mathbf{1}_{N} \otimes x_1(t))^{\mathrm{T}} & (\mathbf{1}_{M} \otimes x_{N+1}(t))^{\mathrm{T}} \end{array} \right]^{\mathrm{T}} \\ \hat{C} &= \operatorname{diag}(\hat{C}_1, \hat{C}_2),\ \hat{C}_1 = \left[ \begin{array}{cc} \mathbf{0} & -I_{N-1} \end{array} \right]^{\mathrm{T}},\ \hat{C}_2 = \left[ \begin{array}{cc} \mathbf{0} & -I_{M-1} \end{array} \right]^{\mathrm{T}} \end{aligned} \tag{5-30}$$

由式(5-29)，得

$$L(\mathscr{G})\hat{x}(t) = 0$$

另外

$$\delta(t) = (R \otimes I_n)x(t)$$

其中

$$\begin{aligned} R &= \left[ \begin{array}{cc} R_1 & \mathbf{0} \\ \mathbf{0} & R_2 \end{array} \right],\ R_1 = \left[ \begin{array}{ccccc} 1 & -1 & 0 & \cdots & 0 \\ 1 & 0 & -1 & \cdots & 0 \\ \vdots & \vdots & \vdots & & \vdots \\ 1 & 0 & \cdots & 0 & -1 \end{array} \right] \in M_{N-1,N}(\mathbb{R}) \\ R_2 &= \left[ \begin{array}{ccccc} 1 & -1 & 0 & \cdots & 0 \\ 1 & 0 & -1 & \cdots & 0 \\ \vdots & \vdots & \vdots & & \vdots \\ 1 & 0 & \cdots & 0 & -1 \end{array} \right] \in M_{M-1,M}(\mathbb{R}) \end{aligned} \tag{5-31}$$

因此

$$\begin{aligned} \dot{\delta}(t) &= (I_{N+M-2} \otimes A)(R \otimes I_n)x(t) - ((RL(\mathscr{G})) \otimes (BKC)) \left(\hat{x}(t) + (\hat{C} \otimes I_n)\delta(t)\right) \\ &= \left(I_{N+M-2} \otimes A - (RL(\mathscr{G})\hat{C}) \otimes (BKC)\right) \delta(t) \end{aligned}$$

由式(5-28)可知，$I_{N+M-2} \otimes A - [RL(\mathscr{G})\hat{C}] \otimes (BKC)$ 的所有特征根都位于左半开复平面。

将矩阵 $L(\mathscr{G}_1)$、$L(\mathscr{G}_2)$、$\Omega_1$ 和 $\Omega_2$ 分块为

$$L(\mathscr{G}_1)=\begin{bmatrix} L_{11} & L_{12} \\ L_{13} & L_{14} \end{bmatrix}, L(\mathscr{G}_2)=\begin{bmatrix} L_{21} & L_{22} \\ L_{23} & L_{24} \end{bmatrix}$$

$$\Omega_1=\begin{bmatrix} \Omega_{11} & \Omega_{12} \\ \Omega_{13} & \Omega_{14} \end{bmatrix}, \Omega_2=\begin{bmatrix} \Omega_{21} & \Omega_{22} \\ \Omega_{23} & \Omega_{24} \end{bmatrix}$$

式中，$L_{i1}\in\mathbb{R}$，$\Omega_{i1}\in\mathbb{R}, i=1,2$。

由式(5-30)和式(5-31)，得

$$RL(\mathscr{G})\hat{C}=\begin{bmatrix} L_{14} & \Omega_{14} \\ \Omega_{24} & L_{24} \end{bmatrix}-\begin{bmatrix} \mathbf{1}_{N-1} & \mathbf{0} \\ \mathbf{0} & \mathbf{1}_{M-1} \end{bmatrix}W$$

式中，$W=\begin{bmatrix} L_{12} & \Omega_{12} \\ \Omega_{22} & L_{22} \end{bmatrix}$。

令

$$Q_1=\begin{bmatrix} 1 & 0 & \mathbf{0} & \mathbf{0} \\ \mathbf{0} & \mathbf{0} & I_{N-1} & \mathbf{0} \\ 0 & 1 & \mathbf{0} & \mathbf{0} \\ \mathbf{0} & \mathbf{0} & \mathbf{0} & I_{M-1} \end{bmatrix}, P=\begin{bmatrix} 1 & 0 & \mathbf{0} & \mathbf{0} \\ \mathbf{1}_{N-1} & \mathbf{0} & I_{N-1} & \mathbf{0} \\ 0 & 1 & \mathbf{0} & \mathbf{0} \\ \mathbf{0} & \mathbf{1}_{M-1} & \mathbf{0} & I_{M-1} \end{bmatrix}$$

$$\Phi=\begin{bmatrix} 0 & L_{12} & 0 & \Omega_{12} \\ \mathbf{0} & L_{14}-\mathbf{1}_{N-1}L_{12} & \mathbf{0} & \Omega_{14}-\mathbf{1}_{N-1}\Omega_{12} \\ 0 & \Omega_{22} & 0 & L_{22} \\ \mathbf{0} & \Omega_{24}-\mathbf{1}_{M-1}\Omega_{22} & \mathbf{0} & L_{24}-\mathbf{1}_{M-1}L_{22} \end{bmatrix}$$

通过计算，得

$$P^{-1}L(\mathscr{G})P=Q_1^{-1}\Phi Q_1=\begin{bmatrix} \mathbf{0}_{2\times 2} & W \\ \mathbf{0} & RL(\mathscr{G})\hat{C} \end{bmatrix} \tag{5-32}$$

设 $\lambda_1=\lambda_2=0, \lambda_3, \cdots, \lambda_{N+M}$ 是 $L(\mathscr{G})$ 的所有特征根。由式(5-32) 可知，$\lambda_3$, $\lambda_4, \cdots, \lambda_{N+M}$ 是 $RL(\mathscr{G})\hat{C}$ 的所有特征根。故存在非奇异矩阵 $T$，使得

$$J=T^{-1}(RL(\mathscr{G})\hat{C})T$$

是 $RL(\mathscr{G})\hat{C}$ 的 Jordan 标准型，其中，$J=\mathrm{diag}(J_1,J_2,\cdots,J_s)$，$J_i$ 是相应于特征根 $\lambda_i$ 的上三角 Jordan 块，$i=3,4,\cdots,N+M$。

所以

$$(T\otimes I_n)^{-1}\Gamma(T\otimes I_n)=I_{N+M-2}\otimes A-J\otimes(BKC)$$

由 Jordan 标准型 $J$ 的结构可知，$I_{N+M-2}\otimes A-J\otimes(BKC)$ 是一个分块上三角矩阵。所以，$A-\lambda_iBKC$ 的所有特征根就是 $\Gamma$ 的所有特征根，$i=3,4,\cdots,N+M$。从而，$A-\lambda_iBKC$ 的所有特征根都位于左半开复平面，$i=3,4,\cdots,N+M$。类似于文献 [93] 中的定理 1，可以证得 $(A,B,C)$ 是能稳、能检测的。

对于特征根 $\lambda_i$, $i=3,4,\cdots,N+M$，只有两种情况：$\lambda_i=0$ 或 $\lambda_i\neq 0$。若存在 $i_0\in\{3,4,\cdots,N+M\}$，使得 $\lambda_{i_0}=0$，则 $A=A-\lambda_{i_0}BKC$ 的特征根都位于左半开复平面。这与假设系统矩阵 $A$ 的所有特征根都不位于左半开复平面矛盾。因此，$\lambda_i\neq 0$，$\forall i\in\{3,4,\cdots,N+M\}$。从而，$L(\mathscr{G})$ 的零特征根的代数重数为 2。

进而，如果 $\Omega_1=0$ 或 $\Omega_2=0$，那么 $\sigma(L(\mathscr{G}))=\sigma(L(\mathscr{G}_1))\cup\sigma(L(\mathscr{G}_2))$。又由于 $L(\mathscr{G}_1)\mathbf{1}_N=0$ 且 $L(\mathscr{G}_2)\mathbf{1}_M=0$，故 $L(\mathscr{G}_1)$ 与 $L(\mathscr{G}_2)$ 分别有一个零特征根相应于特征向量 $\mathbf{1}_N$ 和 $\mathbf{1}_M$。再由 $L(\mathscr{G})$ 的零特征根的代数重数为 2 可知，$L(\mathscr{G}_1)$ 和 $L(\mathscr{G}_2)$ 有且仅有一个零特征根。由式(5-22) 可知，$\mathscr{A}_1$ 和 $\mathscr{A}_2$ 为非负矩阵。再由引理 5-1，可得 $\mathscr{G}_1$ 和 $\mathscr{G}_2$ 分别包含一个生成树。综上所述，结论成立。证毕。 □

2. 离散时间情形

上一节讨论了连续时间高阶网络化多智能体系统的分组可一致性问题。本节将讨论离散高阶网络化多智能体系统的分组可一致性问题。

考虑由 $N+M$ $(N,M>1)$ 个智能体组成的离散网络化多智能体系统，智能体 $i$ 的动力学模型为

$$\begin{aligned}x_i(k+1)&=Gx_i(k)+Hu_i(k)\\ y_i(k)&=Fx_i(k),\ k=0,1,2,\cdots\\ i&=1,2,\cdots,N+M\end{aligned}\tag{5-33}$$

式中，$x_i(k)\in M_{n,1}(\mathbb{R})$、$u_i(k)\in M_{r,1}(\mathbb{R})$ 和 $y_i(k)\in M_{m,1}(\mathbb{R})$ 分别为智能体 $i$ 的状态、控制输入和量测输出。$G\in M_n(\mathbb{R})$、$H\in M_{n,r}(\mathbb{R})$ 和 $F\in M_{m,n}(\mathbb{R})$ 为定常矩阵。

和连续时间情形类似，设计如下输出反馈形式的协议：

$$u_i(k)=\begin{cases}K\left(\sum\limits_{v_j\in N_{1i}}a_{ij}(y_j(k)-y_i(k))+\sum\limits_{v_j\in N_{2i}}a_{ij}y_j(k)\right),\ \forall\, i\in\mathscr{I}_1\\ K\left(\sum\limits_{v_j\in N_{1i}}a_{ij}y_j(k)+\sum\limits_{v_j\in N_{2i}}a_{ij}(y_j(k)-y_i(k))\right),\ \forall\, i\in\mathscr{I}_2\end{cases}\tag{5-34}$$

式中，$K\in M_{r,m}(\mathbb{R})$ 是待设计的反馈增益矩阵；邻接权值 $a_{ij}$ 满足式(5-22)。

对于系统(5-33)，考虑如下容许控制集：

$$\mathscr{U}^*=\{u(k):\mathbb{Z}^+\to\mathbb{R}^{r(N+M)}\,|u_i(k)\ \text{满足式 (5-34) 和式 (5-22)},\\ i=1,2,\cdots,N+M,\ k=0,1,\cdots\}$$

**定义 5-3** 如果存在 $u(k)\in\mathscr{U}^*$，使得对于任意初始状态 $x_i(0)$，$i=1,2,\cdots,N+M$，网络化多智能体系统(5-33) 都满足

$$\begin{cases}\lim\limits_{k\to\infty}\|x_i(k)-x_j(k)\|=0,\ \forall\, i,j\in\mathscr{I}_1\\ \lim\limits_{k\to\infty}\|x_i(k)-x_j(k)\|=0,\ \forall\, i,j\in\mathscr{I}_2\end{cases}\tag{5-35}$$

则称网络化多智能体系统(5-33)关于容许控制集 $\mathscr{U}^*$ 是分组可一致的。

**定理 5-9** 如果假设 5-4成立，并且 $G$ 的特征根不都在单位圆内，则系统(5-33) 关于容许控制集 $\mathscr{U}^*$ 分组可一致的必要条件是拉普拉斯矩阵 $L(\mathscr{G})$ 的零特征根的代数重数为 2。进而，

(1) 如果 $\Omega_1=0$ 或 $\Omega_2=0$，那么 $\mathscr{G}_1$ 和 $\mathscr{G}_2$ 分别包含一个生成树。

(2) 如果 $G$ 是非奇异的，那么 $(G,H,F)$ 是能稳、能检测的。

**证明** 由定义 5-3可知，如果系统(5-33) 关于容许控制集 $\mathscr{U}^*$ 是分组可一致的，那么存在 $K\in M_{r,m}(\mathbb{R})$ 和协议

$$u_i(k)=\begin{cases}K\left(\sum\limits_{v_j\in N_{1i}}a_{ij}(y_j(k)-y_i(k))+\sum\limits_{v_j\in N_{2i}}a_{ij}y_j(k)\right),\ \forall\, i\in\mathscr{I}_1\\ K\left(\sum\limits_{v_j\in N_{1i}}a_{ij}y_j(k)+\sum\limits_{v_j\in N_{2i}}a_{ij}(y_j(k)-y_i(k))\right),\ \forall\, i\in\mathscr{I}_2\end{cases}$$

使得式(5-35)成立，其中，$a_{ij}$ 满足式(5-22)。

设

$$\xi_i(k)=x_1(k)-x_i(k),\ i\in\mathscr{I}_1$$
$$\eta_i(k)=x_{N+1}(k)-x_i(k),\ i\in\mathscr{I}_2$$
$$\xi(k)=\begin{bmatrix}\xi_2^{\mathrm T}(k) & \xi_3^{\mathrm T}(k) & \cdots & \xi_N^{\mathrm T}(k)\end{bmatrix}^{\mathrm T}$$
$$\eta(k)=\begin{bmatrix}\eta_{N+2}^{\mathrm T}(k) & \eta_{N+3}^{\mathrm T}(k) & \cdots & \eta_{N+M}^{\mathrm T}(k)\end{bmatrix}^{\mathrm T}$$
$$\delta(k)=\begin{bmatrix}\xi^{\mathrm T}(k) & \eta^{\mathrm T}(k)\end{bmatrix}^{\mathrm T}$$

则式(5-35)等价于

$$\|\delta(k)\|\to 0,\ k\to\infty \tag{5-36}$$

类似于定理 5-8的推导过程，可以得到

$$\delta(k+1)=\left[I_{N+M-2}\otimes G-(RL(\mathscr{G})\hat{C})\otimes(HKF)\right]\delta(k)$$

式中，$L(\mathscr{G})$ 与 $\hat{C}$ 分别如式(5-26) 和式(5-30) 所示。

由式(5-36)可知，$I_{N+M-2}\otimes G-[RL(\mathscr{G})\hat{C}]\otimes(HKF)$ 是 Schur 稳定的，即其所有的特征根都位于单位圆内。设 $\lambda_1=\lambda_2=0,\lambda_3,\cdots,\lambda_{N+M}$ 是拉普拉斯矩阵 $L(\mathscr{G})$ 的所有特征根，则 $G-\lambda_iHKF$ 的所有特征根都位于单位圆内，$i=3,4,\cdots,N+M$。由于 $G$ 的所有特征根不都位于单位圆内，所以 $\lambda_i\neq 0,\ i=3,4,\cdots,N+M$。从而，$L(\mathscr{G})$ 的零特征根的代数重数为 2。类似于定理 5-8的证明过程，可得 $\mathscr{G}_1$ 和 $\mathscr{G}_2$ 分别包含一个生成树。

接下来，证明当 $G$ 非奇异时，$(G,H,F)$ 是能稳、能检测的。

由于 $G-\lambda_iHKF$ 的所有特征根都位于单位圆内，$i=3,4,\cdots,N+M$，若存在 $j\in\{3,4,\cdots,N+M\}$，使得 $\lambda_j$ 是实数，则 $(G,H,F)$ 显然是能稳、能检测的。若 $\lambda_i,\ i=3,4,\cdots,N+M$ 均是虚数，则 $\lambda_i$ 将以共轭复数对的形式出现。类似于文献 [93] 中定理 1 的证明过程，可以证得 $\left(\begin{bmatrix}G & \mathbf{0}\\ \mathbf{0} & G\end{bmatrix},\begin{bmatrix}H & \mathbf{0}\\ \mathbf{0} & H\end{bmatrix},\begin{bmatrix}F & \mathbf{0}\\ \mathbf{0} & F\end{bmatrix}\right)$ 是能稳、能检测的。再由 $G$ 是非奇异的，得

$$\operatorname{rank}\begin{bmatrix}sI_n-G & 0 & H & 0\\ 0 & sI_n-G & 0 & H\end{bmatrix}=2n,\ \forall\ s\in\mathbb{C},\ |s|\geqslant 1$$

或者等价于

$$\operatorname{rank}\begin{bmatrix}sI_n-G & H\end{bmatrix}=2n,\ \forall\ s\in\mathbb{C},\ |s|\geqslant 1$$

所以 $(G,H,F)$ 是能稳、能检测的。证毕。 □

## 5.2 具有通信时滞的离散多智能体系统的分组一致性

目前已有的研究中，关于高阶离散动力学的多智能体系统分组一致性问题的研究成果很少。此外，一个严格的限制条件是同一组内每个多智能体到其他组内所有多智能体的相邻权重之和在任何时刻均为零，在实际应用中具有很大的约束力。此外，通信时延对分组一致性性能的影响只集中在一阶或二阶积分器类型的多智能体系统上。为了克服通信时延对分组一致性的负面影响，大多数方法直接使用时滞系统的理论结果进行展开。这些方法旨在获得保证分组一致性的时延容忍度的上限，这些方法被动地补偿通信时延。另外，在现实世界中绝大多数的控制对象是连续时间系统。然而，网络中的个体之间是通过网络进行信息交换的。因此，使用离散控制装置来控制连续系统更具有实际意义。使用离散控制装置需要系统的离散化。常用的离散化方法有微分变换法、响应不变量法、双线性变换法、零极点匹配法等[163]。

本节将研究离散多智能体系统的分组一致性问题，分别探讨具有通信时延与一般线性动力学的离散同构和异构多智能体系统的分组一致性问题。基于状态预测方案，设计一种新颖的分组一致性控制协议，主动补偿通信时延。通过图论和矩阵方法，建立在时变时延情况下实现分组一致性的必要和 (或) 充分条件。

### 5.2.1 同构多智能体系统的分组一致性

1. 问题描述与分组一致性协议

设 $\mathcal{G} = (\mathcal{V}, \mathcal{E}, \mathcal{A})$ 为具有 $N(N \geqslant 2)$ 个顶点的一个加权有向图，其中，$\mathcal{V} = \{v_1, v_2, \cdots, v_N\}$ 是顶点集，$\mathcal{E} \subseteq \mathcal{V} \times \mathcal{V}$ 是边集，$\mathcal{A}(\mathcal{G}) = [a_{ij}] \in M_{N,N}(\mathbb{R})$ 是非负加权邻接矩阵。顶点的索引集 $\ell = \{1, 2, \cdots, N\}$，将从顶点 $v_i$ 至顶点 $v_j$ 的有向边记为 $e_{ij} = (v_i, v_j)$，对应于 $e_{ij}$ 的邻接元素 $a_{ji}$ 是一个非零实数，即当且仅当 $a_{ji} \neq 0$ 时，$e_{ij} \in \mathcal{E}$。本节假设 $a_{ii} \equiv 0$，$\forall i \in \ell$。顶点 $v_i$ 的邻居节点集表示为 $\mathcal{N}_i = \{\mathcal{V}_j \in \mathcal{V} | (v_j, v_i) \in \mathcal{E}\}$。定义顶点 $v_i$ 的入度为 $d_{\text{in}}(i) = \sum\limits_{j \in \mathcal{N}_i} a_{ij}$，图 $\mathcal{G}$ 的度矩阵为 $\mathcal{D}(\mathcal{G}) = \text{diag}\left(d_{\text{in}}(1), d_{\text{in}}(2), \cdots, d_{\text{in}}(N)\right)$，拉普拉斯矩阵 $\mathcal{L}(\mathcal{G}) = \mathcal{D}(\mathcal{G}) - \mathcal{A}(\mathcal{G})$。

设一个由 $N$ 个智能体组成的网络，$x_i \in \mathbb{R}^n$ 为智能体 $i$ 的状态，称 $(\mathcal{G}, x)$ 是一个状态为 $x = [x_1^{\text{T}} x_2^{\text{T}} \cdots x_N^{\text{T}}]^{\text{T}}$，拓扑为 $\mathcal{G}$ 的网络。每个节点的状态能够代表实际的物理量，如姿态、位置、温度、电压等。假设每个智能体为网络 $(\mathcal{G}, x)$ 中的一个节点，智能体 $j$ 到智能体 $i$ 的信息连接对应于有向边 $e_{ij} \in \mathcal{E}$，每个智能体基于自身及邻居节点的信息来更新当前的状态。

**定义 5-4** 对于图 $\mathcal{G} = (\mathcal{V}, \mathcal{E}, \mathcal{A})$ 和 $\mathcal{G}_1 = (\mathcal{V}_1, \mathcal{E}_1, \mathcal{A}_1)$，当同时满足如下三个条件时: ①$\mathcal{V}_1 \subseteq \mathcal{V}$; ②$\mathcal{E}_1 \subseteq \mathcal{E}$; ③ 邻接矩阵 $\mathcal{A}_1$ 沿袭 $\mathcal{A}$ 中的值，称图 $\mathcal{G}_1$ 是图 $\mathcal{G}$ 的

子图。并且，若条件① 与条件②的包含关系是严格的，则称图 $\mathcal{G}_1$ 是 $\mathcal{G}$ 的真子图。

考虑包含 $N+M\ (N,M>1)$ 个智能体的网络 $(\mathcal{G},x)$，状态 $x=[x_1^{\mathrm{T}}\ x_2^{\mathrm{T}}\ \cdots\ x_N^{\mathrm{T}}]^{\mathrm{T}}$，其拓扑结构 $\mathcal{G}=(\mathcal{V},\mathcal{E},\mathcal{A})$ 是一个加权有向图，包含两个子图，分别为 $\mathcal{G}_1=(\mathcal{V}_1,\mathcal{E}_1,\mathcal{A}_1)$ 与 $\mathcal{G}_2=(\mathcal{V}_2,\mathcal{E}_2,\mathcal{A}_2)$，其中，$\mathcal{V}_1=\{v_1,v_2,\cdots,v_N\}$，$\mathcal{V}_2=\{v_{N+1},v_{N+2},\cdots,v_{N+M}\}$。定义顶点索引集 $\ell_1=\{1,2,\cdots,N\}$ 和 $\ell_2=\{N+1,N+2,\cdots,N+M\}$。节点 $v_1$ 在两个子图中的邻居节点集分别为 $\mathcal{N}_{1i}=\{\mathcal{V}_j\in\mathcal{V}_1\,|(v_j,v_i)\in\mathcal{E}\}$，$\mathcal{N}_{2i}=\{\mathcal{V}_j\in\mathcal{V}_2\,|(v_j,v_i)\in\mathcal{E}\}$，易知有 $\mathcal{V}=\mathcal{V}_1\cup\mathcal{V}_2$，$\mathcal{N}_i=\mathcal{N}_{1i}\cup N_{2i}$ 和 $\ell=\ell_1\cup\ell_2$。因此，可以认为网络 $(\mathcal{G},x)$ 是由两个子网络 $(\mathcal{G}_1,\chi_1)$ 和 $(\mathcal{G}_2,\chi_2)$ 组成的，其中，$\chi_1=[x_1^{\mathrm{T}}x_2^{\mathrm{T}}\cdots x_N^{\mathrm{T}}]^{\mathrm{T}}\in M_{n,N}(\mathbb{R})$，$\chi_2=[x_N^{\mathrm{T}}x_{N+1}^{\mathrm{T}}\cdots x_{N+M}^{\mathrm{T}}]^{\mathrm{T}}\in M_{n,M}(\mathbb{R})$，显然有 $x=\left[\chi_1^{\mathrm{T}}\ \chi_2^{\mathrm{T}}\right]^{\mathrm{T}}$。需要注意的是，不仅同一子网络中的智能体之间发生信息交换，不同子网络中的智能体之间也可以进行信息交换。

假定网络 $(\mathcal{G},x)$ 中的每个智能体的动力学方程为

$$\begin{cases} x_i(t+1)=Ax_i(t)+Bu_i(t) \\ y_i(t)=Cx_i(t), \quad \forall i\in\ell \end{cases} \tag{5-37}$$

式中，状态向量 $x_i(t)\in M_{n,1}(\mathbb{R})$；输出向量 $y_i(t)\in M_{m,1}(\mathbb{R})$；输入向量 $u_i(t)\in M_{r,1}(\mathbb{R})$；$A\in M_{n,n}(\mathbb{R})$、$B\in M_{n,r}(\mathbb{R})$、$C\in M_{M,n}(\mathbb{R})$ 为定常矩阵。

在通信受限情况下本节针对两组智能体设计控制协议，使得前 $N$ 个智能体达到某一致状态，而另外 $M$ 个智能体达到其他的一致状态，即系统中所有的智能体的最终状态按组一致，即实现了分组一致。多分组的情形与之类似，这里不再赘述。为了描述网络化多智能体系统的系统结构和网络特性，给出如下假设。

**假设 5-5**　矩阵对 $(A,C)$ 是可检测的。

**假设 5-6**　智能体 $i(\forall i\in\ell)$ 能够接收自身及邻居智能体 $j\,(v_j\in\mathcal{N}_i)$ 的信息，但通信网络存在时变时延 $\tau_{ij}(t)$，

$$0\leqslant\tau_0\leqslant\breve{\tau}_{ij}(t)\leqslant\tau_{ij}(t)\leqslant\hat{\tau}_{ij}(t)\leqslant\tau,\ \forall i,j\in\ell \tag{5-38}$$

式中，$\breve{\tau}_{ij}(t)$ 和 $\hat{\tau}_{ij}(t)$ 是已知的有界函数；$\tau_0$ 与 $\tau$ 分别为下界和上界。

**假设 5-7**　网络中传输的数据包均带有时间戳。

**假设 5-8**　子网络 $(\mathcal{G}_1,\chi_1)$ 相对于子网络 $(\mathcal{G}_2,\chi_2)$ 而言，其邻接权值 $a_{ij}$ 满足

$$\begin{aligned} &\sum_{v_j\in\mathcal{N}_{2i}}a_{ij}=\alpha, \quad \forall i\in\ell_1 \\ &\sum_{v_j\in\mathcal{N}_{1i}}a_{ij}=\beta, \quad \forall i\in\ell_2 \end{aligned} \tag{5-39}$$

这里，$\alpha,\beta\in\mathbb{R}$ 为常数。

由于智能体 $i$ 获取智能体 $j$ 信息的信道存在网络时延 $\tau_{ij}(\mathrm{t})$，智能体 $i$ 在 $t$ 时刻只能得到智能体 $j$ 在 $t-\tau_{ij}(t)$ 时刻的信息。目前的研究结果常常利用过时信息来设计分组一致性控制协议，如下：

$$u_i(t)=\begin{cases}K\left(\sum\limits_{v_j\in\mathcal{N}_{1i}}a_{ij}\left(x_j\left(t-\tau_{ij}(t)\right)-x_i\left(t-\tau_{ij}(t)\right)\right)\right.\\ \left.+\sum\limits_{v_j\in\mathcal{N}_{2i}}a_{ij}x_j\left(t-\tau_{ij}(t)\right)\right),\forall i\in\ell_1\\ K\left(\sum\limits_{v_j\in\mathcal{N}_{2i}}a_{ij}\left(x_j\left(t-\tau_{ij}(t)\right)-x_i\left(t-\tau_{ij}(t)\right)\right)\right.\\ \left.+\sum\limits_{v_j\in\mathcal{N}_{1i}}a_{ij}x_j\left(t-\tau_{ij}(t)\right)\right),\forall i\in\ell_2\end{cases}\tag{5-40}$$

过去的信息无法及时、有效地表达系统当前的运行状态，因而，当直接利用过时的状态信息来设计分组一致性控制协议时，完全忽视了网络特性，被动地在控制协议所允许的时延界限范围内施加控制作用，无法对被控对象实现良好的控制效果。为主动补偿网络时延带来的影响，本节采用网络化时延补偿机制来预估智能体的状态和控制输入。根据假设 5-5∼ 假设 5-7，同时假定智能体 $i(\forall i\in\ell)$ 的状态不可测，为了估计其邻域智能体 $j$ 在 $t$ 时刻的状态信息，首先构造一个状态观测器，得到了第一步的状态预测方程

$$\begin{aligned}\hat{x}_j(t-\tau+1|t-\tau)=&A\hat{x}_j(t-\tau|t-\tau-1)+Bu_j(t-\tau)+L\left(y_j(t-\tau)-\hat{y}_j(t-\tau)\right)\\ \hat{y}_j(t-\tau)=&C\hat{x}_j(t-\tau|t-\tau-1),\quad\forall i\in\ell\end{aligned}\tag{5-41}$$

式中，$\hat{x}_j(t-p|t-q)\in M_{n,1}(\mathbb{R})$ $(p<q)$ 表示基于直到 $t-q$ 时刻智能体 $j$ 的信息，得到智能体 $j$ 在 $t-p$ 时刻的预测状态。式 (5-41) 利用 $t-\tau$ 时刻的输出提供了向前一步的预测状态，从 $t-\tau+2$ 时刻到 $t+\tau$ 时刻的状态预测量为

$$\begin{aligned}\hat{x}_j(t-\tau+2|t-\tau)&=A\hat{x}_j(t-\tau+1|t-\tau)+Bu_j(t-\tau+1)\\ \hat{x}_j(t-\tau+3|t-\tau)&=A\hat{x}_j(t-\tau+2|t-\tau)+Bu_j(t-\tau+2)\\ &\ \ \vdots\\ \hat{x}_j(t|t-\tau)&=A\hat{x}_j(t-1|t-\tau)+Bu_j(t-1)\end{aligned}\tag{5-42}$$

针对智能体 $i$ ，利用式 (5-41) 和式 (5-42)，本节设计如下基于状态预测形式的一致性控制协议：

$$u_i(t)=\begin{cases}K\left(\sum\limits_{v_j\in\mathcal{N}_{1i}}a_{ij}\left(\hat{x}_j(t|t-\tau)-\hat{x}_i(t|t-\tau)\right)\right.\\ \left.+\sum\limits_{v_j\in\mathcal{N}_{2i}}a_{ij}\hat{x}_j(t|t-\tau)\right),\forall i\in\ell_1\\ K\left(\sum\limits_{v_j\in N_{2i}}a_{ij}\left(\hat{x}_j(t|t-\tau)-\hat{x}_i(t|t-\tau)\right)\right.\\ \left.+\sum\limits_{v_j\in\mathcal{N}_{1i}}a_{ij}\hat{x}_j(t|t-\tau)\right),\forall i\in\ell_2\end{cases}\tag{5-43}$$

式中，$K\in M_{r\times n}(\mathbb{R})$ 为待设计的反馈增益矩阵；$a_{ij}$ 为邻接权值且满足如下条件：

$$\begin{aligned}&(1)\ a_{ij}\geqslant 0,\forall i,j\in\ell_1;\\&(2)\ a_{ij}\geqslant 0,\forall i,j\in\ell_2;\\&(3)\ a_{ij}\in\mathbb{R},\forall(i,j)\in\phi,\ \phi=\{(i,j)|i\in\ell_1,j\in\ell_2\}\cup\{(i,j)|i\in\ell_2,j\in\ell_1\}。\end{aligned}\tag{5-44}$$

**注解 5-2** 通过状态预测方法，基于直到 $t-\tau$ 时刻的输出信息，可以预测出智能体 $j$ 在 $t$ 时刻的状态，并且用于分组一致性协议的设计，这样实现了对网络时延的主动补偿。当 $\tau_{ij}(t)<\tau$ 时，在 $t$ 时刻可以得到智能体 $j$ 从 $t-\tau$ 时刻到 $t-\tau_{ij}(t)$ 时刻的量测输出和控制输入。然而，根据状态预测方程 (5-41) 与 (5-42) 和分组一致性协议 (5-43)，智能体 $j$ 在 $t-\tau+1$ 时刻到 $t-\tau_{ij}(t)$ 时刻的信息没有参与运算，在一定程度上增加了智能体的计算量，因而具有一定的保守性。但是，上述方法为所有的智能体提供了一个统一的预测过程，克服了不同时变时延 $\tau_{ij}(t)$ 给分组一致性控制的影响。此外，在实际应用中，嵌入式微处理器强大的运算能力能够保证整个预测算法的执行，并且每个智能体的控制器可以合并为一个功能比较强大的总控制器来实现，降低了系统成本。因此，基于时延补偿机制的分组一致性协议，不仅解决了如何主动补偿网络时延的问题，而且在理论推导和工程实现中均是有效的。

设

$$u(t)=\begin{bmatrix}u_1^{\mathrm{T}}(t) & u_2^{\mathrm{T}}(t) & \cdots & u_{N+M}^{\mathrm{T}}(t)\end{bmatrix}^{\mathrm{T}}\tag{5-45}$$

如果假设 5-5～假设 5-8成立，那么对于系统 (5-37)，考虑如下容许控制集：

$$\mathcal{U}=\left\{u(t):\mathcal{Z}^{+}\longrightarrow M_{r(N+M)}(\mathbb{R})\,\middle|\,u_i(t)\text{满足式(5-43)和式(5-44)}, \forall i\in\ell, \forall t=0,1,\cdots\right\}$$

需要怎样的条件才能使网络化多智能体系统 (5-37) 达到分组一致呢？

下面给出了网络化多智能体系统 (5-37) 关于容许控制集 $\mathcal{U}$ 分组可一致性的定义。

**定义 5-5** 对于网络化多智能体系统 (5-37)，如果存在 $u(t)\in\mathcal{U}$ 使得对于任意初始状态 $x_i(0)\,(i\in\ell)$，均满足

(1) $\lim\limits_{t\to\infty}\|x_i(t)-x_j(t)\|=0,\ \forall i,j\in\ell_1$；

(2) $\lim\limits_{t\to\infty}\|x_i(t)-x_j(t)\|=0,\ \forall i,j\in\ell_2$；

(3) $\lim\limits_{t\to\infty}\|x_i(t)-\hat{x}_i(t|t-1)\|=0,\ \forall i\in\ell$，

则称网络化多智能体系统 (5-37) 关于容许控制集 $\mathcal{U}$ 是分组可一致的。

为方便下面的理论分析，定义如下新的变量：

$$\begin{aligned}
&\zeta_i(t)=x_1(t)-x_i(t),\ \forall i\in\ell_1\\
&\eta_i(t)=x_{N+1}(t)-x_i(t),\forall i\in\ell_2\\
&\varepsilon_i(t)=x_i(t)-\hat{x}_i(t|t-1),\forall i\in\ell\\
&\zeta(t)=\begin{bmatrix}\zeta_2^{\mathrm T}(t) & \zeta_3^{\mathrm T}(t) & \cdots & \zeta_N^{\mathrm T}(t)\end{bmatrix}^{\mathrm T}\\
&\eta(t)=\begin{bmatrix}\eta_{N+2}^{\mathrm T}(t) & \eta_{N+3}^{\mathrm T}(t) & \cdots & \eta_{N+M}^{\mathrm T}(t)\end{bmatrix}^{\mathrm T}\\
&\delta(t)=\begin{bmatrix}\zeta^{\mathrm T}(t) & \eta^{\mathrm T}(t)\end{bmatrix}^{\mathrm T}
\end{aligned}$$

由定义 5-5可知，多智能体系统 (5-37) 关于容许控制集 $\mathcal{U}$ 分组可一致当且仅当 $t\to\infty$ 时，$\|\delta(t)\|\to 0, \|\varepsilon_i(t)\|\to 0$。

令

$$\mathcal{L}(\mathcal{G})=\begin{bmatrix}\mathcal{L}(\mathcal{G}_1) & \Omega(\mathcal{G}_1)\\ \Omega(\mathcal{G}_2) & \mathcal{L}(\mathcal{G}_2)\end{bmatrix}$$

式中

$$\mathcal{L}(\mathcal{G}_1)=\begin{bmatrix}\mathcal{L}_{11}(\mathcal{G}_1) & \mathcal{L}_{12}(\mathcal{G}_1)\\ \mathcal{L}_{21}(\mathcal{G}_1) & \mathcal{L}_{22}(\mathcal{G}_1)\end{bmatrix}=\begin{bmatrix}\mathcal{L}_1(\mathcal{G}_1)\\ \mathcal{L}_2(\mathcal{G}_1)\end{bmatrix}$$

$$\mathcal{L}(\mathcal{G}_2)=\begin{bmatrix}\mathcal{L}_{11}(\mathcal{G}_2) & \mathcal{L}_{12}(\mathcal{G}_2)\\ \mathcal{L}_{21}(\mathcal{G}_2) & \mathcal{L}_{22}(\mathcal{G}_2)\end{bmatrix}=\begin{bmatrix}\mathcal{L}_1(\mathcal{G}_2)\\ \mathcal{L}_2(\mathcal{G}_2)\end{bmatrix}$$

$$\varOmega(\mathcal{G}_1)=\begin{bmatrix} -a_{1(N+1)} & -a_{1(N+2)} & \cdots & -a_{1(N+M)} \\ -a_{2(N+1)} & -a_{2(N+2)} & \cdots & -a_{2(N+M)} \\ \vdots & \vdots & & \vdots \\ -a_{N(N+1)} & -a_{N(N+2)} & \cdots & -a_{N(N+M)} \end{bmatrix} = \begin{bmatrix} \varOmega_{11}(\mathcal{G}_1) & \varOmega_{12}(\mathcal{G}_1) \\ \varOmega_{21}(\mathcal{G}_1) & \varOmega_{22}(\mathcal{G}_1) \end{bmatrix} = \begin{bmatrix} \varOmega_1(\mathcal{G}_1) \\ \varOmega_2(\mathcal{G}_1) \end{bmatrix}$$

$$\varOmega(\mathcal{G}_2)=\begin{bmatrix} -a_{(N+1)1} & -a_{(N+1)2} & \cdots & -a_{(N+1)N} \\ -a_{(N+2)1} & -a_{(N+2)2} & \cdots & -a_{(N+2)N} \\ \vdots & \vdots & & \vdots \\ -a_{(N+M)1} & -a_{(N+M)2} & \cdots & -a_{(N+M)N} \end{bmatrix} = \begin{bmatrix} \varOmega_{11}(\mathcal{G}_2) & \varOmega_{12}(\mathcal{G}_2) \\ \varOmega_{21}(\mathcal{G}_2) & \varOmega_{22}(\mathcal{G}_2) \end{bmatrix} = \begin{bmatrix} \varOmega_1(\mathcal{G}_2) \\ \varOmega_2(\mathcal{G}_2) \end{bmatrix}$$

这里，$\mathcal{L}_{11}(\mathcal{G}_1)\in\mathbb{R}$，$\mathcal{L}_{12}(\mathcal{G}_1)\in M_{1,N-1}(\mathbb{R})$，$\mathcal{L}_{21}(\mathcal{G}_1)\in M_{N-1,1}(\mathbb{R})$，$\mathcal{L}_{22}(\mathcal{G}_1)\in M_{N-1,N-1}(\mathbb{R})$，$\mathcal{L}_{11}(\mathcal{G}_2)\in\mathbb{R}$，$\mathcal{L}_{12}(\mathcal{G}_2)\in M_{1,M-1}(\mathbb{R})$，$\mathcal{L}_{21}(\mathcal{G}_2)\in M_{M-1,1}(\mathbb{R})$，$\mathcal{L}_{22}(\mathcal{G}_2)\in M_{M-1,M-1}(\mathbb{R})$，$\varOmega_1(\mathcal{G}_1)\in M_{1,M}(\mathbb{R})$，$\varOmega_2(\mathcal{G}_1)\in M_{N-1,M}(\mathbb{R})$，$\varOmega_1(\mathcal{G}_2)\in M_{1,N}(\mathbb{R})$，$\varOmega_2(\mathcal{G}_2)\in M_{M-1,N}(\mathbb{R})$。

2. 主要结果

本节针对网络拓扑结构满足式 (5-39) 和式 (5-44) 的网络化多智能体系统 (5-37)，利用一致性控制协议 (5-43) 分析并得到了实现时变网络时延情形下分组可一致的充分和 (或) 必要条件。

**定理 5-10**　如果假设 5-5~ 假设 5-8成立，那么对于包含两个子网络 $(\mathcal{G}_1,\chi_1)$ 和 $(\mathcal{G}_2,\chi_2)$ 的多智能体系统 (5-37)，在协议 (5-43) 的控制作用下，具有时变网络时延 (5-38) 的多智能体系统 (5-37) 实现分组一致性当且仅当矩阵 $\varUpsilon$ 和 $A-LC$ 是 Schur 稳定的。其中

$$\varUpsilon=\begin{bmatrix} \boldsymbol{\varLambda}_1 & \boldsymbol{\varPi}_1 \\ \boldsymbol{\varPi}_2 & \boldsymbol{\varLambda}_2 \end{bmatrix}$$

$$\boldsymbol{\varLambda}_1=\boldsymbol{I}_{N-1}\otimes A-(\mathcal{L}_{22}(\mathcal{G}_1)-\mathbf{1}_{N-1}\mathcal{L}_{12}(\mathcal{G}_1))\otimes(BK)$$

$$\boldsymbol{\varPi}_1=-(\boldsymbol{\varOmega}_{22}(\mathcal{G}_1)-\mathbf{1}_{N-1}\boldsymbol{\varOmega}_{12}(\mathcal{G}_1))\otimes(BK)$$

$$\boldsymbol{\varPi}_2=-(\boldsymbol{\varOmega}_{22}(\mathcal{G}_2)-\mathbf{1}_{N-1}\boldsymbol{\varOmega}_{12}(\mathcal{G}_2))\otimes(BK)$$

$$\boldsymbol{\varLambda}_2=\boldsymbol{I}_{M-1}\otimes A-(\mathcal{L}_{22}(\mathcal{G}_2)-\mathbf{1}_{N-1}\mathcal{L}_{12}(\mathcal{G}_2))\otimes(BK)$$

**证明** 根据观测器方程，容易得到如下状态误差方程：

$$\varepsilon_i(t+1)=(A-LC)\varepsilon_i(t)$$

同时，利用状态预测方程 (5-42)，得

$$\hat{x}_i(t|t-\tau)=x_i(t)-\Theta(\tau)E_i(t) \tag{5-46}$$

式中

$$\begin{aligned}
\Theta(\tau)&=\begin{bmatrix} I & LC & ALC & \cdots & A^{\tau-2}LC \end{bmatrix}\in M_{n,n\tau}(\mathbb{R})\\
E_i(t)&=\begin{bmatrix} \varepsilon_i^{\mathrm{T}}(t) & \varepsilon_i^{\mathrm{T}}(t-1) & \cdots & \varepsilon_i^{\mathrm{T}}(t-\tau+1) \end{bmatrix}^{\mathrm{T}}\in M_{n\tau\times 1}(\mathbb{R})
\end{aligned}$$

设

$$\begin{aligned}
\hat{\zeta}_i(t|t-\tau)&=\hat{x}_i(t|t-\tau)-\hat{x}_1(t|t-\tau),\forall i\in\ell_1\\
\hat{\eta}_i(t|t-\tau)&=\hat{x}_i(t|t-\tau)-\hat{x}_{N+1}(t|t-\tau),\forall i\in\ell_2
\end{aligned}$$

利用上式可以得到

$$\begin{aligned}
\widehat{\xi}_i(t|t-\tau)&=\zeta_i(t)-\theta(\tau)E_i(t)+\theta(\tau)E_1(t),\ \forall i\in\ell_1\\
\widehat{\eta}_i(t|t-\tau)&=\eta_i(t)-\theta(\tau)E_i(t)+\theta(\tau)E_{N+1}(t),\ \forall i\in\ell_2
\end{aligned} \tag{5-47}$$

利用式 (5-43) 和式 (5-47) 可以求得

$$\begin{aligned}
\zeta_i(t+1)=&A\zeta_i(t)+BK\left(\sum_{v_j\in\mathcal{N}_{1i}}a_{ij}\left(\hat{\zeta}_j(t|t-\tau)-\hat{\zeta}_i(t|t-\tau)\right)\right.\\
&+\sum_{v_j\in\mathcal{N}_{2i}}a_{ij}\left(\hat{\eta}_j(t|t-\tau)+\hat{x}_{N+1}(t|t-\tau)\right)\\
&-\sum_{v_j\in\mathcal{N}_{11}}a_{1j}\hat{\zeta}_j(t|t-\tau)\\
&\left.-\sum_{v_i\in\mathcal{N}_{21}}a_{1j}\left(\hat{\eta}_j(t|t-\tau)+\hat{x}_{N+1}(t|t-\tau)\right)\right),\forall i\in\ell_1
\end{aligned} \tag{5-48}$$

根据假设 5-8，易知

$$\begin{aligned}
\sum_{v_j\in\mathcal{N}_{2i}}a_{ij}\hat{x}_{N+1}(t|t-\tau)&=\alpha\hat{x}_{N+1}(t|t-\tau)\\
\sum_{v_j\in\mathcal{N}_{21}}a_{1j}\hat{x}_{N+1}(t|t-\tau)&=\alpha\hat{x}_{N+1}(t|t-\tau)
\end{aligned}$$

将式 (5-47) 代入式 (5-48)，求得

$$\begin{aligned}\zeta_i(t+1)=&A\zeta_i(t)+BK\left(\sum_{j=1}^{N}a_{ij}(\zeta_j(t)-\zeta_i(t))\right.\\&\left.-\sum_{j=1}^{N}a_{1j}\zeta_j(t)+\sum_{j=N+1}^{N+M}(a_{ij}-a_{1j})\,\eta_j(t)\right)\\&+BK\Theta(\tau)\left(\sum_{j=1}^{N}a_{ij}\,(E_i(t)-E_j(t))+\sum_{j=1}^{N}a_{1j}\,(E_j(t)-E_1(t))\right.\\&\left.-\sum_{j=N+1}^{N+M}(a_{ij}-a_{1j})E_j(t)\right),\forall i\in\ell_1\end{aligned}\tag{5-49}$$

同理，可以求得

$$\begin{aligned}\eta_i(t+1)=&A\eta_i(t)+BK\left(\sum_{j=N+1}^{N+M}a_{ij}\,(\eta_j(t)-\eta_i(t))-\sum_{j=N+1}^{N+M}a_{(N+1)j}\eta_j(t)\right.\\&\left.+\sum_{j=1}^{N}\left(a_{ij}-a_{(N+1)j}\right)\zeta_j(t)\right)+BK\Theta(\tau)\left(\sum_{j=N+1}^{N+M}a_{ij}\,(E_i(t)-E_j(t))\right.\\&+\sum_{j=N+1}^{N+M}a_{(N+1)j}\,(E_j(t)-E_{N+1}(t))\\&\left.-\sum_{j=1}^{N}\left(a_{ij}-a_{(N+1)j}\right)E_j(t)\right),\forall i\in\ell_2\end{aligned}\tag{5-50}$$

令

$$E(t)=\left[E_1^{\mathrm{T}}(t)\cdots E_N^{\mathrm{T}}(t)E_{N+1}^{\mathrm{T}}(t)\cdots E_{N+M}^{\mathrm{T}}(t)\right]^{\mathrm{T}}$$

基于式 (5-46)、式 (5-49) 与式 (5-50)，得到如下分组状态误差方程与估计误差方程的紧凑表达形式：

$$\begin{bmatrix}\zeta(t+1)\\\eta(t+1)\\E(t+1)\end{bmatrix}=\begin{bmatrix}\boldsymbol{\Lambda}_1&\boldsymbol{\Pi}_1&\boldsymbol{\Gamma}_1\\\boldsymbol{\Pi}_2&\boldsymbol{\Lambda}_2&\boldsymbol{\Gamma}_2\\0&0&I_{n(N+M)\tau}\otimes(A-LC)\end{bmatrix}\begin{bmatrix}\zeta(t)\\\eta(t)\\E(t)\end{bmatrix}\tag{5-51}$$

这里

$$\begin{aligned}\boldsymbol{\Gamma}_1&=\left[\mathcal{L}_2\left(\mathcal{G}_1\right)-\mathbf{1}_{N-1}\otimes\mathcal{L}_1\left(\mathcal{G}_1\right)\quad\Omega_2\left(\mathcal{G}_1\right)-\mathbf{1}_{N-1}\otimes\Omega_1\left(\mathcal{G}_1\right)\right]\otimes(BK\boldsymbol{\Theta}(\tau))\\\boldsymbol{\Gamma}_2&=\left[\Omega_2\left(\mathcal{G}_2\right)-\mathbf{1}_{M-1}\otimes\Omega_1\left(\mathcal{G}_2\right)\quad\mathcal{L}_2\left(\mathcal{G}_2\right)-\mathbf{1}_{M-1}\otimes\mathcal{L}_1\left(\mathcal{G}_2\right)\right]\otimes(BK\boldsymbol{\Theta}(\tau))\end{aligned}$$

令

$$\vartheta(t)=\begin{bmatrix}\zeta(t)\\ \eta(t)\end{bmatrix},\Upsilon=\begin{bmatrix}\boldsymbol{\Lambda}_1 & \boldsymbol{\Pi}_1\\ \boldsymbol{\Pi}_2 & \boldsymbol{\Lambda}_2\end{bmatrix},\boldsymbol{\Gamma}=\begin{bmatrix}\boldsymbol{\Gamma}_1\\ \boldsymbol{\Gamma}_2\end{bmatrix}$$

进一步化简并整理，得到

$$\begin{bmatrix}\vartheta(t+1)\\ E(t+1)\end{bmatrix}=\begin{bmatrix}\Upsilon & \boldsymbol{\Gamma}\\ 0 & I_{n(N+M)\tau}\otimes(A-LC)\end{bmatrix}\begin{bmatrix}\vartheta(t)\\ E(t)\end{bmatrix} \tag{5-52}$$

显然，式 (5-52) 描述了一个上三角系统，当且仅当其对角线上的子矩阵是 Schur 稳定的，整个系统稳定。由定义 5-5 可知，结论成立。证毕。 □

**注解 5-3** 定理 5-10表明，在包含多个子网络的复杂网络系统中，基于预测控制方法的分组一致性控制协议 (5-43) 能够主动补偿网络时延对网络化多智能体系统 (5-37) 分组一致性的影响。在设计分组一致性控制协议时，只需寻求合适的增益矩阵 $K$ 与 $L$，使得矩阵 $\Upsilon$ 与 $A-LC$ 是 Schur 稳定的即可，即预测控制机制的引入将时延分组一致性问题转化无时延情形下的分组一致性问题，这给理论设计与工程实现带来了极大的灵活性与有效性。

**推论 5-3** 如果假设 5-5∼ 假设 5-8成立，对于包含两个子网络 $(\mathcal{G}_1,\chi_1)$ 和 $(\mathcal{G}_2,\chi_2)$ 的网络化多智能体系统 (5-37)，那么以下结论是等价的：① 在协议 (5-43) 的作用下，具有时变网络时延 (式 (5-38)) 的多智能体系统 (5-37) 可以实现分组一致性；②设 $U_{12}\in M_{N,N-1}(\mathbb{R})$ 和 $U_{22}\in M_{M,M-1}(\mathbb{R})$ 为任意选取的矩阵，且使 $U_1=\begin{bmatrix}\frac{1}{\sqrt{N}}\mathbf{1}_N & U_{12}\end{bmatrix}$ 和 $U_2=\begin{bmatrix}\frac{1}{\sqrt{M}}\mathbf{1}_M & U_{22}\end{bmatrix}$ 为正交矩阵，矩阵 $\Psi$ 与 $A-LC$ 是 Schur 稳定的，其中

$$\hat{U}=\begin{bmatrix}U_{12} & 0\\ 0 & U_{22}\end{bmatrix},\Phi=\widehat{U}^{\mathrm{T}}\mathcal{L}(\mathcal{G})\widehat{U},\Psi=I_{N+M-2}\otimes A-\Phi\otimes(BK)$$

**证明** 设

$$S=\begin{bmatrix}S_1 & 0\\ 0 & S_2\end{bmatrix},S_1=\begin{bmatrix}\mathbf{1}_{N-1} & -I_{N-1}\end{bmatrix},S_2=[\mathbf{1}_{M-1}-I_{M-1}]$$

很容易得到

$$\Upsilon=I_{N+M-2}\otimes A-\left(\mathcal{S}\mathcal{L}(\mathcal{G})S^{\mathrm{T}}\left(SS^{\mathrm{T}}\right)^{-1}\right)\otimes BK \tag{5-53}$$

又设

$$U=\begin{bmatrix}U_1 & 0\\ 0 & U_2\end{bmatrix},T=\begin{bmatrix}S_1U_{12} & 0\\ 0 & S_2U_{22}\end{bmatrix}$$

由于矩阵 $S_1$ 和 $S_2$ 均具有全行秩，所以矩阵 $U_1$ 和 $U_2$ 是正交矩阵，容易判定 $S_1U_{12}$ 和 $S_2U_{22}$ 是可逆的，则有

$$S\mathcal{L}(\mathcal{G})S^{\mathrm{T}}\left(SS^{\mathrm{T}}\right)^{-1}=(SU)\left(U^{\mathrm{T}}\mathcal{L}(\mathcal{G})U\right)(SU)^{\mathrm{T}}\left((SU)(SU)^{\mathrm{T}}\right)^{-1}=T\varPhi T^{-1} \tag{5-54}$$

根据式 (5-54)，可以得到

$$(T\otimes I_n)^{-1}\varUpsilon(T\otimes I_n)=I_{N+M-2}\otimes A-\left(T^{-1}\left(S\mathcal{L}(\mathcal{G})S^{\mathrm{T}}\left(SS^{\mathrm{T}}\right)^{-1}\right)T\right)\otimes(BK)=\varPsi \tag{5-55}$$

这意味着 $\varUpsilon$ 相似于 $\varPsi$，相似矩阵具有相同的特征值，故当且仅当 $\varPsi$ 是 Schur 稳定时，$\varUpsilon$ 也是 Schur 稳定的。显然，根据定理 5-10，当且仅当 $\varPsi$ 与 $A-LC$ 是 Schur 稳定时，协议 (5-43) 可使网络化多智能体系统 (5-37) 渐近达到分组一致。证毕。 □

**推论 5-4**　如果假设 5-5～ 假设 5-8成立，并且矩阵 $A$ 是不稳定的，对于包含两个子网络 $(\mathcal{G}_1,\chi_1)$ 和 $(\mathcal{G}_2,\chi_2)$ 的网络化多智能体系统 (5-37) 关于容许控制集 $\mathcal{U}$ 分组可一致的必要条件是矩阵 $\mathcal{L}(\mathcal{G})$ 零特征值的代数重数为 2，进而，①如果 $\varOmega_1=0$ 或 $\varOmega_2=0$，那么 $(\mathcal{G}_1,\chi_1)$ 和 $(\mathcal{G}_2,\chi_2)$ 分别包含一个生成树；② 如果 $A$ 是非奇异的，那么 $(A,B)$ 是可稳的。

**证明**　设

$$P=\begin{bmatrix}1&0&0&0\\\mathbf{1}_{N-1}&0&I_{N-1}&0\\0&1&0&0\\0&\mathbf{1}_{M-1}&0&I_{M-1}\end{bmatrix},Q=\begin{bmatrix}1&0&0&0\\0&0&I_{N-1}&0\\0&1&0&0\\0&0&0&I_{M-1}\end{bmatrix}$$

$$\boldsymbol{\varGamma}=\begin{bmatrix}0&\mathcal{L}_{12}(\mathcal{G}_1)&0&\varOmega_{12}(\mathcal{G}_1)\\0&\mathcal{L}_{22}(\mathcal{G}_1)-\mathbf{1}_{N-1}\mathcal{L}_{12}(\mathcal{G}_1)&0&\varOmega_{22}(\mathcal{G}_1)-\mathbf{1}_{N-1}\varOmega_{12}(\mathcal{G}_1)\\0&\varOmega_{12}(\mathcal{G}_2)&0&\mathcal{L}_{12}(\mathcal{G}_2)\\0&\varOmega_{22}(\mathcal{G}_2)-\mathbf{1}_{M-1}\varOmega_{12}(\mathcal{G}_2)&0&\mathcal{L}_{22}(\mathcal{G}_2)-\mathbf{1}_{N-1}\mathcal{L}_{12}(\mathcal{G}_2)\end{bmatrix}$$

通过计算比较，可以得到

$$P^{-1}\mathcal{L}(\mathcal{G})P=\begin{bmatrix}0_{2\times2}&F\\0&S\mathcal{L}(\mathcal{G})S^{\mathrm{T}}\left(SS^{\mathrm{T}}\right)^{-1}\end{bmatrix} \tag{5-56}$$

式中

$$F=\begin{bmatrix}\mathcal{L}_{12}\left(\mathcal{G}_1\right) & \Omega_{12}\left(\mathcal{G}_1\right)\\ \Omega_{12}\left(\mathcal{G}_2\right) & \mathcal{L}_{12}\left(\mathcal{G}_2\right)\end{bmatrix}$$

假设 $\lambda_1=\lambda_2=0,\lambda_3,\cdots,\lambda_{N+M}$ 是矩阵的特征根。通过式 (5-56)，容易验证 $\lambda_3,\cdots,\lambda_{N+M}$ 是矩阵 $S\mathcal{L}(\mathcal{G})S^{\mathrm{T}}\left(SS^{\mathrm{T}}\right)^{-1}$ 的特征根。因此，存在变换矩阵 $T_1\in\mathbb{R}^{(N+M-2)\times(N+M-2)}$，使得

$$J=T_1^{-1}\left(S\mathcal{L}(\mathcal{G})S^{\mathrm{T}}\left(SS^{\mathrm{T}}\right)^{-1}\right)T_1=\operatorname{diag}\left(J_3\left(\lambda_3\right),J_4\left(\lambda_4\right),\cdots,J_s\left(\lambda_s\right)\right)$$

式中，$J_i(\lambda_i)$ 为特征值 $\lambda_i$ 所对应的上三角 Jordan 块，$i=3,4,\cdots,N+M$。因此，$A-\lambda_iBK$ 的所有特征值位于单位圆内，同时 $A$ 是不稳定的，容易推断 $\lambda_i\neq 0,i=3,4,\cdots,N+M$，故矩阵 $\mathcal{L}(\mathcal{G})$ 零特征值的代数重数为 2。如果 $\Omega_1=0$ 或者 $\Omega_2=0$，那么 $\sigma(\mathcal{L}(\mathcal{G}))=\sigma\left(\mathcal{L}\left(\mathcal{G}_1\right)\right)\cup\sigma\left(\mathcal{L}\left(\mathcal{G}_2\right)\right)$，又有 $\mathcal{L}\left(\mathcal{G}_1\right)\mathbf{1}_N=0$ 和 $\mathcal{L}\left(\mathcal{G}_2\right)\mathbf{1}_M=0$，矩阵 $\mathcal{L}(\mathcal{G})$ 零特征值的代数重数为 2，可以确定 $\mathcal{L}(\mathcal{G}_1)$ 和 $\mathcal{L}(\mathcal{G}_2)$ 分别有且仅有一个零特征值。由式 (5-44) 可知，$\mathcal{A}(\mathcal{G}_1)$ 与 $\mathcal{A}(\mathcal{G}_2)$ 为非负矩阵，根据文献 [164] 中的定理 5-10 容易得到，$\mathcal{G}_1$ 和 $\mathcal{G}_2$ 分别包含一个生成树。下面证明当 $A$ 为非奇异时，$(A,B)$ 是能稳的。整个证明过程类似于文献 [165] 中的定理 4，若存在一个 $\lambda_i,i=3,4,\cdots,N+M$，是实数，记作 $\lambda_3$，由于 $A-\lambda_3BK$ 的所有特征值位于单位圆内，所以 $(A,B)$ 是能稳的。若所有的 $\lambda_i,i=3,4,\cdots,N+M$ 均为虚数，即虚部均不为零，注意到 $\mathcal{L}(\mathcal{G})$ 是实数矩阵，特征值将以共轭对的形式出现。为了不失一般性，假设 $\lambda_3=e+\mathrm{j}d$ 和 $\lambda_4=e-\mathrm{j}d$ 为一对共轭特征值，注意到，对于 $\forall\lambda\in\mathbb{C}$，有

$$\begin{aligned}&\begin{vmatrix}\lambda I_n-(A-eBK) & -dBK\\ dBK & \lambda I_n-(A-eBK)\end{vmatrix}\\ =&\left|\lambda I_n-(A-\lambda_3BK)\right|\cdot\left|\lambda I_n-(A-\lambda_4BK)\right|\end{aligned}$$

由 $A-\lambda_3BK$ 与 $A-\lambda_4BK$ 的特征值均位于单位圆内，可以得出矩阵

$$\begin{bmatrix}A-eBK & dBK\\ -dBK & A-eBK\end{bmatrix}$$

的特征值位于单位圆内。进一步整理为

$$\begin{bmatrix}A-eBK & dBK\\ -dBK & A-eBK\end{bmatrix}=\begin{bmatrix}A & 0\\ 0 & A\end{bmatrix}+\begin{bmatrix}B & 0\\ 0 & B\end{bmatrix}\begin{bmatrix}-eK & dK\\ -dK & -eK\end{bmatrix}$$

这意味着

$$\left(\begin{bmatrix} A & 0 \\ 0 & A \end{bmatrix}, \begin{bmatrix} B & 0 \\ 0 & B \end{bmatrix}\right)$$

是能稳的。因而，

$$\operatorname{rank}\begin{bmatrix} sI_n - A & 0 & B & 0 \\ 0 & sI_n - A & 0 & B \end{bmatrix} = 2n, \forall s \in \mathbb{C}, |s| \geqslant 1$$

这等价于

$$\operatorname{rank}\begin{bmatrix} sI_n - A & B \end{bmatrix} = n, \forall s \in \mathbb{C}, |s| \geqslant 1$$

证明了当 $A$ 为非奇异时，$(A, B)$ 是能稳的。综上所述，结论成立。证毕。 □

### 5.2.2 同构多智能体系统在外部干扰下的分组一致性

实际应用中外部干扰的影响难以避免，所以本节解决在有外部干扰和通信时延的情况下离散多智能体系统实现分组一致的问题。首先，将系统中的全部智能体分为两组，设计分布式控制协议处理通信时滞和外部干扰带来的影响，得到系统实现分组状态一致的充要条件。然后，将两组的结果推广到更一般的多组情形。

1. 问题描述

同样，本节假设一个网络化多智能体系统 $(\mathcal{G}, x)$，其拓扑图 $\mathcal{G} = (\mathcal{V}, \mathcal{E}, \mathcal{A}(\mathcal{G}))$ 为加权有向图。将其划分为两部分，第一个子网络 $\mathcal{G}_1 = (\mathcal{V}_1, \mathcal{E}_1, \mathcal{A}_1(\mathcal{G}))$ 中有 $N$ 个智能体，第二个子网络 $\mathcal{G}_2 = (\mathcal{V}_2, \mathcal{E}_2, \mathcal{A}_2(\mathcal{G}))$ 中有 $M$ 个智能体。其中，节点集 $\mathcal{V}_1 = \{v_1, v_2, \cdots, v_N\}$ 和 $\mathcal{V}_2 = \{v_{N+1}, v_{N+2}, \cdots, v_{N+M}\}$。节点集 $\mathcal{V}_1$ 与 $\mathcal{V}_2$ 的索引集分别为 $\ell_1 = \{1, 2, \cdots, N\}$ 和 $\ell_2 = \{N+1, N+2, \cdots, N+M\}$，可以看出 $\ell = \ell_1 \cup \ell_2$。

第 $i$ 个智能体的动力学模型如下：

$$\begin{cases} x_i(t+1) = Ax_i(t) + B(u_i(t) + d_i(t)) \\ y_i(t) = Cx_i(t),\ i \in \ell \end{cases} \tag{5-57}$$

式中，$x_i(t) \in M_{n,1}(\mathbb{R})$ 表示智能体 $i$ 的状态；$u_i(t) \in M_{m,1}(\mathbb{R})$ 表示控制输入；$d_i(t) \in M_{m,1}(\mathbb{R})$ 表示外部干扰；$y_i(t) \in M_{r,1}(\mathbb{R})$ 表示量测输出；$A$、$B$、$C$ 是已知的常系数矩阵。

假设外部干扰 $d_i(t)$ 是由如下的外源系统产生的，即

$$\begin{cases} w_i(t+1) = Q_i w_i(t) \\ d_i(t) = Z_i w_i(t), i \in \ell \end{cases} \tag{5-58}$$

式中，$w_i(t) \in M_{q,1}(\mathbb{R})$ 为外部干扰的状态变量；$Z_i$ 和 $Q_i$ 为已知的常系数矩阵。

考虑到外部干扰，引入新变量 $\boldsymbol{x}_i(t) = \begin{bmatrix} x_i(t) \\ w_i(t) \end{bmatrix}$，则引入外源系统和新变量后的增广系统的状态空间描述如下：

$$\begin{aligned} \boldsymbol{x}_i(t+1) &= \boldsymbol{A}_i \boldsymbol{x}_i(t) + \boldsymbol{B} u_i(t) \\ y_i(t) &= \boldsymbol{C} \boldsymbol{x}_i(t) \end{aligned} \tag{5-59}$$

式中，$\boldsymbol{A}_i = \begin{bmatrix} A & BZ_i \\ 0 & Q_i \end{bmatrix}$；$\boldsymbol{B} = \begin{bmatrix} B \\ 0 \end{bmatrix}$；$\boldsymbol{C} = \begin{bmatrix} C & 0_{r\times q} \end{bmatrix}$；$i \in \ell$。

设智能体间通信时滞为 $\tau$，通过引用状态观测器，针对增广系统 (5-59)，可以得到 $t$ 时刻的预测状态：

$$\begin{aligned} \hat{\boldsymbol{x}}_i(t-\tau+1|t-\tau) =& \boldsymbol{A}_i \hat{\boldsymbol{x}}_i(t-\tau|t-\tau-1) + \boldsymbol{B} u_i(t-\tau) \\ & + L_i\left(y_i(t-\tau) - \hat{y}_i(t-\tau|t-\tau-1)\right) \\ \hat{\boldsymbol{x}}_i(t-\tau+d|t-\tau) =& \boldsymbol{A}_i \hat{\boldsymbol{x}}_i(t-\tau+d-1|t-\tau) + \boldsymbol{B} u_i(t-\tau+d-1) \end{aligned} \tag{5-60}$$

$\hat{\boldsymbol{x}}_i(t-a|t-b) \in M_{n,1}(\mathbb{R})$ $(a<b)$ 是指由智能体 $i$ 直到 $t-b$ 时刻的信息预测智能体 $i$ 在 $t-a$ 时刻的状态，$d = 2, 3, \cdots, \tau$。

**假设 5-9** 外源系统产生的扰动 $d_i(k)$ 是有界的。

2. 基于状态反馈的一致性算法设计

由式 (5-59)，设计如下观测器

$$\boldsymbol{x}_i(t+1) - \hat{\boldsymbol{x}}_i(t+1|t) = \boldsymbol{A}_i\left(x_i(t) - \hat{\boldsymbol{x}}_i(t|t-1)\right) + L_i\left(\hat{y}_i(t|t-1) - y_i(t)\right) \tag{5-61}$$

式中，$\hat{y}_i(t|t-1) = \boldsymbol{C}\hat{\boldsymbol{x}}_i(t|t-1)$。

定义状态估计误差和干扰估计误差及观测器增益矩阵如下：

$$\begin{aligned} &E_{x_i}(t) = x_i(t) - \hat{x}_i(t|t-1) \\ &E_{w_i}(t) = w_i(t) - \hat{w}_i(t|t-1) \\ &\boldsymbol{E}_{x_i}(t) = \boldsymbol{x}_i(t) - \hat{\boldsymbol{x}}_i(t|t-1) \\ &\boldsymbol{E}_{x_i}(t) = \begin{bmatrix} E_{x_i}(t) \\ E_{w_i}(t) \end{bmatrix}, L_i = \begin{bmatrix} L_{i1} \\ L_{i2} \end{bmatrix}, i \in \ell \end{aligned}$$

可见，$\boldsymbol{E}_{x_i}(t)$ 表示增广系统中智能体 $i$ 在 $t$ 时刻的真实状态与预测状态的误差。

式 (5-61) 可以改写为

$$\begin{aligned}\boldsymbol{E}_{x_i}(t+1) &= (\boldsymbol{A}_i - L_i\boldsymbol{C})\boldsymbol{E}_{x_i}(t)\\ &= \left(\begin{bmatrix} A & BZ_i \\ 0 & Q_i\end{bmatrix} - \begin{bmatrix} L_{i1} \\ L_{i2}\end{bmatrix}\begin{bmatrix} C & 0\end{bmatrix}\right)\boldsymbol{E}_{x_i}(t)\\ &= \begin{bmatrix} A - L_{i1}C & BZ_i \\ -L_{i2}C & Q_i\end{bmatrix}\begin{bmatrix} E_{x_i}(t) \\ E_{w_i}(t)\end{bmatrix}\end{aligned}$$

所以

$$\begin{aligned} E_{x_i}(t+1) &= (A - L_{i1}C)\,E_{x_i}(t) + BZ_iE_{w_i}(t)\\ E_{w_i}(t+1) &= -L_{i2}CE_{x_i}(t) + Q_iE_{w_i}(t)\end{aligned}$$

因为本节所研究多智能体系统存在外部干扰和通信时延，所以引入网络预测方法后，设计如下形式的分组一致性控制协议：

$$u_i(t) = \begin{cases} K_{ic}\sum\limits_{j\in N_{1i}} a_{ij}\left(\hat{x}_j(t|t-\tau) - \hat{x}_i(t|t-\tau)\right) \\ +K_{id}\sum\limits_{j\in N_{2i}} a_{ij}\left(\hat{x}_j(t|t-\tau) - \hat{x}_{N+1}(t|t-\tau)\right) \\ -\hat{d}_i(t|t-\tau),\ i\in\ell_1 \\ K_{ic}\sum\limits_{j\in N_{2i}} a_{ij}\left(\hat{x}_j(t|t-\tau) - \hat{x}_i(t|t-\tau)\right) \\ +K_{id}\sum\limits_{j\in N_{1i}} a_{ij}\left(\hat{x}_j(t|t-\tau) - \hat{x}_1(t|t-\tau)\right) \\ -\hat{d}_i(t|t-\tau),\ i\in\ell_2 \end{cases} \tag{5-62}$$

式中，$K_{ic}$ 为组内的增益矩阵；$K_{id}$ 为组间的增益矩阵。

3. 分组一致性分析

**定义 5-6**　如果具有扰动 (5-58) 的离散多智能体系统 (5-57) 在控制协议 (5-62) 作用下使得

$$\lim_{t\to+\infty}\|x_i(t) - x_j(t)\| = 0,\ \forall i,j\in\ell_\sigma,\ \sigma=1,2$$

成立，那么称控制协议 (5-62) 能实现分组状态一致性。

定义如下符号:

$$\zeta_i(t) = x_i(t) - x_1(t), i \in \ell_1$$

$$\varphi_i(t) = x_i(t) - x_{N+1}(t), i \in \ell_2$$

$$\hat{\zeta}_i(t|t-\tau) = \hat{x}_i(t|t-\tau) - \hat{x}_1(t|t-\tau), i \in \ell_1$$

$$\hat{\varphi}_i(t|t-\tau) = \hat{x}_i(t|t-\tau) - \hat{x}_{N+1}(t|t-\tau), i \in \ell_2$$

$$\zeta(t) = \begin{bmatrix} \zeta_2^{\mathrm{T}}(t) & \zeta_3^{\mathrm{T}}(t) & \cdots & \zeta_N^{\mathrm{T}}(t) \end{bmatrix}^{\mathrm{T}}$$

$$\varphi(t) = \begin{bmatrix} \varphi_{N+2}^{\mathrm{T}}(t) & \varphi_{N+3}^{\mathrm{T}}(t) & \cdots & \varphi_{N+M}^{\mathrm{T}}(t) \end{bmatrix}^{\mathrm{T}}$$

$$\theta(t) = \begin{bmatrix} \zeta^{\mathrm{T}}(t) & \varphi^{\mathrm{T}}(t) \end{bmatrix}^{\mathrm{T}}$$

给出如下的一些相关矩阵，方便进行后续的理论推导。

$$\mathcal{L}^{\mathcal{G}} = \begin{bmatrix} \mathcal{L}^{\mathcal{G}_1} & \Omega^{\mathcal{G}_1} \\ \Omega^{\mathcal{G}_2} & \mathcal{L}^{\mathcal{G}_2} \end{bmatrix}$$

$$\mathcal{L}^{\mathcal{G}_i} = \begin{bmatrix} \mathcal{L}_{11}^{\mathcal{G}_i} & \mathcal{L}_{12}^{\mathcal{G}_i} \\ \mathcal{L}_{21}^{\mathcal{G}_i} & \mathcal{L}_{22}^{\mathcal{G}_i} \end{bmatrix} = \begin{bmatrix} \mathcal{L}_1^{\mathcal{G}_i} \\ \mathcal{L}_2^{\mathcal{G}_i} \end{bmatrix}, i = 1, 2$$

$$\Omega^{\mathcal{G}_i} = \begin{bmatrix} \Omega_{11}^{\mathcal{G}_i} & \Omega_{12}^{\mathcal{G}_i} \\ \Omega_{21}^{\mathcal{G}_i} & \Omega_{22}^{\mathcal{G}_i} \end{bmatrix} = \begin{bmatrix} \Omega_1^{\mathcal{G}_i} \\ \Omega_2^{\mathcal{G}_i} \end{bmatrix}, i = 1, 2$$

$$\Omega^{\mathcal{G}_1} = [-a_{ij}]_{N\times M}, i = 1, 2, \cdots, N; j = N+1, N+2, \cdots, N+M$$

$$\Omega^{\mathcal{G}_2} = [-a_{ij}]_{M\times N}, i = N+1, N+2, \cdots, N+M; j = 1, 2, \cdots, N$$

式中

$$\mathcal{L}_{11}^{\mathcal{G}_1} \in \mathbb{R}, \mathcal{L}_{12}^{\mathcal{G}_1} \in M_{1,N-1}(\mathbb{R}), \mathcal{L}_{21}^{\mathcal{G}_1} \in M_{N-1,1}(\mathbb{R}), \mathcal{L}_{22}^{\mathcal{G}_1} \in M_{N-1,N-1}(\mathbb{R})$$

$$\mathcal{L}_{11}^{\mathcal{G}_2} \in \mathbb{R}, \mathcal{L}_{12}^{\mathcal{G}_2} \in M_{1,M-1}(\mathbb{R}), \mathcal{L}_{21}^{\mathcal{G}_2} \in M_{M-1,1}(\mathbb{R}), \mathcal{L}_{22}^{\mathcal{G}_2} \in M_{M-1,M-1}(\mathbb{R})$$

$$\mathcal{L}_1^{\mathcal{G}_1} \in M_{1,N}(\mathbb{R}), \mathcal{L}_2^{\mathcal{G}_1} \in M_{N-1,N}(\mathbb{R}), \mathcal{L}_1^{\mathcal{G}_2} \in M_{1,M}(\mathbb{R}), \mathcal{L}_2^{\mathcal{G}_2} \in M_{M-1,M}(\mathbb{R})$$

整理式 (5-60)，将其进行迭代、化简，得

$$\hat{\boldsymbol{x}}_i(t|t-\tau) = \boldsymbol{A}_i{}^{\tau-1}\hat{\boldsymbol{x}}_i(t-\tau+1|t-\tau) + \sum_{k=2}^{\tau} \boldsymbol{A}_i{}^{\tau-k}\boldsymbol{B}u_i(t+k-\tau-1) \quad (5\text{-}63)$$

将式 (5-59) 递推，得

$$\boldsymbol{x}_i(t) = \boldsymbol{A}_i{}^{\tau}\boldsymbol{x}_i(t-\tau) + \sum_{k=1}^{\tau}\boldsymbol{A}_i{}^{\tau-k}\boldsymbol{B}u_i(t+k-\tau-1) \tag{5-64}$$

将式 (5-60) 和式 (5-63) 联立，可得

$$\begin{aligned}\hat{\boldsymbol{x}}_i(t|t-\tau) =& \boldsymbol{A}_i{}^{\tau-1}\left((\boldsymbol{A}_i - L_i\boldsymbol{C})\hat{\boldsymbol{x}}_i(t-\tau|t-\tau-1) + L_i\boldsymbol{C}x_i(t-\tau)\right) \\ &+ \sum_{k=1}^{\tau}\boldsymbol{A}_i{}^{\tau-k}\boldsymbol{B}u_i(t+k-\tau-1)\end{aligned}$$

由式 (5-64)，可得

$$\hat{\boldsymbol{x}}_i(t|t-\tau) = \boldsymbol{x}_i(t) - \boldsymbol{A}_i{}^{\tau-1}\boldsymbol{E}_{x_i}(t-\tau+1),\ i \in \ell \tag{5-65}$$

**定理 5-11** 存在外部干扰 (5-58) 的离散多智能体系统 (5-57) 能够在控制协议 (5-62) 的作用下实现分组状态一致，当且仅当矩阵 $\varPsi = \begin{bmatrix}\varPsi_1 & \varPsi_2 \\ \varPsi_3 & \varPsi_4\end{bmatrix}$ 和 $\varUpsilon = \begin{bmatrix}\varUpsilon_1 & \varUpsilon_2 \\ \varUpsilon_3 & \varUpsilon_4\end{bmatrix}$ 是 Schur 稳定的。其中

$$\varPsi_1 = I_{N-1}\otimes A + (1_{N-1}\mathcal{L}_{12}^{\mathcal{G}_1})\otimes(BK_{1c}) - K_c^{\mathcal{G}_1}(\mathcal{L}_{22}^{\mathcal{G}_1}\otimes I_n)$$

$$\varPsi_2 = (1_{N-1}\varOmega_{12}^{\mathcal{G}_1})\otimes(BK_{1d}) - K_d^{\mathcal{G}_1}(\varOmega_{22}^{\mathcal{G}_1}\otimes I_n)$$

$$\varPsi_3 = (1_{M-1}\varOmega_{12}^{\mathcal{G}_2})\otimes(BK_{(N+1)d}) - K_d^{\mathcal{G}_2}(\varOmega_{22}^{\mathcal{G}_2}\otimes I_n)$$

$$\varPsi_4 = I_{M-1}\otimes A + (1_{M-1}\cdot\mathcal{L}_{12}^{\mathcal{G}_2})\otimes(BK_{(N+1)c}) - K_c^{\mathcal{G}_2}(\mathcal{L}_{22}^{\mathcal{G}_2}\otimes I_n)$$

$$\varUpsilon_1 = \oplus\sum_{i=1}^{N+M}(A - L_{i1}C),\ \varUpsilon_2 = \oplus\sum_{i=1}^{N+M}BZ_i$$

$$\varUpsilon_3 = \oplus\sum_{i=1}^{N+M}(-L_{i2}C),\ \varUpsilon_4 = \oplus\sum_{i=1}^{N+M}Q_i$$

这里

$$K_c^{\mathcal{G}_1} = \oplus\sum_{i=2}^{N}BK_{ic},\ K_d^{\mathcal{G}_1} = \oplus\sum_{i=2}^{N}BK_{id}$$

$$K_c^{\mathcal{G}_2} = \oplus\sum_{i=N+2}^{N+M}BK_{ic},\ K_d^{\mathcal{G}_2} = \oplus\sum_{i=N+2}^{N+M}BK_{id}$$

**证明** 求得状态预测和干扰预测如下：

$$\hat{x}_i(t|t-1) = \begin{bmatrix} I_n & 0 \end{bmatrix} \begin{bmatrix} \hat{x}_i(t|t-1) \\ \hat{w}_i(t|t-1) \end{bmatrix} = \begin{bmatrix} I_n & 0 \end{bmatrix} \hat{\boldsymbol{x}}_i(t|t-1)$$
$$\hat{d}_i(t|t-1) = \begin{bmatrix} 0 & Z_i \end{bmatrix} \begin{bmatrix} \hat{x}_i(t|t-1) \\ \hat{w}_i(t|t-1) \end{bmatrix} = \begin{bmatrix} 0 & Z_i \end{bmatrix} \hat{\boldsymbol{x}}_i(t|t-1)$$

首先，对第一组 (即 $i \in \mathcal{V}_1$ 时) 进行分析，同理可得第二组的结果。将状态预测与干扰预测及式 (5-65) 代入式 (5-62) 中，求得增广系统 (5-59) 的控制器表达式：

$$\begin{aligned} u_i(t) =& K_{ic} \sum_{j=1}^{N} a_{ij} \left( \begin{bmatrix} I_n & 0 \end{bmatrix} \left( \boldsymbol{x}_j(t) - \boldsymbol{A}_i{}^{\tau-1} \boldsymbol{E}_{x_j}(t-\tau+1) \right) \right. \\ & \left. - \begin{bmatrix} I_n & 0 \end{bmatrix} \left( \boldsymbol{x}_i(t) - \boldsymbol{A}_i{}^{\tau-1} \boldsymbol{E}_{x_i}(t-\tau+1) \right) \right) \\ & + K_{id} \sum_{j=N+1}^{N+M} a_{ij} \left( \begin{bmatrix} I_n & 0 \end{bmatrix} \left( \boldsymbol{x}_j(t) - \boldsymbol{A}_i{}^{\tau-1} \boldsymbol{E}_{x_j}(t-\tau+1) \right) \right. \\ & \left. - \begin{bmatrix} I_n & 0 \end{bmatrix} \boldsymbol{x}_{N+1}(t) - \boldsymbol{A}_i{}^{\tau-1} \boldsymbol{E}_{x_{N+1}}(t-\tau+1) \right) \\ & - \begin{bmatrix} 0 & Z_i \end{bmatrix} \left( \boldsymbol{x}_i(t) - \boldsymbol{A}_i{}^{\tau-1} \boldsymbol{E}_{x_i}(t-\tau+1) \right), i = 1, 2, \cdots, N \end{aligned}$$

已知 $\boldsymbol{A}_i{}^1 = \begin{bmatrix} A & BZ_i \\ 0 & Q_i \end{bmatrix}$，通过数学归纳法，得

$$\boldsymbol{A}_i^\tau = \begin{bmatrix} A^\tau & \Theta_i(\tau) \\ 0 & Q_i^\tau \end{bmatrix}, i \in \ell$$

式中

$$\Theta_i(\tau) = \sum_{s=1}^{\tau} A^{\tau-s}(BZ_i)Q_i{}^{s-1}, \Theta_i(0) = 0, i = 1, 2, \cdots, N+M$$

结合式 (5-65)，得

$$\begin{bmatrix} \hat{x}_i(t|t-\tau) \\ \hat{w}_i(t|t-\tau) \end{bmatrix} = \begin{bmatrix} x_i(t) - A^{\tau-1}E_{x_i}(t-\tau+1) - \Theta_i(\tau-1)E_{w_i}(t-\tau+1) \\ w_i(t) - Q_i{}^{\tau-1}E_{w_i}(t-\tau+1) \end{bmatrix} \tag{5-66}$$

联立式 (5-57)、式 (5-66) 和控制协议 (5-62)，可得

$$
\begin{aligned}
& x_i(t+1) \\
=& Ax_i(t) + BZ_iQ_i^{\tau-1}E_{w_i}(t-\tau+1) \\
& + BK_{ic}\sum_{j=1}^{N} a_{ij}\left(x_j(t) - A^{\tau-1}E_{x_j}(t-\tau+1) - \Theta_j(\tau-1)E_{w_j}(t-\tau+1)\right) \\
& - BK_{ic}\sum_{j=1}^{N} a_{ij}\left(x_i(t) - A^{\tau-1}E_{x_i}(t-\tau+1) - \Theta_i(\tau-1)E_{w_i}(t-\tau+1)\right) \\
& + BK_{id}\sum_{j=N+1}^{N+M} a_{ij}\left(x_j(t) - A^{\tau-1}E_{x_j}(t-\tau+1) - \Theta_j(\tau-1)E_{w_j}(t-\tau+1)\right) \\
& - BK_{id}\sum_{j=N+1}^{N+M} a_{ij}\left(x_{N+1}(t) - A^{\tau-1}E_{x_{N+1}}(t-\tau+1)\right) \\
& - \Theta_{N+1}(\tau-1)E_{w_{N+1}}(t-\tau+1)
\end{aligned}
\tag{5-67}
$$

为接下来的分析方便，引入下面的向量和矩阵。

$$
\begin{aligned}
E_1(t) &= \left[E_{x_1}^{\mathrm{T}}(t) \quad {E_{x_2}}^{\mathrm{T}}(t) \quad \cdots \quad {E_{x_N}}^{\mathrm{T}}(t)\right]^{\mathrm{T}} \in M_{Nn,1}(\mathbb{R}) \\
E_2(t) &= \left[E_{x_{N+1}}^{\mathrm{T}}(t) \quad E_{x_{N+2}}^{\mathrm{T}}(t) \quad \cdots \quad E_{x_{N+M}}^{\mathrm{T}}(t)\right] \in M_{Mn,1}(\mathbb{R}) \\
F_1(t) &= \left[{E_{w_1}}^{\mathrm{T}}(t) \quad {E_{w_2}}^{\mathrm{T}}(t) \quad \cdots \quad {E_{w_N}}^{\mathrm{T}}(t)\right]^{\mathrm{T}} \in M_{Nq,1}(\mathbb{R}) \\
F_2(t) &= \left[E_{w_{N+1}}^{\mathrm{T}}(t) \quad E_{w_{N+2}}^{\mathrm{T}}(t) \quad \cdots \quad E_{w_{N+M}}^{\mathrm{T}}(t)\right] \in M_{Mq,1}(\mathbb{R}) \\
E(t) &= \left[E_1^{\mathrm{T}}(t) \quad E_2^{\mathrm{T}}(t)\right]^{\mathrm{T}},\ F(t) = \left[F_1^{\mathrm{T}}(t) \quad F_2^{\mathrm{T}}(t)\right]^{\mathrm{T}} \\
\mathcal{L}^{\mathcal{G}_1} &= \left[(l_1^{\mathcal{G}_1})^{\mathrm{T}} \quad (l_2^{\mathcal{G}_1})^{\mathrm{T}} \quad \cdots \quad (l_N^{\mathcal{G}_1})^{\mathrm{T}}\right]^{\mathrm{T}} \\
\mathcal{L}^{\mathcal{G}_2} &= \left[(l_{N+1}^{\mathcal{G}_2})^{\mathrm{T}} \quad (l_{N+2}^{\mathcal{G}_2})^{\mathrm{T}} \quad \cdots \quad (l_{N+M}^{\mathcal{G}_2})^{\mathrm{T}}\right]^{\mathrm{T}} \\
l_i^{\mathcal{G}_1} &= \left[l_{i1} \quad l_{i2} \quad \cdots \quad l_{iN}\right],\ l_i^{G_2} = \left[l_{i(N+1)} \quad l_{i(N+2)} \quad \cdots \quad l_{i(N+M)}\right] \\
\tilde{l}_i^{\mathcal{G}_1} &= \left[l_{i2} \quad l_{i3} \quad \cdots \quad l_{iN}\right],\ \tilde{l}_i^{\mathcal{G}_2} = \left[l_{i(N+2)} \quad l_{i(N+3)} \quad \cdots \quad l_{i(N+M)}\right] \\
\omega_i^{\mathcal{G}_1} &= \left[-a_{i(N+1)} \quad -a_{i(N+2)} \quad \cdots \quad -a_{i(N+M)}\right],\ \forall i \in \ell_1
\end{aligned}
$$

$$\omega_i^{\mathcal{G}_2} = \begin{bmatrix} -a_{i1} & -a_{i2} & \cdots & -a_{iN} \end{bmatrix}, \forall i \in \ell_2$$

$$\tilde{\omega}_i^{\mathcal{G}_1} = \begin{bmatrix} -a_{i(N+2)} & -a_{i(N+3)} & \cdots & -a_{i(N+M)} \end{bmatrix}, \forall i \in \ell_1$$

$$\tilde{\omega}_i^{\mathcal{G}_2} = \begin{bmatrix} -a_{i2} & -a_{i3} & \cdots & -a_{iN} \end{bmatrix}, \forall i \in \ell_2$$

$$\tilde{Z} = \mathrm{diag}\left(Z_2, \quad Z_3, \cdots, Z_N\right)$$

$$\tilde{Z}_{02} = \mathrm{diag}\left(Z_{N+2}, Z_{N+3}, \cdots, Z_{N+M}\right)$$

$$\tilde{Q} = \mathrm{diag}\left(Q_2, Q_3, \cdots, Q_N\right)$$

$$\tilde{Q}_{02} = \mathrm{diag}\left(Q_{N+2}, \quad Q_{N+3}, \cdots, Q_{N+M}\right)$$

$$\bar{\Theta}^{\mathcal{G}_1}(\tau-1) = \mathrm{diag}\left(\Theta_1(\tau-1), \Theta_2(\tau-1), \cdots, \Theta_N(\tau-1)\right) \in M_{Nn,Nq}(\mathbb{R})$$

$$\bar{\Theta}^{\mathcal{G}_2}(\tau-1) = \mathrm{diag}\left(\Theta_{N+1}(\tau-1), \Theta_{N+2}(\tau-1), \cdots, \Theta_{N+M}(\tau-1)\right) \in M_{Mn,Mq}(\mathbb{R})$$

第一组所有智能体与组内第一个智能体的状态差如下：

$$\begin{aligned}
\zeta_i(t+1) =& x_i(t+1) - x_1(t+1) \\
=& A\zeta_i(t) + \left(BK_{1c}\left(\tilde{l}_1^{G_1} \otimes I_n\right) - BK_{ic}\left(\tilde{l}_i^{G_1} \otimes I_n\right)\right)\zeta(t) \\
&+ \left(BK_{1d}\left(\tilde{\omega}_1^{G_1} \otimes I_n\right) - BK_{id}\left(\tilde{\omega}_i^{G_1} \otimes I_n\right)\right)\varphi(t) \\
&+ \left(BK_{ic}A^{\tau-1}\left(l_i^{G_1} \otimes I_n\right) - BK_{1c}A^{\tau-1}\left(l_1^{G_1} \otimes I_n\right)\right)E_1(t-\tau+1) \\
&+ \left(BK_{id}A^{\tau-1}\left(\omega_i^{G_1} \otimes I_n\right) - BK_{1d}A^{\tau-1}\left(\omega_1^{G_1} \otimes I_n\right)\right)E_2(t-\tau+1) \\
&+ \left(BK_{ic}\left(l_i^{G_1} \otimes I_n\right) - BK_{1c}\left(l_1^{G_1} \otimes I_n\right)\right)\bar{\Theta}^{G_1}(\tau-1)F_1(t-\tau+1) \\
&+ \left(BK_{id}\left(\omega_i^{G_1} \otimes I_n\right) - BK_{1d}\left(\omega_1^{G_1} \otimes I_n\right)\right)\bar{\Theta}^{G_2}(\tau-1)F_2(t-\tau+1) \\
&+ \left(BK_{id}\sum_{j=N+1}^{N+M} a_{ij} - BK_{1d}\sum_{j=N+1}^{N+M} a_{1j}\right)\left(A^{\tau-1}E_{x_{N+1}}(t-\tau+1)\right. \\
&\left.+\Theta_{N+1}(\tau-1)E_{w_{N+1}}(t-\tau+1)\right) + BZ_iQ_i^{\tau-1}E_{w_i}(t-\tau+1) \\
&- BZ_1Q_1^{\tau-1}E_{v_1}(t-\tau+1),\ i = 1, 2, \cdots, N
\end{aligned}$$

向量表达式为

$$
\begin{aligned}
\zeta(t+1) = & \left[I_{N-1}\otimes A + \left(1_{N-1}\mathcal{L}_{12}^{\mathcal{G}_1}\right)\otimes(BK_{1c}) - K_c^{\mathcal{G}_1}\left(\mathcal{L}_{22}^{\mathcal{G}_1}\otimes I_n\right)\right]\zeta(t) \\
& + \left(\left(1_{N-1}\Omega_{12}^{\mathcal{G}_1}\right)\otimes(BK_{1d}) - K_d^{\mathcal{G}_1}\left(\Omega_{22}^{\mathcal{G}_1}\otimes I_n\right)\right)\varphi(t) \\
& + \Gamma_1 E(t-\tau+1) + \Pi_1 F(t-\tau+1)
\end{aligned}
\tag{5-68}
$$

$$
\begin{aligned}
\gamma_i^{\mathcal{G}_2} &= \sum_{j=N+1}^{N+M} -a_{ij},\ i=1,2,\cdots,N \\
\gamma_{S_1}^{\mathcal{G}_2} &= \left[\left(\gamma_2^{\mathcal{G}_2}\right)^{\mathrm{T}} \quad \left(\gamma_3^{\mathcal{G}_2}\right)^{\mathrm{T}} \quad \cdots \quad \left(\gamma_N^{\mathcal{G}_2}\right)^{\mathrm{T}}\right]^{\mathrm{T}} \\
\gamma_i^{\mathcal{G}_1} &= \sum_{j=1}^{N} -a_{ij},\ i=N+1,N+2,\cdots,N+M \\
\gamma_{S_2}^{\mathcal{G}_1} &= \left[\left(\gamma_{N+2}^{\mathcal{G}_1}\right)^{\mathrm{T}} \quad \left(\gamma_{N+3}^{\mathcal{G}_1}\right)^{\mathrm{T}} \quad \cdots \quad \left(\gamma_{N+M}^{\mathcal{G}_1}\right)^{\mathrm{T}}\right]^{\mathrm{T}}
\end{aligned}
$$

记

$$
\begin{aligned}
\Xi_1 = & K_c^{\mathcal{G}_1}A^{\tau-1}(\mathcal{L}_2^{\mathcal{G}_1}\otimes I_n) - (1_{N-1}\cdot\mathcal{L}_1^{\mathcal{G}_1})\otimes(BK_{1c}A^{\tau-1}) \\
\Xi_2 = & K_d^{\mathcal{G}_1}A^{\tau-1}(\Omega_2^{\mathcal{G}_1}\otimes I_n) - (1_{N-1}\cdot\Omega_1^{\mathcal{G}_1})\otimes(BK_{1d}A^{\tau-1}) \\
& - \left(\left(K_d^{\mathcal{G}_1}A^{\tau-1}\right)\left(\gamma_{s_1}^{\mathcal{G}_2}\otimes I_n\right) - \left((1_{(N-1)}\gamma_1^{\mathcal{G}_2})\otimes(BK_{1d}A^{\tau-1})\right)\right)\left[I_n \quad 0_{n\times(M-1)n}\right] \\
\Lambda_1 = & K_c^{\mathcal{G}_1}\left((\mathcal{L}_2^{\mathcal{G}_1}\otimes I_q) - (1_{N-1}\cdot\mathcal{L}_1^{\mathcal{G}_1})\otimes(BK_{1c})\right)\bar{\Theta}^{\mathcal{G}_1}(\tau-1) \\
& + (I_{N-1}\otimes B)\tilde{Z}\tilde{Q}^{\tau-1}\left[0 \quad I_{(N-1)q}\right] \\
& - \left(1_{N-1}\otimes(BZ_1{Q_1}^{\tau-1})\right)\left[I_q \quad 0\right] \\
\Lambda_2 = & \left(K_d^{\mathcal{G}_1}\left(\Omega_2^{\mathcal{G}_1}\otimes I_q\right) - \left(1_{N-1}\cdot\Omega_1^{\mathcal{G}_1}\right)(BK_{1d})\right)\bar{\Theta}^{\mathcal{G}_2}(\tau-1) \\
& - \left(K_d^{\mathcal{G}_1}(\gamma_{s_1}^{\mathcal{G}_2}\otimes I_n) - \left((1_{(N-1)}\gamma_1^{\mathcal{G}_2})\otimes(BK_{1d})\right)\right)\left[I_n \quad 0_{n\times(M-1)n}\right]
\end{aligned}
$$

所以

$$
\Gamma_1 E(t-\tau+1) = \begin{bmatrix}\Xi_1 & \Xi_2\end{bmatrix}\begin{bmatrix} E_1(t-\tau+1) \\ E_2(t-\tau+1)\end{bmatrix}
$$

$$
\Pi_1 F(t-\tau+1) = \begin{bmatrix}\Lambda_1 & \Lambda_2\end{bmatrix}\begin{bmatrix} F_1(t-\tau+1) \\ F_2(t-\tau+1)\end{bmatrix}
$$

通过式 (5-67)，第二组智能体的状态差为

$$\begin{aligned}
\varphi_i(t+1) =& x_i(t+1) - x_{N+1}(t+1) \\
=& A\varphi_i(t) + \left(BK_{(N+1)d}(\tilde{\omega}_{N+1}^{\mathcal{G}_2} \otimes I_n) - BK_{id}(\tilde{\omega}_i^{\mathcal{G}_2} \otimes I_n)\right)\zeta(t) \\
&+ \left(BK_{(N+1)c}(\tilde{l}_{N+1}^{\mathcal{G}_2} \otimes I_n) - BK_{ic}(\tilde{l}_i^{\mathcal{G}_2} \otimes I_n)\right)\varphi(t) \\
&+ \left(BK_{id}A^{\tau-1}(\omega_i^{\mathcal{G}_2} \otimes I_n) - BK_{(N+1)d}A^{\tau-1}(\omega_{N+1}^{\mathcal{G}_2} \otimes I_n)\right)E_1(t-\tau+1) \\
&+ \left(BK_{ic}A^{\tau-1}(l_i^{\mathcal{G}_2} \otimes I_n) - BK_{(N+1)c}A^{\tau-1}(l_1^{\mathcal{G}_2} \otimes I_n)\right)E_2(t-\tau+1) \\
&+ \left(BK_{id}(\omega_i^{\mathcal{G}_2} \otimes I_n) - BK_{(N+1)d}(\omega_{N+1}^{\mathcal{G}_2} \otimes I_n)\right)\bar{\Theta}^{\mathcal{G}_1}(\tau-1)F_1(t-\tau+1) \\
&+ \left(BK_{ic}(l_i^{\mathcal{G}_2} \otimes I_n) - BK_{(N+1)c}(l_{N+1}^{\mathcal{G}_2} \otimes I_n)\right)\bar{\Theta}^{\mathcal{G}_2}(\tau-1)F_2(t-\tau+1) \\
&+ \left(BK_{id}\sum_{j=1}^{N} a_{ij} - BK_{(N+1)d}\sum_{j=1}^{N} a_{(N+1)j}\right)\left(A^{\tau-1}E_{x_1}(t-\tau+1)\right. \\
&\left.+ \Theta_1(\tau-1)E_{w_1}(t-\tau+1)\right) + BZ_iQ_i^{\tau-1}E_{w_i}(t-\tau+1) \\
&- BZ_{N+1}Q_{N+1}^{\tau-1}E_{w_{N+1}}(t-\tau+1)
\end{aligned}$$

向量表达式为

$$\begin{aligned}
\varphi(t+1) =& \left[(1_{M-1}\Omega_{12}^{\mathcal{G}_2}) \otimes (BK_{(N+1)d}) - K_d^{\mathcal{G}_2}(\Omega_{22}^{\mathcal{G}_2} \otimes I_n)\right]\zeta(t) \\
&\times \left[I_{M-1} \otimes A + (1_{M-1} \cdot \mathcal{L}_{12}^{\mathcal{G}_2}) \otimes (BK_{(N+1)d}) - K_d^{\mathcal{G}_2}(\mathcal{L}_{22}^{\mathcal{G}_2} \otimes I_n)\right]\varphi(t) \\
&+ \Gamma_2 E(t-\tau+1) + \Pi_2 F(t-\tau+1)
\end{aligned} \tag{5-69}$$

记

$$\begin{aligned}
\Xi_3 =& K_d^{\mathcal{G}_2}A^{\tau-1}(\Omega_2^{\mathcal{G}_2} \otimes I_n) - (1_{M-1} \cdot \Omega_1^{\mathcal{G}_2}) \otimes (BK_{(N+1)d}A^{\tau-1}) \\
&- \left(K_d^{\mathcal{G}_2}A^{\tau-1}(\gamma_{s_2}^{\mathcal{G}_1} \otimes I_n) - \left((1_{(M-1)}\gamma_2^{\mathcal{G}_1}) \otimes (BK_{(N+1)d}A^{\tau-1})\right)\right)\begin{bmatrix} I_n & 0_{n\times(N-1)n} \end{bmatrix} \\
\Xi_4 =& K_c^{\mathcal{G}_2}A^{\tau-1}(\mathcal{L}_2^{\mathcal{G}_2} \otimes I_n) - (1_{M-1} \cdot \mathcal{L}_1^{\mathcal{G}_2}) \otimes (BK_{(N+1)c}A^{\tau-1}) \\
\Lambda_3 =& \left(K_d^{\mathcal{G}_2}(\Omega_2^{\mathcal{G}_2} \otimes I_q) - (1_{M-1} \cdot \Omega_1^{\mathcal{G}_2}) \otimes (BK_{(N+1)d})\right)\bar{\Theta}^{\mathcal{G}_1}(\tau-1) \\
&- \left(K_d^{\mathcal{G}_2}(\gamma_{s_2}^{\mathcal{G}_1} \otimes I_n) - \left((1_{(M-1)}\gamma_{N+1}^{\mathcal{G}_1}) \otimes (BK_{(N+1)d})\right)\right)\begin{bmatrix} I_n & 0_{n\times(M-1)n} \end{bmatrix} \\
\Lambda_4 =& \left(K_c^{\mathcal{G}_2}\left(\mathcal{L}_2^{\mathcal{G}_2} \otimes I_q\right) - \left(1_{M-1} \cdot \mathcal{L}_1^{\mathcal{G}_2}\right)\left(BK_{(N+1)c}\right)\right)\bar{\Theta}^{\mathcal{G}_2}(\tau-1)\Omega
\end{aligned}$$

$$+(I_{M-1}\otimes B)\tilde{Z}_{02}\tilde{Q}_{02}^{\tau-1}\begin{bmatrix}0 & I_{(M-1)q}\end{bmatrix}-\left(1_{M-1}\otimes(BZ_{N+1}{Q_{N+1}}^{\tau-1})\right)\begin{bmatrix}I_q & 0\end{bmatrix}$$

所以

$$\varGamma_2E(t-\tau+1)=\begin{bmatrix}\varXi_3 & \varXi_4\end{bmatrix}\begin{bmatrix}E_1(t-\tau+1)\\E_2(t-\tau+1)\end{bmatrix}$$

$$\varPi_2F(t-\tau+1)=\begin{bmatrix}\varLambda_3 & \varLambda_4\end{bmatrix}\begin{bmatrix}F_1(t-\tau+1)\\F_2(t-\tau+1)\end{bmatrix}$$

由式 (5-68) 和式 (5-69)，得到下面紧凑式:

$$\begin{bmatrix}\zeta(t+1)\\\varphi(t+1)\\E(t-\tau+2)\\F(t-\tau+2)\end{bmatrix}=\begin{bmatrix}\varPsi_1 & \varPsi_2 & \varGamma_1 & \varPi_1\\\varPsi_3 & \varPsi_4 & \varGamma_2 & \varPi_2\\0 & 0 & \varUpsilon_1 & \varUpsilon_2\\0 & 0 & \varUpsilon_3 & \varUpsilon_4\end{bmatrix}\begin{bmatrix}\zeta(t)\\\varphi(t)\\E(t-\tau+1)\\F(t-\tau+1)\end{bmatrix}$$

式中

$$\varPsi_1=I_{N-1}\otimes A+(1_{N-1}\mathcal{L}_{12}^{\mathcal{G}_1})\otimes(BK_{1c})-K_c^{\mathcal{G}_1}(\mathcal{L}_{22}^{\mathcal{G}_1}\otimes I_n)$$

$$\varPsi_2=(1_{N-1}\varOmega_{12}^{\mathcal{G}_1})\otimes(BK_{1d})-K_d^{\mathcal{G}_1}(\varOmega_{22}^{\mathcal{G}_1}\otimes I_n)$$

$$\varPsi_3=(1_{M-1}\varOmega_{12}^{\mathcal{G}_2})\otimes(BK_{(N+1)d})-K_d^{\mathcal{G}_2}(\varOmega_{22}^{\mathcal{G}_2}\otimes I_n)$$

$$\varPsi_4=I_{M-1}\otimes A+(1_{M-1}\cdot\mathcal{L}_{12}^{\mathcal{G}_2})\otimes(BK_{(N+1)c})-K_c^{\mathcal{G}_2}(\mathcal{L}_{22}^{\mathcal{G}_2}\otimes I_n)$$

$$\varUpsilon_1=\oplus\sum_{i=1}^{N+M}(A-L_{i1}C),\ \varUpsilon_2=\oplus\sum_{i=1}^{N+M}BZ_i$$

$$\varUpsilon_3=\oplus\sum_{i=1}^{N+M}(-L_{i2}C),\ \varUpsilon_4=\oplus\sum_{i=1}^{N+M}Q_i$$

$$\varGamma_1=\begin{bmatrix}\varXi_1 & \varXi_2\end{bmatrix},\ \varPi_1=\begin{bmatrix}\varLambda_1 & \varLambda_2\end{bmatrix}$$

$$\varGamma_2=\begin{bmatrix}\varXi_3 & \varXi_4\end{bmatrix},\ \varPi_2=\begin{bmatrix}\varLambda_3 & \varLambda_4\end{bmatrix}$$

$$K_c^{\mathcal{G}_1}=\oplus\sum_{i=2}^{N}BK_{ic},\ K_d^{\mathcal{G}_1}=\oplus\sum_{i=2}^{N}BK_{id}$$

$$K_c^{\mathcal{G}_2}=\oplus\sum_{i=N+2}^{N+M}BK_{ic},\ K_d^{\mathcal{G}_2}=\oplus\sum_{i=N+2}^{N+M}BK_{id}$$

令

$$\theta(t)=\begin{bmatrix}\zeta(t)\\ \varphi(t)\end{bmatrix},\ \varPsi=\begin{bmatrix}\varPsi_1 & \varPsi_2\\ \varPsi_3 & \varPsi_4\end{bmatrix},\ \varGamma=\begin{bmatrix}\varGamma_1 & \varPi_1\\ \varGamma_2 & \varPi_2\end{bmatrix}$$

$$E^*(t)=\begin{bmatrix}E(t)\\ F(t)\end{bmatrix},\ \varUpsilon=\begin{bmatrix}\varUpsilon_1 & \varUpsilon_2\\ \varUpsilon_3 & \varUpsilon_4\end{bmatrix}$$

则上述紧凑式还可以简化为

$$\begin{bmatrix}\theta(t+1)\\ E^*(t-\tau+2)\end{bmatrix}=\begin{bmatrix}\varPsi & \varGamma\\ 0 & \varUpsilon\end{bmatrix}\begin{bmatrix}\theta(t)\\ E^*(t-\tau+1)\end{bmatrix} \tag{5-70}$$

系统(5-70)是渐近稳定的，当且仅当其对角线上的子矩阵 $\varPsi$ 和 $\varUpsilon$ 是 Schur 稳定。根据定义 5-6，离散多智能体系统 (5-57) 能够在控制协议 (5-62) 的作用下实现分组状态一致。证毕。 □

**注解 5-4** 关于多智能体系统分组一致性的现有研究中，不同组智能体的通信权重通常是受约束的，即若智能体 $i$ 与智能体 $j$ 非同组，与边 $e_{ji}$ 关联的邻接元素 $a_{ij}$ 需符合

$$\sum_{v_j\in\mathcal{N}_{2i}} a_{ij}=\alpha,\ \forall i\in\ell_1$$

$$\sum_{v_j\in\mathcal{N}_{1i}} a_{ij}=\beta,\ \forall i\in\ell_2$$

式中，$\alpha,\beta\in\mathbb{R}$ 是常数。特别地，当入度平衡 $\alpha,\beta=0$ 时，这种情况会使不同组的智能体发送的信息无效化，即没有产生有效通信[166]。在本节的定理 5-11中，前 $N$ 个智能体和后 $M$ 个智能体两组之间的边对应的邻接元素却不存在这样的约束，即意味着邻接元素 $a_{ij}$ $(i,j\in\ell_1$ 或 $i,j\in\ell_2)$ 可以取任何非负实数，$a_{ij}$ $(i\in\ell_1,j\in\ell_2$ 或 $i\in\ell_2,j\in\ell_1)$ 可取任何实数，这使得系统拓扑更加灵活。

**注解 5-5** 针对存在外部干扰但不存在时滞的多智能体系统 (5-57)，若智能体的状态无法获取，则控制协议可设计为

$$u_i(t)=\begin{cases}K_{ic}\sum\limits_{j\in\mathcal{N}_{1i}} a_{ij}\left(\hat{x}_j(t|t-1)-\hat{x}_i(t|t-1)\right)\\ +K_{id}\sum\limits_{j\in\mathcal{N}_{2i}} a_{ij}\left(\hat{x}_j(t|t-1)-\hat{x}_{N+1}(t|t-1)\right)\\ -\hat{d}_i(t|t-1),\ i\in\ell_1\\ K_{ic}\sum\limits_{j\in\mathcal{N}_{2i}} a_{ij}\left(\hat{x}_j(t|t-1)-\hat{x}_i(t|t-1)\right)\\ +K_{id}\sum\limits_{j\in\mathcal{N}_{1i}} a_{ij}\left(\hat{x}_j(t|t-1)-\hat{x}_1(t|t-1)\right)\\ -\hat{d}_i(t|t-1),\ i\in\ell_2\end{cases} \tag{5-71}$$

显而易见，协议 (5-71) 相当于协议 (5-62) 中的 $\tau = 1$ 的情况。注意到定理 5-11与时滞无关，所以，对于无时滞的具有外部干扰的多智能体系统 (5-57) 和控制协议 (5-71) 可以得出同样的结论。

以上研究了具有外部干扰和通信时滞的离散多智能体系统的两组一致性问题。进一步，可以将其推广到多组情形。

已知由离散动态方程 (5-57) 所描述的多智能体系统组成的复杂网络 $(\mathcal{G}, x)$，若将其划分为 $p$ 个子组 $(\mathcal{G}_1, \chi_1), (\mathcal{G}_2, \chi_2), \cdots, (\mathcal{G}_p, \chi_p)$。并且第 $i\,(i = 1, 2, \cdots, p)$ 个子组中有 $\mathcal{N}_i$ 个智能体。定义 $\vartheta_0 = 0, \vartheta_i = \mathcal{N}_1 + \cdots + \mathcal{N}_2 + \cdots + \mathcal{N}_i, i = 1, 2, \cdots, p$。显然，索引集如下：

$$\ell_1 = \{1, 2, \cdots, \vartheta_1\}, \ell_2 = \{\vartheta_1 + 1, \vartheta_1 + 2, \cdots, \vartheta_2\}, \cdots$$

$$\ell_p = \{\vartheta_{p-1} + 1, \vartheta_{p-1} + 2, \cdots, \vartheta_p\}, \ell = \cup_{i=1}^{p} \ell_i$$

考虑到具有复杂网络 $(\mathcal{G}, x)$ 的多智能体系统，将其分为 $p$ 组，设计基于预测控制的控制协议：

$$u_i(t) = \begin{cases} K_{ic} \sum\limits_{j \in \mathcal{N}_{1i}} a_{ij} \left(\hat{x}_j(t|t-\tau) - \hat{x}_i(t|t-\tau)\right) \\ +K_{id} \sum\limits_{j \in \mathcal{N}_{2i}} a_{ij} \left(\hat{x}_j(t|t-\tau) - \hat{x}_{N+1}(t|t-\tau)\right) \\ + \cdots + K_{id} \sum\limits_{j \in \mathcal{N}_{pi}} a_{ij} \left(\hat{x}_j(t|t-\tau) - \hat{x}_{\vartheta_{p-1}+1}(t|t-\tau)\right) \\ -\hat{d}_i(t|t-\tau),\ i \in \ell_1 \\ K_{id} \sum\limits_{j \in \mathcal{N}_{1i}} a_{ij} \left(\hat{x}_j(t|t-\tau) - \hat{x}_1(t|t-\tau)\right) \\ +K_{ic} \sum\limits_{j \in \mathcal{N}_{2i}} a_{ij} \left(\hat{x}_j(t|t-\tau) - \hat{x}_i(t|t-\tau)\right) \\ + \cdots + K_{id} \sum\limits_{j \in \mathcal{N}_{pi}} a_{ij} \left(\hat{x}_j(t|t-\tau) - \hat{x}_{\vartheta_{p-1}+1}(t|t-\tau)\right) \\ -\hat{d}_i(t|t-\tau),\ i \in \ell_2 \\ \vdots \\ K_{id} \sum\limits_{j \in \mathcal{N}_{1i}} a_{ij} \left(\hat{x}_j(t|t-\tau) - \hat{x}_1(t|t-\tau)\right) \\ +K_{id} \sum\limits_{j \in \mathcal{N}_{2i}} a_{ij} \left(\hat{x}_j(t|t-\tau) - \hat{x}_{N+1}(t|t-\tau)\right) \\ + \cdots + K_{ic} \sum\limits_{j \in \mathcal{N}_{pi}} a_{ij} \left(\hat{x}_j(t|t-\tau) - \hat{x}_i(t|t-\tau)\right) \\ -\hat{d}_i(t|t-\tau),\ i \in \ell_p \end{cases} \tag{5-72}$$

本节给出了以下相关矩阵：

$$\mathcal{L}^{\mathcal{G}} = \begin{bmatrix} \mathcal{L}^{\mathcal{G}_1} & \Omega^{\mathcal{G}_{12}} & \cdots & \Omega^{\mathcal{G}_{1p}} \\ \Omega^{\mathcal{G}_{21}} & \mathcal{L}^{\mathcal{G}_2} & \cdots & \Omega^{\mathcal{G}_{2p}} \\ \vdots & \vdots & & \vdots \\ \Omega^{\mathcal{G}_{p1}} & \Omega^{\mathcal{G}_{p2}} & \cdots & \mathcal{L}^{\mathcal{G}_{pp}} \end{bmatrix}$$

$$\mathcal{L}^{\mathcal{G}_i} = \begin{bmatrix} \mathcal{L}_{11}^{\mathcal{G}_i} & \mathcal{L}_{12}^{\mathcal{G}_i} \\ \mathcal{L}_{21}^{\mathcal{G}_i} & \mathcal{L}_{22}^{\mathcal{G}_i} \end{bmatrix} = \begin{bmatrix} \mathcal{L}_{1}^{\mathcal{G}_i} \\ \mathcal{L}_{2}^{\mathcal{G}_i} \end{bmatrix}, i = 1, 2, \cdots, p$$

$$\Omega^{\mathcal{G}_{ij}} = \begin{bmatrix} \Omega_{11}^{\mathcal{G}_{ij}} & \Omega_{12}^{\mathcal{G}_{ij}} \\ \Omega_{21}^{\mathcal{G}_{ij}} & \Omega_{22}^{\mathcal{G}_{ij}} \end{bmatrix} = \begin{bmatrix} \Omega_{1}^{\mathcal{G}_{ij}} \\ \Omega_{2}^{\mathcal{G}_{ij}} \end{bmatrix}, i = 1, 2, \cdots, p, j = 1, 2, \cdots, p$$

**定义 5-7** 如果具有外部干扰(5-58)的离散多智能体系统 (5-57) 在控制协议 (5-72) 作用下使得

$$\lim_{t \to +\infty} \|x_i(t) - x_j(t)\| = 0, \forall i, j \in \ell_\sigma, \sigma = 1, 2, \cdots, p$$

成立，那么称控制协议 (5-72) 可以实现 $p$ 组状态一致性。

**推论 5-5** 在假设 5-10～ 假设 5-12的前提下，如果具有外部干扰(5-58)的多智能体系统 (5-57) 包含 $p$ 个子组 $(\mathcal{G}_1, \chi_1), (\mathcal{G}_2, \chi_2), \cdots, (\mathcal{G}_p, \chi_p)$，那么在控制协议 (5-72) 作用下系统能实现 $p$ 组状态一致性的充要条件是矩阵 $\Psi$ 和 $\Upsilon$ 是 Schur 稳定的。其中

$$\Psi = [\Psi_{ij}] \in M_{(\vartheta_p - p)n \times (\vartheta_p - p)n}(\mathbb{R}), i, j = 1, 2, \cdots, p$$

$$\Psi_{ij} = \begin{cases} I_{(N_i-1)} \otimes A + (1_{N_i-1}\mathcal{L}_{12}^{\mathcal{G}_i}) \otimes (BK_{(\vartheta_{i-1}+1)c}) - K_c^{\mathcal{G}_i}(\mathcal{L}_{22}^{\mathcal{G}_i} \otimes I_n), i = j \\ (1_{N_i-1}\Omega_{12}^{\mathcal{G}_{ij}}) \otimes (BK_{(\vartheta_{i-1}+1)d}) - K_d^{\mathcal{G}_i}(\Omega_{22}^{\mathcal{G}_{ij}} \otimes I_n), i \neq j \end{cases}$$

$$\Upsilon = \begin{bmatrix} \Upsilon_1 & \Upsilon_2 \\ \Upsilon_3 & \Upsilon_4 \end{bmatrix}$$

$$\Upsilon_1 = \oplus \sum_{i=1}^{\vartheta_i} (A - L_{i1}C), \Upsilon_2 = \oplus \sum_{i=1}^{\vartheta_i} BZ_i$$

$$\Upsilon_3 = \oplus \sum_{i=1}^{\vartheta_i} (-L_{i2}C), \Upsilon_4 = \oplus \sum_{i=1}^{\vartheta_i} Q_i$$

$$K_c^{\mathcal{G}_i} = \oplus \sum_{i=\vartheta_{i-1}+2}^{\vartheta_i} BK_{ic}, K_d^{\mathcal{G}_i} = \oplus \sum_{i=\vartheta_{i-1}+2}^{\vartheta_i} BK_{id}$$

4. 数值仿真

**例 5-4**　考虑存在外部干扰(5-58)的离散多智能体系统 (5-57)，其中，$N = 2, M = 2, \ell_1 = \{1,2\}, \ell_2 = \{3,4\}$。并且，

$$A = \begin{bmatrix} 1 & -0.3 \\ 0.1 & -0.6 \end{bmatrix}, B = \begin{bmatrix} 0.9 \\ 0.51 \end{bmatrix}, C = \begin{bmatrix} 0.8 & -0.6 \end{bmatrix}, Z_i = 1, Q_i = 1$$

固定有向拓扑如图 5-14所示。

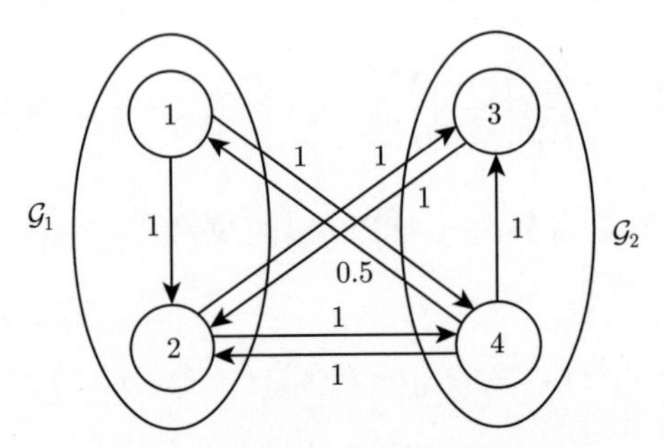


图 5-14　固定有向拓扑 (例 5-4)

对应的拉普拉斯矩阵为

$$\mathcal{L} = \begin{bmatrix} 0 & 0 & 0 & -0.5 \\ -1 & 1 & 0 & -1 \\ 0 & -1 & 1 & -1 \\ 0 & -1 & -1 & 1 \end{bmatrix}$$

假设网络通信时滞上界 $\tau = 3$。取观测器增益矩阵 $L_i$ 为

$$L_{11} = L_{21} = L_{31} = L_{41} = \begin{bmatrix} 1.4163 \\ 0.5630 \end{bmatrix}$$

$$L_{12} = L_{22} = L_{32} = L_{42} = 0.4051$$

利用 LMI 方法，求得增益矩阵 $K_{ic}$ 和 $K_{id}$ 为

$$K_{1c} = K_{2c} = \begin{bmatrix} -0.1867 \\ 0.2983 \end{bmatrix}, K_{3c} = K_{4c} = \begin{bmatrix} 0.5872 \\ 0.5202 \end{bmatrix}$$

$$K_{1d} = K_{3d} = \begin{bmatrix} 0 \\ 0 \end{bmatrix}, K_{2d} = K_{4d} = \begin{bmatrix} -0.1867 \\ 0.2983 \end{bmatrix}$$

通过计算结果，可知特征值 $\lambda_i$ 全在单位圆内。根据定理 5-11，存在外部干扰的离散多智能体系统能够在控制协议 (5-62) 的作用下实现分组一致。特别地，假设智能体间信息交换时无时滞的影响 (即 $\tau=0$)。依照定理 5-11和注 5-4，离散多智能体系统 (5-57) 在有时滞和无时滞两种情况下，实现分组状态一致的判别条件是相同的。由此可见，上述求得的增益矩阵也适用于无时滞的情形。

选取系统初始状态如下：

$$x_1(0)=\begin{bmatrix}-7 & 5\end{bmatrix}^{\mathrm{T}}, x_2(0)=\begin{bmatrix}13 & -10\end{bmatrix}^{\mathrm{T}}$$

$$x_3(0)=\begin{bmatrix}-10 & -12\end{bmatrix}^{\mathrm{T}}, x_4(0)=\begin{bmatrix}7 & 8\end{bmatrix}^{\mathrm{T}}$$

$$w_1(0)=-0.5, w_2(0)=0.7, w_3(0)=1, w_4(0)=0.1$$

$$E_{w_1}(0)=-0.3, E_{w_2}(0)=0.2$$

$$E_{w_3}(0)=-0.1, E_{w_4}(0)=0.1$$

$$E_{x_1}(0)=\begin{bmatrix}0.1 & -0.1\end{bmatrix}^{\mathrm{T}}, E_{x_2}(0)=\begin{bmatrix}-0.1 & 0.1\end{bmatrix}^{\mathrm{T}}$$

$$E_{x_3}(0)=\begin{bmatrix}0.3 & 0\end{bmatrix}^{\mathrm{T}}, E_{x_4}(0)=\begin{bmatrix}0.2 & -0.2\end{bmatrix}^{\mathrm{T}}$$

由图 5-15和图 5-16 不难看出，通过主动补偿时滞的方法，多智能体系统的状态可以实现两组状态一致性。图 5-17和图 5-18 展示了观测器的观测误差轨迹。

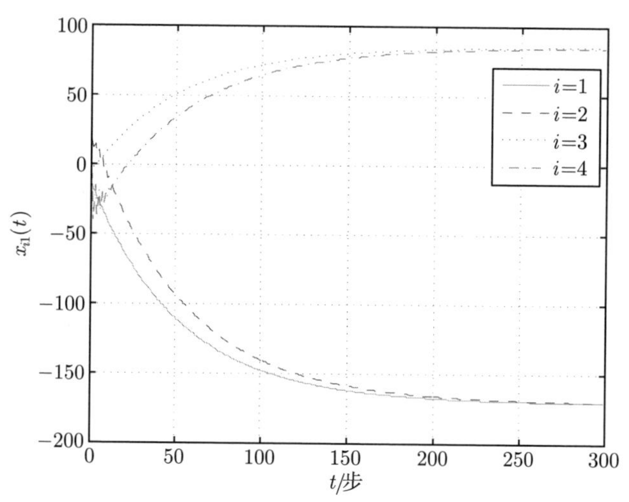


图 5-15 状态轨迹 $x_{i1}(t), i=1,2,3,4\ (\tau=3)$ (例 5-4)

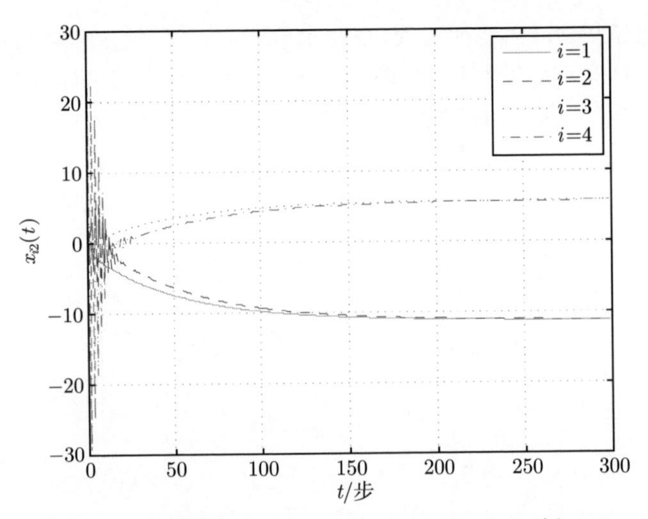


图 5-16 状态轨迹 $x_{i2}(t)$, $i = 1, 2, 3, 4\,(\tau = 3)$ (例 5-4)

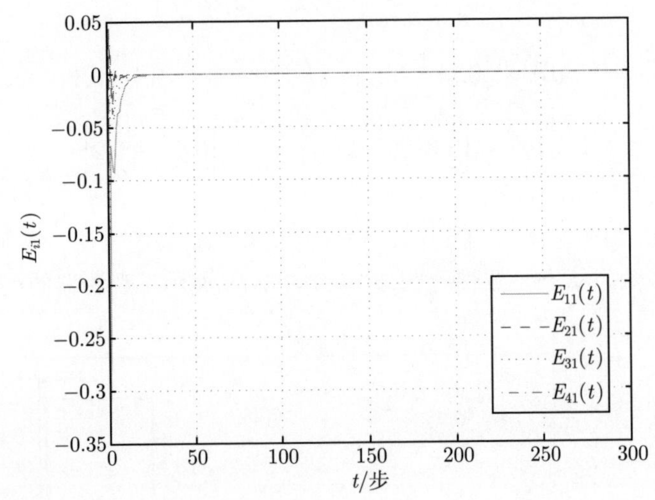


图 5-17 观测误差轨迹 $E_{i1}(t)$, $i = 1, 2, 3, 4\,(\tau = 3)$ (例 5-4)

### 5.2.3 异构多智能体系统的分组一致性

在许多实际情况中，需要每个智能体相互配合，完成不同的目标。不同的目标对智能体的限制不同，可能会导致每个智能体的结构不同。因此，研究异构多智能体系统的分组一致性问题更适合实际情况。另外，实际系统中，智能体传递信息时会产生通信时滞。为了克服时滞带来的负面影响，本节利用网络化预测控制方案，解决了具有时滞的高阶离散异构多智能体系统的分组状态一致性问题。

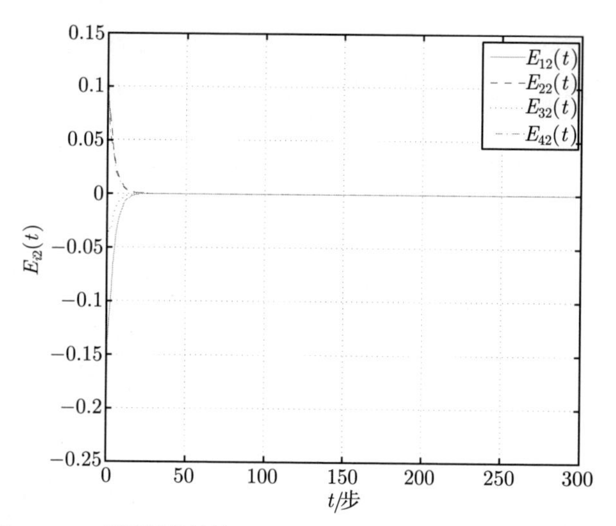


图 5-18 观测误差轨迹 $E_{i2}(t), i=1,2,3,4\ (\tau=3)$ (例 5-4)

1. 问题描述

考虑一个异构多智能体系统 $(\mathcal{G},x)$ 被划分为两个子网络，第一个子网络 $\mathcal{G}_1=(\mathcal{V}_1,\mathcal{E}_1,\mathcal{A}_1(\mathcal{G}))$ 中有 $N$ 个智能体, 第二个子网络 $\mathcal{G}_2=(\mathcal{V}_2,\mathcal{E}_2,\mathcal{A}_2(\mathcal{G}))$ 中有 $M$ 个智能体。智能体 $i$ 由如下的线性离散系统描述：

$$\begin{aligned} x_i(t+1) &= A_i x_i(t) + B_i u_i(t) \\ y_i(t) &= C_i x_i(t),\ \ \forall i \in \ell \end{aligned} \tag{5-73}$$

式中，$x_i(t)\in M_{n,1}(\mathbb{R})$ 是智能体 $i$ 的状态；$u_i(t)\in M_{r,1}(\mathbb{R})$ 是控制输入；$y_i(t)\in M_{m,1}(\mathbb{R})$ 是量测输出；$A_i$、$B_i$、$C_i$ 是具有适当维数的矩阵，$i=1,2,\cdots,N+M$ 。

本节的主要目的是设计一种分布式协议，以使前 $N$ 个智能体的状态达到一个一致的值，而后 $M$ 个智能体的状态达到另一个一致的值。为了保证所设计协议的可行性，本节做出以下合理假设。

**假设 5-10** 每个智能体的状态不可测，但输出可测。矩阵对 $(A_i,C_i),\forall i\in\ell$，是可检测的。通过网络传输的数据包带有时间戳。

**假设 5-11** 智能体 $i$ 在 $t$ 时刻接收智能体 $j$ 的信息时存在时变时滞 $\tau_{ij}(t)$ ，其中

$$0<\tau_0\leqslant\breve{\tau}_{ij}(t)\leqslant\tau_{ij}(t)\leqslant\hat{\tau}_{ij}(t)\leqslant\tau,\quad \forall i,j\in\ell \tag{5-74}$$

**假设 5-12** 第一个子网络中的每个智能体可以接收第二个子网络中第一个智能体的信息，第二个子网络中的每个智能体可以接收第一组第一个智能体的信息。

由于数字通信网络或数字传感器的应用，因此在控制工程领域中许多系统的输出都是在瞬间测量的[167]。然而，在实践中，由于各种限制，很难得到智能体所有状态的信息，因此用观测器来估计系统的状态。由于本节提出的网络化预测方法是基于时间的，因此通过网络传输的数据包对网络质量的影响是非常重要的。同时，假设网络中的组件已经同步。假设 5-11中 $\tau_{ij}(t)$ 表示智能体 $i$ 在 $t$ 时刻接收智能体 $j$ 的信息时的时变时滞，$\tau_0$ 和 $\tau$ 表示已知的上下界。本书利用驻留时间法，将时变时滞转化为定常时滞，解决多智能体系统的分组一致性问题[168]。虽然有一定的保守性，但适合很难直接处理时变时滞的系统。此外，假设 5-12可以被理解为每组的第一个智能体比其他智能体具有优先权，也可以被视为每组的虚拟领导者。

2. 分组一致性协议设计

为了克服时滞带来的不利影响，本节采用一种网络化预测控制方法来预测每个智能体的状态。

基于其相邻智能体 $i$ 的输出，本节构造智能体 $j$ 的状态观测器：

$$
\begin{aligned}
\hat{x}_j(t-\tau+1|t-\tau) =& A_j\hat{x}_j(t-\tau|t-\tau-1)+B_ju_j(t-\tau)\\
&+L_j\left(y_j(t-\tau)-\hat{y}_j(t-\tau)\right)\\
\hat{y}_j(t-\tau) =& C_j\hat{x}_j(t-\tau|t-\tau-1), \quad \forall\, j\in\mathcal{N}_i
\end{aligned}
\tag{5-75}
$$

$\hat{x}_j(t-p|t-q)\in M_{n,1}(\mathbb{R})$ $(p<q)$ 是指由智能体 $j$ 在 $t-q$ 时刻的信息预测智能体 $j$ 在 $t-p$ 时刻的状态；$\hat{y}_j(t)\in M_{m,1}(\mathbb{R})$ 是 $t$ 时刻的预测输出。可基于 $t-\tau$ 时刻的预测状态得到 $t$ 时刻的状态估计：

$$
\begin{aligned}
\hat{x}_j(t-\tau+d|t-\tau) =& A_j\hat{x}_j(t-\tau+d-1|t-\tau)\\
&+B_ju_j(t-\tau+d-1)
\end{aligned}
\tag{5-76}
$$

式中，$d=2,3,\cdots,\tau$。

假设矩阵 $B_i$ $(i\in\ell)$ 存在右逆，本节使用网络化预测方法，设计如下分组一致性控制协议：

$$u_i(t)=\begin{cases}B_{iR}^{-1}(K_a+\sum\limits_{j=1,j\neq i}^{N}A_j)\hat{x}_i(t|t-\tau)\\+K_i\left(\sum\limits_{v_j\in\mathcal{N}_{1i}}a_{ij}\Delta\hat{x}_{i,j}(t|t-\tau)+\sum\limits_{v_j\in\mathcal{N}_{2i}}a_{ij}\Delta\hat{x}_{N+1,j}(t|t-\tau)\right),\forall\, i\in\ell_1\\B_{iR}^{-1}(K_b+\sum\limits_{j=N+1,j\neq i}^{N+M}A_j)\hat{x}_i(t|t-\tau)\\+K_i\left(\sum\limits_{v_j\in\mathcal{N}_{2i}}a_{ij}\Delta\hat{x}_{i,j}(t|t-\tau)+\sum\limits_{v_j\in\mathcal{N}_{1i}}a_{ij}\Delta\hat{x}_{1,j}(t|t-\tau)\right),\forall\, i\in\ell_2\end{cases}\tag{5-77}$$

式中，$\Delta\hat{x}_{i,j}(t|t-\tau)=\hat{x}_j(t|t-\tau)-\hat{x}_i(t|t-\tau),i,j\in\ell;B_{iR}^{-1}$ 是矩阵 $B_i$ 的右逆；$K_a$、$K_b$ 和 $K_i(i\in\ell)$ 是待设计的增益矩阵。

3. 分组一致性协议分析

**定义 5-8** 如果离散异构多智能体系统 (5-73) 满足下列条件

$$\lim_{t\to+\infty}\|x_i(t)-x_j(t)\|=0,\quad\forall\, i,j\in\ell_1$$

$$\lim_{t\to+\infty}\|x_i(t)-x_j(t)\|=0,\quad\forall\, i,j\in\ell_2$$

$$\lim_{t\to+\infty}\|x_i(t)-\hat{x}_i(t|t-1)\|=0,\quad\forall\, i\in\ell$$

那么称协议 (5-77) 可以解决分组一致性问题，或者称离散异构多智能体系统 (5-73) 在协议 (5-77) 下可以实现分组一致性。其中，$\hat{x}_i(t|t-1)$ 表示第 $i$ 个智能体由 $t-1$ 的信息得到的 $t$ 时刻的预测状态。

为了便于分析，本节引入了以下新变量：

$$\begin{aligned}&\xi_i(t)=x_i(t)-x_1(t),\quad\forall\, i\in\ell_1\\&\eta_i(t)=x_i(t)-x_{N+1}(t),\quad\forall\, i\in\ell_2\\&\varepsilon_i(t)=x_i(t)-\hat{x}_i(t|t-1),\quad\forall\, i\in\ell\\&\xi(t)=\begin{bmatrix}\xi_2^{\mathrm{T}}(t)&\xi_3^{\mathrm{T}}(t)&\cdots&\xi_N^{\mathrm{T}}(t)\end{bmatrix}^{\mathrm{T}}\\&\eta(t)=\begin{bmatrix}\eta_{N+2}^{\mathrm{T}}(t)&\eta_{N+3}^{\mathrm{T}}(t)&\cdots&\eta_{N+M}^{\mathrm{T}}(t)\end{bmatrix}^{\mathrm{T}}\\&\delta(t)=\begin{bmatrix}\xi^{\mathrm{T}}(t)&\eta^{\mathrm{T}}(t)\end{bmatrix}^{\mathrm{T}}\end{aligned}$$

显然，当且仅当 $\|\delta(t)\| \to 0$ 和 $\|\varepsilon_i(t)\| \to 0 (t \to \infty)$ 成立时，定义 5-8 成立。

令 $\mathcal{L}^{\mathcal{G}_i}$ $(i = 1, 2)$ 是图 $\mathcal{G}$ 子图 $\mathcal{G}_i$ 的拉普拉斯矩阵。在给出主要结果之前，定义如下一些相关矩阵：

$$\Omega^{\mathcal{G}_1} = [-a_{ij}]_{N \times M}, i = 1, 2, \cdots, N; j = N+1, N+2, \cdots, N+M$$
$$\Omega^{\mathcal{G}_2} = [-a_{ij}]_{M \times N}, i = N+1, N+2, \cdots, N+M; j = 1, 2, \cdots, N$$

$$\mathcal{L}^{\mathcal{G}} = \begin{bmatrix} \mathcal{L}^{\mathcal{G}_1} & \Omega^{\mathcal{G}_1} \\ \Omega^{\mathcal{G}_2} & \mathcal{L}^{\mathcal{G}_2} \end{bmatrix}$$
$$\mathcal{L}^{\mathcal{G}_i} = \begin{bmatrix} \mathcal{L}_{11}^{\mathcal{G}_i} & \mathcal{L}_{12}^{\mathcal{G}_i} \\ \mathcal{L}_{21}^{\mathcal{G}_i} & \mathcal{L}_{22}^{\mathcal{G}_i} \end{bmatrix} = \begin{bmatrix} \mathcal{L}_{1}^{\mathcal{G}_i} \\ \mathcal{L}_{2}^{\mathcal{G}_i} \end{bmatrix}, \quad i = 1, 2$$
$$\Omega^{\mathcal{G}_i} = \begin{bmatrix} \Omega_{11}^{\mathcal{G}_i} & \Omega_{12}^{\mathcal{G}_i} \\ \Omega_{21}^{\mathcal{G}_i} & \Omega_{22}^{\mathcal{G}_i} \end{bmatrix} = \begin{bmatrix} \Omega_{1}^{\mathcal{G}_i} \\ \Omega_{2}^{\mathcal{G}_i} \end{bmatrix}, \quad i = 1, 2$$

式中

$$\mathcal{L}_{11}^{\mathcal{G}_1} \in \mathcal{R}, \mathcal{L}_{12}^{\mathcal{G}_1} \in \mathcal{R}^{1 \times (N-1)}, \mathcal{L}_{21}^{\mathcal{G}_1} \in \mathcal{R}^{(N-1) \times 1}, \mathcal{L}_{22}^{\mathcal{G}_1} \in \mathcal{R}^{(N-1) \times (N-1)}$$
$$\mathcal{L}_{11}^{\mathcal{G}_2} \in \mathcal{R}, \mathcal{L}_{12}^{\mathcal{G}_2} \in \mathcal{R}^{1 \times (M-1)}, \mathcal{L}_{21}^{\mathcal{G}_2} \in \mathcal{R}^{(M-1) \times 1}, \mathcal{L}_{22}^{\mathcal{G}_2} \in \mathcal{R}^{(M-1) \times (M-1)}$$
$$\mathcal{L}_{1}^{\mathcal{G}_1} \in \mathcal{R}^{1 \times N}, \mathcal{L}_{2}^{\mathcal{G}_1} \in \mathcal{R}^{(N-1) \times N}, \mathcal{L}_{1}^{\mathcal{G}_2} \in \mathcal{R}^{1 \times M}, \mathcal{L}_{2}^{\mathcal{G}_2} \in \mathcal{R}^{(M-1) \times M}$$

**定理 5-12** 在假设 5-10∼ 假设 5-12的前提下，如果在由两个子网络 $(\mathcal{G}_1, \chi_1)$ 和 $(\mathcal{G}_2, \chi_2)$ 组成的离散异构多智能体系统 (5-73) 中存在时滞 (5-74)，协议 (5-77) 可以解决分组一致性问题的充要条件是矩阵 $\Upsilon = \begin{bmatrix} \Lambda_1 & \Pi_1 \\ \Pi_2 & \Lambda_2 \end{bmatrix}$ 和 $A_i - L_i C_i$ $(i \in \ell)$ 是 Schur 稳定的。其中

$$\Lambda_1 = I_{N-1} \otimes (K_a + A_{s_1}) - \widehat{BK}_2^N \left(\mathcal{L}_{22}^{\mathcal{G}_1} \otimes I_n\right) + \left(\mathbf{1}_{N-1} \mathcal{L}_{12}^{\mathcal{G}_1}\right) \otimes (B_1 K_1)$$
$$\Pi_1 = -\widehat{BK}_2^N \left(\Omega_{22}^{\mathcal{G}_1} \otimes I_n\right) + \left(\mathbf{1}_{N-1} \Omega_{12}^{\mathcal{G}_1}\right) \otimes (B_1 K_1)$$
$$\Lambda_2 = I_{M-1} \otimes (K_b + A_{s_2}) - \widehat{BK}_N^{N+M} \left(\mathcal{L}_{22}^{\mathcal{G}_2} \otimes I_n\right) + \left(\mathbf{1}_{M-1} \mathcal{L}_{12}^{\mathcal{G}_2}\right) \otimes (B_{N+1} K_{N+1})$$
$$\Pi_2 = -\widehat{BK}_{N+2}^{N+M} \left(\Omega_{22}^{\mathcal{G}_2} \otimes I_n\right) + \left(\mathbf{1}_{M-1} \Omega_{12}^{\mathcal{G}_2}\right) \otimes (B_{N+1} K_{N+1})$$

这里，$\widehat{BK}_2^N = \oplus \sum\limits_{i=2}^{N} B_i K_i, \widehat{BK}_{N+2}^{N+M} = \oplus \sum\limits_{i=N+2}^{N+M} B_i K_i, A_{s_1} = \sum\limits_{j=1}^{N} A_j, A_{s_2} = \sum\limits_{j=N+1}^{N+M} A_j$。

**证明** 通过状态观测器 (5-75) 和状态估计 (5-76)，很容易得到以下状态误差方程：

$$\varepsilon_i(t+1) = (A_i - L_i C_i)\, \varepsilon_i(t), \quad \forall\, i \in \ell \tag{5-78}$$

$$\hat{x}_i(t|t-\tau) = x_i(t) - \theta_i(\tau)E_i(t), \quad \forall\, i \in \ell \tag{5-79}$$

式中

$$\begin{aligned}
\theta_i(\tau) &= \begin{bmatrix} I & L_iC_i & A_iL_iC_i & \cdots & A_i^{\tau-2}L_iC_i \end{bmatrix} \in M_{n,n\tau}(\mathbb{R}) \\
E_i(t) &= \begin{bmatrix} \varepsilon_i^{\mathrm{T}}(t) & \varepsilon_i^{\mathrm{T}}(t-1) & \varepsilon_i^{\mathrm{T}}(t-2) & \cdots & \varepsilon_i^{\mathrm{T}}(t-\tau+1) \end{bmatrix}^{\mathrm{T}} \in M_{n\tau,1}(\mathbb{R})
\end{aligned}$$

令

$$\begin{aligned}
\hat{\xi}_i(t|t-\tau) &= \hat{x}_i(t|t-\tau) - \hat{x}_1(t|t-\tau), \quad \forall\, i \in \ell_1 \\
\hat{\eta}_i(t|t-\tau) &= \hat{x}_i(t|t-\tau) - \hat{x}_{N+1}(t|t-\tau), \quad \forall\, i \in \ell_2
\end{aligned}$$

基于上述方程，可得

$$\begin{aligned}
\hat{\xi}_i(t|t-\tau) &= \xi_i(t) - \theta_i(\tau)E_i(t) + \theta_1(\tau)E_1(t), \quad \forall\, i \in \ell_1 \\
\hat{\eta}_i(t|t-\tau) &= \eta_i(t) - \theta_i(\tau)E_i(t) + \theta_{N+1}(\tau)E_{N+1}(t), \quad \forall\, i \in \ell_2
\end{aligned} \tag{5-80}$$

联立式 (5-77) 和式 (5-80)，可得

$$\begin{aligned}
\xi_i(t+1) = {} & (K_a + A_{s_1})\,\xi_i(t) - (K_a + A_{s_1} - A_i)\,\theta_i(\tau)E_i(t) \\
& + (K_a + A_{s_1} - A_1)\,\theta_1(\tau)E_1(t) \\
& + B_iK_i\left(\sum_{j=1}^{N} a_{ij}\,(\xi_j(t) - \xi_i(t))\right) - B_1K_1\left(\sum_{j=1}^{N} a_{1j}\xi_j(t)\right) \\
& + B_iK_i\left(\sum_{j=N+1}^{N+M} a_{ij}\eta_j(t)\right) - B_1K_1\left(\sum_{j=N+1}^{N+M} a_{1j}\eta_j(t)\right) \\
& + B_iK_i\left(\sum_{j=1}^{N} a_{ij}\,(\theta_i(\tau)E_i(t) - \theta_j(\tau)E_j(t))\right) \\
& + B_1K_1\left(\sum_{j=1}^{N} a_{1j}\,(\theta_j(\tau)E_j(t) - \theta_1(\tau)E_1(t))\right) \\
& - B_iK_i\left(\sum_{j=N+1}^{N+M} a_{ij}\,(\theta_j(\tau)E_j(t) - \theta_{N+1}(\tau)E_{N+1}(t))\right) \\
& + B_1K_1\left(\sum_{j=N+1}^{N+M} a_{1j}\,(\theta_j(\tau)E_j(t) - \theta_{N+1}(\tau)E_{N+1}(t))\right), \forall\, i \in \ell_1
\end{aligned} \tag{5-81}$$

类似可得

$$\begin{aligned}\eta_i(t+1)=&(K_b+A_{s_2})\,\eta_i(t)-(K_b+A_{s_2}-A_i)\,\theta_i(\tau)E_i(t)\\&+(K_b+A_{s_2}-A_{N+1})\,\theta_{N+1}(\tau)E_{N+1}(t)\\&+B_iK_i\left(\sum_{j=N+1}^{N+M}a_{ij}\left(\eta_j(t)-\eta_i(t)\right)\right)-B_{N+1}K_{N+1}\left(\sum_{j=N+1}^{N+M}a_{(N+1)j}\eta_j(t)\right)\\&+B_iK_i\left(\sum_{j=1}^{N}a_{ij}\xi_j(t)\right)-B_{N+1}K_{N+1}\left(\sum_{j=1}^{N}a_{(N+1)j}\xi_j(t)\right)\\&+B_iK_i\left(\sum_{j=N+1}^{N+M}a_{ij}\left(\theta_i(\tau)E_i(t)-\theta_j(\tau)E_j(t)\right)\right)\\&+B_{N+1}K_{N+1}\left(\sum_{j=N+1}^{N+M}a_{(N+1)j}\left(\theta_j(\tau)E_j(t)-\theta_{N+1}(\tau)E_{N+1}(t)\right)\right)\\&-B_iK_i\left(\sum_{j=1}^{N}a_{ij}\left(\theta_j(\tau)E_j(t)-\theta_1(\tau)E_1(t)\right)\right)\\&+B_{N+1}K_{N+1}\left(\sum_{j=1}^{N}a_{(N+1)j}\left(\theta_j(\tau)E_j(t)-\theta_1(\tau)E_1(t)\right)\right),\forall\, i\in\ell_2\end{aligned}\tag{5-82}$$

令

$$E(t)=\begin{bmatrix}E_1^{\mathrm{T}}(t) & E_2^{\mathrm{T}}(t) & \cdots & E_N^{\mathrm{T}}(t) & E_{N+1}^{\mathrm{T}}(t) & \cdots & E_{N+M}^{\mathrm{T}}(t)\end{bmatrix}^{\mathrm{T}}\tag{5-83}$$

根据式 (5-77) 和式 (5-81)～ 式 (5-83)，可以得到包含误差向量和估计误差向量的紧凑表达式：

$$\begin{bmatrix}\xi(t+1)\\ \eta(t+1)\\ E(t+1)\end{bmatrix}=\begin{bmatrix}\Lambda_1 & \Pi_1 & \Gamma_1\\ \Pi_2 & \Lambda_2 & \Gamma_2\\ \mathbf{0} & \mathbf{0} & \Xi\end{bmatrix}\begin{bmatrix}\xi(t)\\ \eta(t)\\ E(t)\end{bmatrix}$$

式中

$$\Gamma_1=\begin{bmatrix}P_1 & P_2\end{bmatrix},\quad \Gamma_2=\begin{bmatrix}P_3 & P_4\end{bmatrix},\Xi=\oplus\sum_{i=1}^{N+M}\left(I_\tau\otimes(A_i-L_iC_i)\right)$$

$$P_1=(-(I_{N-1}\otimes(K_a+A_{s_1})-(\oplus\sum_{i=2}^{N}A_i))\left[\mathbf{0}_{(N-1)n\times n}\quad I_{(N-1)n}\right]$$

$$
\begin{aligned}
&+(I_{N-1}\otimes(K_a+A_{s_1}-A_1))\left[\mathbf{1}_{N-1}\otimes I_n \quad \mathbf{0}_{(N-1)n}\right]\\
&+(\widehat{BK}_2^N(\mathcal{L}_2^{\mathcal{G}_1}\otimes I_n)-(\mathbf{1}_{N-1}\otimes\mathcal{L}_1^{\mathcal{G}_1})\otimes(B_1K_1)))\theta_{s_1}(\tau)
\end{aligned}
$$

$$
\begin{aligned}
P_2=&((\widehat{BK}_2^N(\Omega_2^{\mathcal{G}_1}\otimes I_n)-(\mathbf{1}_{N-1}\Omega_1^{\mathcal{G}_1})\otimes(B_1K_1))-(\widehat{BK}_2^N(\gamma_{s_1}^{\mathcal{G}_2}\otimes I_n)\\
&-((\mathbf{1}_{N-1}\gamma_1^{\mathcal{G}_2})\otimes(B_1K_1)))\left[I_n \quad \mathbf{0}_{n\times(M-1)n}\right])\theta_{s_2}(\tau)
\end{aligned}
$$

$$
\begin{aligned}
P_3=&((\widehat{BK}_{N+2}^{N+M}(\Omega_2^{\mathcal{G}_2}\otimes I_n)-(\mathbf{1}_{M-1}\Omega_1^{\mathcal{G}_2})\otimes(B_{N+1}K_{N+1}))-(\widehat{BK}_{N+2}^{N+M}(\gamma_{s_2}^{\mathcal{G}_1}\otimes I_n)\\
&-((\mathbf{1}_{M-1}\gamma_{N+1}^{\mathcal{G}_2})\otimes(B_{N+1}K_{N+1})))\left[I_n \quad \mathbf{0}_{n\times(N-1)n}\right]\theta_{s_1}(\tau)
\end{aligned}
$$

$$
\begin{aligned}
P_4=&(-(I_{M-1}\otimes(K_b+A_{s_2})-(\oplus\sum_{i=N+2}^{N+M}A_i))\left[\mathbf{0}_{(M-1)n\times n} \quad I_{(M-1)n}\right]\\
&+(I_{M-1}\otimes(K_b+A_{s_2}-A_{N+1}))\left[\mathbf{1}_{M-1}\otimes I_n \quad \mathbf{0}_{(M-1)n}\right]\\
&+(\widehat{BK}_{N+2}^{N+M}(\mathcal{L}_2^{\mathcal{G}_2}\otimes I_n)-(\mathbf{1}_{M-1}\otimes\mathcal{L}_1^{\mathcal{G}_2})\otimes(B_{N+1}K_{N+1})))\theta_{s_2}(\tau)
\end{aligned}
$$

$$
\gamma_i^{\mathcal{G}_2}=\sum_{j=N+1}^{N+M}-a_{ij},\quad i=1,2,\cdots,N
$$

$$
\gamma_i^{\mathcal{G}_1}=\sum_{j=1}^{N}-a_{ij},\quad i=N+1,N+2,\cdots,N+M
$$

$$
\gamma_{S_1}^{\mathcal{G}_2}=\left[\left(\gamma_2^{\mathcal{G}_2}\right)^{\mathrm{T}} \quad \left(\gamma_3^{\mathcal{G}_2}\right)^{\mathrm{T}} \quad \cdots \quad \left(\gamma_N^{\mathcal{G}_2}\right)^{\mathrm{T}}\right]^{\mathrm{T}}
$$

$$
\gamma_{S_2}^{\mathcal{G}_1}=\left[\left(\gamma_{N+2}^{\mathcal{G}_1}\right)^{\mathrm{T}} \quad \left(\gamma_{N+3}^{\mathcal{G}_1}\right)^{\mathrm{T}} \quad \cdots \quad \left(\gamma_{N+M}^{\mathcal{G}_1}\right)^{\mathrm{T}}\right]^{\mathrm{T}}
$$

$$
\theta_{s_1}(\tau)=\oplus\sum_{i=1}^{N}\theta_i(\tau),\quad \theta_{s_2}(\tau)=\oplus\sum_{i=N+1}^{N+M}\theta_i(\tau)
$$

令

$$
\Psi(t)=\begin{bmatrix}\xi(t)\\ \eta(t)\end{bmatrix},\Upsilon=\begin{bmatrix}\Lambda_1 & \Pi_1\\ \Pi_2 & \Lambda_2\end{bmatrix},\Gamma=\begin{bmatrix}\Gamma_1\\ \Gamma_2\end{bmatrix}
$$

上述公式可简化为

$$
\begin{bmatrix}\Psi(t+1)\\ E(t+1)\end{bmatrix}=\begin{bmatrix}\Upsilon & \Gamma\\ \mathbf{0} & \Xi\end{bmatrix}\begin{bmatrix}\Psi(t)\\ E(t)\end{bmatrix} \tag{5-84}
$$

显然，式 (5-84) 的系统矩阵是分块上三角矩阵。当且仅当其对角线上的子矩阵 Schur 稳定时，分块上三角矩阵 Schur 稳定。基于定义 5-8，当且仅当系统 (5-84)

渐近稳定时，一致性协议 (5-77) 可解离散异构多智能体系统 (5-73) 的分组状态一致性问题，这意味着矩阵 $\Upsilon$ 和 $A_i - L_iC_i$ $(i \in \ell)$ 特征值的模都要小于 1。证明完毕。 □

**注解 5-6** 在现有文献中，为了解决分组一致性问题，不同子组之间的通信权重往往是有限制的。例如，与两个不同子组之间的边 $e_{ji}$ 关联的邻接元素 $a_{ji}$ 满足

$$\sum_{v_j \in \mathcal{N}_{2i}} a_{ij} = \alpha,\ \forall\ i \in \ell_1,\ \sum_{v_j \in \mathcal{N}_{1i}} a_{ij} = \beta, \forall\ i \in \ell_2$$

式中，$\alpha, \beta \in \mathbb{R}$ 是常数[167]。在文献 [169]~ [171] 中，$\alpha, \beta$=0 ，这被称为入度平衡。在现实中，入度平衡有许多局限性，它将导致子系统之间没有实际的通信。换句话说，它将导致不同子系统中的智能体所传递的信息被抵消[172]。类似地，在文献 [173] 中对来自不同子系统的智能体之间的通信权重也施加了限制，即无论何时，一组中的所有智能体对另一组中的所有智能体的影响总是相等的。显然，这些假设限制性太强，对研究多智能体网络的分组一致性问题而言，不具有普遍性。值得注意的是，在定理 5-12 中，对两个不同子网络之间边的邻接元素没有限制，即 $a_{ij}$ $(i, j \in \ell_1$ 或 $i, j \in \ell_2)$ 可以取任何非负实数，$a_{ij}$ $(i \in \ell_1, j \in \ell_2$ 或 $i \in \ell_2, j \in \ell_1)$ 可取任何实数。因此，放宽了文献 [169]~ [171] 中的入度平衡约束，并且放宽了文献 [173] 中的条件，使系统拓扑更加灵活。

如果离散异构多智能体系统 (5-73) 的加权邻接矩阵满足入度平衡条件，即从一个子网络中的每个智能体到另一个子网络中的所有智能体的邻接权重之和恒等于零，那么可以得到以下结论。

**推论 5-6** 当假设 5-10~ 假设 5-12成立时，如果具有时滞 (5-74) 的离散异构多智能体系统 (5-73) 满足 $\sum\limits_{v_j \in \mathcal{N}_{2i}} a_{ij} = 0\ (\forall\ i \in \ell_1)$ 和 $\sum\limits_{v_j \in \mathcal{N}_{1i}} a_{ij} = 0\ (\forall\ i \in \ell_2)$，那么有以下结论。

(1) 选取任意的矩阵对 $U_{12} \in M_{N,N-1}(\mathbb{R})$ 和 $U_{22} \in M_{M,M-1}(\mathbb{R})$，使

$$U_1 = \left[\begin{array}{cc} \dfrac{1}{\sqrt{N}}\mathbf{1}_N & U_{12} \end{array}\right], U_2 = \left[\begin{array}{cc} \dfrac{1}{\sqrt{M}}\mathbf{1}_M & U_{22} \end{array}\right]$$

是正交矩阵。则存在 $B_{i_0} \in \{B_1, B_2, \cdots, B_N\}$ 和 $K_{i_0} \in M_{m,n}(\mathbb{R})$ 使得 $B_iK_i = B_{i_0}K_{i_0} (i \in \mathcal{V})$ ，且 $\Psi$ 和 $A_i - L_iC_i$ $(i \in \mathcal{V})$ 是 Schur 稳定的。其中

$$\begin{aligned}
&\Psi = F_3 - \Phi \otimes (B_{i_0}K_{i_0}) \\
&\Phi = \hat{U}^{\mathrm{T}} \mathcal{L}^{\mathcal{G}} \hat{U} \\
&\hat{U} = \mathrm{diag}(U_{12}, U_{22}) \\
&F_3 = (I_{N-1} \otimes (K_a + A_{s_1})) \oplus (I_{M-1} \otimes (K_b + A_{s_2}))
\end{aligned}$$

(2) 协议 (5-77) 可解系统 (5-73) 分组一致性问题。

**证明** 令

$$\begin{aligned}\hat{x}(t) &= \left[\begin{array}{lll}\hat{x}_1^{\mathrm{T}}(t) & \cdots & \hat{x}_{N+M}^{\mathrm{T}}(t)\end{array}\right]^{\mathrm{T}} \\ u(t) &= \left[\begin{array}{llll}u_1^{\mathrm{T}}(t) & u_2^{\mathrm{T}}(t) & \cdots & u_{N+M}^{\mathrm{T}}(t)\end{array}\right]^{\mathrm{T}}\end{aligned} \tag{5-85}$$

联立式 (5-83) 和式 (5-85)，可得

$$\hat{x}(t) = x(t) - \theta_s(\tau)E(t) \tag{5-86}$$

联立式 (5-85) 和式 (5-86)，可得

$$\begin{aligned}u(t) = &\left(\oplus \sum_{i=1}^{N+M} B_{iR}^{-1}((K_{s_1} - \oplus \sum_{i=1}^{N} A_i) \oplus (K_{s_2} - \oplus \sum_{i=N+1}^{N+M} A_i))\right. \\ &\left. -(\oplus \sum_{i=1}^{N+M} K_i)\left(\mathcal{L}^{\mathcal{G}} \otimes I_n\right)\right)(x(t) - \theta_s(\tau)E(t))\end{aligned}$$

$$\begin{aligned}&K_{s_1} = (I_N \otimes (K_a + A_{s_1})), \quad K_{s_2} = (I_M \otimes (K_b + A_{s_2})) \\ &\widehat{BK}_1^{N+M} = \oplus \sum_{i=1}^{N+M} B_i K_i, \quad \theta_s(\tau) = \oplus \sum_{i=1}^{N+M} \theta_i(\tau)\end{aligned}$$

闭环系统如下：

$$\begin{aligned}x(t+1) &= (\oplus \sum_{i=1}^{N+M} A_i)x(t) + (\oplus \sum_{i=1}^{N+M} B_i)u(t) \\ &= F_1 x(t) - F_2 E(t)\end{aligned} \tag{5-87}$$

式中

$$\begin{aligned}F_1 &= K_{s_1} \oplus K_{s_2} - \widehat{BK}_1^{N+M}(\mathcal{L}^{\mathcal{G}} \otimes I_n) \\ F_2 &= K_{s_1} \oplus K_{s_2} - \widehat{BK}_1^{N+M}(\mathcal{L}^{\mathcal{G}} \otimes I_n)\theta_s(\tau)\end{aligned}$$

令

$$R = \operatorname{diag}(R_1, R_2), R_1 = \left[\begin{array}{ll}-\mathbf{1}_{N-1} & I_{N-1}\end{array}\right], R_2 = \left[\begin{array}{ll}-\mathbf{1}_{M-1} & I_{M-1}\end{array}\right]$$

可得如下误差系统：

$$\delta(t+1) = \varUpsilon\delta(t) - (R \otimes I_n)\, F_2 E(t) \tag{5-88}$$

式中

$$\Upsilon = F_3 - F_4((\mathcal{L}^{\mathcal{G}} R^{\mathrm{T}}(RR^{\mathrm{T}})^{-1}) \otimes I_n)$$
$$F_4 = \begin{bmatrix} -\mathbf{1}_{N-1} \otimes (B_1 K_1) & \widehat{BK}_2^N \end{bmatrix} \oplus \begin{bmatrix} -\mathbf{1}_{M-1} \otimes (B_{N+1} K_{N+1}) & \widehat{BK}_{N+2}^{N+M} \end{bmatrix}$$

根据文献 [174]，很容易得到

$$x(t+1) = \left((K_{s_1} \oplus K_{s_1}) - \mathcal{L}^{\mathcal{G}} \otimes (B_{i_0} K_{i_0})\right) x(t) - F_2 E(t) \tag{5-89}$$

$$\delta(t+1) = \Upsilon \delta(t) - (R \otimes I_n) F_2 E(t) \tag{5-90}$$

式中，$\Upsilon = F_3 - \left((R\mathcal{L}^{\mathcal{G}} R^{\mathrm{T}} \left(RR^{\mathrm{T}}\right)^{-1}) \otimes (B_{i_0} K_{i_0})\right)$。

很容易证明

$$R\mathcal{L}^{\mathcal{G}} R^{\mathrm{T}} \left(RR^{\mathrm{T}}\right)^{-1} = T \Phi T^{-1} \tag{5-91}$$

式中，$T = \mathrm{diag}(R_1 U_{12}, R_2 U_{22})$。

因此

$$(T \otimes I_n)^{-1} \Upsilon (T \otimes I_n) = F_3 - \left((T^{-1} R\mathcal{L}^{\mathcal{G}} R^{\mathrm{T}} \left(RR^{\mathrm{T}}\right)^{-1} T) \otimes (B_{i_0} K_{i_0})\right) = \Psi$$

由此可见 $\Upsilon$ 相似于 $\Psi$。因此，$\Upsilon$ 和 $\Psi$ 具有相同的特征值，所以当且仅当 $\Psi$ 是 Schur 稳定时，$\Upsilon$ 是 Schur 稳定的。根据定义 5-8，可得当且仅当 $\Psi$ 和 $A_i - L_i C_i$ $(i \in \mathcal{V})$ 是 Schur 稳定时，控制协议 (5-77) 可解离散异构多智能体系统 (5-73) 的分组状态一致性问题。证毕。 □

定理 5-12 和推论 5-6分别给出了当智能体之间的通信权值无约束或有约束时，协议 (5-77) 可解分组状态一致性问题的充要条件。然而，却没有给出协议 (5-77) 中增益矩阵的求解方法。为了便于求解，在下面的结论中本节给出增益矩阵的求解方法。

**推论 5-7** 考虑具有时滞 (5-74) 的离散异构多智能体系统 (5-73)。如果假设 5-10~ 假设 5-12 和以下条件

(1) $A_i - L_i C_i$ $(i \in \mathcal{V})$ 是 Schur 稳定的；

(2) 存在矩阵 $X = X^{\mathrm{T}} > 0, Y, Z \in M_{w \times n}(\mathbb{R})$ 使得

$$Y X^{-1} = I_{N+M-2} \otimes Z \tag{5-92}$$

$$\begin{bmatrix} X & -\left(\hat{A}_s X + TY\right)^{\mathrm{T}} \\ -\left(\hat{A}_s X + TY\right) & X \end{bmatrix} > 0 \tag{5-93}$$

成立，则协议 (5-77) 可解分组一致性问题。此外，协议 (5-77) 中的反馈增益矩阵可以取为 $\bar{K}=Z$ ，其中

$$\bar{K}=\left[\begin{array}{cccccccc} K_a^{\mathrm{T}} & K_1^{\mathrm{T}} & \cdots & K_N^{\mathrm{T}} & K_b^{\mathrm{T}} & K_{N+1}^{\mathrm{T}} & \cdots & K_{N+M}^{\mathrm{T}} \end{array}\right]^{\mathrm{T}}$$
$$\hat{A}_s=(I_{N-1}\otimes A_{s_1})\oplus(I_{M-1}\otimes A_{s_2})$$
$$T=\left[\begin{array}{cc} [T_{ij}] & [T_{iq}] \\ [T_{pj}] & [T_{pq}] \end{array}\right]\in M_{(n+m-2)n,(n+m-2)w}(\mathbb{R})$$

$$T_{iq}=[0_{n\times n}\quad -a_{1,q+1}B_1\quad \overbrace{0_{n\times r}}^{i-1}\quad a_{i+1,q+1}B_{i+1}\quad \overbrace{0_{n\times r}}^{N-i-1}\quad 0_{n\times n}\quad \overbrace{0_{n\times r}}^{M}]$$
$$T_{pj}=[0_{n\times n}\quad \overbrace{0_{n\times r}}^{N}\quad 0_{n\times n}\quad -a_{N+1,j+1}B_{N+1}\quad \overbrace{0_{n\times r}}^{p-N-1}\quad a_{p+1,j+1}B_{p+1}\quad \overbrace{0_{n\times r}}^{N+M-p-1}]$$
$$T_{ij}=\begin{cases}[0_{n\times n}\quad l_{1,j+1}B_1\quad \overbrace{0_{n\times r}}^{i-1}\quad -l_{i+1,j+1}B_{i+1}\quad \overbrace{0_{n\times r}}^{N-i-1}\quad 0_{n\times n}\quad \overbrace{0_{n\times r}}^{M}],\ i\neq j\\ [I_n\quad l_{1,i+1}B_1\quad \overbrace{0_{n\times r}}^{i-1}\quad -l_{i+1,i+1}B_{i+1}\quad \overbrace{0_{n\times r}}^{N-i-1}\quad 0_{n\times n}\quad \overbrace{0_{n\times r}}^{M}],\ i=j\end{cases}$$
$$T_{pq}=\begin{cases}[0_{n\times n}\quad \overbrace{0_{n\times r}}^{N}\quad 0_{n\times n}\quad l_{N+1,q+1}B_{N+1}\quad \overbrace{0_{n\times r}}^{p-N-1}\quad -l_{p+1,q+1}B_{p+1}\quad \overbrace{0_{n\times r}}^{N+M-p-1}],\ p\neq q\\ [0_{n\times n}\quad \overbrace{0_{n\times r}}^{N}\quad I_n\quad l_{N+1,p+1}B_{N+1}\quad \overbrace{0_{n\times r}}^{p-N-1}\quad -l_{p+1,p+1}B_{p+1}\quad \overbrace{0_{n\times r}}^{N+M-p-1}],\ p=q\end{cases}$$
$$i,j=1,2,\cdots,N-1;\quad p,q=N+1,N+2,\cdots,N+M-1;\quad w=2n+(N+M)r$$

**证明** 根据定理 5-12，可得

$$\varUpsilon=\hat{A}_s+T\hat{K} \tag{5-94}$$

式中，$\hat{K}=I_{N+M-2}\otimes\bar{K}$ 。

结合式 (5-93) 和 Schur 补引理，可以得到

$$\begin{gathered}\left(\hat{A}_sX+TY\right)^{\mathrm{T}}X^{-1}\left(\hat{A}_sX+TY\right)-X<0\\ \left(\hat{A}_s+TYX^{-1}\right)^{\mathrm{T}}X^{-1}\left(\hat{A}_s+TYX^{-1}\right)-X^{-1}<0\end{gathered} \tag{5-95}$$

令 $\hat{K}=YX^{-1},\ P=X^{-1}$ ，联立式 (5-92) 和式 (5-95) 可以得到

$$\begin{gathered}\left(\hat{A}_s+T\hat{K}\right)^{\mathrm{T}}P\left(\hat{A}_s+T\hat{K}\right)-P<0\\ \bar{K}=Z\end{gathered} \tag{5-96}$$

根据 Lyapunov 稳定性理论，$\hat{A}_s + T\hat{K}$ 是 Schur 稳定的。因此，协议 (5-77) 可解具有时滞 (5-74) 的离散异构多智能体系统 (5-73) 的分组一致性问题。 □

**注解 5-7**　当离散异构多智能体系统 (5-73) 无时滞并且每个智能体的状态不可获得 (即假设 5-10) 时，分布式控制协议可被设计为如下形式：

$$
u_i(t)=\begin{cases}
B_{iR}^{-1}(K_a+\displaystyle\sum_{j=1,j\neq i}^{N}A_j)\hat{x}_i(t|t-1) \\
+K_i\left(\displaystyle\sum_{v_j\in\mathcal{N}_{1i}}a_{ij}\Delta\hat{x}_{i,j}(t|t-1)+\sum_{v_j\in\mathcal{N}_{2i}}a_{ij}\Delta\hat{x}_{N+1,j}(t|t-1)\right),\forall\, i\in\ell_1 \\
B_{iR}^{-1}(K_b+\displaystyle\sum_{j=N+1,j\neq i}^{N+M}A_j)\hat{x}_i(t|t-1) \\
+K_i\left(\displaystyle\sum_{v_j\in\mathcal{N}_{2i}}a_{ij}\Delta\hat{x}_{i,j}(t|t-1)+\sum_{v_j\in\mathcal{N}_{1i}}a_{ij}\Delta\hat{x}_{1,j}(t|t-1)\right),\forall\, i\in\ell_2
\end{cases}
\tag{5-97}
$$

也就是说，协议 (5-97) 与协议 (5-77) 中的情况相同。由于定理 5-12、推论 5-6 和推论 5-7 与时滞无关，因此，在假设 5-10～ 假设 5-12 下，所得结果仍然适用于无时滞的离散异构多智能体系统 (5-73)。类似于定理 5-12，具有两组的多智能体系统的分组一致性问题可以推广到更一般的分组一致性问题，即网络中的智能体渐近地达到多个一致状态。

将由具有离散动力学 (式 (5-73)) 的多智能体组成的复杂网络 $(\mathcal{G},x)$ 划分为 $P$ 个子组。并且第 $(\mathcal{G}_1,\chi_1),(\mathcal{G}_2,\chi_2),\cdots,(\mathcal{G}_P,\chi_P)$ 个子组中有 $\mathcal{N}_i$ 个智能体。定义 $\vartheta_0=0,\vartheta_i=\mathcal{N}_1+\cdots+\mathcal{N}_2+\cdots+\mathcal{N}_i,i=1,2,\cdots,P$ 。显然，索引集为 $\ell_1=\{1,2,\cdots,\vartheta_1\}$,$\ell_2=\{\vartheta_1+1,\vartheta_1+2,\cdots,\vartheta_2\}$,$\cdots$,$\ell_P=\{\vartheta_{P-1}+1,\vartheta_{P-1}+2,\cdots,\vartheta_P\}$,$\ell=\bigcup\limits_{i=1}^{P}\ell_i$。

类似地，本节给出了以下相关矩阵：

$$
\mathcal{L}^{\mathcal{G}}=\begin{bmatrix}
\mathcal{L}^{\mathcal{G}_1} & \Omega^{\mathcal{G}_{12}} & \cdots & \Omega^{\mathcal{G}_{1P}} \\
\Omega^{\mathcal{G}_{21}} & \mathcal{L}^{\mathcal{G}_2} & \cdots & \Omega^{\mathcal{G}_{2P}} \\
\vdots & \vdots & & \vdots \\
\Omega^{\mathcal{G}_{P1}} & \Omega^{\mathcal{G}_{P2}} & \cdots & \mathcal{L}^{\mathcal{G}_P}
\end{bmatrix}
$$

$$
\mathcal{L}^{\mathcal{G}_i}=\begin{bmatrix}
\mathcal{L}_{11}^{\mathcal{G}_i} & \mathcal{L}_{12}^{\mathcal{G}_i} \\
\mathcal{L}_{21}^{\mathcal{G}_i} & \mathcal{L}_{22}^{\mathcal{G}_i}
\end{bmatrix}=\begin{bmatrix}
\mathcal{L}_{1}^{\mathcal{G}_i} \\
\mathcal{L}_{2}^{\mathcal{G}_i}
\end{bmatrix},\quad i=1,2,\cdots,P
$$

$$\Omega^{\mathcal{G}_{ij}} = \begin{bmatrix} \Omega_{11}^{\mathcal{G}_{ij}} & \Omega_{12}^{\mathcal{G}_{ij}} \\ \Omega_{21}^{\mathcal{G}_{ij}} & \Omega_{22}^{\mathcal{G}_{ij}} \end{bmatrix} = \begin{bmatrix} \Omega_{1}^{\mathcal{G}_{ij}} \\ \Omega_{2}^{\mathcal{G}_{ij}} \end{bmatrix}, \quad i=1,2,\cdots,P, \quad j=1,2,\cdots,P$$

对于具有复杂网络 $(\mathcal{G},x)$ 的多智能体系统，分布式控制协议可被设计为如下形式：

$$u_i(t) = \begin{cases} B_{iR}^{-1}(K_a + \sum\limits_{j=1,j\neq i}^{\vartheta_1} A_j)\hat{x}_i(t|t-\tau) \\ +K_i \begin{pmatrix} \sum\limits_{v_j\in\mathcal{N}_{1i}} a_{ij}\Delta\hat{x}_{i,j}(t|t-\tau) \\ +\sum\limits_{v_j\in\mathcal{N}_{2i}} a_{ij}\Delta\hat{x}_{\vartheta_1+1,j}(t|t-\tau) \\ +\cdots+\sum\limits_{v_j\in\mathcal{N}_{Pi}} a_{ij}\Delta\hat{x}_{\vartheta_{P-1}+1,j}(t|t-\tau) \end{pmatrix}, & \forall\, i\in\ell_1 \\ B_{iR}^{-1}(K_b + \sum\limits_{j=\vartheta_1+1,j\neq i}^{\vartheta_2} A_j)\hat{x}_i(t|t-\tau) \\ +K_i \begin{pmatrix} \sum\limits_{v_j\in\mathcal{N}_{1i}} a_{ij}\Delta\hat{x}_{1,j}(t|t-\tau) \\ +\sum\limits_{v_j\in\mathcal{N}_{2i}} a_{ij}\Delta\hat{x}_{i,j}(t|t-\tau) \\ +\cdots+\sum\limits_{v_j\in\mathcal{N}_{Pi}} a_{ij}\Delta\hat{x}_{\vartheta_{P-1}+1,j}(t|t-\tau) \end{pmatrix}, & \forall\, i\in\ell_2 \\ B_{iR}^{-1}\left(K_p + \sum\limits_{j=\vartheta_{P-1}+1,j\neq i}^{\vartheta_P} A_j\right)\hat{x}_i(t|t-\tau) \\ +K_i \begin{pmatrix} \sum\limits_{v_j\in\mathcal{N}_{1i}} a_{ij}\Delta\hat{x}_{1,j}(t|t-\tau) \\ +\sum\limits_{v_j\in\mathcal{N}_{2i}} a_{ij}\Delta\hat{x}_{\vartheta_1+1,j}(t|t-\tau) \\ +\cdots+\sum\limits_{v_j\in\mathcal{N}_{Pi}} a_{ij}\Delta\hat{x}_{i,j}(t|t-\tau) \end{pmatrix}, & \forall\, i\in\ell_P \end{cases} \tag{5-98}$$

**定义 5-9** 如果离散异构多智能体系统 (5-73) 满足条件

(1) $\lim\limits_{t\to+\infty}\|x_i(t)-x_j(t)\|=0, \quad \forall\, i,j\in\ell_\sigma,\ \sigma=1,2,\cdots,P$;

(2) $\lim\limits_{t\to+\infty}\|x_i(t)-\hat{x}_i(t|t-1)\|=0, \quad \forall\, i\in\ell$,

那么称协议 (5-98) 可解多组状态一致性问题，或者称离散异构多智能体系统 (5-73) 在协议 (5-98) 下可以实现多组状态一致性。

**推论 5-8**　在假设 5-10～ 假设 5-12的前提下，如果存在 $P$ 个子网络 $(\mathcal{G}_1,\chi_1)$, $(\mathcal{G}_2,\chi_2)$,$\cdots$,$(\mathcal{G}_P,\chi_P)$ 的离散异构多智能体系统 (5-73) 存在时滞 (5-74)，协议 (5-98) 可解多组状态一致性问题的充要条件是矩阵 $\Upsilon$ 和 $A_i-L_iC_i$ $(i\in\ell)$ 是 Schur 稳定的。其中

$$\Upsilon=[\Upsilon_{ij}]\in R^{(\vartheta_P-P)n\times(\vartheta_P-P)n},\ i,j=1,2,\cdots,P$$

$$\Upsilon_{ij}=\begin{cases}I_{(N_i-1)}\otimes(K_i+A_{s_i})-\widehat{BK}^{\vartheta_i}_{\vartheta_{i-1}+2}(\mathcal{L}^{\mathcal{G}_i}_{22}\otimes I_n)+(\mathbf{1}_{N_i-1}\mathcal{L}^{\mathcal{G}_i}_{12})\otimes\tilde{B}_i, & i=j\\ \\ -\widehat{BK}^{\vartheta_i}_{\vartheta_{i-1}+2}(\Omega^{\mathcal{G}_{ij}}_{22}\otimes I_n)+(\mathbf{1}_{N_i-1}\Omega^{\mathcal{G}_{ij}}_{12})\otimes\tilde{B}_i, & i\neq j\end{cases}$$

$$\widehat{BK}^{\vartheta_i}_{\vartheta_{i-1}+2}=\oplus\sum_{i=\vartheta_{i-1}+2}^{\vartheta_i}B_iK_i,\quad i=1,2,\cdots,P$$

$$A_{s_i}=\sum_{j=\vartheta_{i-1}+1}^{\vartheta_i}A_j,\quad i=1,2,\cdots,P$$

$$\tilde{B}_i=B_{\vartheta_{i-1}+1}K_{\vartheta_{i-1}+1},\quad i=1,2,\cdots,P$$

4. 数值仿真

本节给出了多个仿真实例验证所得结果的可行性，并比较了具有时变时滞和无时滞的离散异构多智能体系统的性能。

**例 5-5**　考虑由 $N+M$ 个智能体组成的复杂网络 $(\mathcal{G},x)$，其中，$N=2,M=2,\ell_1=\{1,2\},\ell_2=\{3,4\}$ 。智能体的动力学描述为 (5-73)，其中

$$A_1=\begin{bmatrix}1.25 & 0\\ 0.1 & 0.6\end{bmatrix},B_1=\begin{bmatrix}-0.01 & 0.03 & -0.02\\ 0 & -0.05 & 0.03\end{bmatrix},C_1=\begin{bmatrix}0 & -1\end{bmatrix}$$

$$A_2=\begin{bmatrix}-1 & 0\\ 0.3 & -0.1\end{bmatrix},B_2=\begin{bmatrix}0.01 & 0 & 0.05\\ 0 & 0.25 & -0.02\end{bmatrix},C_2=\begin{bmatrix}0 & 1\end{bmatrix}$$

$$A_3=\begin{bmatrix}-1.3 & 0.2\\ 0.2 & 0.6\end{bmatrix},B_3=\begin{bmatrix}-0.02 & 0 & -0.01\\ -0.01 & 0.05 & -0.01\end{bmatrix},C_3=\begin{bmatrix}1 & 0\end{bmatrix}$$

$$A_4=\begin{bmatrix}1 & 0.1\\ 0 & -1.2\end{bmatrix},B_4=\begin{bmatrix}-0.2 & 0.04 & -0.1\\ -0.10 & 0.05 & 0.01\end{bmatrix},C_4=\begin{bmatrix}1 & 1\end{bmatrix}$$

异构多智能体系统的拓扑图如图 5-19 所示。设智能体在传输数据时，在网络通信、多个设备串联及系统各个部分运算过程中存在的时变时滞总和为 $\tau_{ij}(t)$，

上界 $\tau=3$ 。利用极点配置技术，将观测器增益矩阵 $L_i$ 确定为

$$L_1=\begin{bmatrix}-4.8630\\-0.8717\end{bmatrix},L_2=\begin{bmatrix}0.5277\\-0.2305\end{bmatrix},L_3=\begin{bmatrix}-0.8931\\0.1689\end{bmatrix},L_4=\begin{bmatrix}0.3782\\-0.6684\end{bmatrix}$$

根据推论 5-7，选择如下控制增益：

$$K_a=\begin{bmatrix}-0.7850&-0.0014\\1.4986&-0.1834\end{bmatrix},K_b=\begin{bmatrix}0.2601&-0.0867\\0.0758&-0.0839\end{bmatrix}$$

$$K_1=\begin{bmatrix}-10.7989&0.9057\\-7.1538&0.5184\\2.1325&-0.1299\end{bmatrix},K_2=\begin{bmatrix}-3.1463&0.2264\\5.8416&-0.4225\\-11.3129&0.6822\end{bmatrix}$$

$$K_3=\begin{bmatrix}-1.0245&-1.1224\\0.1234&-0.3946\\-0.2075&0.0775\end{bmatrix},K_4=\begin{bmatrix}-0.2603&-0.0018\\0.1898&-0.2675\\0.1453&-0.5368\end{bmatrix}$$

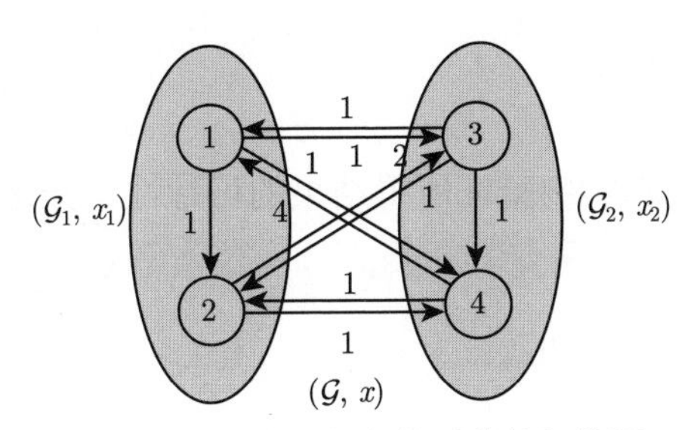

图 5-19　异构多智能体系统的拓扑图

通过计算可得 $\varUpsilon$ 的特征值，即

$$\lambda_1=0.0849,\lambda_2=0.4130,\lambda_3=-0.5485,\lambda_4=-0.0208$$

显然，所有的特征值都在单位圆内。因此，根据定理 5-12，协议 (5-77) 可以解决分组一致性问题。选取系统初始状态如下：

$$x_1(0)=\begin{bmatrix}-12&7\end{bmatrix}^{\mathrm{T}},x_2(0)=\begin{bmatrix}13&-10\end{bmatrix}^{\mathrm{T}}$$

$$x_3(0)=\begin{bmatrix}-10&-12\end{bmatrix}^{\mathrm{T}},x_4(0)=\begin{bmatrix}7&8\end{bmatrix}^{\mathrm{T}}$$

$$e_1(0)=\begin{bmatrix}0.1&-0.1\end{bmatrix}^{\mathrm{T}},e_2(0)=\begin{bmatrix}0.1&0.1\end{bmatrix}^{\mathrm{T}}$$

$$e_3(0)=\begin{bmatrix}0.3&0\end{bmatrix}^{\mathrm{T}},e_4(0)=\begin{bmatrix}0.2&-0.2\end{bmatrix}^{\mathrm{T}}$$

$$e_1(-1) = e_2(-1) = e_3(-1) = e_4(-1) = -\begin{bmatrix} 1 & 1 \end{bmatrix}^{\mathrm{T}}$$

$$e_1(-2) = e_2(-2) = e_3(-2) = e_4(-2) = \begin{bmatrix} 1 & 1 \end{bmatrix}^{\mathrm{T}}$$

易知，增益矩阵 $K_i$ 和 $L_i$ 仍然适用于无时滞情况。图 5-20和图 5-21比较了具有时变时滞和无时滞的离散异构多智能体系统的性能。实线表示有时滞情况，虚线表示无时滞情况。由图像可知，具有时变时滞和无时滞的离散异构多智能体系统的状态几乎一致。因此，基于网络化预测方法所设计的一致性协议可以提高系统性能。

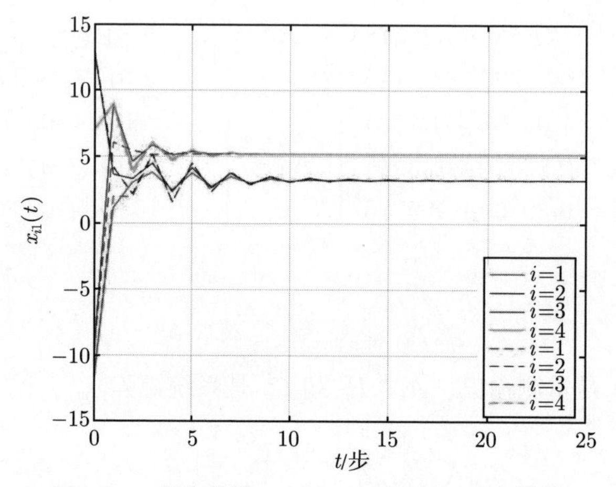


图 5-20　状态轨迹 $x_{i1}(t), i = 1, 2, 3, 4$ (见彩图)

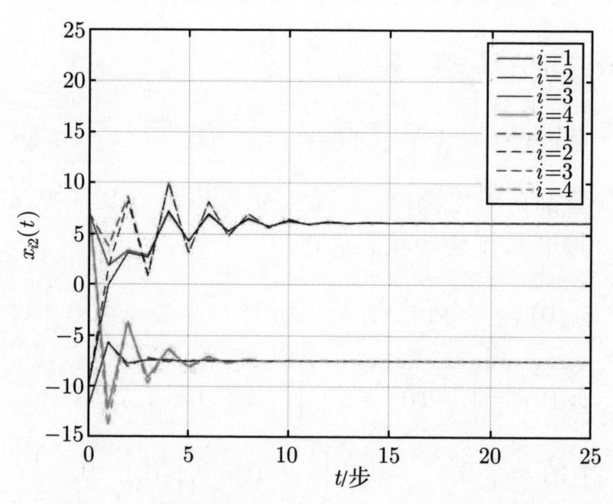


图 5-21　状态轨迹 $x_{i2}(t), i = 1, 2, 3, 4$ (见彩图)

### 5.2.4 异构多智能体系统的分组领导跟随一致性

本节进一步讨论异构多智能体系统中存在多个领导者和通信时滞的情况下的分组领导跟随一致性问题。考虑自治领导者、带有控制器的主动领导者及接受自身信息有/无通信时滞四种不同情况。采用网络化预测控制方案来主动补偿通信时滞，针对不同情况设计相应的分布式协议，使得多智能体系统可以实现分组领导跟随一致性，而且不受入度平衡条件的限制。

类似 5.2.3节，考虑一个异构多智能体系统 $(\mathcal{G},x)$ 被划分为两个子网络，第一个子网络 $\mathcal{G}_1=(\mathcal{V}_1,\mathcal{E}_1,\mathcal{A}_1(\mathcal{G}))$ 中有 $N$ 个智能体，第二个子网络 $\mathcal{G}_2=(\mathcal{V}_2,\mathcal{E}_2,\mathcal{A}_2(\mathcal{G}))$ 中有 $M$ 个智能体。此外，每个子网络还有一个领导者智能体。如果智能体 $i$ $(i\in\ell_1)$ 可以获得它的领导者的信息，那么 $\beta_i^{\mathcal{G}_1}=1$，否则 $\beta_i^{\mathcal{G}_1}=0$。同理，如果智能体 $i$ $(i\in\ell_2)$ 可以获得它的领导者的信息，那么 $\beta_i^{\mathcal{G}_2}=1$，否则 $\beta_i^{\mathcal{G}_2}=0$。令 $\beta^{\mathcal{G}_1}=\operatorname{diag}\left(\beta_1^{\mathcal{G}_1},\beta_2^{\mathcal{G}_1},\cdots,\beta_N^{\mathcal{G}_1}\right)$, $\beta^{\mathcal{G}_2}=\operatorname{diag}\left(\beta_{N+1}^{\mathcal{G}_2},\beta_{N+2}^{\mathcal{G}_2},\cdots,\beta_{N+M}^{\mathcal{G}_2}\right)$。

跟随者智能体 $i$ 的动力学模型描述如下:

$$\begin{aligned}&x_i(t+1)=A_ix_i(t)+B_iu_i(t)\\&y_i(t)=C_ix_i(t),\quad\forall\, i\in\ell\end{aligned}\tag{5-99}$$

式中，$x_i(t)\in M_{n,1}(\mathbb{R})$ 是跟随者智能体的状态；$u_i(t)\in M_{m_i,1}(\mathbb{R})$ 是控制输入；$y_i(t)\in M_{q_i,1}(\mathbb{R})$ 是量测输出；$A_i$、$B_i$ 和 $C_i$ 是系统矩阵。

第一组的领导者智能体的动力学模型描述如下：

$$\begin{cases}x_a(t+1)=A_ax_a(t)\\y_a(t)=C_ax_a(t)\end{cases}\tag{5-100}$$

第二组的领导者智能体的动力学模型描述如下：

$$\begin{cases}x_b(t+1)=A_bx_b(t)\\y_b(t)=C_bx_b(t)\end{cases}\tag{5-101}$$

式中，$x_a(t)\in M_{n,1}(\mathbb{R})$ 和 $x_b(t)\in M_{n,1}(\mathbb{R})$ 是领导者智能体的状态；$y_a(t)\in M_{q_a,1}(\mathbb{R})$ 和 $y_b(t)\in M_{q_b,1}(\mathbb{R})$ 是量测输出；$A_a$、$A_b$、$C_a$ 和 $C_b$ 是具有适当维数的系统矩阵。

注意，系统 (5-100) 和 (5-101) 是自治系统。为保证系统能正常工作，假设系统 (5-100) 和 (5-101) 是渐近稳定的。当领导者是以下具有控制器的非自治系统时，该限制将被取消。第一组和第二组的领导者动态系统模型分别如下：

$$\begin{cases}x_a(t+1)=A_ax_a(t)+B_au_a(t)\\y_a(t)=C_ax_a(t)\end{cases}\tag{5-102}$$

$$\begin{cases} x_b(t+1) = A_b x_b(t) + B_b u_b(t) \\ y_b(t) = C_b x_b(t) \end{cases} \tag{5-103}$$

式中，$u_a(t) \in M_{m_a,1}(\mathbb{R})$ 和 $u_b(t) \in M_{m_b,1}(\mathbb{R})$ 是控制输入。假设所有跟随者和领导者的状态不可测，但它们的输出是可检测的。对任意 $\forall i \in \ell$，矩阵对 $(A_i, C_i)$, $(A_a, C_a)$, $(A_b, C_b)$ 是可检测的。

同样，假设通过网络传输的每个数据包都标有时间戳，控制器和执行器是时钟同步的。智能体之间信息交换的时变时滞可以描述为

$$\begin{aligned} &0 < \tau_0 \leqslant \check{\tau}_{ia}(t) \leqslant \tau_{ia}(t) \leqslant \hat{\tau}_{ia}(t) \leqslant \tau, \quad \forall\, i \in \ell_1 \\ &0 < \tau_0 \leqslant \check{\tau}_{ij}(t) \leqslant \tau_{ij}(t) \leqslant \hat{\tau}_{ij}(t) \leqslant \tau, \quad \forall\, i, j \in \ell \\ &0 < \tau_0 \leqslant \check{\tau}_{ib}(t) \leqslant \tau_{ib}(t) \leqslant \hat{\tau}_{ib}(t) \leqslant \tau, \quad \forall\, i \in \ell_2 \end{aligned} \tag{5-104}$$

式中，$\tau_{ia}(t)$ 是第一组的智能体 $i$ 在 $t$ 时刻接收相应领导者 $x_a$ 信息时的时滞；$\tau_{ij}(t)$ 是智能体 $i$ $(i \in \ell)$ 在 $t$ 时刻接收智能体 $j$ $(\forall j \in \mathcal{N}_i)$ 信息时的时滞；$\tau_{ib}(t)$ 是第一组的智能体 $i$ 在 $t$ 时刻接收相应领导者 $x_b$ 信息时的时滞。$\tau_0$ 与 $\tau$ 是已知的下界和上界。

根据智能体 $i$ 在 $t-\tau$ 时刻的输出，本节构造第 $i$ 个智能体的状态观测器如下:

$$\begin{aligned} \hat{x}_i(t-\tau+1|t-\tau) =& A_i \hat{x}_i(t-\tau|t-\tau-1) + B_i u_i(t-\tau) \\ &+ L_i y_i(t-\tau) - L_i C_i \hat{x}_i(t-\tau|t-\tau-1) \\ \hat{x}_i(t-\tau+d|t-\tau) =& A_i \hat{x}_i(t-\tau+d-1|t-\tau) \\ &+ B_i u_i(t-\tau+d-1), d=2,3,\cdots,\tau \end{aligned} \tag{5-105}$$

式中，$\hat{x}_i(t-\tau+m|t-\tau)$ 是智能体 $i$ 向前预测 $m$ $(m = 1, 2, \cdots, \tau)$ 的状态；$u_i(t-\tau+m-1)$ 为观测器在 $t-\tau+m-1$ 时刻的控制输入；$L_i$ 为观测器的增益矩阵，$i \in \ell$。值得注意的是，当领导者 $x_a$ 和 $x_b$ 的动态模型由式(5-102) 和式(5-103)描述时，它和跟随者具有相同的动力学结构。因此，领导者的状态观测器也可以被描述为式 (5-105)。也就是说，状态观测器 (5-105) 适用于所有智能体 $i$ $(i \in \ell \cup \{a, b\})$。当领导者 $x_a$ 和 $x_b$ 的动态模型由式 (5-100) 和式 (5-101) 描述时，每个领导者的状态观测器构造如下：

$$\begin{cases} \hat{x}_i(t-\tau+1|t-\tau) = A_i \hat{x}_i(t-\tau|t-\tau-1) + L_i y_i(t-\tau) - L_i C_i \hat{x}_i(t-\tau|t-\tau-1) \\ \hat{x}_i(t-\tau+d|t-\tau) = A_i \hat{x}_i(t-\tau+d-1|t-\tau), d = 2, 3, \cdots, \tau \end{cases} \tag{5-106}$$

式中，$\hat{x}_i(t-\tau+m|t-\tau)$ 是智能体 $i$ 向前预测 $m$ $(m=1,2,\cdots,\tau)$ 步的预测状态；$L_i$ 为观测器的增益矩阵，$i\in\{a,b\}$。

为了描述跟随者与对应领导者之间的跟踪误差，在上下文中将使用以下符号：

$$\xi_i(t)=x_i(t)-x_a(t),\quad \forall\, i\in\ell_1$$

$$\eta_i(t)=x_i(t)-x_b(t),\quad \forall\, i\in\ell_2$$

$$\xi(t)=\begin{bmatrix}\xi_1^{\mathrm{T}}(t) & \xi_2^{\mathrm{T}}(t) & \cdots & \xi_N^{\mathrm{T}}(t)\end{bmatrix}^{\mathrm{T}}$$

$$\eta(t)=\begin{bmatrix}\eta_{N+1}^{\mathrm{T}}(t) & \eta_{N+2}^{\mathrm{T}}(t) & \cdots & \eta_{N+M}^{\mathrm{T}}(t)\end{bmatrix}^{\mathrm{T}}$$

$$\delta(t)=\begin{bmatrix}\xi^{\mathrm{T}}(t) & \eta^{\mathrm{T}}(t)\end{bmatrix}^{\mathrm{T}}$$

$$E_1(t)=\begin{bmatrix}e_1^{\mathrm{T}}(t) & e_2^{\mathrm{T}}(t) & \cdots & e_N^{\mathrm{T}}(t)\end{bmatrix}^{\mathrm{T}}$$

$$E_2(t)=\begin{bmatrix}e_{N+1}^{\mathrm{T}}(t) & e_{N+2}^{\mathrm{T}}(t) & \cdots & e_{N+M}^{\mathrm{T}}(t)\end{bmatrix}^{\mathrm{T}}$$

$$E(t)=\begin{bmatrix}E_1^{\mathrm{T}}(t) & E_2^{\mathrm{T}}(t)\end{bmatrix}^{\mathrm{T}}$$

$$x^*(t)=\begin{bmatrix}x_a^{\mathrm{T}}(t) & x_b^{\mathrm{T}}(t)\end{bmatrix}^{\mathrm{T}}$$

$$E^*(t)=\begin{bmatrix}E^{\mathrm{T}}(t) & e_a^{\mathrm{T}}(t) & e_b^{\mathrm{T}}(t)\end{bmatrix}^{\mathrm{T}}$$

$$A_{s_1}=\oplus\sum_{i=1}^{N}A_i,\quad A_{s_2}=\oplus\sum_{i=N+1}^{N+M}A_i$$

$$A_s=A_{s_1}\oplus A_{s_2},\quad \hat{A}_{s_1}=\oplus\sum_{i=1}^{N}(A_i-L_iC_i)$$

$$\hat{A}_{s_2}=\oplus\sum_{i=N+1}^{N+M}(A_i-L_iC_i)$$

$$\hat{B}_{s_1}=\oplus\sum_{i=1}^{N}B_iK_i,\quad \hat{B}_{s_2}=\oplus\sum_{i=N+1}^{N+M}B_iK_i$$

$$\hat{B}_{s_a}=\oplus\sum_{i=1}^{N}B_iK_{ai},\quad \hat{B}_{s_b}=\oplus\sum_{i=N+1}^{N+M}B_iK_{bi}$$

$$B_{s_1} = \oplus \sum_{i=1}^{N} B_i, \quad B_{s_2} = \oplus \sum_{i=N+1}^{N+M} B_i$$

$$B_s = B_{s_1} \oplus B_{s_2}, \quad K_{s_1} = \oplus \sum_{i=1}^{N} K_i$$

$$K_{s_2} = \oplus \sum_{i=N+1}^{N+M} K_i, \quad K_s = K_{s_1} \oplus K_{s_2}$$

$$K_{as} = \oplus \sum_{i=1}^{N} K_{ai}, \quad K_{bs} = \oplus \sum_{i=N+1}^{N+M} K_{bi}$$

$$K_{abs} = K_{as} \oplus K_{bs}$$

1. 自治领导者

在领导者为自治稳定系统的情况下，基于预测控制方案 (5-105) 和式 (5-106)，具有时滞 (5-104) 的多智能体系统 (5-99)~(5-101) 的控制协议设计为

$$u_i(t) = \begin{cases} K_i \sum\limits_{v_j \in \mathcal{N}_{1i}} a_{ij}(\hat{x}_j(t|t-\tau) - \hat{x}_i(t|t-1)) \\ +K_i \sum\limits_{v_j \in \mathcal{N}_{2i}} a_{ij}\hat{x}_j(t|t-\tau) \\ +K_{ai}\beta_i^{\mathcal{G}_1}\left(\hat{x}_a(t|t-\tau) - \hat{x}_i(t|t-1)\right), \forall\, i \in \ell_1 \\ \\ K_i \sum\limits_{v_j \in \mathcal{N}_{2i}} a_{ij}(\hat{x}_j(t|t-\tau) - \hat{x}_i(t|t-1)) \\ +K_i \sum\limits_{v_j \in \mathcal{N}_{1i}} a_{ij}\hat{x}_j(t|t-\tau) \\ +K_{bi}\beta_i^{\mathcal{G}_2}\left(\hat{x}_b(t|t-\tau) - \hat{x}_i(t|t-1)\right), \forall\, i \in \ell_2 \end{cases} \tag{5-107}$$

**注解 5-8** 协议 (5-107) 不仅考虑了智能体 $i$ 与其在同一组的邻居节点之间的预测状态的差，还考虑了另一组的邻居节点状态的影响。进一步，本节假设领导者之间不存在信息交互，每个子群中的领导者只能向自己子群中的跟随者传输消息。此外，并不是所有的跟随者都能从自己的领导者那里得到信息，这样会更加符合现实情况。

**定义 5-10** 如果具有时滞 (5-104) 的离散异构多智能体系统 (5-99)~(5-101) 满足以下条件：

(1) $\lim\limits_{t\to+\infty} \|x_i(t) - x_a(t)\| = 0, \quad \forall\, i \in \ell_1;$ (5-108)

$$(2)\ \lim_{t\to+\infty}\|x_i(t)-x_b(t)\|=0,\quad \forall\, i\in\ell_2; \tag{5-109}$$

$$(3)\ \lim_{t\to+\infty}\|e_i(t)\|=0,\quad \forall\, i\in\ell\cup\{a,b\}, \tag{5-110}$$

那么称协议 (5-107) 能解分组领导跟随一致性问题，或者离散异构多智能体系统 (5-99)~(5-101) 能够在协议 (5-107) 下实现分组领导跟随一致性。其中，$e_i(t)=\hat{x}_i(t|t-1)-x_i(t)$ 为第 $i$ 个智能体在时刻 $i$ 的观测器估计误差。

条件 (5-108) 表示第一组跟随者智能体的状态可以与其领导者 $x_a$ 的状态一致。条件 (5-109) 表示第二组跟随者智能体的状态可以与其领导者 $x_b$ 的状态一致。条件 (5-110) 意味着状态观测器的状态估计可以跟踪智能体的状态。

**定理 5-13** 考虑具有时滞 (5-104) 的离散多智能体系统 (5-99)~(5-101)。协议 (5-107) 可以解决分组领导跟随一致性问题，当且仅当 $\varUpsilon$ 和 $A_i-L_iC_i$ ($i\in\ell\cup\{a,b\}$) 是 Schur 的。其中

$$\varUpsilon=A_s-B_sK_s\left(\mathcal{L}_f^{\mathcal{G}}\otimes I_n\right)-B_sK_{abs}\left(\beta^{\mathcal{G}}\otimes I_n\right) \tag{5-111}$$

**证明** 通过状态误差方程 $e_i(t)=\hat{x}_i(t|t-1)-x_i(t)$，很容易得到以下状态误差方程：

$$\left\{\begin{array}{l}\hat{x}_i(t|t-\tau)=x_i(t)+A_i{}^{\tau-1}e_i(t-\tau+1)\\ \hat{x}_i(t|t-1)=x_i(t)+(A_i-L_iC_i)^{\tau-1}e_i(t-\tau+1)\end{array}\right. \tag{5-112}$$

式中，$i\in\ell\bigcup\{a,b\}$。

对于第一个领导者和跟随者网络，可以得到

$$\begin{aligned}\xi_i(t+1)=&A_i\xi_i(t)+(A_i-A_a-B_aK_a)x_a(t)-B_iK_i(l_i^{\mathcal{G}_1}\otimes I_n)\xi(t)\\&+B_iK_i(a_i^{\mathcal{G}_1}\otimes I_n)A_{s_1}^{\tau-1}E_1(t-\tau+1)\\&-B_iK_i(d_i^{\mathcal{G}_1}\otimes I_n)(A_i-L_iC_i)^{\tau-1}e_i(t-\tau+1)\\&-B_iK_i(\omega_i^{\mathcal{G}_1}\otimes I_n)\eta(t)-B_iK_is_ix_b(t)\\&-B_iK_i(\omega_i^{\mathcal{G}_1}\otimes I_n)A_{s_2}^{\tau-1}E_2(t-\tau+1)\\&-B_iK_{ai}\beta_i^{\mathcal{G}_1}\xi_i(t)-B_iK_{ai}\beta_i^{\mathcal{G}_1}(A_i-L_iC_i)^{\tau-1}e_i(t-\tau+1)\\&+\left(B_iK_{ai}\beta_i^{\mathcal{G}_1}A_a^{\tau-1}-B_aK_a\left(A_a-L_aC_a\right)^{\tau-1}\right)\\&\times e_a(t-\tau+1),\quad \forall i\in\ell_1\end{aligned} \tag{5-113}$$

类似地

$$
\begin{aligned}
\eta_i(t+1) =& A_i\eta_i(t) + (A_i - A_b - A_b - B_aK_b)x_b(t) - B_iK_i(l_i^{\mathcal{G}_2} \otimes I_n)\eta(t) \\
& - B_iK_is_ix_a(t) - B_iK_{bi}\beta_i^{\mathcal{G}_2}\eta_i(t) \\
& + B_iK_i(a_i^{\mathcal{G}_2} \otimes I_n)A_{s_2}^{\tau-1}E_2(t-\tau+1) \\
& - B_iK_i(d_i^{\mathcal{G}_2} \otimes I_n)(A_i - L_iC_i)^{\tau-1}e_i(t-\tau+1) \\
& - B_iK_i(\omega_i^{\mathcal{G}_2} \otimes I_n)A_{s_1}^{\tau-1}E_1(t-\tau+1) \\
& - B_iK_i(\omega_i^{\mathcal{G}_2} \otimes I_n)\xi(t) \\
& - B_iK_{bi}\beta_i^{\mathcal{G}_2}(A_i - L_iC_i)^{\tau-1}e_i(t-\tau+1) \\
& + \Big(B_iK_{bi}\beta_i^{\mathcal{G}_2}A_b^{\tau-1} - B_bK_b\left(A_b - L_bC_b\right)^{\tau-1}\Big) \\
& \times e_b(t-\tau+1),\ \forall\, i \in \ell_2
\end{aligned}
\tag{5-114}
$$

由式 (5-113) 和式 (5-114) 可得跟踪误差向量为

$$
\begin{aligned}
\xi(t+1) =& \Big(A_{s_1} - \hat{B}_{s_1}(\mathcal{L}^{\mathcal{G}_1} \otimes I_n) - \hat{B}_{s_a}(\beta^{\mathcal{G}_1} \otimes I_n)\Big)\xi(t) \\
& - \hat{B}_{s_1}(\Omega^{\mathcal{G}_1} \otimes I_n)\eta(t) - \Gamma_1E(t-\tau+1) \\
& + ((A_{s_1} - I_N \otimes A_a)(\mathbf{1}_N \otimes I_n))\,x_a(t) \\
& - \hat{B}_{s_1}(S^{\mathcal{G}_1} \otimes I_n)(\mathbf{1}_N \otimes I_n)x_b(t) + \Gamma_3e_a(t-\tau+1)
\end{aligned}
\tag{5-115}
$$

$$
\begin{aligned}
\eta(t+1) =& \Big(A_{s_2} - \hat{B}_{s_2}(\mathcal{L}^{\mathcal{G}_2} \otimes I_n) - \hat{B}_{s_b}(\beta^{\mathcal{G}_2} \otimes I_n)\Big)\eta(t) \\
& - \hat{B}_{s_2}(\Omega^{\mathcal{G}_2} \otimes I_n)\xi(t) - \Gamma_2E(t-\tau+1) \\
& + ((A_{s_2} - I_M \otimes A_b)(\mathbf{1}_M \otimes I_n))x_b(t) \\
& - \hat{B}_{s_2}(S^{\mathcal{G}_2} \otimes I_n)(\mathbf{1}_M \otimes I_n)x_a(t) + \Gamma_4e_b(t-\tau+1)
\end{aligned}
\tag{5-116}
$$

式中

$$\varGamma_1=\begin{bmatrix}\left(-\hat{B}_{s_1}((\mathcal{A}^{\mathcal{G}_1}\otimes I_n)A_{s_1}^{\tau-1}+(\mathcal{D}^{\mathcal{G}_1}\otimes I_n)\hat{A}_{s_1}^{\tau-1})+\hat{B}_{s_a}(\beta^{\mathcal{G}_1}\otimes I_n)\hat{A}_{s_1}^{\tau-1}\right)^{\mathrm{T}}\\ \left(\hat{B}_{s_1}(\varOmega^{\mathcal{G}_1}\otimes I_n)A_{s_2}^{\tau-1}\right)^{\mathrm{T}}\end{bmatrix}^{\mathrm{T}}$$

$$\varGamma_2=\begin{bmatrix}\left(-\hat{B}_{s_2}(\varOmega^{\mathcal{G}_2}\otimes I_n)A_{s_2}^{\tau-1}\right)^{\mathrm{T}}\\ \left(-\hat{B}_{s_2}((\mathcal{A}^{\mathcal{G}_2}\otimes I_n)A_{s_2}^{\tau-1}+(\mathcal{D}^{\mathcal{G}_2}\otimes I_n)\hat{A}_{s_2}^{\tau-1})+\hat{B}_{s_b}(\beta^{\mathcal{G}_2}\otimes I_n)\hat{A}_{s_2}^{\tau-1}\right)^{\mathrm{T}}\end{bmatrix}^{\mathrm{T}}$$

$$\varGamma_3=\hat{B}_{s_a}((\beta^{\mathcal{G}_1}\mathbf{1}_N)\otimes A_a^{\tau-1})-B_aK_a\left(A_a-L_aC_a\right)^{\tau-1}$$

$$\varGamma_4=\hat{B}_{s_b}((\beta^{\mathcal{G}_2}\mathbf{1}_M)\otimes A_b^{\tau-1})-B_bK_b\left(A_b-L_bC_b\right)^{\tau-1}$$

因此，闭环系统的紧凑表达式为

$$\begin{bmatrix}x^*(t+1)\\ \delta(t+1)\\ E^*(t-\tau+2)\end{bmatrix}=\begin{bmatrix}A^* & \mathbf{0} & \mathbf{0}\\ P & \varUpsilon & \varGamma\\ \mathbf{0} & \mathbf{0} & \varPhi\end{bmatrix}\begin{bmatrix}x^*(t)\\ \delta(t)\\ E^*(t-\tau+1)\end{bmatrix}\tag{5-117}$$

$$x^*(t)=\begin{bmatrix}x_a^{\mathrm{T}}(t) & x_b^{\mathrm{T}}(t)\end{bmatrix}^{\mathrm{T}}$$

$$E^*(t)=\begin{bmatrix}E^{\mathrm{T}}(t) & e_a^{\mathrm{T}}(t-\tau+1) & e_b^{\mathrm{T}}(t-\tau+1)\end{bmatrix}^{\mathrm{T}}$$

$$\varUpsilon=\begin{bmatrix}\varLambda_1 & \varPi_1\\ \varPi_2 & \varLambda_2\end{bmatrix}$$

$$\varGamma=\begin{bmatrix}\varGamma_1 & \varGamma_3 & \mathbf{0}\\ \varGamma_2 & \mathbf{0} & \varGamma_4\end{bmatrix}\tag{5-118}$$

$$P=\begin{bmatrix}P_1 & P_2\\ P_3 & P_4\end{bmatrix}\tag{5-119}$$

$$A^*=A_a\oplus A_b\tag{5-120}$$

$$\Phi=\left(\oplus\sum_{i=1}^{N+M}(A_i-L_iC_i)\right)\oplus(A_a-L_aC_a)\oplus(A_b-L_bC_b) \tag{5-121}$$

$$\varLambda_1 = A_{s_1} - \hat{B}_{s_1}(\mathcal{L}^{\mathcal{G}_1}\otimes I_n) - \hat{B}_{s_a}(\beta^{\mathcal{G}_1}\otimes I_n)$$

$$\varPi_1 = -\hat{B}_{s_1}(\varOmega^{\mathcal{G}_1}\otimes I_n)$$

$$\varLambda_2 = A_{s_2} - \hat{B}_{s_2}(\mathcal{L}^{\mathcal{G}_2}\otimes I_n) - \hat{B}_{s_b}(\beta^{\mathcal{G}_2}\otimes I_n)$$

$$\varPi_2 = -\hat{B}_{s_2}(\varOmega^{\mathcal{G}_2}\otimes I_n)$$

$$P_1 = (A_{s_1} - I_N\otimes A_a)(\mathbf{1}_N\otimes I_n)$$

$$P_2 = -\hat{B}_{s_1}(S^{\mathcal{G}_1}\otimes I_n)(\mathbf{1}_N\otimes I_n)$$

$$P_3 = -\hat{B}_{s_2}(S^{\mathcal{G}_2}\otimes I_n)(\mathbf{1}_M\otimes I_n)$$

$$P_4 = (A_{s_2} - I_M\otimes A_b)(\mathbf{1}_M\otimes I_n)$$

为了更清晰地表示每个智能体的结构和通信拓扑对分组领导一致性的影响，可以将 $\varUpsilon$ 变形为

$$\begin{aligned}\varUpsilon =&A_s - \begin{bmatrix} B_{s_1} & 0 \\ 0 & B_{s_2}\end{bmatrix}\begin{bmatrix} K_{s_1} & 0 \\ 0 & K_{s_2}\end{bmatrix}\left(\mathcal{L}_f^{\mathcal{G}}\otimes I_n\right) - \begin{bmatrix} K_{as} & 0 \\ 0 & K_{bs}\end{bmatrix}\left(\beta^{\mathcal{G}}\otimes I_n\right)\\ =&A_s - B_sK_s\left(\mathcal{L}_f^{\mathcal{G}}\otimes I_n\right) - B_sK_{abs}\left(\beta^{\mathcal{G}}\otimes I_n\right)\end{aligned}$$

显然，式 (5-117) 是一个下三角矩阵, 一个三角矩阵是 Schur 稳定的当且仅当它在对角线上的子矩阵是 Schur 稳定的。基于定义 5-10，协议 (5-107) 可以解决式 (5-99)~ 式 (5-101) 的分组领导一致性问题，当且仅当系统 (5-117) 是 Schur 稳定的，这意味着 $\varUpsilon$ 和 $A_i-L_iC_i$ $(i\in\ell\cup\{a,b\})$ 的特征值都必须小于 1。证毕。 □

以上内容是智能体接收自己的信息没有时滞。在许多实际应用中，如飞机和电路中，都存在随机扰动。扰动对自身时滞的随机出现有影响，自身时滞指智能体自身引起的计算或反应时延，这是时滞研究中的一个重要问题。当智能体收到它们自己的信息也有时滞时，可以得到以下结论。基于预测方案 (5-105) 和 (5-106)，设计具有时滞 (式 (5-104)) 的多智能体系统 (5-99)~(5-101) 的通信协议为

$$u_i(t)=\begin{cases}K_i\left(\sum\limits_{v_j\in\mathcal{N}_{1i}}a_{ij}(\hat{x}_j(t|t-\tau)-\hat{x}_i(t|t-\tau))+\sum\limits_{v_j\in\mathcal{N}_{2i}}a_{ij}\hat{x}_j(t|t-\tau)\right)\\+K_{ai}\beta_i^{\mathcal{G}_1}\left(\hat{x}_a(t|t-\tau)-\hat{x}_i(t|t-\tau)\right),\forall\, i\in\ell_1\\ \\K_i\left(\sum\limits_{v_j\in\mathcal{N}_{2i}}a_{ij}(\hat{x}_j(t|t-\tau)-\hat{x}_i(t|t-\tau))+\sum\limits_{v_j\in\mathcal{N}_{1i}}a_{ij}\hat{x}_j(t|t-\tau)\right)\\+K_{bi}\beta_i^{\mathcal{G}_2}\left(\hat{x}_b(t|t-\tau)-\hat{x}_i(t|t-\tau)\right),\forall\, i\in\ell_2\end{cases}\tag{5-122}$$

**定义 5-11** 对于具有时滞 (5-104) 的离散多智能体系统 (5-99)～(5-101)，如果条件 (5-108)～(5-110) 成立。那么称协议 (5-122) 可以解决分组领导跟随一致性问题，或者称离散多智能体 (5-99)～(5-101) 可以在协议 (5-122) 下实现分组领导跟随一致性。

**定理 5-14** 考虑具有时滞 (5-104) 的离散多智能体系统 (5-99)～(5-101)。协议 (5-122) 可以解决分组一致性问题，当且仅当 $\varUpsilon$ 和 $A_i-L_iC_i$ $(i\in\ell\cup\{a,b\})$ 是 Schur 稳定时，其中，$\varUpsilon$ 如式 (5-111) 所示。

**证明** 与定理 5-13中式 (5-113)～ 式 (5-116) 的证明过程类似，根据状态误差方程 (5-112)，可以得到跟随者与对应领导者之间的跟踪误差向量及其闭环形式表达式：

$$\begin{aligned}\xi(t+1)=&P_1x_a(t)+P_2x_b(t)+\varLambda_1\xi(t)+\varPi_1\eta(t)\\&+\bar{\varGamma}_1E(t-\tau+1)+\bar{\varGamma}_3e_a(t-\tau+1),\forall\, i\in\ell_1\\\eta(t+1)=&P_3x_a(t)+P_4x_b(t)+\varLambda_2\xi(t)+\varPi_2\eta(t)\\&+\bar{\varGamma}_2E(t-\tau+1)+\bar{\varGamma}_4e_a(t-\tau+1),\forall\, i\in\ell_2\end{aligned}$$

$$\begin{bmatrix}x^*(t+1)\\\delta(t+1)\\E^*(t-\tau+2)\end{bmatrix}=\begin{bmatrix}A^*&\mathbf{0}&\mathbf{0}\\P&\varUpsilon&\bar{\varGamma}\\\mathbf{0}&\mathbf{0}&\Phi\end{bmatrix}\begin{bmatrix}x^*(t)\\\delta(t)\\E^*(t-\tau+1)\end{bmatrix}\tag{5-123}$$

式中

$$\bar{\varGamma}_1=-\begin{bmatrix}(\hat{B}_{s_1}(\mathcal{L}^{\mathcal{G}_1}\otimes I_n)+\hat{B}_{s_a}(\beta^{\mathcal{G}_1}\otimes I_n))^{\mathrm{T}}\\(\hat{B}_{s_1}(\varOmega^{\mathcal{G}_1}\otimes I_n))^{\mathrm{T}}\end{bmatrix}^{\mathrm{T}}A_s^{\tau-1}$$

$$\bar{\varGamma}_2 = -\begin{bmatrix} (\hat{B}_{s_2}(\varOmega^{g_2} \otimes I_n))^{\mathrm{T}} \\ (\hat{B}_{s_2}(\mathcal{L}^{g_2} \otimes I_n) + \hat{B}_{s_b}(\beta^{g_2} \otimes I_n))^{\mathrm{T}} \end{bmatrix}^{\mathrm{T}} A_s^{\tau-1}$$

$$\bar{\varGamma}_3 = \hat{B}_{s_a}((\beta^{g_1}\mathbf{1}_N) \otimes A_a^{\tau-1})$$

$$\bar{\varGamma}_4 = \hat{B}_{s_2}((\beta^{g_2}\mathbf{1}_M) \otimes A_b^{\tau-1})$$

$$\bar{\varGamma} = \begin{bmatrix} \bar{\varGamma}_1 & \bar{\varGamma}_3 & \mathbf{0} \\ \bar{\varGamma}_2 & \mathbf{0} & \bar{\varGamma}_4 \end{bmatrix} \tag{5-124}$$

其中，$P_1$、$P_2$、$P_3$、$P_4$、$\varLambda_1$、$\varLambda_2$、$\varPi_1$ 和 $\varPi_2$ 如定理 5-13中定义；$\varUpsilon$、$P$、$A^*$ 和 $\varPhi$ 分别如式 (5-111)、式 (5-119)、式 (5-120) 和式 (5-121) 所示。

将式 (5-117) 和式 (5-123) 进行比较，发现闭环表达式的系数矩阵是相同的，而状态误差方程 $\varGamma$ 和 $\bar{\varGamma}$ 是不同的。$\varGamma$ 和 $\bar{\varGamma}$ 只与 $\delta(t)$ 和 $E(t)$ 有关，因此，在协议 (5-107) 和 (5-123) 下实现分组一致性的充要条件是相同的。 □

2. 带有控制器的主动领导者

上述情况是在领导者是自主稳定的前提下进行的分析，但在实际情况下，领导者的状态是不稳定的。因此，有必要增加控制器，以确保领导者的状态稳定。考虑到这种情况，基于预测控制方案 (5-105)，将具有时滞 (5-104) 的多智能体系统 (5-99) 的分布式一致性协议 $u_i(t)$ 设计为式 (5-107)。领导者 (5-102) 和 (5-103) 的控制器可以通过状态观测器的状态反馈设计如下：

$$\begin{aligned} u_a(t) &= K_a\hat{x}_a(t \mid t-1) \\ u_b(t) &= K_b\hat{x}_b(t \mid t-1) \end{aligned} \tag{5-125}$$

**定义 5-12**　对于具有时滞 (5-104) 的离散多智能体系统 (5-99)、(5-102) 和 (5-103)，如果条件 (5-108)～(5-110) 成立，那么称协议 (5-107) 和 (5-125) 可以解决分组一致性问题，或者离散多智能体系统 (5-99)、(5-102) 和 (5-103) 可以在协议 (5-107) 和 (5-125) 下实现分组一致性。

**定理 5-15**　考虑具有时滞 (5-104) 的离散多智能体系统 (5-99)、(5-102) 和 (5-103)。如果存在 $K_a$、$K_b$ 和 $K_i$ 使得 $A_a+B_aK_a, A_b+B_bK_b, \varUpsilon$ 和 $A_i-L_iC_i$ $(i \in \ell \cup \{a,b\})$ 是 Schur 稳定的。那么，协议 (5-107) 和 (5-125) 可以解决分组一致性问题。其中，$\varUpsilon$ 如式 (5-111) 所示。

**证明** 类似于定理 5-13中式 (5-113)~ 式 (5-116) 的推导过程，可以获得跟踪误差向量及其闭环形式表达式：

$$\begin{aligned}\xi(t+1) =& \bar{P}_1 x_a(t) + \bar{P}_2 x_b(t) + \Lambda_1 \xi(t) + \Pi_1 \eta(t) \\ &+ \Gamma_1 E(t-\tau+1) + \Gamma_3 e_a(t-\tau+1), \forall\, i \in \ell_1 \\ \eta(t+1) =& \bar{P}_3 x_a(t) + \bar{P}_4 x_b(t) + \Lambda_2 \xi(t) + \Pi_2 \eta(t) \\ &+ \Gamma_2 E(t-\tau+1) + \Gamma_4 e_a(t-\tau+1), \forall\, i \in \ell_2\end{aligned}$$

$$\begin{bmatrix} x^*(t+1) \\ \delta(t+1) \\ E^*(t-\tau+2) \end{bmatrix} = \begin{bmatrix} A^{**} & \mathbf{0} & Q \\ \bar{P} & \Upsilon & \Gamma \\ \mathbf{0} & \mathbf{0} & \Phi \end{bmatrix} \begin{bmatrix} x^*(t) \\ \delta(t) \\ E^*(t-\tau+1) \end{bmatrix} \tag{5-126}$$

式中，$\Gamma_1$、$\Gamma_2$、$\Gamma_3$、$\Gamma_4$、$\Lambda_1$、$\Lambda_2$、$\Pi_1$ 和 $\Pi_2$ 如定理 5-13所示，并且

$$\begin{aligned}&A^{**} = (A_a + B_a K_a) \oplus (A_b + B_b K_b) \\ &Q = \begin{bmatrix} \mathbf{0} & B_a K_a (A_a - L_a C_a)^{\tau-1} & \mathbf{0} \\ \mathbf{0} & \mathbf{0} & B_b K_b (A_b - L_b C_b)^{\tau-1} \end{bmatrix} \\ &\bar{P}_1 = (A_{s_1} - I_N \otimes A_a - I_N \otimes (B_a K_a))(\mathbf{1}_N \otimes I_n) \\ &\bar{P}_2 = -\hat{B}_{s_1} (\mathcal{S}^{\mathcal{G}_1} \otimes I_n)(\mathbf{1}_N \otimes I_n) \\ &\bar{P}_3 = -\hat{B}_{s_2} (\mathcal{S}^{\mathcal{G}_2} \otimes I_n)(\mathbf{1}_M \otimes I_n) \\ &\bar{P}_4 = (A_{s_2} - I_M \otimes A_b - I_M \otimes (B_b K_b))(\mathbf{1}_M \otimes I_n) \\ &\bar{P} = \begin{bmatrix} \bar{P}_1 & \bar{P}_2 \\ \bar{P}_3 & \bar{P}_4 \end{bmatrix}\end{aligned} \tag{5-127}$$

显然，式 (5-126) 是一个分块上三角形矩阵。类似于定理 5-13 的证明过程，可以得到该结论。证毕。 □

当智能体接收到具有时滞的自身信息时，基于预测控制方案 (5-105)，将具有时滞 (式 (5-104)) 的多智能体系统 (5-99) 的分布式一致性协议 $u_i(t)$ 设计为式 (5-122)。领导者 (5-102) 和 (5-103) 的控制器为

$$\begin{aligned}u_a(t) =& K_a \hat{x}_a(t \mid t-\tau) \\ u_b(t) =& K_b \hat{x}_b(t \mid t-\tau)\end{aligned} \tag{5-128}$$

**定义　5-13**　对于具有时滞 (5-104) 的离散异构多智能体系统 (5-99)、(5-102) 和 (5-103)，如果条件 (5-108)~(5-110) 成立，那么称协议 (5-122) 和 (5-128) 可以解决一致性问题，或者称具有时滞的离散多智能体系统 (5-99)、(5-102)、(5-103) 可以在协议 (5-122)、(5-128) 下解决分组一致性问题。

**定理　5-16**　考虑具有时滞 (5-104) 的离散异构多智能体系统 (5-99)、(5-102) 和 (5-103)。如果存在 $K_a$、$K_b$ 和 $K_i$ 使得 $A_a+B_aK_a$、$A_b+B_bK_b$、$\varUpsilon$ 和 $A_i-L_iC_i$ $(i\in\ell\cup\{a,b\})$ 是 Schur 稳定的。那么协议 (5-107) 和 (5-125) 可以解决分组一致性问题。其中，$\varUpsilon$ 如式 (5-111) 所示。

**证明**　类似于定理 5-13中式 (5-113)~ 式 (5-116) 的证明过程，跟踪误差向量和闭环形式为

$$
\begin{aligned}
\xi(t+1)=&\bar{P}_1x_a(t)+\bar{P}_2x_b(t)+\varLambda_1\xi(t)+\varPi_1\eta(t)\\
&+\bar{\varGamma}_1E(t-\tau+1)+\bar{\varGamma}_3e_a(t-\tau+1),\forall\, i\in\ell_1\\
\eta(t+1)=&\bar{P}_3x_a(t)+\bar{P}_4x_b(t)+\varLambda_2\xi(t)+\varPi_2\eta(t)\\
&+\bar{\varGamma}_2E(t-\tau+1)+\bar{\varGamma}_4e_a(t-\tau+1),\forall\, i\in\ell_2
\end{aligned}
$$

$$
\begin{bmatrix} x^*(t+1)\\ \delta(t+1)\\ E^*(t-\tau+2)\end{bmatrix}=\begin{bmatrix} A^{**} & \mathbf{0} & Q\\ \bar{P} & \varUpsilon & \bar{\varGamma}\\ \mathbf{0} & \mathbf{0} & \varPhi\end{bmatrix}\begin{bmatrix} x^*(t)\\ \delta(t)\\ E^*(t-\tau+1)\end{bmatrix} \tag{5-129}
$$

式中，$\varLambda_1$、$\varLambda_2$、$\varPi_1$ 和 $\varPi_2$ 如式 (5-111) 所示；$\bar{\varGamma}_1$、$\bar{\varGamma}_2$、$\bar{\varGamma}_3$、$\bar{\varGamma}_4$ 和 $\bar{\varGamma}$ 如式 (5-124) 所示；$\bar{P}_1$、$\bar{P}_2$、$\bar{P}_3$、$\bar{P}_4$ 和 $\bar{P}$ 如式 (5-127) 所示；$\varUpsilon$ 和 $\varPhi$ 分别如式 (5-111) 和式 (5-121) 所示。证毕。　□

由定理 5-13~ 定理 5-16 可知，无论接收自身信息时有时滞还是无时滞，多智能体系统实现分组一致性的条件是相同的。也就是说，分组一致性的实现条件与智能体接收自身信息时是否具有时滞无关。此外，$S^{\mathcal{G}_1}$ 表示从第一组中的智能体到第二组中的智能体的通信权重的总和。$S^{\mathcal{G}_2}$ 表示从第二组中的智能体到第一组中的智能体的通信权重的总和。本节的结论对于 $S^{\mathcal{G}_1}$ 和 $S^{\mathcal{G}_2}$ 的数值没有限制，既不要求两者相等，也不要求两者为零。因此，放宽了入度平衡的限制条件。值得注意的是，多智能体系统是以系统模型为基础的。如果系统的结构未知，那么本节提出的一致性协议是无效的，并且所得到的结果并不适用于控制输入未知的系统。

上面研究了离散异构多智能体系统的两组领导跟随一致性问题。更一般地，将上述结论推广到多组领导跟随一致性问题，即把一个复杂的网络系统 $(\mathcal{G},x)$ 分成

多个组，每个组都有一个领导者。目标是设计一个分布式协议，使得每组跟随者都能跟踪到相应的领导者。

考虑分成 $P$ 个子群 $(\mathcal{G}_1,\chi_1),(\mathcal{G}_2,\chi_2),\cdots,(\mathcal{G}_P,\chi_P)$ 的复杂网络多智能体系统 $(\mathcal{G},x)$ 。跟随者的动态模型在式 (5-99) 中定义，领导者的动态模型定义如下：

$$\begin{cases} x_{\widetilde{i}}(t+1)=A_{\widetilde{i}}x_{\widetilde{i}}(t) \\ y_{\widetilde{i}}(t)=C_{\widetilde{i}}x_{\widetilde{i}}(t), \quad i=1,2,\cdots,P \end{cases} \tag{5-130}$$

式中，$x_{\widetilde{i}}(t)\in M_{n,1}(\mathbb{R})$ 是第 $i$ 个组领导者 $\widetilde{i}$ 的状态向量；$y_{\widetilde{i}}(t)\in M_{q,1}(\mathbb{R})$ 是测量输出；$A_{\widetilde{i}}$ 和 $C_{\widetilde{i}}$ 是系统矩阵，$\widetilde{i}=1,2,\cdots,P$。

在第 $i(i=1,2,\cdots,P)$ 个组中有 $\mathcal{N}_i$ 个跟随者。$\vartheta_0=0,\vartheta_i=\mathcal{N}_1+\mathcal{N}_2+\cdots+\mathcal{N}_i,i=1,2,\cdots,P$。$\ell_1=\{1,2,\cdots,\vartheta_1\},\ell_2=\{\vartheta_1+1,\vartheta_1+2,\cdots,\vartheta_2\},\cdots,\ell_P=\{\vartheta_{P-1}+1,\vartheta_{P-1}+2,\cdots,\vartheta_P\},\ell=\bigcup_{i=1}^{P}\ell_i$。由所有领导者组成的集合表示为 $\widetilde{\ell}=\{\widetilde{1},\widetilde{2},\cdots,\widetilde{P}\}$。

假设智能体 $i$ $(\forall i\in\ell)$ 分别以时变时滞 $\tau_{ij}(t)$ 和 $\tau_{i\widetilde{i}}(t)$ 接收来自多智能体 $j$ $(v_j\in\mathcal{N}_i)$ 和领导者 $\widetilde{i}$ $(\forall i\in\widetilde{\ell})$ 的信息，其中

$$\begin{aligned} &0<\tau_0\leqslant\check{\tau}_{i\widetilde{i}}(t)\leqslant\tau_{i\widetilde{i}}(t)\leqslant\hat{\tau}_{i\widetilde{i}}(t)\leqslant\tau, \quad \forall\, i\in\ell_\kappa,\ \kappa=1,2,\cdots,P \\ &0<\tau_0\leqslant\check{\tau}_{ij}(t)\leqslant\tau_{ij}(t)\leqslant\hat{\tau}_{ij}(t)\leqslant\tau, \quad \forall\, i,j\in\ell \end{aligned} \tag{5-131}$$

设 $\mathcal{L}^{\mathcal{G}_i}$ 是图 $\mathcal{G}$ 的子图 $\mathcal{G}_i$ 的拉普拉斯矩阵。如果智能体 $i$ $(i\in\ell_k)$ 在第 $k$ $(k=1,2,\cdots,P)$ 个组可以获得其领导者的信息，则 $\beta_i^{\mathcal{G}_k}=1$，否则，$\beta_i^{\mathcal{G}_k}=0,i\in\ell_k,k=1,2,\cdots,P$。令 $\beta^{\mathcal{G}_k}=\operatorname{diag}\left(\beta^{\mathcal{G}_k}_{\vartheta_{i-1}+1},\beta^{\mathcal{G}_k}_{\vartheta_{i-1}+2},\cdots,\beta^{\mathcal{G}_k}_{\vartheta_{i+1}}\right)$ 和 $\beta=\operatorname{diag}\left(\beta^{\mathcal{G}_1},\beta^{\mathcal{G}_2},\cdots,\beta^{\mathcal{G}_P}\right)$。拉普拉斯矩阵如下：

$$\mathcal{L}^{\mathcal{G}}=\begin{bmatrix} \mathcal{L}^{\mathcal{G}_1}+\beta^{\mathcal{G}_1} & \Omega^{\mathcal{G}_{12}} & \cdots & \Omega^{\mathcal{G}_{1P}} \\ \Omega^{\mathcal{G}_{21}} & \mathcal{L}^{\mathcal{G}_2}+\beta^{\mathcal{G}_2} & \cdots & \Omega^{\mathcal{G}_{2P}} \\ \vdots & \vdots & & \vdots \\ \Omega^{\mathcal{G}_{P1}} & \Omega^{\mathcal{G}_{P2}} & \cdots & \mathcal{L}^{\mathcal{G}_P}+\beta^{\mathcal{G}_P} \end{bmatrix}$$

对于具有拓扑结构 $(\mathcal{G},x)$ 的离散多智能体系统 (5-99) 和 (5-130)，基于预测

控制方案 (5-105) 和 (5-106)，本节设计一致性协议如下：

$$u_i(t)=\begin{cases}K_i\left(\begin{array}{c}\sum\limits_{v_j\in\mathcal{N}_{1i}}a_{ij}\left(\hat{x}_j(t|t-\tau)-\hat{x}_i(t|t-1)\right)\\+\sum\limits_{v_j\in\mathcal{N}_{2i}}a_{ij}\hat{x}_j(t|t-\tau)\\+\cdots+\sum\limits_{v_j\in\mathcal{N}_{Pi}}a_{ij}\hat{x}_j(t|t-\tau)\end{array}\right)\\+K_{\widetilde{1}i}\beta_i^{\mathcal{G}_1}\left(\hat{x}_{\widetilde{1}}(t|t-\tau)-\hat{x}_i(t|t-1)\right),\forall\, i\in\ell_1\\K_i\left(\begin{array}{c}\sum\limits_{v_j\in\mathcal{N}_{1i}}a_{ij}\hat{x}_i(t|t-1)\\+\sum\limits_{v_j\in\mathcal{N}_{2i}}a_{ij}\left(\hat{x}_j(t|t-\tau)-\hat{x}_i(t|t-1)\right)\\+\cdots+\sum\limits_{v_j\in\mathcal{N}_{Pi}}a_{ij}\hat{x}_j(t|t-\tau)\end{array}\right)\\+K_{\widetilde{2}i}\beta_i^{\mathcal{G}_2}\left(\hat{x}_{\widetilde{2}}(t|t-\tau)-\hat{x}_i(t|t-1)\right),\forall\, i\in\ell_2\\\vdots\\K_i\left(\begin{array}{c}\sum\limits_{v_j\in\mathcal{N}_{1i}}a_{ij}\hat{x}_j(t|t-\tau)\\+\sum\limits_{v_j\in\mathcal{N}_{2i}}a_{ij}\hat{x}_j(t|t-\tau)\\+\cdots+\sum\limits_{v_j\in\mathcal{N}_{Pi}}a_{ij}\left(\hat{x}_j(t|t-\tau)-\hat{x}_i(t|t-1)\right)\end{array}\right)\\+K_{\widetilde{P}i}\beta_i^{\mathcal{G}_P}\left(\hat{x}_{\widetilde{P}}(t|t-\tau)-\hat{x}_i(t|t-1)\right),\forall\, i\in\ell_P\end{cases}\tag{5-132}$$

**定义 5-14**　对于具有时滞 (5-131) 的离散多智能体系统 (5-99) 和 (5-130)，如果有

(1) $\lim\limits_{t\to+\infty}\|x_i(t)-x_{\widetilde{i}}(t)\|=0,\quad\forall\, i\in\ell_\kappa,\ \kappa=1,2,\cdots,P;$

(2) $\lim\limits_{t\to+\infty}\|e_i(t)\|=0,\quad\forall\, i\in\ell\cup\widetilde{\ell},$

那么称协议 (5-132) 可以解决 $P$ 组一致性问题，或者称具有时滞 (5-131) 的离散多智能体系统 (5-99) 和 (5-130) 可以在协议 (5-132) 下解决多组一致性问题。其中，$e_i(t)=\hat{x}_i(t|t-1)-x_i(t)$ 是第 $i$ 个智能体在 $t$ 时刻的估计误差。

**定理 5-17** 考虑具有时滞 (式 (5-131)) 的离散多智能体系统 (5-99) 和 (5-130)，当且仅当 $\widetilde{\Upsilon}$ 和 $A_i - L_iC_i$ $(i \in \ell \cup \widetilde{\ell})$ 是 Schur 稳定的，协议 (5-132) 可以解决 $P$ 组一致性问题。式中

$$\widetilde{\Upsilon} = \left[\widetilde{\Upsilon}_{ij}\right] \in M_{n\vartheta_P, n\vartheta_P}(\mathbb{R}),\ i,j = 1,2,\cdots,P$$

$$\widetilde{\Upsilon}_{ij} = \begin{cases} A_{s_i} - \hat{B}_{s_i}(\mathcal{L}_{22}^{\mathcal{G}_i} \otimes I_n) - \hat{B}_{s_{\widetilde{i}}}(\beta^{\mathcal{G}_1} \otimes I_n), i = j \\ \\ -\hat{B}_{s_i}(\Omega^{\mathcal{G}_{ij}} \otimes I_n), i \neq j \end{cases}$$

$$\hat{B}_{s_i} = \oplus \sum_{i=\vartheta_{i-1}+1}^{\vartheta_i} B_i K_i, \quad i = 1,2,\cdots,P$$

$$\hat{B}_{s_{\widetilde{i}}} = \oplus \sum_{i=\vartheta_{i-1}+1}^{\vartheta_i} B_i K_{\widetilde{i}i}, \quad i = 1,2,\cdots,P$$

$$A_{s_i} = \oplus \sum_{i=\vartheta_{i-1}+1}^{\vartheta_i} A_j, \quad i = 1,2,\cdots,P$$

**证明** 类似于定理 5-13~ 定理 5-16 的证明过程，跟踪误差向量可以合并成以下闭环形式的表达式：

$$\begin{bmatrix} \tilde{x}^*(t+1) \\ \tilde{\delta}(t+1) \\ \tilde{E}^*(t-\tau+2) \end{bmatrix} = \begin{bmatrix} \tilde{A}^* & \mathbf{0} & \mathbf{0} \\ \tilde{P} & \tilde{\Upsilon} & \tilde{\Gamma} \\ \mathbf{0} & \mathbf{0} & \tilde{\Phi} \end{bmatrix} \begin{bmatrix} \tilde{x}^*(t) \\ \tilde{\delta}(t) \\ \tilde{E}^*(t-\tau+1) \end{bmatrix}$$

$$\tilde{x}^*(t) = \begin{bmatrix} x^{\mathcal{G}_1}(t) & x^{\mathcal{G}_2}(t) & \cdots & x^{\mathcal{G}_p}(t) \end{bmatrix}^{\mathrm{T}}$$

$$\tilde{\delta}(t) = \begin{bmatrix} \xi^{\mathcal{G}_1}(t) & \xi^{\mathcal{G}_2}(t) & \cdots & \xi^{\mathcal{G}_p}(t) \end{bmatrix}^{\mathrm{T}}$$

$$\tilde{E}^*(t-\tau+1) = \begin{bmatrix} E(t) & e^{\mathcal{G}_1}(t) & e^{\mathcal{G}_2}(t) & \cdots & e^{\mathcal{G}_p}(t) \end{bmatrix}^{\mathrm{T}}$$

$$\tilde{A}^* = \operatorname{diag}(A_{\tilde{1}}, A_{\tilde{2}}, \cdots, A_{\tilde{P}})$$

$$\tilde{P} = \left[\tilde{P}_{ij}\right],\ i,j = 1,2,\cdots,P$$

$$\tilde{P}_{ij} = \begin{cases} (A_{s_i} - I_{\vartheta_i} \otimes A_i)(\mathbf{1}_{\vartheta_i} \otimes I_n), i = j \\ -\hat{B}_{s_i}(S^{\mathcal{G}_i} \otimes I_n)(\mathbf{1}_{\vartheta_i} \otimes I_n), i \neq j \end{cases}$$

$$\tilde{\Gamma}=\begin{bmatrix}\tilde{\Gamma}_1 & \tilde{\Gamma}_3 & \mathbf{0} & \mathbf{0} & \mathbf{0}\\ \tilde{\Gamma}_2 & \mathbf{0} & \tilde{\Gamma}_4 & \mathbf{0} & \mathbf{0}\\ \vdots & \mathbf{0} & \mathbf{0} & \vdots & \mathbf{0}\\ \tilde{\Gamma}_P & \mathbf{0} & \mathbf{0} & \mathbf{0} & \tilde{\Gamma}_{P+2}\end{bmatrix}, i=1,2,\cdots,P$$

$$\tilde{\Gamma}_i=\begin{bmatrix}\left(-\hat{B}_{s_i}((A^{\mathcal{G}_i}\otimes I_n)A_{s_i}^{\tau-1}\right.\\ \left.+(D^{\mathcal{G}_i}\otimes I_n)\hat{A}_{s_i}^{\tau-1})+\hat{B}_{s_i}(\beta^{\mathcal{G}_i}\otimes I_n)\hat{A}_{s_i}^{\tau-1}\right)^{\mathrm{T}}\\ \left(\hat{B}_{s_i}(\Omega^{\mathcal{G}_i}\otimes I_n)A_{s_i}^{\tau-1}\right)^{\mathrm{T}}\end{bmatrix}^{\mathrm{T}}$$

$$\tilde{\Gamma}_{i+2}=\left[\hat{B}_{s_i}\left(\left(\beta^{\mathcal{G}_i}\mathbf{1}_{\vartheta_i}\right)\otimes A_{\tilde{i}}^{\tau-1}\right)-B_{\tilde{i}}K_{\tilde{i}}(A_{\tilde{i}}-L_{\tilde{i}}C_{\tilde{i}})^{\tau-1}\right]$$

$$\tilde{\Phi}=\mathrm{diag}\left(\hat{A}_{S_i},A_{\tilde{i}}-L_{\tilde{i}}C_{\tilde{i}}\right)$$

证毕。 □

**注解 5-9**　由定理 5-13～ 定理 5-17可知，在相应的基于网络化控制系统的一致性协议作用下，具有时滞的多智能体系统实现一致性的充要条件只与智能体的动态结构和通信拓扑有关，而与时滞无关。因此，预测控制方案可以主动补偿时滞，增强智能体的时滞鲁棒性。

3. 数值仿真

**例 5-6**　考虑由两个领导者和 $N+M$ 个跟随者组成的多智能体系统，其中，第一与第二组的领导者分别是 $a$ 和 $b$，$N=2, M=3, \ell_1=\{1,2\}, \ell_2=\{3,4,5\}$。跟随者和领导者的动态模型由式 (5-99)～ 式 (5-101) 描述。系数矩阵如下：

$$\begin{aligned}
&A_a=\begin{bmatrix}0.5 & 0\\ 0 & 0.2\end{bmatrix}, C_a=\begin{bmatrix}0 & 1\end{bmatrix}, A_b=\begin{bmatrix}-0.5 & -0.6\\ -0.3 & 0.1\end{bmatrix}, C_b=\begin{bmatrix}1 & 1\end{bmatrix}\\
&A_1=\begin{bmatrix}0.75 & -0\\ 0 & 0.24\end{bmatrix}, B_1=\begin{bmatrix}0.2\\ 0.3\end{bmatrix}, C_1=\begin{bmatrix}0 & -1\end{bmatrix}\\
&A_2=\begin{bmatrix}0.17 & 0.21\\ 0.15 & 0.2\end{bmatrix}, B_2=\begin{bmatrix}0.1\\ 0.2\end{bmatrix}, C_2=\begin{bmatrix}-1 & 1\end{bmatrix}\\
&A_3=\begin{bmatrix}0.24 & 1\\ 0.91 & 0.4\end{bmatrix}, B_3=\begin{bmatrix}0.2\\ -0.3\end{bmatrix}, C_3=\begin{bmatrix}1 & 0\end{bmatrix}\\
&A_4=\begin{bmatrix}0.5 & 1\\ 1.1 & -1.3\end{bmatrix}, B_4=\begin{bmatrix}-0.3\\ -0.5\end{bmatrix}, C_4=\begin{bmatrix}1 & 1\end{bmatrix}
\end{aligned} \tag{5-133}$$

$$A_5 = \begin{bmatrix} 1 & -1.5 \\ -0.57 & -0.4 \end{bmatrix}, B_5 = \begin{bmatrix} -0.1 \\ -0.5 \end{bmatrix}, C_5 = \begin{bmatrix} 1 & 0 \end{bmatrix}$$

假设通信网络存在时滞 $\tau = 2$，拓扑图 $(\mathcal{G}, x)$ 如图 5-22 所示。

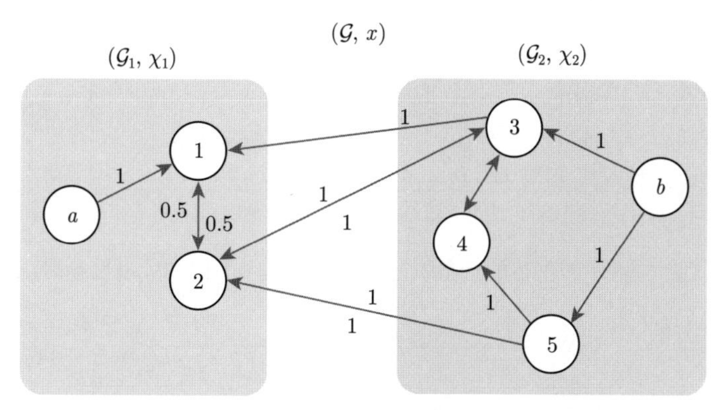


图 5-22　拓扑图 $(\mathcal{G}, x)$

为了展示时滞对智能体的影响，并验证本节提出方法的有效性，在本例中比较了以下两个一致性协议的控制效果。

(1) 直接利用过时信息解决多智能体系统的一致性问题，控制协议设计如下：

$$u_i(t) \begin{cases} K_i \sum\limits_{v_j \in \mathcal{N}_{1i}} a_{ij}(\hat{x}_j(t-2|t-3) - \hat{x}_i(t-1|t-2)) \\ +K_i \sum\limits_{v_j \in \mathcal{N}_{2i}} a_{ij}\hat{x}_j(t-2|t-3) \\ +K_{ai}\beta_i^{\mathcal{G}_1}\left(\hat{x}_a(t-2|t-3) - \hat{x}_i(t-1|t-2)\right), \forall\, i \in \ell_1 \\ K_i \sum\limits_{v_j \in \mathcal{N}_{2i}} a_{ij}(\hat{x}_j(t-2|t-3) - \hat{x}_i(t-1|t-2)) \\ +K_i \sum\limits_{v_j \in \mathcal{N}_{1i}} a_{ij}\hat{x}_j(t-2|t-3) \\ +K_{bi}\beta_i^{\mathcal{G}_2}\left(\hat{x}_b(t-2|t-3) - \hat{x}_i(t-1|t-2)\right), \forall\, i \in \ell_2 \end{cases} \tag{5-134}$$

仿真结果如图 5-23和图 5-24 所示。每个组中智能体的状态不会达到相同的值。这意味着时滞大大降低了智能体的分组领导跟随一致性的性能，因此，在设计一致性协议时需要考虑预测控制方案。否则，存在时滞的多智能体系统可能无法实现分组领导跟随一致性。

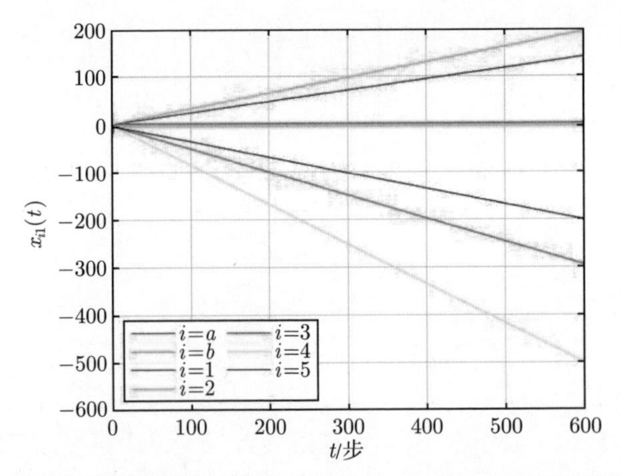


图 5-23　智能体的状态轨迹 $x_{i1}(t)$ , $i = a,b,1,2,3,4,5$(见彩图)

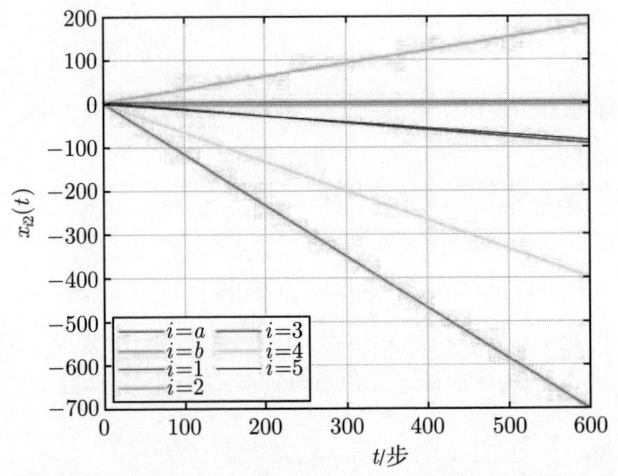


图 5-24　智能体的状态轨迹 $x_{i2}(t)$ , $i = a,b,1,2,3,4,5$(见彩图)

(2) 设计控制协议时考虑预测控制方案。基于极点配置方法，本节选取观测器 (5-106) 的增益矩阵：

$$L_a = \begin{bmatrix} 0 \\ -0.1339 \end{bmatrix}, L_b = \begin{bmatrix} 0.4339 \\ 0.0368 \end{bmatrix}, L_1 = \begin{bmatrix} 0 \\ 0.1610 \end{bmatrix}$$

$$L_2 = \begin{bmatrix} 0.0617 \\ 0.0617 \end{bmatrix}, L_3 = \begin{bmatrix} 0.5167 \\ 0.8587 \end{bmatrix}, L_4 = \begin{bmatrix} 0.9942 \\ 1.5434 \end{bmatrix}, L_5 = \begin{bmatrix} 0.6779 \\ 0.5558 \end{bmatrix} \tag{5-135}$$

使用 MATLAB 中的 LMI 工具箱，可以获得协议 (5-107) 的控制增益为

$$K_{a1}=\begin{bmatrix}1.1448 & 0.5699\end{bmatrix}, K_{a2}=\begin{bmatrix}0 & 0\end{bmatrix}$$

$$K_{b3}=\begin{bmatrix}-1.6726 & 0.6056\end{bmatrix}, K_{b4}=\begin{bmatrix}0 & 0\end{bmatrix}$$

$$K_{b5}=\begin{bmatrix}1.7854 & -0.3159\end{bmatrix}, K_{1}=\begin{bmatrix}0.0020 & -0.0033\end{bmatrix}$$

$$K_{2}=\begin{bmatrix}-0.2617 & 0.7741\end{bmatrix}, K_{3}=\begin{bmatrix}-0.4533 & -1.5928\end{bmatrix}$$

$$K_{4}=\begin{bmatrix}-0.5308 & 2.2148\end{bmatrix}, K_{5}=\begin{bmatrix}-0.0023 & -0.0065\end{bmatrix}$$

通过计算可知，$\Upsilon$ 的所有特征值为 $\{-0.9355, -0.9314, 0.7337+0.1515\mathrm{i}, 0.7337-0.1515\mathrm{i}, 0.5936, -0.3570, 0.2104, -0.0034, 0.0478, 0.0547\}$。很明显，所有的特征值都在单位圆内。因此，根据定理 5-10，协议 (5-107) 可以解决多智能体的分组领导跟随一致性问题。图 5-25和图 5-26展示了系统中每组跟随者和它们对应的领导者之间的状态轨迹。其中，实线表示有时滞情况，虚线表示无时滞情况。可以看出，在协议 (5-107) 的作用下，每组中的跟随者都可以跟踪到其对应的领导者的状态，多智能体系统 (5-99)~(5-101) 可以实现分组领导跟随一致性。如图 5-25和图 5-26所示，通过网络化预测控制方法，具有时滞的多智能体系统的状态类似于无时滞的多智能体系统的状态。

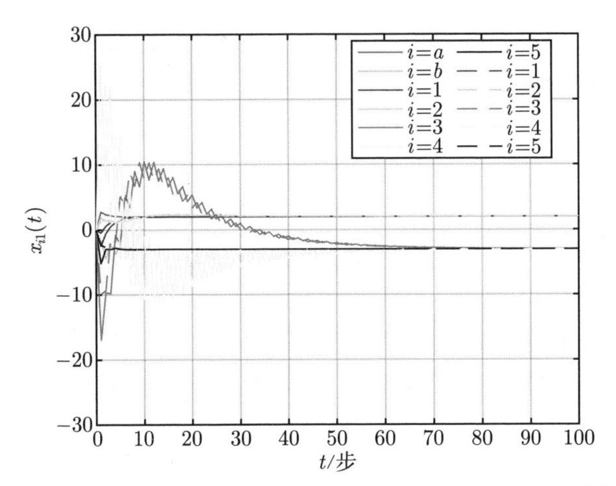


图 5-25 智能体的状态轨迹 $x_{i1}(t)$，$i=a,b,1,2,3,4,5$(见彩图)

比较 (1) 和 (2) 两种情况可以看出，在使用过时信息的一致性协议作用下，具有时滞的多智能体系统不能实现分组领导跟随一致性。相反，在基于网络化预测控制的一致性协议作用下，具有时滞的多智能体系统可以实现分组领导跟随一致性。因此，网络化预测控制可以主动补偿时滞并增强多智能体系统的鲁棒性。

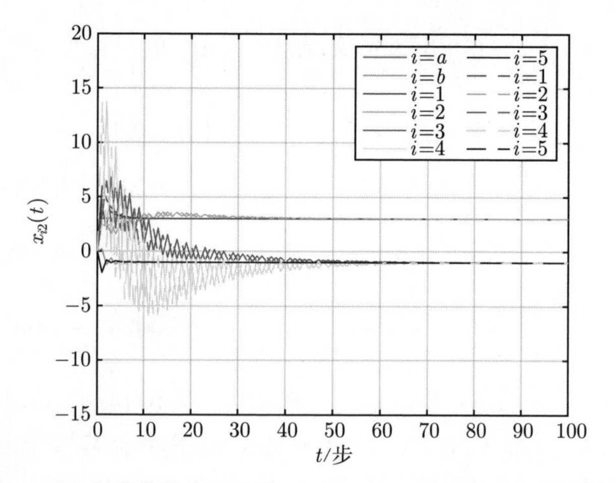


图 5-26 智能体的状态轨迹 $x_{i2}(t)$ , $i = a,b,1,2,3,4,5$(见彩图)

## 5.3 本 章 小 结

本章研究了网络化多智能体系统的分组一致性问题。首先，在固定拓扑和切换拓扑情形，讨论了一阶和高阶连续多智能体系统的分组一致性。在适当的假设条件下，给出系统能够实现分组一致的充要条件。在固定拓扑情形，分组一致性等价于某一矩阵的 Hurwitz 稳定性。在切换拓扑情形，分组一致性被转化为具有任意切换信号的切换系统的渐近稳定性。并且分别研究了连续时间和离散高阶网络化多智能体系统的分组可一致性。在适当的假设条件下，给出系统关于给定的容许控制集分组可一致的必要条件。其次，分别研究了时延情况下的离散同构多智能体系统和异构多智能体系统的分组一致性问题。为主动补偿网络时延，基于预测机制提出了网络化多智能体系统在时变网络时延情况下的分组一致性控制器设计方法。借助于图论与矩阵论的分析方法，分别得到了无入度平衡条件和有入度约束条件的分组状态一致性判据。然后，针对自主领导者、带有控制器的动态领导者、接受自身信息有/无时滞四种情况，给出了离散异构多智能体系统实现分组领导跟随一致性的充要条件，并且放宽了入度平衡条件的限制。此外，进一步考虑了外部干扰对分组一致性的影响，通过网络化预测控制方法，设计了同时补偿通信时滞和抑制外部干扰的分布式协议，得到了无入度平衡条件的分组状态一致的充要条件。最后，通过数值仿真验证了所得结果的有效性，并通过有/无时滞的仿真对比验证了网络化预测控制方法主动补偿时滞的有效性。数值仿真表明在所提出的协议下每组智能体可以达到不同的一致值，并且具有时变时滞和无时滞的离散多智能体系统的状态轨迹几乎一致。

# 第 6 章 具有参考信号的离散异构多智能体系统的输出跟踪控制

## 6.1 分组跟踪控制

在许多实际多智能体系统分组输出一致性研究中往往忽略了领导者这一概念。而对于引入领导-跟随机制的多智能体系统，分组输出一致性也称为分组跟踪一致。在研究分组跟踪一致时，整个多智能体系统中的智能体被分成不同的子组，每个子组都分配一个领导者，并且仅由领导者接收外部信号。在领导者的引领下，实现领导者的输出跟踪上外部参考信号，而组内的其他智能体 (即跟随者) 的输出跟踪上领导者的输出。

本节研究了具有通信约束 (如通信时滞和数据丢失) 的离散异构网络化多智能体系统的稳定性和分组跟踪一致问题。引入领导-跟随机制对两组跟踪一致控制进行理论分析、通过预测方法补偿通信约束。给出保证系统稳定性和实现两组跟踪一致控制的充分必要条件，并通过合作-竞争交互放宽入度平衡的拓扑约束。进而将两组跟踪一致的结果扩展到多组跟踪一致的情形。

### 6.1.1 问题描述

参考自然界中动物群集现象中的分组活动，本节研究离散异构多智能体系统的分组跟踪问题。考虑由 $2+N_1+N_2$ 个智能体组成的复杂网络 $(\mathcal{G},\chi)$，其拓扑图用有向加权图 $\mathcal{G}=\left(\mathcal{V},\mathcal{E},\mathcal{A}^{(\mathcal{G})}\right)$ 来表示。将图 $\mathcal{G}$ 分成 $\mathcal{G}_1=\left(\mathcal{V}_1,\mathcal{E}_1,\mathcal{A}_1^{(\mathcal{G}_1)}\right)$ 和 $\mathcal{G}_2=\left(\mathcal{V}_2,\mathcal{E}_2,\mathcal{A}_2^{(\mathcal{G}_2)}\right)$ 两个子图。$\mathcal{V}_1=\{v_{01},v_1,v_2,\cdots,v_{N_1}\}$ 和 $\mathcal{V}_2=\{v_{02},v_{N_1+1},v_{N_1+2},\cdots,v_{N_1+N_2}\}$ 分别表示两组智能体的顶点集。其中，$v_{01}$ 是第一组的领导者，$\mathcal{V}_1$ 中的其他顶点是 $v_{01}$ 的跟随者，同样地，$v_{02}$ 是第二组的领导者，$\mathcal{V}_2$ 中的其他顶点是 $v_{02}$ 的跟随者。显然，网络 $(\mathcal{G},\chi)$ 由两个子网 $(\mathcal{G}_1,\chi_1)$ 和 $(\mathcal{G}_2,\chi_2)$ 组成。由于智能体之间的通信既可以存在于组内，也可以存在于组间。为简单起见，记领导者智能体顶点 $\{v_{01},v_{02}\}$ 索引集为 $\ell_0=\{01,02\}$，而跟随者顶点 $\{v_1,v_2,\cdots,v_{N_1}\}$ 和 $\{v_{N_1+1},v_{N_1+2},\cdots,v_{N_1+N_2}\}$ 的索引集分别为 $\ell_1=\{1,2,\cdots,N_1\}$，$\ell_2=\{N_1+1,N_1+2,\cdots,N_1+N_2\}$，显然，网络 $(\mathcal{G},\chi)$ 中所有顶点的索引集为 $\ell=\ell_0\bigcup\ell_1\bigcup\ell_2$。拉普拉斯矩阵 $\mathcal{L}^{(\mathcal{G}_1)}=[l_{ij}]_{N_1\times N_1}$，元素为 $l_{ij}^{(\mathcal{G}_1)}=\sum\limits_{j=1}^{N}a_{ij}$，$i=j\in\ell_1$；$l_{ij}^{(\mathcal{G}_1)}=-a_{ij},i\neq j$，$i,j\in\ell_1$。同理 $\mathcal{L}^{(\mathcal{G}_2)}=$

$[l_{ij}]_{N_2\times N_2}$，元素为 $l_{ij}^{(\mathcal{G}_2)}=\sum\limits_{j=N_1+1}^{N_1+N_2}a_{ij}$，$i=j\in\ell_2$；$l_{ij}^{(\mathcal{G}_2)}=-a_{ij},i\neq j,\ i,j\in\ell_2$。本章假设领导者之间没有信息传递和接收。不同组的领导者与跟随者之间没有信息的传递和接收。两组之间的跟随者可以进行信息的传递和接收。领导只把信息传递给同组的跟随者，但是领导者不会接收任何跟随者的信息，通信关系用通信因子 $b_i$ 描述。当跟随者 $i$ 收到本组领导者的信息时，$b_i=1$，否则，$b_i=0$。为了实现跟随者更好地跟踪领导者并模拟出组间关系，通信权值 $a_{ij}$ 能体现合作竞争关系。当通信发生在同一组智能体之间时，仅存在合作关系 $a_{ij}>0$，$i,j\in\ell_1$ 或 $i,j\in\ell_2$。而当通信发生在不同组的智能体之间时，可能存在合作关系，也可能存在竞争关系。当存在竞争机制时，有 $a_{ij}<0(i\in\ell_1,\ j\in\ell_2$ 或 $i\in\ell_2,\ j\in\ell_1)$。

通过引入领导-跟随机制，本节考虑一个由 2 个领导者 (智能体)(索引集为 $\ell_0$) 与 $N_1+N_2$ 个跟随者 (智能体)(索引集为 $\ell_1$ 和 $\ell_2$) 构成的离散异构多智能体系统。智能体 $i$ 的动力学模型为

$$\begin{aligned}x_i(t+1)&=A_ix_i(t)+B_iu_i(t)\\y_i(t)&=C_ix_i(t),\ \forall i\in\ell\end{aligned}\tag{6-1}$$

式中，$x_i(t)\in M_{ni,1}(\mathbb{R})$ 为智能体 $i$ 的状态向量；$u_i(t)\in M_{mi,1}(\mathbb{R})$ 为控制输入向量；$y_i(t)\in M_{l,1}(\mathbb{R})$ 为量测输出向量；$A_i$、$B_i$、$C_i$ 为适当维数的常数矩阵，表示异构系统的特征。假设所研究的智能体状态均不可测，而矩阵对 $(A_i,C_i)$ 是可检测的，$\forall\ i\in\ell$。

假设接收智能体 $i$ 的信息时存在的通信时滞为 $\{d_{i1},d_{i2},\cdots,d_{in_j}\}$，设通信时滞上界为 $d_i=\max\limits_{j\in\{1,2,\cdots,n_j\}}d_{ij}\,(d_{ij}\in\mathbb{N})$ 并且第 $i$ 个智能体的数据包连续丢失数量上限为 $c_i$。为了简化，用 $\tau_i=d_i+c_i$ 表示第 $i$ 个智能体的通信约束，$i\in\ell$。

通过预测相邻智能体的状态，本节提出了如下补偿算法。对于智能体 $i$，构造状态观测器如下：

$$\begin{aligned}\hat{x}_i(t-\tau_i+1|t-\tau_i)&=A_i\hat{x}_i(t-\tau_i|t-\tau_i-1)+B_iu_i(t-\tau_i)\\&\quad+K_i^0\left(y_i(t-\tau_i)-\hat{y}_i(t-\tau_i|t-\tau_i-1)\right)\\\hat{y}_i(t-\tau_i|t-\tau_i-1)&=C_i\hat{x}_i(t-\tau_i|t-\tau_i-1),\quad\forall\ i\in\ell\end{aligned}\tag{6-2}$$

通过观测器的估计状态可设计如下预测状态：

$$\begin{aligned}\hat{x}_i(t-\tau_i+d|t-\tau_i)&=A_i\hat{x}_i(t-\tau_i+d-1|t-\tau_i)+B_iu_i(t-\tau_i+d-1)\\\hat{y}_i(t-\tau_i+d|t-\tau_i)&=C_ix_i(t-\tau_i+d|t-\tau_i),\quad\forall\ i\in\ell,\ \forall\ d=2,3,\cdots,\tau_i\end{aligned}\tag{6-3}$$

考虑到现实生活和工业需求，假设每个领导者智能体能收到一个定常的外部参考信号。定义 $r_{01}$ 是领导者 $v_{01}$ 的期望参考信号，$r_{02}$ 是领导者 $v_{02}$ 的期望参考

信号。为了跟踪给定的参考信号，本节引入以下跟踪输出状态 $z_i(t) \in \mathcal{R}^l$：

$$z_i(t+1) = \begin{cases} z_i(t) + e_{yr}(i,t), \forall i \in \ell_0 \\ z_i(t) + e_{yl_j}(i,t), \forall i \in \ell \backslash \ell_0, \text{当} i \in \ell_1 \text{时}, j=1; \text{当} i \in \ell_2 \text{时}, j=2 \end{cases} \tag{6-4}$$

这里，$e_{yr}(0i,t)=\hat{y}_{0i}(t\,|t-\tau_{0i}) - r_{0i}(i=1,2)$ 表示在 $t$ 时刻领导者的预测输出和相应的参考信号之间的误差；$e_{yl_j}(i,t) = \hat{y}_i(t\,|t-\tau_i) - \hat{y}_{0j}(t\,|t-\tau_{0j})(\forall i \in \ell_j,\ j = 1,2)$ 是 $t$ 时刻第 $j$ 组的第 $i$ 个跟随者的预测输出与相应领导者的预测输出之间的误差。

本节的主要目的是设计分布式控制协议，使得前 $N_1$ 个跟随者的输出跟踪同组中的相应领导者 $v_{01}$ 的输出，并且领导者跟踪相应的参考信号 $r_{01}$。同理，后 $N_2$ 个跟随者的输出跟踪同组中的相应领导者 $v_{02}$ 的输出，并且其领导者跟踪相应的参考信号 $r_{02}$。

为了主动补偿网络造成的通信时滞和数据丢失，实现两组输出跟踪一致，本节设计如下形式的预测控制协议：

$$u_i(t) = \begin{cases} \psi_i(t), & \forall i \in \ell_0 \\ \psi_i(t) + \zeta_i(t) + \xi_i(t), & \forall i \in \ell \backslash \ell_0 \end{cases} \tag{6-5}$$

式中

$$\psi_i(t) = K_i^y \hat{y}_i(t\,|t-\tau_i) + K_i^z z_i(t), \forall i \in \ell$$

$$\zeta_i(t) = \begin{cases} K_i^e \left( \sum\limits_{j \in \ell_1} a_{ij}(\hat{y}_j(t\,|t-\tau_j) - \hat{y}_i(t\,|t-\tau_i)) + \sum\limits_{j \in \ell_2} a_{ij}\hat{y}_j(t\,|t-\tau_j) \right), \forall i \in \ell_1 \\ K_i^e \left( \sum\limits_{j \in \ell_2} a_{ij}(\hat{y}_j(t\,|t-\tau_j) - \hat{y}_i(t\,|t-\tau_i)) + \sum\limits_{j \in \ell_1} a_{ij}\hat{y}_j(t\,|t-\tau_j) \right), \forall i \in \ell_2 \end{cases}$$

$$\xi_i(t) = K_i^l b_i(\hat{y}_{0j}(t\,|t-\tau_{0j}) - \hat{y}_i(t\,|t-\tau_i)), \quad i \in \ell_1, j=1,\ i \in \ell_2, j=2$$

$\psi_i\,(t)$ 表示智能体的输出信息和跟踪输出状态；$\zeta_i\,(t)$ 表示不仅来自组内邻居智能体的相关信息，还来自组间邻居智能体的相关信息；$\xi_i\,(t)$ 表示来自其领导者的相关信息；$K_i^y$、$K_i^z$、$K_i^e$ 和 $K_i^l$ 是要设计的增益矩阵，$\forall i \in \ell$。

### 6.1.2 两组跟踪一致性和稳定性分析

首先，被控的多智能体系统必须是一个稳定的系统。与此同时，通过智能体与它们的邻居智能体进行协同控制最终达成分组输出一致性。因此，分组输出一致性和稳定性都是离散异构多智能体系统的关键问题。因此，本节给出如下定义。

**定义 6-1** 如果离散异构多智能体系统 (6-1) 在控制协议 (6-5) 的作用下同时满足以下条件：

(1) 当 $\|r_{01}\| < \infty$ 时，$\lim\limits_{t\to+\infty} \|y_i(t)\| < \infty, \forall\ i \in \ell_1$；

(2) 当 $\|r_{02}\| < \infty$ 时，$\lim\limits_{t\to+\infty} \|y_j(t)\| < \infty, \forall\ j \in \ell_2$；

(3) $\lim\limits_{t\to+\infty} \|y_{01}(t) - y_i(t)\| = 0$ 且 $\lim\limits_{t\to+\infty} \|y_{02}(t) - y_j(t)\| = 0$, $\forall\ i \in \ell_1, j \in \ell_2$，

那么称多智能体系统 (6-1) 是输入-输出稳定的，并且可以实现两组输出跟踪一致。

从定义 6-1可以看出，条件 (1) 和条件 (2) 保证了每个智能体系统是输入- 输出稳定的，条件 (3) 则保证多智能体系统能实现两组输出跟踪一致。因此，离散异构多智能体系统的稳定性和分组输出跟踪一致都可以用定义 6-1来保证。

由离散异构多智能体系统的动力学方程 (6-1) 和观测器方程 (6-2)，可以得到状态误差方程：

$$e_i(t+1) = \left(A_i - K_i^0 C_i\right) e_i(t), \quad \forall\ i \in \ell \tag{6-6}$$

式中，$e_i(t) = x_i(t) - \hat{x}_i(t|t-1), \forall\ i \in \ell$。

那么，分布式控制协议 (6-5) 可以表示为

$$u_i(t) = \begin{cases} \psi_i(t), & \forall i \in \ell_0 \\ \psi_i(t) + \zeta_i(t) + \xi_i(t), & \forall i \in \ell \backslash \ell_0 \end{cases} \tag{6-7}$$

式中

$$\psi_i(t) = K_i^y C_i x_i(t) - K_i^y C_i A_i^{\tau_i - 1} e_i(t - \tau_i + 1) + K_i^z z_i(t), \forall i \in \ell$$

$$\zeta_i(t) = \begin{cases} K_i^e \sum\limits_{j\in\ell_1} a_{ij}(C_j x_j(t) - C_i x_i(t)) \\ +K_i^e \sum\limits_{j\in\ell_1} a_{ij} \left(C_i {A_i}^{\tau_i - 1} e_i(t - \tau_i + 1) - C_j A_j^{\tau_j - 1} e_j(t - \tau_j + 1)\right) \\ +K_i^e \sum\limits_{j\in\ell_2} a_{ij} C_j x_j(t) - K_i^e \sum\limits_{j\in\ell_2} a_{ij} C_j A_j^{\tau_j - 1} e_j(t - \tau_j + 1), \forall i \in \ell_1 \\ K_i^e \sum\limits_{j\in\ell_2} a_{ij}(C_j x_j(t) - C_i x_i(t)) \\ +K_i^e \sum\limits_{j\in\ell_2} a_{ij} \left(C_i {A_i}^{\tau_i - 1} e_i(t - \tau_i + 1) - C_j A_j^{\tau_j - 1} e_j(t - \tau_j + 1)\right) \\ +K_i^e \sum\limits_{j\in\ell_1} a_{ij} C_j x_j(t) - K_i^e \sum\limits_{j\in\ell_1} a_{ij} C_j A_j^{\tau_j - 1} e_j(t - \tau_j + 1), \forall i \in \ell_2 \end{cases}$$

$$\xi_i(t) = \begin{cases} K_i^l b_i C_{01} x_{01}(t) - K_i^l b_i C_{01} A_{01}^{\tau_{01} - 1} e_{01}(t - \tau_{01} + 1) \\ +K_i^l b_i C_i {A_i}^{\tau_i - 1} e_i(t - \tau_i + 1) - K_i^l b_i C_i x_i(t),\ \forall i \in \ell_1 \\ K_i^l b_i C_{02} x_{02}(t) - K_i^l b_i C_{02} A_{02}^{\tau_{02} - 1} e_{02}(t - \tau_{02} + 1) \\ +K_i^l b_i C_i {A_i}^{\tau_i - 1} e_i(t - \tau_i + 1) - K_i^l b_i C_i x_i(t), \forall i \in \ell_2 \end{cases}$$

记状态增量 $\Delta x_i(t) = x_i(t) - x_i(t-1)$，$\Delta z_i(t) = z_i(t) - z_i(t-1)$，控制输入增量 $\Delta u_i(t) = u_i(t) - u_i(t-1)$。根据离散异构多智能体系统 (6-1) 和分布式控制协议 (6-5)，可得状态增量的表达式为

$$\Delta x_i(t+1) = \varsigma_i(t) + \upsilon_i(t) + \omega_i(t), \forall i \in \ell \tag{6-8}$$

式中

$$\varsigma_i(t) = \begin{cases} (A_i + B_i K_i^y C_i)\Delta x_i(t), \quad \forall i \in \ell_0 \\ b_i B_i K_i^l C_{0f} \Delta x_{0f}(t) + \Pi_i \Delta x_i(t) + B_i K_i^e \sum\limits_{j\in\ell} a_{ij} C_j \Delta x_j(t), \quad \forall i \in \ell_f,\ f=1,2 \end{cases}$$

$$\upsilon_i(t) = B_i K_i^z \Delta z_i(t), \quad \forall i \in \ell$$

$$\omega_i(t) = \begin{cases} -B_i K_i^y C_i A_i^{\tau_i-1} \Delta e_i(t-\tau_i+1), \quad i \in \ell_0 \\ \Theta_i \Delta e_i(t-\tau_i+1) - B_i K_i^e \sum\limits_{j\in\ell} a_{ij} C_j A_j^{\tau_j-1} \Delta e_j(t-\tau_j+1) \\ -b_i B_i K_i^l C_{01} A_{01}^{\tau_{01}-1} \Delta e_{01}(t-\tau_{01}+1), \forall i \in \ell_1 \\ \Theta_i \Delta e_i(t-\tau_i+1) - B_i K_i^e \sum\limits_{j\in\ell} a_{ij} C_j A_j^{\tau_j-1} \Delta e_j(t-\tau_j+1) \\ -b_i B_i K_i^l C_{02} A_{02}^{\tau_{02}-1} \Delta e_{02}(t-\tau_{02}+1), \forall i \in \ell_2 \end{cases}$$

这里

$$\begin{cases} \Theta_i = \left(b_i B_i K_i^l - B_i K_i^y + B_i K_i^e l_{ii}^{(\mathcal{G}_f)}\right) C_i A_i^{\tau_i-1}, \quad i \in \ell \backslash \ell_0 \\ \Pi_i = A_i + B_i K_i^y C_i - l_{ii}^{(\mathcal{G}_f)} B_i K_i^e - b_i B_i K_i^l C_i, \quad i \in \ell \backslash \ell_0 \\ i \in \ell_1, f=1;\ i \in \ell_2, f=2 \end{cases} \tag{6-9}$$

$\Pi_i$ 表示与第 $i$ 个智能体的状态增量相关的增益；$\Theta_i$ 表示与第 $i$ 个智能体的状态估计误差增量相关的增益。状态增量中的 $\varsigma_i(t)$ 表示与 $\Delta x_i(t)$ 有关的项，$\upsilon_i(t)$ 表示与 $\Delta z_i(t)$ 有关的项，$\omega_i(t)$ 表示与 $\Delta e_h(t-\tau_h+1)$ 有关的项，$h \in \ell$。

$$\Delta z_i(t+1) = \begin{cases} \Delta z_i(t) + C_i \Delta x_i(t) - C_i A_i^{\tau_i-1} \Delta e_i(t-\tau_i+1), \forall i \in \ell_0 \\ \Delta z_i(t) + C_i \Delta x_i(t) - C_{01} \Delta x_{01}(t) \\ + C_{01} A_{01}^{\tau_{01}-1} \Delta e_{01}(t-\tau_{01}+1) - C_i A_i^{\tau_i-1} \Delta e_i(t-\tau_i+1), \forall i \in \ell_1 \\ \Delta z_i(t) + C_i \Delta x_i(t) - C_{02} \Delta x_{02}(t) \\ + C_{02} A_{02}^{\tau_{02}-1} \Delta e_{02}(t-\tau_{02}+1) - C_i A_i^{\tau_i-1} \Delta e_i(t-\tau_i+1), \forall i \in \ell_2 \end{cases} \tag{6-10}$$

结合式 (6-6)、式 (6-8) 和式 (6-10)，得到以下紧凑形式：

$$\begin{cases}\Delta X(t+1) =(A_D + B_{kyec} + B_{akc} + B_{bklc})\Delta X(t) + B_{kz}\Delta Z(t) + P\Delta E(t)\\ \Delta Z(t+1) =(C_D - S_n \otimes C_{01} - S_m \otimes C_{01})\Delta X(t) + \Delta Z(t) + Q\Delta E(t)\\ \Delta E(t+1) =A_{koc}\Delta E(t)\end{cases} \tag{6-11}$$

式中

$$\Delta X(t) = \begin{bmatrix}\Delta x_{\mathcal{G}_1}^{\mathrm{T}}(t) & \Delta x_{\mathcal{G}_2}^{\mathrm{T}}(t)\end{bmatrix}^{\mathrm{T}}, \Delta Z(t) = \begin{bmatrix}\Delta z_{\mathcal{G}_1}^{\mathrm{T}}(t) & \Delta z_{\mathcal{G}_2}^{\mathrm{T}}(t)\end{bmatrix}^{\mathrm{T}}$$

$$\Delta E(t) = \begin{bmatrix}\Delta e_{\mathcal{G}_1}^{\mathrm{T}}(t) & \Delta e_{\mathcal{G}_2}^{\mathrm{T}}(t)\end{bmatrix}^{\mathrm{T}}$$

$$\Delta x_{\mathcal{G}_1}(t) = \begin{bmatrix}\Delta x_{01}^{\mathrm{T}}(t) & \Delta x_1^{\mathrm{T}}(t) & \cdots & \Delta x_{N_1}^{\mathrm{T}}(t)\end{bmatrix}^{\mathrm{T}}$$

$$\Delta x_{\mathcal{G}_2}(t) = \begin{bmatrix}\Delta x_{02}^{\mathrm{T}}(t) & \Delta x_{N_1+1}^{\mathrm{T}}(t) & \cdots & \Delta x_{N_1+N_2}^{\mathrm{T}}(t)\end{bmatrix}^{\mathrm{T}}$$

$$\Delta z_{\mathcal{G}_1}(t) = \begin{bmatrix}\Delta z_{01}^{\mathrm{T}}(t) & \Delta z_1^{\mathrm{T}}(t) & \cdots & \Delta z_{N_1}^{\mathrm{T}}(t)\end{bmatrix}^{\mathrm{T}}$$

$$\Delta z_{\mathcal{G}_2}(t) = \begin{bmatrix}\Delta z_{02}^{\mathrm{T}}(t) & \Delta z_{N_1+1}^{\mathrm{T}}(t) & \cdots & \Delta z_{N_1+N_2}^{\mathrm{T}}(t)\end{bmatrix}^{\mathrm{T}}$$

$$\Delta e_{\mathcal{G}_1}(t)=\begin{bmatrix}\Delta e_{01}^{\mathrm{T}}(t-\tau_{01}+1) & \Delta e_1^{\mathrm{T}}(t-\tau_1+1) & \cdots & \Delta e_{N_1}^{\mathrm{T}}(t-\tau_{N_1}+1)\end{bmatrix}^{\mathrm{T}}$$

$$\Delta e_{\mathcal{G}_2}(t)=\begin{bmatrix}\Delta e_{02}^{\mathrm{T}}(t-\tau_{02}+1) \ \Delta e_{N_1+1}^{\mathrm{T}}(t-\tau_{N_1+1}+1) \ \cdots \ \Delta e_{N_1+N_2}^{\mathrm{T}}(t-\tau_{N_1+N_2}+1)\end{bmatrix}^{\mathrm{T}}$$

$$A_D = \mathrm{diag}\{A_{D\mathcal{G}_1}, A_{D\mathcal{G}_2}\}, A_{D\mathcal{G}_1} = \mathrm{diag}\{A_{01}, A_1, A_2, \cdots, A_{N_1}\}$$

$$A_{D\mathcal{G}_2} = \mathrm{diag}\{A_{02}, A_{N_1+1}, A_{N_1+2}, \cdots, A_{N_1+N_2}\}$$

$$B_{kyec} = \mathrm{diag}\{B_{ky\mathcal{G}_1}, B_{ky\mathcal{G}_2}\}$$

$$B_{ky\mathcal{G}_1} = \mathrm{diag}\left\{B_{01}K_{01}^yC_{01}, \varXi_1^{(\mathcal{G}_1)}, \varXi_2^{(\mathcal{G}_1)}, \cdots, \varXi_{N_1}^{(\mathcal{G}_1)}\right\}$$

$$B_{ky\mathcal{G}_2} = \mathrm{diag}\left\{B_{02}K_{02}^yC_{02}, \varXi_{N_1+1}^{(\mathcal{G}_1)}, \varXi_{N_1+2}^{(\mathcal{G}_1)}, \cdots, \varXi_{N_1+N_2}^{(\mathcal{G}_1)}\right\}$$

$$\varXi_i^{(\mathcal{G}_f)} = B_i(K_i^y - l_{ii}^{(\mathcal{G}_f)}K_i^e)C_i,\ f = 1, 2,\ i \in \ell\backslash\ell_0$$

$$B_{akc} = \left[T_{ij}^a\right],\quad i, j = 01, 1, 2, \cdots, N_1, 02, N_1+1, \cdots, N_1+N_2$$

$$B_{bklc} = \left[T_{ij}^b\right],\quad i, j = 01, 1, 2, \cdots, N_1, 02, N_1+1, \cdots, N_1+N_2$$

$$T_{ij}^a = \begin{cases} a_{ij}B_iK_i^eC_j, & i, j \in \ell\backslash\ell_0\\ 0, & \text{其他}\end{cases}$$

$$T_{ij}^b = \begin{cases} b_iB_iK_i^lC_j, & i \in \ell_1, j = 01,\ i \in \ell_2, j = 02\\ -b_iB_iK_i^lC_i, & i = j \in \ell\backslash\ell_0\\ 0, & \text{其他}\end{cases}$$

$$B_{kz} = \mathrm{diag}\{B_{kz\mathcal{G}_1}, B_{kz\mathcal{G}_2}\}$$

$$B_{kz\mathcal{G}_1} = \mathrm{diag}\{B_{01}K_{01}^z, B_1K_1^z, \cdots, B_{N_1}K_{N_1}^z\}$$

$$B_{kz\mathcal{G}_2} = \mathrm{diag}\{B_{02}K_{02}^z, B_{N_1+1}K_{N_1+1}^z, \cdots, B_{N_1+N_2}K_{N_1+N_2}^z\}$$

$$P = [P_{ij}],\quad i, j = 01, 1, 2, \cdots, N_1, 02, N_1+1, \cdots, N_1+N_2$$

$$P_{ij}=\begin{cases}-B_iK_i^yC_iA_i^{\tau_i-1}, & i=j\in\ell_0\\ -b_iB_iK_i^lC_jA_j^{\tau_j-1}, & i\in\ell_1,j=01\text{或}i\in\ell_2,j=02\\ -a_{ij}B_iK_i^eC_jA_j^{\tau_j-1}, & i\in\ell,\ j\in\ell\text{且}i\neq j\\ \Theta_i, & i=j\in\ell\backslash\ell_0\\ 0, & \text{其他}\end{cases}$$

$$C_D=\operatorname{diag}\{C_{D\mathcal{G}_1},C_{D\mathcal{G}_2}\}$$

$$C_{D\mathcal{G}_1}=\operatorname{diag}\{C_{01},C_1,C_2,\cdots,C_{N_1}\}$$

$$C_{D\mathcal{G}_2}=\operatorname{diag}\{C_{02},C_{N_1+1},C_{N_1+2},\cdots,C_{N_1+N_2}\}$$

$$S_n=\begin{bmatrix}[\overbrace{0\quad 1\quad\cdots\quad 1}^{N_1+1}]^{\mathrm{T}} & 0_{(N_2+1)\times(N_1+N_2+1)}\\ 0_{(N_2+1)\times 1} & 0_{(N_2+1)\times(N_1+N_2+1)}\end{bmatrix}$$

$$S_m=\begin{bmatrix}0_{(N_1+1)\times(N_1+1)} & 0_{(N_1+1)\times 1} & 0_{(N_1+1)\times N_2}\\ 0_{(N_2+1)\times(N_1+1)} & [\underbrace{01\cdots1}_{N_2+1}]^{\mathrm{T}} & 0_{(N_2+1)\times N_2}\end{bmatrix}$$

$$Q=[Q_{ij}],\quad i,j=01,1,2,\cdots,N_1,02,N_1+1,\cdots,N_1+N_2$$

$$Q_{ij}=\begin{cases}-C_iA_i^{\tau_i-1}, & i=j\in\ell\\ C_jA_j^{\tau_j-1}, & i\in\ell_1,j=01\text{或}i\in\ell_2,j=02\\ 0, & \text{其他}\end{cases}$$

$$A_{koc}=\operatorname{diag}\{A_{k\mathcal{G}_1},A_{k\mathcal{G}_2}\}$$

$$A_{k\mathcal{G}_1}=\operatorname{diag}\{A_{01}-K_{01}^0C_{01},A_1-K_1^0C_1,\cdots,A_N-K_{N_1}^0C_{N_1}\}$$

$$A_{k\mathcal{G}_2}=\operatorname{diag}\{A_{02}-K_{02}^0C_{02},A_{N_1+1}-K_{N_1+1}^0C_{N_1+1},\cdots,A_{N_1+N_2}-K_{N_1+N_2}^0C_{N_1+N_2}\}$$

式中，$\Theta_i$ 如式 (6-9) 所示。

由式 (6-11) 可得在控制协议 (6-5) 的作用下，系统 (6-1) 可以表示为

$$\begin{bmatrix}\Delta X(t+1)\\ \Delta Z(t+1)\\ \Delta E(t+1)\end{bmatrix}=\begin{bmatrix}A_D+B_{kyec}+B_{akc}+B_{bklc} & B_{kz} & P\\ C_D-S_n\otimes C_{01}-S_m\otimes C_{02} & I & Q\\ \mathbf{0} & \mathbf{0} & A_{koc}\end{bmatrix}\begin{bmatrix}\Delta X(t)\\ \Delta Z(t)\\ \Delta E(t)\end{bmatrix} \tag{6-12}$$

通过上述推导，可以得到以下结论。

**定理 6-1** 在分布式控制协议 (6-5) 的作用下，离散异构多智能体系统 (6-1) 是输入-输出稳定的，并且可达到两组输出跟踪一致的充要条件是矩阵 $\Omega$ 和 $A_i-K_i^0C_i(i\in\ell)$ 的所有特征根都在单位圆内。其中

$$\Omega=\begin{bmatrix}A_D+B_{kyec}+B_{akc} & B_{kz}\\ C_D-S_n\otimes C_{01}-S_m\otimes C_{02} & I\end{bmatrix} \tag{6-13}$$

**证明** 可得 $\lim\limits_{t\to\infty}\|\Delta x_i(t)\|=0, \lim\limits_{t\to\infty}\|\Delta z_i(t)\|=0$。又由于矩阵 $A_{koc}$ 是 Schur 稳定的，所以 $\lim\limits_{t\to\infty}\|\Delta E(t)\|=0,\ \forall i\in\ell$，即可得 $\lim\limits_{k\to\infty}\|e_i(k)\|=0,\ \forall i\in\ell$。可得 $\lim\limits_{t\to\infty}\|\hat{x}_i(t\,|t-\tau_i)-x_i(t)\|=0,\ \forall i\in\ell$。从而

$$\lim_{t\to\infty}\|\hat{y}_i(t\,|t-\tau_i)-y_i(t)\|=0,\ \forall i\in\ell \tag{6-14}$$

再由式 (6-4) 与 $\Delta z_i(t)=z_i(t)-z_i(t-1),\ \forall i\in\ell$ 可得

$$\begin{aligned}
\Delta z_{01}(t+1)&=\hat{y}_{01}(t\,|t-\tau_{01})-r_{01}\\
\Delta z_i(t+1)&=\hat{y}_i(t\,|t-\tau_i)-\hat{y}_{01}(t\,|t-\tau_{01}),\forall i\in\ell_1\\
\Delta z_{02}(t+1)&=\hat{y}_{02}(t\,|t-\tau_{02})-r_{02}\\
\Delta z_i(t+1)&=\hat{y}_i(t\,|t-\tau_i)-\hat{y}_{02}(t\,|t-\tau_{02}),\forall i\in\ell_2
\end{aligned} \tag{6-15}$$

并且，由式 (6-14) 和 $\lim\limits_{t\to\infty}\|\Delta z_i(t)\|=0,\ \forall i\in\ell$ 可得

$$\begin{cases}
\hat{y}_{01}(t\,|t-\tau_{01})\to r_{01}, & t\to\infty\\
\hat{y}_i(t\,|t-\tau_i)\to\hat{y}_{01}(t\,|t-\tau_{01})\to y_{01}(t),\forall i\in\ell_1, & t\to\infty\\
\hat{y}_{02}(t\,|t-\tau_{02})\to r_{02}, & t\to\infty\\
\hat{y}_i(t\,|t-\tau_i)\to\hat{y}_{02}(t\,|t-\tau_{02})\to y_{02}(t),\forall i\in\ell_2, & t\to\infty
\end{cases} \tag{6-16}$$

因此，由式 (6-14)~ 式 (6-16)，可得

$$\begin{cases}
y_{01}(t)\to r_{01}, & t\to\infty\\
y_i(t)\to y_{01}(t),\forall i\in\ell_1, & t\to\infty\\
y_{02}(t)\to r_{02}, & t\to\infty\\
y_i(t)\to y_{02}(t),\forall i\in\ell_2, & t\to\infty
\end{cases} \tag{6-17}$$

显然，定义 6-1中三个条件均成立。这也意味在控制协议 (6-5) 作用下，离散多智能体系统 (6-1) 是输入-输出稳定的，同时也能达到两组输出跟踪一致，即式 (6-13) 所示的矩阵 $\Omega$ 和 $A_i-K_i^0C_i,\ \forall i\in\ell$ 的所有特征值都在单位圆内是确保闭环离散多智能体系统稳定与两组跟踪一致的充分必要条件。 □

**注解 6-1** 从上述定理不难发现，闭环离散异构多智能体系统的分组跟踪一致和稳定性与网络通信约束 (通信时滞和数据丢失) 无关。这对多智能体系统的研究具有重大的意义。本节设计的控制能使带通信约束的多智能体系统 (6-1) 的控制效果与传统的多智能体系统 (不存在通信时滞和数据丢失，即 $\tau_i=0,\ \forall i\in\ell$) 的控制性能相似，具体推导过程如下所示。

假设离散异构多智能体系统 (6-1) 中不存在通信约束 ($\tau_i = 0,\ \forall i \in \ell$)，即当前量测输出可实时可用，因此，分布式控制协议 (6-5) 可简化为

$$u_i(t) = \begin{cases} \psi_i(t), & \forall i \in \ell_0 \\ \psi_i(t) + \zeta_i(t) + \xi_i(t), & \forall i \in \ell \backslash \ell_0 \end{cases} \tag{6-18}$$

式中

$$\begin{aligned}
\psi_i(t) = &\ K_i^y y_i(t) + K_i^z z_i(t), \forall i \in \ell \\
\zeta_i(t) = &\begin{cases} K_i^e \left( \sum\limits_{j \in \ell_1} a_{ij}(y_j(t) - y_i(t)) + \sum\limits_{j \in \ell_2} a_{ij} y_j(t) \right), \ \forall i \in \ell_1 \\ K_i^e \left( \sum\limits_{j \in \ell_2} a_{ij}(y_j(t) - y_i(t)) + \sum\limits_{j \in \ell_1} a_{ij} y_j(t) \right), \ \forall i \in \ell_2 \end{cases} \\
\xi_i(t) = &\ K_i^l b_i(y_j(t) - y_i(t)), \text{当} i \in \ell_1 \text{时，} j = 01; \text{当} i \in \ell_2 \text{时}, j = 02
\end{aligned}$$

$$z_i(t+1) = \begin{cases} z_i(t) + e_{yr}(i,t),\ \forall i \in \ell_0 \\ z_i(t) + e_{yl_j}(i,t),\ \forall i \in \ell \backslash \ell_0, \text{当} i \in \ell_1 \text{时，} j = 1; \text{当} i \in \ell_2 \text{时，} j = 2 \end{cases}$$

式中，$e_{yr}(i,t) = y_i(t) - r_i(i = 01, 02)$ 表示 $k$ 时刻领导者的量测输出与参考信号的误差；$e_{yl_j}(i,t) = y_i(t) - y_{0j}(t)(\forall i \in \ell_j,\ j = 1,2)$ 为 $k$ 时刻第 $j$ 组的跟随者智能体 $i$ 与其相应领导者的量测输出误差。

当通信约束不存在时 (即 $\tau_i = 0,\ \forall i \in \ell$), 在控制协议 (6-18) 的作用下，系统 (6-1) 可以表示为

$$\begin{bmatrix} \Delta x(t+1) \\ \Delta z(t+1) \end{bmatrix} = \Omega \begin{bmatrix} \Delta x(t) \\ \Delta z(t) \end{bmatrix} \tag{6-19}$$

式中，$\Omega$ 如式 (6-13) 所示。因此，对于具有控制协议 (6-18) 的网络化离散异构多智能体系统 (6-1)，其达到输入- 输出稳定和分组跟踪一致的充分必要条件是矩阵 $\Omega$ 的所有特征值都在单位圆内。

### 6.1.3 多组跟踪一致性和稳定性分析

考虑到实际系统的复杂性，多智能体最终输出通常不仅仅局限于收敛到两个值。当多智能体的最终输出收敛到多个值时，两组跟踪一致将扩展到多组跟踪一致。多组一致是对两组一致的概括，对理论研究和实际应用都具有重要意义。但是，多智能体系统分组输出一致性研究很少考虑领导者的存在，忽略了领导者在

小组中的影响。本节的目的是提出一种多组跟踪控制协议，并获得实现输入-输出稳定性和多组跟踪一致的充分必要条件。

考虑到由 $s+N_1+N_2+\cdots+N_s$ 个智能体组成的复杂网络 $(\mathcal{G},\chi)$，拓扑图 $\mathcal{G}=(\mathcal{V},\mathcal{E},\mathcal{A}^{(\mathcal{G})})$ 由子图 $\mathcal{G}_1=\left(\mathcal{V}_1,\mathcal{E}_1,{\mathcal{A}_1}^{(\mathcal{G}_1)}\right),\mathcal{G}_2=\left(\mathcal{V}_2,\mathcal{E}_2,{\mathcal{A}_2}^{(\mathcal{G}_2)}\right),\cdots,\mathcal{G}_s=\left(\mathcal{V}_s,\mathcal{E}_s,{\mathcal{A}_s}^{(\mathcal{G}_s)}\right)$ 组成。假设 $v_{0i}$ 是第 $i$ 组的领导者顶点，$i=1,2,\cdots,s$。为了简化 $\rho_w=\sum\limits_{i=1}^{w}N_i,\ 1\leqslant i\leqslant s,\ \rho_0=0$，将跟随者顶点 $\{v_1,v_2,\cdots,v_{\rho_1}\},\{v_{\rho_1+1},v_{\rho_1+2},\cdots,v_{\rho_2}\}$，$\cdots$，$\{v_{\rho_{s-1}+1},v_{\rho_{s-1}+2},\cdots,v_{\rho_s}\}$ 的索引集分别设置为 $\ell_1=\{1,2,\cdots,\rho_1\}$，$\ell_2=\{\rho_1+1,\rho_1+2,\cdots,\rho_2\}$，$\cdots$，$\ell_s=\{\rho_{s-1}+1,\rho_{s-1}+2,\cdots,\rho_s\}$。领导者顶点 $\{v_{01},v_{02},\cdots,v_{0s}\}$ 被定义为 $\ell_0=\{01,02,\cdots,0s\}$，显然，智能体系统所有智能体索引度 $\ell=\bigcup\limits_{i=1}^{s}\ell_i$，$l_{ii}^{(\mathcal{G}_1)}=\sum\limits_{j=1}^{\rho_1}a_{ij},i\in\ell_1$，$l_{ii}^{(\mathcal{G}_2)}=\sum\limits_{j=\rho_1+1}^{\rho_2}a_{ij},i\in\ell_2$，$\cdots$，$l_{ii}^{(\mathcal{G}_s)}=\sum\limits_{j=\rho_{s-1}+1}^{\rho_s}a_{ij},\ i\in\ell_s$。

假设多组离散异构多智能体系统的动力学模型由如下线性系统描述：

$$\begin{aligned}x_i(t+1)&=A_ix_i(t)+B_iu_i(t)\\y_i(t)&=C_ix_i(t),\quad\forall\, i\in\ell\end{aligned}\tag{6-20}$$

仿照两组研究方案设计如下跟踪状态使得输出跟踪上参考信号 $r_{0i}$ $(i=1,2,\cdots,s)$：

$$z_i(t+1)=\begin{cases}z_i(t)+e_{yr}(i,t),&\forall i\in\ell_0\\z_i(t)+e_{yl_j}(i,t),&\forall i\in\ell_j,\ j=1,2,\cdots,s\end{cases}\tag{6-21}$$

式中，$e_{yr}(i,t)=\hat{y}_i(t\,|t-\tau_i)-r_i$ $(i\in\ell_0)$ 是第 $i$ 组的领导者预测输出与相应参考信号在时刻 $t$ 的误差；$e_{yl_j}(i,t)=\hat{y}_i(t\,|t-\tau_i)-\hat{y}_{0j}(t\,|t-\tau_{0j})$ $(\forall i\in\ell_j,\ \ j=1,2,\cdots,s)$ 是第 $j$ 组的第 $i$ 个跟随者的预测输出与对应的领导者在时刻 $t$ 的预测输出之间的误差。

为了主动补偿由网络引起的通信时滞和数据丢失，并实现跟随者跟踪相同组的对应领导者，本节设计以下预测控制协议：

$$u_i(t)=\begin{cases}\psi_i(t),&\forall i\in\ell_0\\\psi_i(t)+\zeta_i(t)+\xi_i(t),&\forall i\in\ell\backslash\ell_0\end{cases}\tag{6-22}$$

式中

$$
\begin{aligned}
\psi_i(t) =& K_i^y\hat{y}_i(t\,|t-\tau_i) + K_i^z z_i(t), \forall i \in \ell \\
\xi_i(t) =& K_i^l b_i\left(\hat{y}_{0j}(t\,|t-\tau_{0j}) - \hat{y}_i(t\,|t-\tau_i)\right), \quad \forall i \in \ell_j, \quad \forall j = 1,2,\cdots,s \\
\zeta_i(t) =& K_i^e\left(\sum_{j\in\ell_w} a_{ij}(\hat{y}_j(t\,|t-\tau_j) - \hat{y}_i(t\,|t-\tau_i)) + \sum_{j\in\ell\backslash\ell_0, j\notin\ell_w} a_{ij}\hat{y}_j(t\,|t-\tau_j)\right) \\
& \forall i \in \ell_w, \quad \forall w = 1,2,\cdots,s
\end{aligned}
$$

**定义 6-2** 如果离散异构多智能体系统 (6-20) 满足以下条件：

(1) 如果 $\|r_{0j}\| < \infty$, 那么 $\lim_{t\to+\infty}\|y_i(t)\| < \infty, \forall\, 0j \in \ell_0$ 且 $\forall\, i \in \ell_j$;

(2) $\lim_{t\to+\infty}\|y_{0j}(t) - y_i(t)\| = 0, \ \forall\, 0j \in \ell_0$ 且 $\forall\, i \in \ell_j$,

那么称控制协议 (6-22) 可以保证离散异构多智能体系统达到输入–输出稳定，同时也能解决多组输出跟踪一致问题。

通过推导不难得出在控制协议 (6-22) 下多智能体系统 (6-20) 满足的闭环形式:

$$
\begin{bmatrix} \Delta\bar{X}(t+1) \\ \Delta\bar{Z}(t+1) \\ \Delta\bar{E}(t+1) \end{bmatrix} = \begin{bmatrix} \bar{A}_D + \bar{B}_{kyec} + \bar{B}_{akc} + \bar{B}_{bklc} & \bar{B}_{kz} & \bar{P} \\ \bar{C}_D - \bar{C}_N & I & \bar{Q} \\ \mathbf{0} & \mathbf{0} & \bar{A}_{koc} \end{bmatrix} \begin{bmatrix} \Delta\bar{X}(t) \\ \Delta\bar{Z}(t) \\ \Delta\bar{E}(t) \end{bmatrix} \tag{6-23}
$$

式中

$$
\begin{aligned}
\Delta\bar{X}(t) &= \begin{bmatrix} \Delta x_{\mathcal{G}_1}^{\mathrm{T}}(t) & \Delta x_{\mathcal{G}_2}^{\mathrm{T}}(t) & \cdots & \Delta x_{\mathcal{G}_s}^{\mathrm{T}}(t) \end{bmatrix}^{\mathrm{T}} \\
\Delta\bar{Z}(t) &= \begin{bmatrix} \Delta z_{\mathcal{G}_1}^{\mathrm{T}}(t) & \Delta z_{\mathcal{G}_2}^{\mathrm{T}}(t) & \cdots & \Delta z_{\mathcal{G}_s}^{\mathrm{T}}(t) \end{bmatrix}^{\mathrm{T}} \\
\Delta\bar{E}(t) &= \begin{bmatrix} \Delta e_{\mathcal{G}_1}^{\mathrm{T}}(t-\tau+1) & \Delta e_{\mathcal{G}_2}^{\mathrm{T}}(t-\tau+1) & \cdots & \Delta e_{\mathcal{G}_s}^{\mathrm{T}}(t-\tau+1) \end{bmatrix}^{\mathrm{T}} \\
\Delta\bar{E}(t) &= \begin{bmatrix} \Delta e_{\mathcal{G}_1}^{\mathrm{T}}(t-\tau+1) & \Delta e_{\mathcal{G}_2}^{\mathrm{T}}(t-\tau+1) & \cdots & \Delta e_{\mathcal{G}_s}^{\mathrm{T}}(t-\tau+1) \end{bmatrix}^{\mathrm{T}} \\
\Delta x_{\mathcal{G}_i}(t) &= \begin{bmatrix} \Delta x_{0i}^{\mathrm{T}}(t) & \Delta x_{\rho_{i-1}+1}^{\mathrm{T}}(t) & \cdots & \Delta x_{\rho_i}^{\mathrm{T}}(t) \end{bmatrix}^{\mathrm{T}}, \quad \forall i = 1,2,\cdots,s \\
\Delta z_{\mathcal{G}_i}(t) &= \begin{bmatrix} \Delta z_{0i}^{\mathrm{T}}(t) & \Delta z_{\rho_{i-1}+1}^{\mathrm{T}}(t) & \cdots & \Delta z_{\rho_i}^{\mathrm{T}}(t) \end{bmatrix}^{\mathrm{T}}, \quad \forall i = 1,2,\cdots,s \\
\Delta e_{\mathcal{G}_i}(t-\tau+1) &= \left[\Delta e_j^{\mathrm{T}}(t-\tau_j+1)\right]^{\mathrm{T}}, \quad \forall j \in \mathcal{G}_i, \quad \forall i = 1,2,\cdots,s
\end{aligned}
$$

$$
\begin{aligned}
\bar{A}_D &= \mathrm{diag}\left\{A_{D\mathcal{G}_1}, A_{D\mathcal{G}_2}, \cdots, A_{D\mathcal{G}_s}\right\} \\
A_{D\mathcal{G}_i} &= \mathrm{diag}\left\{A_{0i}, A_{\rho_{i-1}+1}, \cdots, A_{\rho_i}\right\}, \ i = 1,2,\cdots,s \\
\bar{B}_{kyec} &= \mathrm{diag}\left\{B_{ky\mathcal{G}_1}, B_{ky\mathcal{G}_2}, \cdots, B_{ky\mathcal{G}_s}\right\}
\end{aligned}
$$

$$
\begin{aligned}
B_{kyG_i} =& \mathrm{diag}\{B_{0i}K_{0i}^{y}C_{0i}, B_{\rho_{i-1}+1}(K_{\rho_{i-1}+1}^{y} - l_{\rho_{i-1}+1\rho_{i-1}+1}^{(G_i)}K_{\rho_{i-1}+1}^{e}) \\
& C_{\rho_{i-1}+1}, \cdots, B_{\rho_i}(K_{\rho_i}^{y} - l_{\rho_i\rho_i}^{(G_i)}K_{\rho_i}^{e})C_{\rho_i}\} \\
& i = 1, 2, \cdots, s
\end{aligned}
$$

$$
\bar{B}_{akc} = \left[\bar{T}_{ij}^{a}\right], \quad i,j = 01, 1, 2, \cdots, \rho_1, 02, \rho_1+1, \cdots, \rho_2, \cdots, 0s, \cdots, \rho_s
$$

$$
\bar{T}_{ij}^{a} = \begin{cases} a_{ij}B_iK_i^{e}C_j, & i,j \in \ell \backslash \ell_0 \\ 0, & \text{其他} \end{cases}
$$

$$
\bar{B}_{bklc} = \left[\bar{T}_{ij}^{b}\right], \quad i,j = 01, 1, 2, \cdots, \rho_1, 02, \rho_1+1, \cdots, \rho_2, \cdots, 0s, \cdots, \rho_s
$$

$$
\bar{T}_{ij}^{b} = \begin{cases} b_iB_iK_i^{l}C_j, & i \in \ell_w, j = 0w, w = 1, 2, \cdots, s \\ -b_iB_iK_i^{l}C_i, & i = j \in \ell \backslash \ell_0 \\ 0, & \text{其他} \end{cases}
$$

$$
\bar{B}_{kz} = \mathrm{diag}\left\{B_{kz\mathcal{G}_1}, B_{kz\mathcal{G}_2}, \cdots, B_{kz\mathcal{G}_s}\right\}
$$

$$
B_{kz\mathcal{G}_i} = \mathrm{diag}\left\{B_{0i}K_{0i}^{z}, B_{\rho_{i-1}+1}K_{\rho_{i-1}+1}^{z}, \cdots, B_{\rho_i}K_{\rho_i}^{z}\right\}, \ i = 1, 2, \cdots, s
$$

$$
\bar{P} = \left[\bar{P}_{ij}\right], \quad i,j = 01, 1, 2, \cdots, \rho_1, 02, \rho_1+1, \cdots, \rho_2, \cdots, 0s, \cdots, \rho_s
$$

$$
\bar{P}_{ij} = \begin{cases} -B_iK_i^{y}C_iA_i^{\tau_i-1}, & i = j \in \ell_0 \\ -b_iB_iK_i^{l}C_jA_j^{\tau_j-1}, & i \in \ell_w, j = 0w, \quad w = 1, 2, \cdots, s \\ -a_{ij}B_iK_i^{e}C_jA_j^{\tau_j-1}, & i \notin \ell_0, \ j \notin \ell_0 \text{且} i \neq j \\ \bar{\Theta}_i, & i = j \in \ell \backslash \ell_0 \\ 0, & \text{其他} \end{cases}
$$

$$
\bar{C}_D = \mathrm{diag}\left\{C_{D\mathcal{G}_1}, C_{D\mathcal{G}_2}, \cdots, C_{D\mathcal{G}_s}\right\}
$$

$$
C_{D\mathcal{G}_i} = \mathrm{diag}\left\{C_{0i}, C_{\rho_{i-1}+1}, \cdots, C_{\rho_i}\right\}, \ i = 1, 2, \cdots, s
$$

$$
\bar{C}_N = \left[\bar{N}_{ij}\right], \quad i,j = 01, 1, 2, \cdots, \rho_1, 02, \rho_1+1, \cdots, \rho_2, \cdots, 0s, \cdots, \rho_s
$$

$$
\bar{N}_{ij} = \begin{cases} C_j, & i \in \ell_w, j = 0w, \quad w = 1, 2, \cdots, s \\ 0, & \text{其他} \end{cases}
$$

$$
\bar{Q} = \left[\bar{Q}_{ij}\right], \quad i,j = 01, 1, 2, \cdots, \rho_1, 02, \rho_1+1, \cdots, \rho_2, \cdots, 0s, \cdots, \rho_s
$$

$$
\bar{Q}_{ij} = \begin{cases} -C_iA_i^{\tau_i-1}, & i = j \in \ell \\ C_jA_j^{\tau_j-1}, & i \in \ell_w, j = 0w, \quad w = 1, 2, \cdots, s \\ 0, & \text{其他} \end{cases}
$$

$$
\bar{A}_{koc} = \mathrm{diag}\left\{A_{k\mathcal{G}_1}, A_{k\mathcal{G}_2}, \cdots, A_{k\mathcal{G}_s}\right\}
$$

$$
A_{k\mathcal{G}_i} = \mathrm{diag}\left\{A_{0i} - K_{0i}^{0}C_{0i}, A_{\rho_{i-1}+1} - K_{\rho_{i-1}+1}^{0}C_{\rho_{i-1}+1}, \cdots, A_{\rho_i} - K_{\rho_i}^{0}C_{\rho_i}\right\}, \quad i = 1, 2, \cdots, s
$$

式中，$\bar{\Theta}_i$ 如式 (6-9) 所示，当$i \in \ell_w$时, $f = w, w = 1, 2, \cdots, s$。

**定理 6-2** 在分布式控制协议 (6-22) 的作用下，离散异构多智能体系统 (6-20) 是输入-输出稳定的，并且可达到多组跟踪一致，当且仅当矩阵 $\bar{\Omega} = \begin{bmatrix} \bar{A}_D + \bar{B}_{kyec} + \bar{B}_{akc} & \bar{B}_{kz} \\ \bar{C}_D - \bar{C}_N & I \end{bmatrix}$ 和 $A_i - K_i^0 C_i (i \in \ell)$ 是 Schur 稳定的，即所有特征值都在单位圆内。

### 6.1.4 分组输出跟踪算例

本节将用数值示例来证明网络预测补偿器能够有效地减弱通信约束的影响。对于存在通信约束的传统控制该补偿器可能会导致系统不稳定，并且当网络中存在通信时滞和数据丢失时，将无法实现带参考信号分组跟踪一致控制。与此同时，与无网络约束相比，本节设计的预测补偿的控制效果与没有通信时滞和数据丢失的传统控制相似。

**例 6-1** 考虑离散异构多智能体系统，假设网络 $(\mathcal{G}, \chi)$ 由 $2 + N_1 + N_2$ 个智能体组成，其中，$N_1 = 2$，$N_2 = 2$，$\ell_0 = \{01, 02\}$，$\ell_1 = \{1, 2\}$，$\ell_2 = \{3, 4\}$，$\ell = \ell_0 \cup \ell_1 \cup \ell_2$。系统数学模型由式 (6-1) 描述，其中

$$A_{01} = \begin{bmatrix} 0.6 & 0.1 \\ 0.3 & 0.2 \end{bmatrix}, \quad B_{01} = \begin{bmatrix} -0.4 \\ 0.2 \end{bmatrix}, \quad C_{01} = \begin{bmatrix} 0.5 & -0.7 \end{bmatrix}$$

$$A_1 = \begin{bmatrix} -0.5 & 0 \\ 0.3 & -0.2 \end{bmatrix}, B_1 = \begin{bmatrix} -0.3 \\ 0.5 \end{bmatrix}, \quad C_1 = \begin{bmatrix} 0.2 & -1 \end{bmatrix}$$

$$A_2 = \begin{bmatrix} -0.4 & 0.4 \\ -0.2 & 0.6 \end{bmatrix}, \quad B_2 = \begin{bmatrix} -0.6 \\ 0.1 \end{bmatrix}, \quad C_2 = \begin{bmatrix} 0.9 & 0.1 \end{bmatrix}$$

$$A_{02} = \begin{bmatrix} -0.5 & 0.1 \\ 0.1 & 0.2 \end{bmatrix}, \quad B_{02} = \begin{bmatrix} -0.2 \\ 1 \end{bmatrix}, C_{02} = \begin{bmatrix} 0.1 & 1 \end{bmatrix}$$

$$A_3 = \begin{bmatrix} 1 & 0.2 \\ 0.3 & -0.4 \end{bmatrix}, \quad B_3 = \begin{bmatrix} -0.5 \\ -0.1 \end{bmatrix}, \quad C_3 = \begin{bmatrix} 1 & 0.5 \end{bmatrix}$$

$$A_4 = \begin{bmatrix} 1 & -0.5 \\ 0.1 & 0.5 \end{bmatrix}, \quad B_4 = \begin{bmatrix} -0.5 \\ 0.4 \end{bmatrix}, \quad C_4 = \begin{bmatrix} 1 & 0.1 \end{bmatrix}$$

异构多智能体系统的拓扑结构如图 6-1所示。

**情形 1（有通信约束情形）** 假设通信时滞 $d_i = 2$，并且网络中单个智能体的连续数据丢失数 $c_i = 1, i \in \ell$。因此，$\tau_i = 3$, $\forall i \in \ell$。

**1) 补偿通信约束**

本节使用极点配置方法，求解黎卡提方程得到观测器增益矩阵：

$$K_{01}^0 = \begin{bmatrix} 0.0814 \\ -0.0524 \end{bmatrix}, K_1^0 = \begin{bmatrix} -0.0676 \\ 0.1736 \end{bmatrix}, K_2^0 = \begin{bmatrix} -0.0901 \\ 0.1033 \end{bmatrix}$$

$$K_{02}^0 = \begin{bmatrix} 0.0519 \\ 0.1366 \end{bmatrix}, \quad K_3^0 = \begin{bmatrix} 0.5857 \\ -0.0203 \end{bmatrix}, K_4^0 = \begin{bmatrix} 0.8048 \\ 0.0102 \end{bmatrix}$$

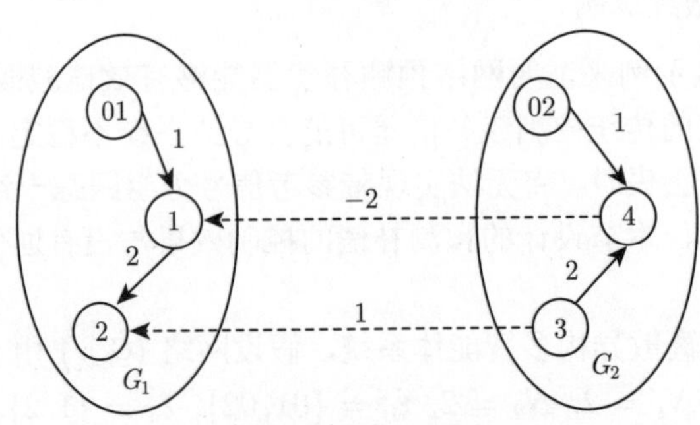


图 6-1 异构多智能体系统的拓扑结构 (例 6-1)

利用锥补线性化方法，使用 MATLAB 中的 LMI 工具箱，可以求得系统控制增益为

$$\begin{gathered} K_{01}^y = 2.8371, K_{02}^y = -1.0461, K_1^y = 0.1106, K_2^y = 3.0817 \\ K_3^y = 2.4152, K_4^y = 1.6935, K_1^l = -0.0449, K_4^l = -0.1073 \\ K_{01}^z = 0.206, K_{02}^z = -0.0784, K_1^z = 0.5636, K_2^z = 0.5853, K_3^z = 0.6414 \\ K_4^z = 0.2572, K_1^e = -0.0091, K_2^e = 1.6221, K_3^e = -0.0081, K_4^e = 0.0001 \end{gathered} \tag{6-24}$$

通过计算，可得闭环系统矩阵 $\Omega$ 的特征值为

$$\begin{gathered} \{-0.8139, -0.5612, -0.2258, -0.2025, 0.6493, 0.4885, 0.3358 \pm 0.6543\mathrm{i}, \\ -0.8421, -0.4830, -0.3341, -0.3942\} \end{gathered}$$

显然，$\Omega$ 所有的特征值都位于单位圆内。因此，由定理 6-1可知，得设计的协议 (6-5) 可以解决离散异构多智能体系统的两组跟踪一致问题。

**2) 不补偿通信约束**

设计如下传统控制协议：

$$u_i(t) = \begin{cases} \psi_i(t), & \forall i \in \ell_0 \\ \psi_i(t) + \zeta_i(t) + \xi_i(t), & \forall i \in \ell \backslash \ell_0 \end{cases} \tag{6-25}$$

式中

$$\psi_i(t)=K_i^y y_i(t-\tau_i)+K_i^z z_i(t),\forall i\in\ell,$$

$$\zeta_i(t)=\begin{cases}K_i^e\left(\sum\limits_{j\in\ell_1}a_{ij}(y_j(t-\tau_j)-y_i(t-\tau_i))+\sum\limits_{j\in\ell_2}a_{ij}y_j(t-\tau_j)\right),i\in\ell_1\\K_i^e\left(\sum\limits_{j\in\ell_2}a_{ij}(y_j(t-\tau_j)-y_i(t-\tau_i))+\sum\limits_{j\in\ell_1}a_{ij}y_j(t-\tau_j)\right),i\in\ell_2\end{cases}$$

$$\xi_i(t)=K_i^l b_i(y_{0j}(t-\tau_{0j})-y_i(t-\tau_i)),\ i\in\ell_1,\ \ j=1\text{或}i\in\ell_2,j=2$$

$$z_i(t+1)=\begin{cases}z_i(t)+e_{yr}(i,t-\tau_i),\ \ \forall i\in\ell_0\\z_i(t)+e_{yl_j}(i,t-\tau_i),\ \forall i\in\ell\backslash\ell_0,\text{当}i\in\ell_1\text{时},\ j=1;\text{当}i\in\ell_2\text{时},\ j=2\end{cases}$$

这里，$e_{yr}(0i,t-\tau_i)=y_{0i}(t-\tau_i)-r_{0i}(i=1,2)$ 表示在 $t$ 时刻第 $i$ 组的领导者由于 $\tau_i$ 步通信约束后量测输出与相应外部参考信号之间的误差；$e_{yl_j}(i,t-\tau_i)=y_i(t-\tau_i)-y_{0j}(t)(\forall i\in\ell_j,\ j=1,2)$ 表示在 $t$ 时刻第 $j$ 组中的第 $i$ 个智能体通过 $\tau_i$ 通信约束量测输出与其相应的领导者的输出误差。

参考输入 $r_{01}=10, r_{02}=20$，系统初始状态如下：

$$\begin{gathered}x_{01}(0)=\begin{bmatrix}3 & 3\end{bmatrix}^{\mathrm{T}},x_1(0)=\begin{bmatrix}5 & -8\end{bmatrix}^{\mathrm{T}}\\x_2(0)=\begin{bmatrix}-9 & 4\end{bmatrix}^{\mathrm{T}},x_{02}(0)=\begin{bmatrix}-10 & 15\end{bmatrix}^{\mathrm{T}}\\x_3(0)=\begin{bmatrix}7 & -9\end{bmatrix}^{\mathrm{T}},x_4(0)=\begin{bmatrix}6 & 2\end{bmatrix}^{\mathrm{T}}\\e_{01}(0)=\begin{bmatrix}2 & 3\end{bmatrix}^{\mathrm{T}},e_1(0)=\begin{bmatrix}5 & -10\end{bmatrix}^{\mathrm{T}}\\e_2(0)=\begin{bmatrix}-9 & 2\end{bmatrix}^{\mathrm{T}}e_{02}(0)=\begin{bmatrix}-14 & 15\end{bmatrix}^{\mathrm{T}}\\e_3(0)=\begin{bmatrix}7 & -14\end{bmatrix}^{\mathrm{T}},e_4(0)=\begin{bmatrix}3 & 2\end{bmatrix}^{\mathrm{T}}\\e_i(-1)=-e_i(-2)=-\begin{bmatrix}1 & 1\end{bmatrix}^{\mathrm{T}},\ i\in\ell\end{gathered}\tag{6-26}$$

图 6-2说明离散异构网络化多智能体系统可以在设计的控制协议 (6-5) 作用下实现两组跟踪一致性和稳定性，图 6-3 说明每个智能体的状态误差轨迹可以达到零。

**情形 2（无通信约束）** 即 $\tau_i=0,\forall i\in\ell$。根据定理 6-1和注解 6-1，在传统分布式控制协议 (6-18) 作用下多智能体系统 (6-1) 可以解决系统稳定性与两组跟踪一致问题。而式(6-24)中的增益矩阵 $K_i^y$、$K_i^z$、$K_i^e$、$K_i^l$ 同样适用于无通信约束的多智能体系统。选择同样的初始条件(6-24)，图 6-4 给出智能体的输出轨迹，显示了系统既能达到输入-输出稳定又可以实现两组跟踪一致。图 6-5 为输出轨迹 $y_i(t)(\tau_i=0,\forall_i\in\ell)$(例 6-1)。

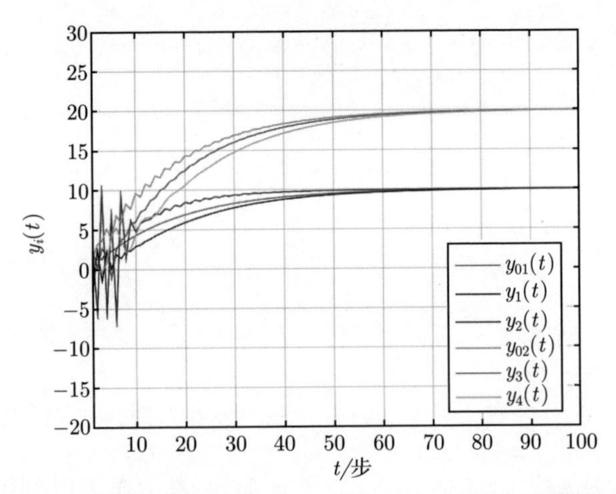


图 6-2　输出轨迹 $y_i(t)$ ($\tau_i = 3, \forall i \in \ell$)(例 6-1)(见彩图)

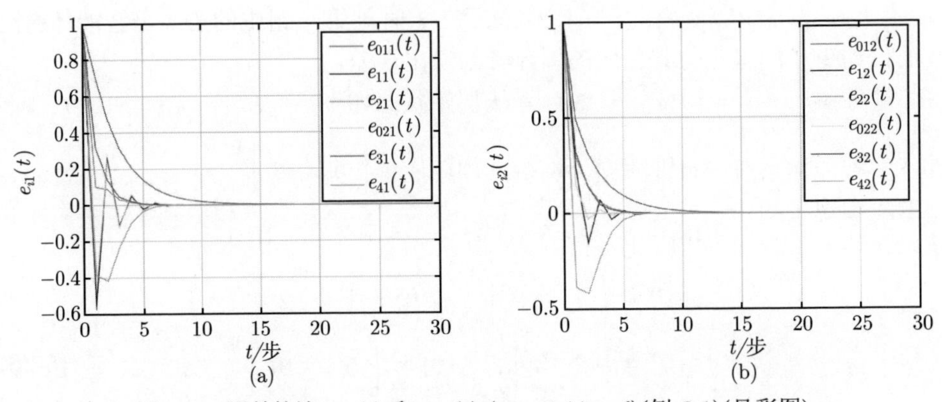


图 6-3　误差轨迹 $e_{i1}(t)$ 和 $e_{i2}(t)$ ($\tau_i = 3, \forall i \in \ell$)(例 6-1)(见彩图)

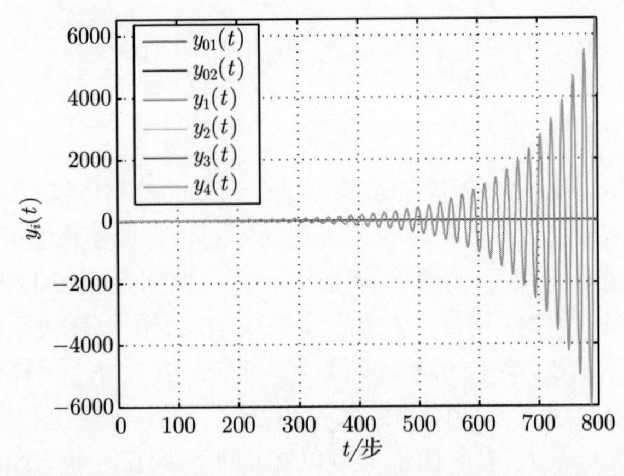


图 6-4　输出轨迹 $y_i(t)$ ($\tau_i = 3, \forall i \in \ell$)(例 6-1)(见彩图)

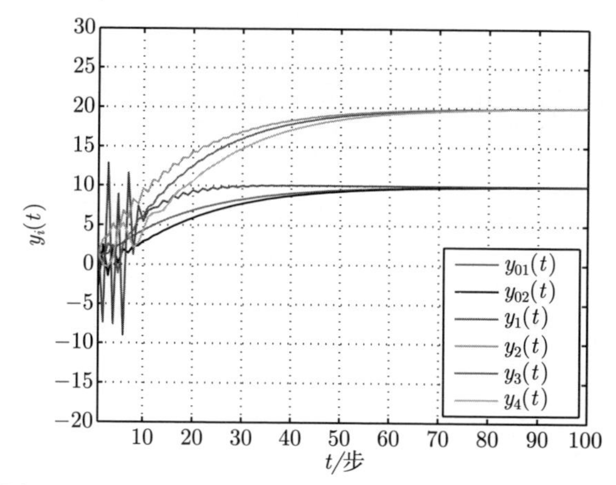


图 6-5 输出轨迹 $y_i(t)$ $(\tau_i = 0, \forall i \in \ell)$(例 6-1)(见彩图)

## 6.2 时变跟踪控制

在研究切换拓扑的过程中，Huang 等[175] 提出了基于切换拓扑的事件触发条件下多智能体系统一致性研究，利用事件触发机制研究了异构多智能体系统相关问题，实现了固定拓扑和切换拓扑下的一致性。Guan 等[176] 研究了固定拓扑和切换拓扑下多智能体系统的稳定性，通过使用平均分析方法实现了系统在切换拓扑下的稳定性。Huang 等[177] 研究具有任意切换拓扑和非凸约束下的异构多智能体系统的一致性，在非凸约束集中实现了系统位置状态一致和速度状态保持。Mu 等[178] 研究了具有外部干扰和事件触发下的多智能体系统一致性问题，实现了固定拓扑和切换拓扑下系统的领导跟随一致性。通过对上述文献的对比，针对不同情况下研究切换拓扑对多智能体系统影响的文献很多，但是同时考虑到切换拓扑和通信时延对多智能体系统影响的文献相对较少，且研究在切换拓扑下的输出一致性文献也相对较少。

第 5 章研究的异构多智能体系统状态空间描述的维数是相同的。但在实际工程中，考虑的领导者和跟随者的动力学模型中的状态维数是不同的，此时研究系统的状态一致是没有意义的，因此，本章将研究异构多智能体系统输出一致性。考虑通信时延和数据丢包情况，采用网络化预测方法进行主动补偿，设计分布式控制协议，使所有跟随者智能体都能跟踪上领导者智能体的输出。本章考虑智能体接收其他智能体信息时的通信时延和数据丢包数可以不同，也就是说，考虑不同的定常通信时延和数据丢包。此外，考虑系统中有参考输出值，本节设计的分布式协议使领导者和跟随者能跟踪上参考输出值，实现多智能体系统的领导跟随输出一致性，保证多智能体系统是渐近稳定性的。

### 6.2.1 问题描述

考虑由 1 个领导者 (智能体) 和 $N$ 个跟随者 (智能体) 构成的异构多智能体系统。领导者的动力学模型为

$$\begin{aligned} x_0(k+1) &= A_0x_0(k) + B_0u_0(k) \\ y_0(k) &= C_0x_0(k) \end{aligned} \tag{6-27}$$

式中，$x_0(k) \in M_{n_0,1}(\mathbb{R})$、$u_0(k) \in M_{r_0,1}(\mathbb{R})$ 和 $y_0(k) \in M_{m,1}(\mathbb{R})$ 分别是领导者的状态、控制输入和量测输出；$A_0 \in M_{n_0,n_0}(\mathbb{R})$、$B_0 \in M_{n_0,r_0}(\mathbb{R})$ 和 $C_0 \in M_{m,n_0}(\mathbb{R})$ 是已知的定常矩阵。

跟随者 $i$ 的动力学模型为

$$\begin{aligned} x_i(k+1) =& A_ix_i(k) + B_iu_i(k) \\ y_i(k) =& C_ix_i(k), \ \ i = 1, 2, \cdots, N \end{aligned} \tag{6-28}$$

式中，$x_i(k) \in M_{n_i,1}(\mathbb{R})$、$u_i(k) \in M_{r_i,1}(\mathbb{R})$ 和 $y_i(k) \in M_{m,1}(\mathbb{R})$ 分别是跟随者 $i$ 的状态、控制输入和量测输出；$A_i \in M_{n_i,n_i}(\mathbb{R})$、$B_i \in M_{n_i,r_i}(\mathbb{R})$ 和 $C_i \in M_{m,n_i}(\mathbb{R})$ 是已知的定常矩阵，$i = 1, 2, \cdots, N$。

本节考虑了具有不同维数、不同动力学描述的异构多智能体系统。假设领导者和 $N$ 个跟随者之间的通信拓扑是随时间变化的，使用图 $\bar{\mathcal{G}}_{\sigma(k)}$ 描述。将所有可能的拓扑图构成的集合定义为 $\bar{\mathcal{G}}_{\mathcal{P}} = \{\bar{\mathcal{G}}_1, \bar{\mathcal{G}}_2, \cdots, \bar{\mathcal{G}}_S\}$，其中，索引集为 $\mathcal{P} = \{1, 2, \cdots, S\}$。为了表述方便，定义切换信号为 $\sigma : \{1, 2, \cdots, k, \cdots\} \to \mathcal{P}$ 。本节考虑不同维数的动力学模型，通过设计分布式控制协议，使得 $N$ 个跟随者的输出跟踪上领导者的输出，领导者的输出跟踪上参考输出 $u^*$。为了保证所设计协议的可行性，合理地做出以下假设。

**假设 6-1** 每个智能体的状态不可测，但输出可测量的。

**假设 6-2** $(A_i, C_i)$ 是可检测的，$i = 0, 1, 2, \cdots, N$。

**假设 6-3** 当智能体通过网络传输信息时存在通信时延和数据丢包。其中，当接收智能体 $j$ 的信息时，通信时延的上界为 $d_j$，连续丢包数的上界为 $p_j$。定义 $\tau_j = d_j + p_j$ 是接收智能体 $j$ 的信息时的通信时延上界和连续丢包数的上界之和。

**假设 6-4** 通过网络传输的数据包都带有时间戳。所有智能体的时钟同步。

**假设 6-5** 所有通信拓扑图 $\bar{\mathcal{G}}_{\sigma(k)}$ 都是连通的。

**注解 6-2** 当接收智能体 $i$ 的信息时，通信时延上界和连续丢包数量上界的和为 $\tau_i$，这表示每个智能体拥有不同的通信时延上界和连续丢包数上界之和。每个智能体的通信时延上界和连续丢包数的上界之和只与智能体本身有关，与其他智能体无关。

对于智能体 $i$，构造状态观测器为

$$\begin{aligned}\hat{x}_i(k-\tau_i+1|k-\tau_i) &= A_i\hat{x}_i(k-\tau_i|k-\tau_i-1)+B_iu_i(k-\tau_i)\\&\quad +L_i(y_i(k-\tau_i)-\hat{y}_i(k-\tau_i|k-\tau_i-1))\\ \hat{y}_i(k-\tau_i|k-\tau_i-1) &= C_i\hat{x}_i(k-\tau_i|k-\tau_i-1),\quad i=1,2,\cdots,N\end{aligned} \tag{6-29}$$

式中，$\hat{x}_i(k-\tau_i+1|k-\tau_i)\in M_{n_i,1}(\mathbb{R})$ 表示智能体 $i$ 利用 $k-\tau_i$ 时刻的信息来预测 $k-\tau_i+1$ 时刻的状态信息；$\hat{y}_i(k-\tau_i|k-\tau_i-1)\in M_{m,1}(\mathbb{R})$ 表示智能体 $i$ 利用 $k-\tau_i-1$ 时刻的信息来预测 $k-\tau_i$ 时刻的输出信息；观测器增益矩阵 $L_i\in M_{n_i,m}(\mathbb{R})$。

通过递归计算，智能体 $i$ 从 $k-\tau_i+2$ 时刻到 $k$ 时刻的状态预测和输出预测为

$$\begin{aligned}\hat{x}_i(k-\tau_i+l|k-\tau_i) &=A_i\hat{x}_i(k-\tau_i+l-1|k-\tau_i)+B_iu_i(k-\tau_i+l-1)\\ \hat{y}_i(k-\tau_i+l-1|k-\tau_i) &=C_i\hat{x}_i(k-\tau_i+l-1|k-\tau_i),\quad l=2,3,\cdots,\tau_i\end{aligned} \tag{6-30}$$

为了跟踪给定的参考输出 $u^*$，引入跟踪状态为

$$z_0(k+1)=z_0(k)+\hat{y}_0(k|k-\tau_0)-u^* \tag{6-31}$$

$$z_i(k+1)=z_i(k)+\hat{y}_i(k|k-\tau_i)-\hat{y}_0(k|k-\tau_0),\quad i=1,2,\cdots,N \tag{6-32}$$

式中，$u^*$ 为参考输出值；$z_0(k)$ 为领导者的跟踪状态；$z_i(k)$ 为第 $i$ 个跟随者的跟踪状态。

### 6.2.2 分布式协议设计和一致性分析

本节将基于网络化预测方法设计分布式控制协议，使系统 (6-27) 和 (6-28) 在切换拓扑下可以实现带参考输出的领导跟随输出一致性。

设计领导者的控制协议为

$$u_0(k)=K_{y0}\hat{y}_0(k|k-\tau_0)+K_{z0}z_0(k) \tag{6-33}$$

式中，$K_{y0}\in M_{r_i,m}(\mathbb{R})$ 和 $K_{z0}\in M_{r_i,m}(\mathbb{R})$ 是待设计的增益矩阵。

跟随者的分布式控制协议为

$$\begin{aligned}u_i(k) &= K_{yi}\hat{y}_i(k|k-\tau_i)+K_{zi}z_i(k)+K_{1i}\sum_{j\in\mathcal{N}_i(k)}a_{ij}(k)(\hat{y}_j(k|k-\tau_j)-\hat{y}_i(k|k-\tau_i))\\&\quad +K_{2i}\beta_i(k)(\hat{y}_0(k|k-\tau_0)-\hat{y}_i(k|k-\tau_i)),\quad i=1,2,\cdots,N\end{aligned} \tag{6-34}$$

式中，$K_{yi}\in M_{r_i,m}(\mathbb{R})$、$K_{zi}\in M_{r_i,m}(\mathbb{R})$、$K_{1i}\in M_{r_i,m}(\mathbb{R})$ 和 $K_{2i}\in M_{r_i,m}(\mathbb{R})$ 是待设计的增益矩阵。

**定义 6-3** 考虑离散异构多智能体系统(6-27)和(6-28)，以及控制协议(6-33)和(6-34)。如果满足以下条件：

(1) 当 $\|u^*\| < \infty$ 时，$\lim\limits_{k\to+\infty} \|y_i(k)\| < \infty$，$i = 0, 1, 2, \cdots, N$；

(2) $\lim\limits_{k\to+\infty} \|y_i(k) - y_0(k)\| = 0$，$i = 1, 2, \cdots, N$，

则称控制协议(6-33)和(6-34)可以实现带参考输出的领导跟随一致性。

令 $\Delta u_i(k) = u_i(k) - u_i(k-1)$，$\Delta x_i(k) = x_i(k) - x_i(k-1)$，$\Delta z_i(k) = z_i(k) - z_i(k-1)$，$\Delta e_i(k) = e_i(k) - e_i(k-1)$。为了方便理论推导，引入以下变量

$$
\begin{aligned}
\Delta X(k) &= [\Delta x_0^{\mathrm{T}}(k) \quad \Delta x_1^{\mathrm{T}}(k) \quad \cdots \quad \Delta x_N^{\mathrm{T}}(k)]^{\mathrm{T}} \\
\Delta Z(k) &= [\Delta z_0^{\mathrm{T}}(k) \quad \Delta z_1^{\mathrm{T}}(k) \quad \cdots \quad \Delta z_N^{\mathrm{T}}(k)]^{\mathrm{T}} \\
E(k) &= \left[e_0^{\mathrm{T}}(k-\tau_0+1) \quad e_0^{\mathrm{T}}(k-\tau_0) \quad \cdots \quad e_N^{\mathrm{T}}(k-\tau_N+1) \quad e_N^{\mathrm{T}}(k-\tau_N)\right]^{\mathrm{T}} \\
\beta_{\sigma(k)} &= \mathrm{diag}(\beta_1(k), \beta_2(k), \cdots, \beta_N(k)) \\
\tilde{A} &= \mathrm{diag}(A_0, A_1, \cdots, A_N) \\
\tilde{B} &= \mathrm{diag}(B_0, B_1, \cdots, B_N) \\
\tilde{C} &= \mathrm{diag}(C_0, C_1, \cdots, C_N) \\
K_y &= \mathrm{diag}(K_{y0}, K_{y1}, \cdots, K_{yN}) \\
K_z &= \mathrm{diag}(K_{z0}, K_{z1}, \cdots, K_{zN}) \\
K_1 &= \mathrm{diag}(\mathbf{0}, K_{11}, \cdots, K_{1N}) \\
K_2 &= \mathrm{diag}(\mathbf{0}, K_{21}, \cdots, K_{2N}) \\
A_{lc} &= \mathrm{diag}(A_0 - L_0C_0, A_0 - L_0C_0, \cdots, A_N - L_NC_N, A_N - L_NC_N)
\end{aligned}
$$

**定理 6-3** 在假设 6-1～ 假设 6-5的前提下，考虑切换拓扑为 $\bar{\mathcal{G}}_{\sigma(k)}$ 的网络化异构多智能体系统(6-27)和(6-28)。如果切换系统

$$
\begin{bmatrix} \Delta X(k+1) \\ \Delta Z(k+1) \end{bmatrix} = \varPi_{\sigma(k)} \begin{bmatrix} \Delta X(k) \\ \Delta Z(k) \end{bmatrix}
$$

在任意切换信号下都是渐近稳定的。那么控制协议(6-33) 与(6-34)可以解决多智能体系统(6-27)与(6-28)的领导跟随一致性问题。其中

$$
\varPi_{\sigma(k)} = \begin{bmatrix} \bar{A}_{\sigma(k)} & \tilde{B}K_z \\ \tilde{C} - J_1 \otimes C_0 & I_{N+1} \end{bmatrix} \tag{6-35}
$$

**证明** 由控制协议(6-33)和(6-34)可得

$$
\begin{aligned}
u_0(k) =& K_{y0}\hat{y}_0(k|k-\tau_0) + K_{z0}z_0(k) \\
=& K_{y0}C_0x_0(k) + K_{y0}C_0A_0^{\tau_0-1}e_0(k-\tau_0+1) + K_{z0}z_0(k)
\end{aligned} \tag{6-36}
$$

$$
\begin{aligned}
u_i(k) =& K_{yi}C_ix_i(k) + K_{zi}z_i(k) + K_{1i}\sum_{j\in \mathrm{cal}N_i(k)} a_{ij}(k)\left(C_jx_j(k) - C_ix_i(k)\right) \\
&+ K_{2i}\beta_i(k)\left(C_0x_0(k) - C_ix_i(k)\right) + K_{yi}C_iA_i^{\tau_i-1}e_i(k-\tau_i+1) \\
&+ K_{1i}\sum_{j\in \mathrm{cal}N_i(k)} a_{ij}(k)\Big(C_jA_j^{\tau_j-1}e_j(k-\tau_j+1) - C_iA_i^{\tau_i-1}e_i(k-\tau_i+1)\Big) \\
&+ K_{2i}\beta_i(k)\left(C_0A_0^{\tau_0-1}e_0(k-\tau_0+1) - C_iA_i^{\tau_i-1}e_i(k-\tau_i+1)\right)
\end{aligned} \tag{6-37}
$$

由式(6-36)和式(6-37)，可以写出控制协议的增量形式为

$$
\Delta u_0(k) = K_{y0}C_0\Delta x_0(k) + K_{y0}C_0A_0^{\tau_0-1}\Delta e_0(k-\tau_0+1) + K_{z0}\Delta z_0(k) \tag{6-38}
$$

$$
\begin{aligned}
\Delta u_i(k) =& K_{yi}C_i\Delta x_i(k) + K_{1i}\sum_{j\in \mathcal{N}_i(k)} a_{ij}(k)\left(C_j\Delta x_j(k) - C_i\Delta x_i(k)\right) + K_{zi}\Delta z_i(k) \\
&+K_{2i}\beta_i(k)\left(C_0\Delta x_0(k) - C_i\Delta x_i(k)\right) + K_{yi}C_iA_i^{y}\Delta e_i(k-\tau_i+1) \\
&+K_{2i}\beta_i(k)\left(C_0A_0^{\tau_0-1}\Delta e_0(k-\tau_0+1) - C_iA_i^{\tau_i-1}\Delta e_i(k-\tau_i+1)\right) \\
&+K_{1i}\sum_{j\in \mathcal{N}_i(k)} a_{ij}(k)\Big(C_jA_j^{\tau_j-1}\Delta e_j(k-\tau+1) - C_iA_i^{\tau_i-1}\Delta e_i(k-\tau_i+1)\Big)
\end{aligned} \tag{6-39}
$$

多智能体系统的状态增量可以描述为

$$
\begin{aligned}
\Delta x_0(k+1) =& A_0\Delta x_0(k) + B_0K_{y0}C_0\Delta x_0(k) + B_0K_{y0}C_0A_0^{\tau_0-1}\Delta e_0(k-\tau_0+1) \\
&+B_0K_{z0}\Delta z_0(k)
\end{aligned} \tag{6-40}
$$

$$
\begin{aligned}
\Delta x_i(k+1) =& A_i\Delta x_i(k) + B_iK_{yi}C_i\Delta x_i(k) \\
&+ B_iK_{1i}\sum_{j\in \mathcal{N}_i(k)} a_{ij}(k)\left(C_j\Delta x_j(k) - C_i\Delta x_i(k)\right) \\
&- B_iK_{2i}\beta_i(k)C_i\Delta x_i(k) + B_iK_{2i}\beta_i(k)C_0\Delta x_0(k) + B_iK_{zi}\Delta z_i(k) \\
&+ B_iK_{yi}C_iA_i^{\tau_i-1}\Delta e_i(k-\tau_i+1) - B_iK_{2i}\beta_i(k)C_iA_i^{\tau_i-1}\Delta e_i(k-\tau_i+1) \\
&+ B_iK_{1i}\sum_{j\in \mathcal{N}_i(k)} a_{ij}(k) \\
&\times \Big(C_jA_j^{\tau_j-1}\Delta e_j(k-\tau_j+1) - C_iA_i^{\tau_i-1}\Delta e_i(k-\tau_i+1)\Big) \\
&+ B_iK_{2i}\beta_i(k)C_0A_0^{\tau_0-1}\Delta e_0(k-\tau_0+1)
\end{aligned} \tag{6-41}
$$

由式(6-31)和式(6-32)，可以获得跟踪状态为

$$\Delta z_0(k+1) = \Delta z_0(k) + C_0\Delta x_0(k) + C_0A_0^{\tau_0-1}\Delta e_0(k-\tau_0+1) \tag{6-42}$$

$$\begin{aligned}\Delta z_i(k+1) =& \Delta z_i(k) + C_i\Delta x_i(k) - C_0\Delta x_0(k) + C_iA_i^{\tau_i-1}\Delta e_i(k-\tau_i+1)\\ &- C_0A_0^{\tau_0-1}\Delta e_0(k-\tau_0+1)\end{aligned} \tag{6-43}$$

由式(6-40)和式(6-41)，可以获得闭环系统紧凑式为

$$\begin{aligned}\Delta X(k+1) =& \left(\tilde{A} + \tilde{B}K_y\tilde{C} - \tilde{B}K_1\left(\begin{bmatrix} 0 & \\ & \mathcal{L}_{\sigma(k)}\end{bmatrix} \otimes I_m\right)\tilde{C}\right.\\ &\left. -\tilde{B}K_2\left(\begin{bmatrix} 0 & \\ & \beta_{\sigma(k)}\end{bmatrix} \otimes I_m\right)\left(\tilde{C} - J_1\otimes C_0\right)\right)\Delta X(k)\\ &+\left(\tilde{B}K_y\tilde{C}J_aJ - \tilde{B}K_1\left(\begin{bmatrix} 0 & \\ & \mathcal{L}_{\sigma(k)}\end{bmatrix} \otimes I_m\right)\tilde{C}J_aJ\right.\\ &- \tilde{B}K_2\left(\begin{bmatrix} 0 & \\ & \beta_{\sigma(k)}\end{bmatrix} \otimes I_m\right)\tilde{C}J_aJ\\ &\left.+\tilde{B}K_2\left(\begin{bmatrix} 0 & \\ & \beta_{\sigma(k)}\end{bmatrix} J_2\right)\otimes\left(C_0A_0^{\tau_0-1}\right)\right)E(k) + \tilde{B}K_z\Delta Z(k)\end{aligned} \tag{6-44}$$

由式(6-42)和式(6-43)，可以获得跟踪状态增量为

$$\begin{aligned}\Delta Z(k+1) = I_{N+1}\Delta Z(k) + (\tilde{C} - J_1\otimes C_0)\Delta X(k)\\ +(\tilde{C}J_aJ - J_2\otimes(C_0A_0^{\tau_0-1}))E(k)\end{aligned} \tag{6-45}$$

$$E(k+1) = A_{lc}E(k) \tag{6-46}$$

式中

$$J = \begin{bmatrix} 1 & -1 & & & & & \\ & & 1 & -1 & & & \\ & & & & \ddots & & \\ & & & & & 1 & -1 \end{bmatrix}_{(N+1)\times 2(N+1)} \otimes I_n$$

$$J_1=\begin{bmatrix}\begin{bmatrix}0 & 1 & \cdots & 1\end{bmatrix}^{\mathrm{T}} & 0_{(N+1)\times N}\end{bmatrix}$$

$$J_2=\begin{bmatrix}\begin{bmatrix}0 & 1 & 1 & 1\\ 0 & -1 & -1 & -1\end{bmatrix}^{\mathrm{T}} & 0_{(N+1)\times 2N}\end{bmatrix}$$

$$J_a=\mathrm{diag}(A_0^{\tau_0-1},A_1^{\tau_1-1},\cdots,A_N^{\tau_N-1})$$

由式(6-44)~ 式(6-46)，可以获得闭环系统为

$$\begin{bmatrix}\Delta X(k+1)\\ \Delta Z(k+1)\\ E(k+1)\end{bmatrix}=\begin{bmatrix}\bar{A}_{\sigma(k)} & \tilde{B}K_z & \bar{C}_{\sigma(t)}\\ \tilde{C}-J_1\otimes C_0 & I_{N+1} & \varGamma_1\\ 0 & 0 & A_{lc}\end{bmatrix}\begin{bmatrix}\Delta X(k)\\ \Delta Z(k)\\ E(k)\end{bmatrix}\tag{6-47}$$

式中

$$\begin{aligned}\bar{A}_{\sigma(k)}=&\tilde{A}+\tilde{B}K_y\tilde{C}-\tilde{B}K_1\left(\begin{bmatrix}0 & \\ & \mathcal{L}_{\sigma(k)}\end{bmatrix}\otimes I_m\right)\tilde{C}\\&-\tilde{B}K_2\left(\begin{bmatrix}0 & \\ & \beta_{\sigma(k)}\end{bmatrix}\otimes I_m\right)(\tilde{C}-J_1\otimes C_0)\\ \bar{C}_{\sigma(k)}=&\tilde{B}K_y\tilde{C}J_aJ-\tilde{B}K_1\left(\begin{bmatrix}0 & \\ & \mathcal{L}_{\sigma(k)}\end{bmatrix}\otimes I_m\right)\tilde{C}J_a\\&-\tilde{B}K_2\left(\begin{bmatrix}0 & \\ & \beta_{\sigma(k)}\end{bmatrix}\otimes I_m\right)\tilde{C}J_aJ\\&+\tilde{B}K_2\left(\begin{bmatrix}0 & \\ & \beta_{\sigma(k)}\end{bmatrix}J_2\right)\otimes(C_0A_0^{\tau_0-1})\\ \varGamma_1=&\tilde{C}J_aJ-J_2\otimes(C_0A_0^{\tau_0-1})\end{aligned}$$

根据定理 6-3中的描述，切换线性系统(6-35)在任意切换信号下渐近稳定。当时间 $k$ 趋近于无穷大时，闭环系统(6-47)的状态 $\begin{bmatrix}\Delta X(k) & \Delta Z(k) & E(k)\end{bmatrix}^{\mathrm{T}}$ 收敛到零。显然，$\lim\limits_{k\to+\infty}||\Delta X(k)||=0$、$\lim\limits_{k\to+\infty}||\Delta Z(k)||=0$ 和 $\lim\limits_{k\to+\infty}||E(k)||=0$。即 $\lim\limits_{k\to+\infty}||\Delta x_i(k)||=0$、$\lim\limits_{k\to+\infty}||\Delta z_i(k)||=0$ 和 $\lim\limits_{k\to+\infty}||e_i(k-\tau_i+1)||=0$，$i=0,1,2,\cdots,N$ 成立。因为 $\hat{x}_i(k|k-\tau_i)\to x_i(k)$，所以 $\hat{y}_i(k|k-\tau_i)\to y_i(k)$。将式(6-31) 和式(6-32)写成 $\Delta z_0(k+1)=\hat{y}_0(k|k-\tau_0)-u^*$ 和 $\Delta z_i(k+1)=\hat{y}_i(k|k-\tau_i)-\hat{y}_0(k|k-\tau_0)$。当 $\lim\limits_{k\to+\infty}||\Delta z_i(k)||=0$ 成立及时间 $k$ 趋近于无穷大时，$\hat{y}_0(k|k-\tau_0)\to u^*$，$\hat{y}_i(k|k-\tau_i)\to\hat{y}_0(k|k-\tau_0)\to y_0$。所以，当时间 $k$ 趋

近于无穷大时，$y_i(k) \to y_0(k) \to u^*$。也就是说，所有跟随者的输出可以与领导者的输出达成一致且所有智能体的输出收敛到 $u^*$。从定义 6-3可以知道，控制协议(6-33) 和(6-34)解决了领导跟随一致性问题。 □

**注解 6-3** 定理 6-3表明，基于网络化预测控制的控制协议(6-33) 和(6-34)，以及基于切换拓扑的异构多智能体系统(6-27)与(6-28)的领导跟随输出一致性与网络产生的通信时延和数据丢包数无关，只与智能体的动力学模型及通信拓扑有关。此外，定理 6-3不仅实现了领导跟随输出一致性，同时也保证了所有智能体的渐近稳定性。

如果所有子系统都存在一个公共 Lyapunov 函数，那么在任意切换下，可以保证切换系统是稳定的。系统中各子系统的共同二次 Lyapunov 函数的存在保证了切换系统的二次稳定性。二次稳定性是一类特殊的指数稳定性，它意味着渐近稳定性。

**推论 6-1** 考虑切换拓扑为 $\bar{\mathcal{G}}_{\sigma(k)}$，如果存在正定矩阵 $P$，使得对于任意 $\sigma(k) \in \mathcal{P}$ 满足 $\Pi_{\sigma(k)}^{\mathrm{T}} P \Pi_{\sigma(k)} - P < 0$。那么网络化多智能体系统(6-27)与(6-28)在控制协议(6-33)和(6-34) 下可以实现领导跟随输出一致性。

### 6.2.3 时变输出跟踪算例

本节给出数值仿真验证所得结果的可行性。

**例 6-2** 考虑包含四个智能体的单输入单输出系统。其中，领导者智能体索引为 0，跟随者智能体索引为 1、2、3。系统的动力学模型由式(6-27) 和式(6-28)描述，其中

$$A_0 = \begin{bmatrix} 1.2 & 0 \\ 0.8 & 0.6 \end{bmatrix}, \quad B_0 = \begin{bmatrix} 1 \\ 0.5 \end{bmatrix}, \quad C_0 = \begin{bmatrix} 1 & 1 \end{bmatrix}$$

$$A_1 = \begin{bmatrix} 1.3 & 0.25 \\ 0 & 0.5 \end{bmatrix}, \quad B_1 = \begin{bmatrix} 1.23 \\ 0.5 \end{bmatrix}, \quad C_1 = \begin{bmatrix} 0.8 & 1 \end{bmatrix}$$

$$A_2 = \begin{bmatrix} 0.7 & 0.16 \\ 0 & 1.2 \end{bmatrix}, \quad B_2 = \begin{bmatrix} 0 \\ 0.7 \end{bmatrix}, \quad C_2 = \begin{bmatrix} 0 & 1 \end{bmatrix}$$

$$A_3 = \begin{bmatrix} 2 & 1 \\ 1 & 0.7 \end{bmatrix}, \quad B_3 = \begin{bmatrix} 1.3 \\ 1 \end{bmatrix}, \quad C_3 = \begin{bmatrix} 1 & 0.67 \end{bmatrix}$$

多智能体系统的拓扑图如图 6-6所示,切换信号如图 6-7所示。设智能体通过网络传输数据时存在的通信时延上界与连续丢包数上界总和分别为 $\tau_0 = 2$、$\tau_1 = 4$、$\tau_2 = 3$ 和 $\tau_3 = 2$。

根据推论 6-1，由锥补线性化方法得到控制增益为

$$K_{11}=[-0.0121],\ K_{12}=[-0.0133],\ K_{13}=[-0.0383]$$
$$K_{21}=[0.0061],\quad K_{22}=[0.0147],\quad K_{23}=[0.0060]$$
$$K_{y0}=[-1.3694],\ K_{y1}=[-0.9090],\ K_{y2}=[-2.4077],\ K_{y3}=[-1.6112]$$
$$K_{z0}=[-0.1088],\ K_{z1}=[-0.2001],\ K_{z2}=[-0.5721],\ K_{z3}=[-0.2466]$$

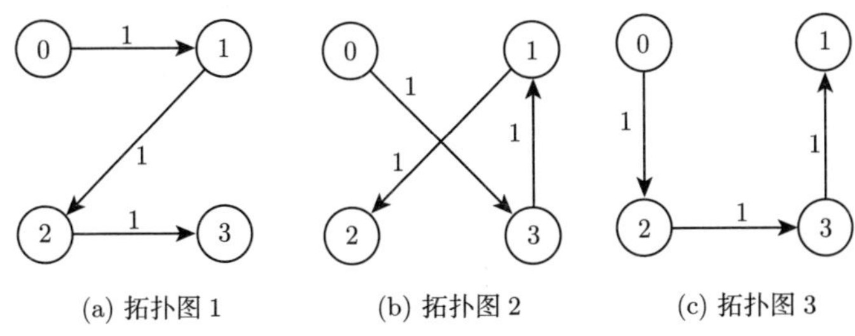


图 6-6 多智能体系统的拓扑图

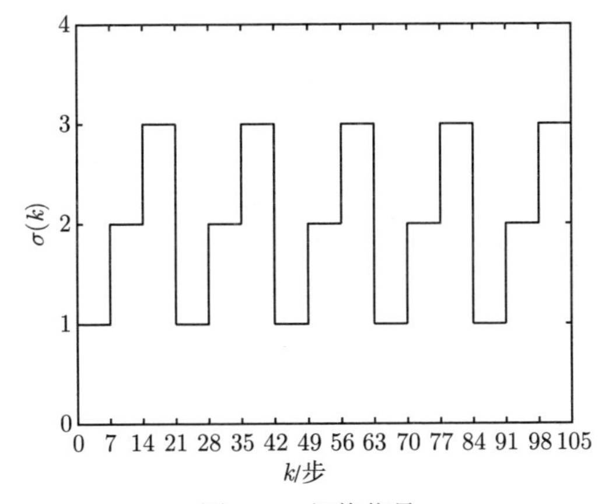


图 6-7 切换信号

通过计算可得闭环系统 $\Pi_{\sigma(t)}$ 的特征值为

$$\begin{aligned}\lambda_{\Pi_1}=\{&0.7,-0.08+0.48\mathrm{i},-0.08-0.48\mathrm{i},-0.38,-0.14,-0.12,0.91,\\&0.79+0.19\mathrm{i},0.79-0.19\mathrm{i},0.49+0.16\mathrm{i},0.49-0.16\mathrm{i},0.64\}\\\lambda_{\Pi_2}=\{&0.7,-0.08+0.48\mathrm{i},-0.08-0.48\mathrm{i},-0.40,-0.13,-0.11,0.91,\\&0.79+0.19\mathrm{i},0.79-0.19\mathrm{i},0.49+0.15\mathrm{i},0.49-0.15\mathrm{i},0.65\}\\\lambda_{\Pi_3}=\{&0.7,-0.08+0.48\mathrm{i},-0.08-0.48\mathrm{i},-0.38,-0.14,-0.11,0.49+0.16\mathrm{i},\\&0.49-0.16\mathrm{i},0.91,0.79+0.19\mathrm{i},0.79-0.19\mathrm{i},0.65\}\end{aligned}$$

显然，所有的特征值都在单位圆内。因此，根据推论 6-1，控制协议(6-33)和(6-34)可以解决领导跟随输出一致性问题。选取系统初始状态为

$$x_0(0) = \begin{bmatrix} 1 \\ 3 \end{bmatrix}, \ x_1(0) = \begin{bmatrix} 2 \\ -2 \end{bmatrix}, \ x_2(0) = \begin{bmatrix} -1 \\ 1 \end{bmatrix}, \ x_3(0) = \begin{bmatrix} -1 \\ 2 \end{bmatrix}$$

在控制协议(6-33)和(6-34)下的智能体的输出曲线如图 6-8(a) 所示。其中，给定参考输出值为 2。可见，领导者输出曲线可以跟踪上参考输出值，跟随者智能体可以跟踪上参考输出值，且跟随者智能体可以跟踪上领导者智能体的输出。多智能体系统可以实现领导跟随输出一致性和渐近稳定性。图 6-8(b) 展示了智能体传输信息时无通信时延和数据丢包的输出曲线。领导者智能体可以在无通信时延和数据丢包下跟踪上参考输出值，跟随者智能体可以跟踪上领导者和参考输出值。控制协议(6-33) 和(6-34) 下的输出曲线与无通信时延和数据丢包下的曲线接近，说明了控制协议的有效性。

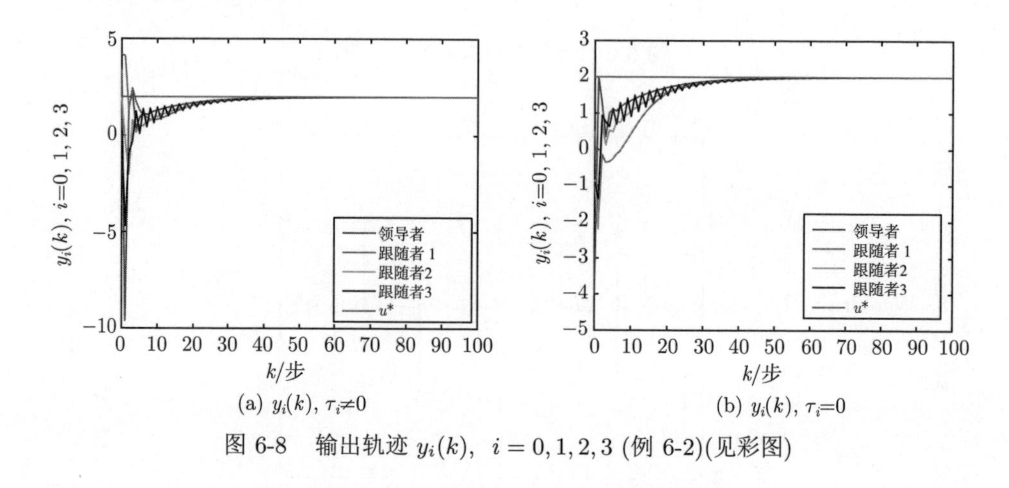


(a) $y_i(k)$, $\tau_i \neq 0$　　(b) $y_i(k)$, $\tau_i = 0$

图 6-8　输出轨迹 $y_i(k)$, $i = 0, 1, 2, 3$ (例 6-2)(见彩图)

## 6.3 本章小结

本章研究了离散异构网络多智能体系统在具有通信约束条件下的分组跟踪和时变跟踪问题。首先，基于代数图论和稳定性理论，得到多智能体系统同时实现输入输出稳定和跟踪一致的充分必要条件。然后，将网络多智能体系统两组跟踪一致推广到多组的情况。进一步，考虑了时变拓扑对于多智能体系统跟踪控制的影响，将时变跟踪问题转换为切换系统的渐近稳定问题，基于网络化预测控制方法，设计分布式控制协议，实现切换拓扑下带有通信约束的多智能体系统的时变跟踪一致。最后，通过数值仿真验证了离散异构网络多智能体系统的跟踪一致控制。仿真结果表明网络预测控制协议能有效地抑制通信约束，实现跟踪一致和系统稳定。然而，具有通信约束不进行补偿的传统控制协议可能不会保证系统稳定性更不会达到跟踪一致。

# 参考文献


[1] Sun Y G, Qin S Y. Progress of networked control systems[J]. Science and Technology, 2010, 46: 109-115.

[2] 唐斌. 网络化控制系统的若干控制问题研究 [D]. 长沙: 中南大学, 2008.

[3] Hong S H, Kim W H. Bandwidth allocation scheme in CAN protocol[J]. IEE Proceedings: Control Theory and Applications, 2000, 147(1): 37-44.

[4] Yang S H, Chen X, Alty J L. Design issues and implementation of internet-based process control systems[J]. Control Engineering Practice, 2003, 11(6): 709-720.

[5] Overstreet J W, Tzes A. An internet-based real-time control engineering laboratory[J]. IEEE Control Systems Magazine, 1999, 19(5): 19-34.

[6] Maes P. Desiging Autonomous Agents: Theory and Practice from Biology to Engineering and Back[M]. Amsterdam: Elsevier Science, 1990.

[7] Maes P. Modeling adaptive autonomous agent[J]. Artificial Life, 1994, 1(1/2): 135-162.

[8] Wooldridge M, Jennings N R. Intelligent agents: Theory and practice[J]. The Knowledge Engineering Review, 1995, 10(2): 115-152.

[9] Durfee E H, Lesser V R, Corkill D D. Trends in cooperative distributed problem solving networks[J]. IEEE Transactions on Knowledge and Data Engineering, 1989, 1(1): 63-83.

[10] 王佳. 多 Agent 系统的控制及稳定性分析 [D]. 南京: 南京理工大学, 2008.

[11] 魏善碧. 多智能体系统分布式预测控制方法研究 [D]. 重庆: 重庆大学, 2009.

[12] 张青. 复杂系统的一致性研究 [D]. 武汉: 武汉大学, 2011.

[13] Couzin I D, Krause J, James R, et al. Collective memory and spatial sorting in animal groups[J]. Journal of Theoretical Biology, 2002, 218(1): 1-11.

[14] Shaw E. Fish in schools[J]. Natural History, 1975, 84(8): 40-45.

[15] Pitcher T J, Partridge B L, Wardle C S. A blind fish can school[J]. Science, 1976, 194(4268): 963-965.

[16] Okubo A. Dynamical aspects of animal grouping: Swarms, schools, flocks and herds[J]. Advance in Biophysics, 1986, 22: 1-94.

[17] Parrish J K, Viscido S V, Grünbaum D. Self-organized fish schools: An examination of emergent properties[J]. The Biological Bulletin., 2002, 202(3): 296-305.

[18] Low D J. Statistical physics. Following the crowd[J]. Nature, 2000, 407(6803): 465-466.

[19] Grünbaum D, Okubo A. Modeling social animal aggregations[J]. Frontiers in Theoretical Biology, 1994, 100: 296-325.

[20] Grünbaum D. Schooling as a strategy for taxis in a noisy environment[J]. Evolutionary Ecology, 1998, 12(5): 503-522.

[21] Partrideg B L. Rigid definitions of schooling behaviour are inadequate[J]. Animal Behaviour, 1982, 30(1): 298-299.

[22] Potts W K. The chorus-line hypothesis of manoeuvre coordination in avian flocks[J]. Nature, 1984, 309(5966): 344-345.

[23] Partrideg B L. The structure and function of fish schools[J]. Scientific American, 1982, 246(6): 114-123.

[24] Grégoire G, Chaté H. Onset of collective and cohesive motion[J]. Physical Review Letters, 2004, 92(2): 025702.

[25] D'Orsogna R M, Chuang Y L, Bertozzi A L, et al. Self-propelled particles with soft-core interactions: Patterns, stability, and collapse[J]. Physical Review Letters, 2006, 96(10): 104302.

[26] Czirók A, Stanley H E, Vicsek T. Spontaneously ordered motion of self-propelled particles[J]. Journal of Physics A: Mathematical and General, 1997, 30(5): 1375-1385.

[27] Czirók A, Vicsek T. Collective behavior of interacting self-propelled particles[J]. Physica A: Statistical Mechanics and Its Applications, 2000, 281(1-4): 17-29.

[28] Toner J, Tu Y H. Flocks, herds, and schools: A quantitative theory of flocking[J]. Physical Review E, 1998, 58(4): 4828-4858.

[29] Vicsek T, Czirók A, Ben-Jacob E, et al. Novel type of phase transition in a system of self-driven particles[J]. Physical Review Letters, 1995, 75(6): 1226-1229.

[30] 李扬. 网络环境下多智能体协调控制研究 [D]. 青岛: 中国海洋大学, 2012.

[31] Xiao F, Wang L. Asynchronous consensus in continuous-time multi-agent systems with switching topology and time-varying delays[J]. IEEE Transactions on Automatic Control, 2008, 53(8): 1804-1816.

[32] 肖峰. 多智能体网络系统的一致性 [D]. 北京: 北京大学, 2008.

[33] DeGroot M H. Reaching a consensus[J]. Journal of the American Statistical Association, 1974, 69(345): 118-121.

[34] Borkar V, Varaiya P. Asymptotic agreement in distributed estimation[J]. IEEE Transactions on Automatic Control, 1982, 27(3): 650-655.

[35] Tsitsiklis J, Bertsekas D, Athans M. Distributed asynchronous deterministic and stochastic gradient optimization algorithms[J]. IEEE Transactions on Automatic Control, 1986, 31(9): 803-812.

[36] Reynolds C W. Flocks, herds, and schools: A distributed behavioral model[J]. ACM SIGGRAPH Computer Graphics, 1987, 21(4): 25-34.

[37] Benediktsson J A, Swain P H. Consensus theoretic classification methods[J]. IEEE Transactions on Systems, Man, and Cybernetics, 1992, 22(4): 688-704.

[38] Jadbabaie A, Lin J, Morse A S. Coordination of groups of mobile autonomous agents using nearest neighbor rules[J]. IEEE Transactions on Automatic Control, 2003, 48(6): 988-1001.

[39] Tanner H G, Jadbabaiea A, Pappas G J. Stable flocking of mobile agents, Part I: Fixed topology[C]. 42nd IEEE International Conference on Decision and Control, Hawaii, 2003: 2010-2015.

[40] Tanner H G, Jadbabaiea E, Pappas G J. Stable flocking of mobile agents, Part Ⅱ: Dynamic topology[C]. 42nd IEEE International Conference on Decision and Control, Hawaii, 2003: 2016-2021.

[41] Fax J A. Optimal and cooperative control of vehicle formations[D]. Pasadena: Control Dynamical System, California Institute Technology, 2001.

[42] Fax J A, Murray R M. Information flow and cooperative control of vehicle formations[J]. IEEE Transactions on Automatic Control, 2004, 49(9): 1465-1476.

[43] Olfati-Saber R, Murray R M. Consensus problems in networks of agents with switching topology and time-delays[J]. IEEE Transactions on Automatic Control, 2004, 49(9): 1520-1533.

[44] 杨文, 汪小帆, 李翔. 一致性问题综述 [C]. 第 25 届中国控制会议, 哈尔滨, 2006: 813-817.

[45] Ren W, Beard R W, Atkins E M. A survey of consensus problems in multi-agent coordination[C]. Proceedings of American Control Conference, Portland, 2005: 1859-1864.

[46] 谢光强, 章云. 多智能体系统协调控制一致性问题研究综述 [J]. 计算机应用研究, 2011, 28(6): 2035-2039.

[47] 薛志斌. 智能群体系统集群行为的动力学建模与分析及其仿真研究 [D]. 兰州: 兰州理工大学, 2012.

[48] Olfati-Saber R, Murray R M. Consensus protocols for networks of dynamic agents[C]. Proceedings of 2003 American Control Conference, Denver, 2003: 951-956.

[49] Ren W, Beard R W, McLain T W. Coordination variables and consensus building in multiple vehicle systems[C]. Block Island Workshop Cooperative Control, Atlanta, 2004: 171-188.

[50] Ren W, Beard R W. Consensus seeking in multiagent systems under dynamically changing interaction topologies[J]. IEEE Transactions on Automatic Control, 2005, 50(5): 655-661.

[51] Cortés J. Distributed algorithms for reaching consensus on general functions[J]. Automatica, 2008, 44(3): 726-737.

[52] Wei Y, Fan H D. Consensus problems in multi-agent continuous-time systems with time-delays[C]. Proceedings of IEEE International Conference on Progress in Informatics and Computing, Shanghai, 2010: 299-302.

[53] Sun Y G, Wang L, Xie G M. Average consensus in networks of dynamic agents with switching topologies and multiple time-varying delays[J]. Systems and Control Letters, 2008, 57(2): 175-183.

[54] Sun Y G, Wang L. Consensus of multi-agent systems in directed networks with nonuniform time-varying delays[J]. IEEE Transactions on Automatic Control, 2009, 54(7): 1607-1613.

[55] Lin P, Jia Y M. Average consensus in networks of multi-agents with both switching topology and coupling time-delay[J]. Physica A: Statistical Mechanics and Its Applications, 2008, 387(1): 303-313.

[56] Zhang T C, Yu H. Average consensus for directed networks of multi-agent with time-varying delay[C]. Proceedings of the 1st International Conference on Swarm Intelligence, Beijing, 2010: 723-730.

[57] Liu H, Xie G M, Wang L. Consensus of multi-agent systems with time-varying delay[C]. Proceedings of the 49th IEEE Conference on Decision and Control, Atlanta, 2010: 3078-3083.

[58] Bliman P A, Ferrari-Trecate G. Average consensus problems in networks of agents with delayed communications[J]. Automatica, 2008, 44(8): 1985-1995.

[59] Hong Y G, Hu J P, Gao L X. Tracking control for multi-agent consensus with an active leader and variable topology[J]. Automatica, 2006, 42(7): 1177-1182.

[60] Peng K, Yang Y P. Leader-following consensus problem with a varying-velocity leader and time-varying delays[J]. Physica A: Statistical Mechanics and Its Applications, 2009, 388(2/3): 193-208.

[61] Tian Y P, Liu C L. Consensus of multi-agent systems with diverse input and communication delays[J]. IEEE Transactions on Automatic Control, 2008, 53(9): 2122-2128.

[62] Lin P, Jia Y M. Consensus of a class of second-order multi-agent systems with time-delay and jointly-connected topologies[J]. IEEE Transactions on Automatic Control, 2010, 55(3): 778-784.

[63] Lafferriere G, Williams A, Caughman J, et al. Decentralized control of vehicle formations[J]. Systems and Control Letters, 2005, 54(9): 899-910.

[64] Ren W, Atkins E. Distributed multi-vehicle coordinated control via local information exchange[J]. International Journal of Robust and Nonlinear Control, 2007, 17(10/11): 1002-1033.

[65] Ren W, Beard R. Distributed Consensus in Multi-vehicle Cooperative Control: Theory and Applications[M]. London: Springer, 2008: 89-96.

[66] Chen Z Q, Xiang L Y, Yuan Z Z. A tracking control scheme for leader based multi-agent consensus for discrete-time case[C]. 27th Chinese Control Conference, Kunming, 2008: 494-498.

[67] Peng K, Su H S, Yang Y P. Coordinated control of multi-agent systems with a varying-velocity leader and input saturation[J]. Communications in Theoretical Physics, 2009, 52(3): 449-456.

[68] Hong Y G, Chen G R, Bushnell L. Distributed observers design for leader-following control of multi-agent networks[J]. Automatica, 2008, 44(3): 846-850.

[69] Zhu J D, Tian Y P, Kuang J. On the general consensus protocol of multi-agent systems with double-integrator dynamics[J]. Linear Algebra and Its Applications, 2009, 431(5-7): 701-715.

[70] Lin P, Jia Y M, Du J P, et al. Distributed consensus control for second-order agents with fixed topology and time-delay[C]. 26th Chinese Control Conference, Zhangjiajie, 2007: 577-581.

[71] Lin P, Jia Y M, Du J P, et al. Distributed leadless coordination for networks of second-order agents with time-delay on switching topology[C]. American Control Conference, Seattle, 2008.

[72] Lin P, Jia Y M. Consensus of second-order discrete-time multi-agent systems with nonuniform time-delays and dynamically changing topologies[J]. Automatica, 2009, 45(9): 2154-2158.

[73] Zhu W, Cheng D Z. Leader-following consensus of second-order agents with multiple time-varying delays[J]. Automatica, 2010, 46(12): 1994-1999.

[74] Lin P, Jia Y M, Du J P, et al. Distributed control of multi-agent systems with second-order agent dynamics and delay-dependent communications[J]. Asian Journal of Control, 2008, 10(2): 254-259.

[75] Hong Y G, Gao L X, Cheng D L, et al. Lyapunov-based approach to multiagent systems with switching jointly connected interconnection[J]. IEEE Transactions on Automatic Control, 2007, 52(5): 943-948.

[76] Hu J, Lin Y S. Consensus control for multi-agent systems with double-integrator dynamics and time delays[J]. IET Control Theory and Applications, 2010, 4(1): 109-118.

[77] Yu W W, Chen G R, Cao M. Some necessary and sufficient conditions for second-order consensus in multi-agent dynamical systems[J]. Automatica, 2010, 46(6): 1089-1095.

[78] Yang W, Bertozzi A L, Wang X F. Stability of a second order consensus algorithm with time delay[C]. 47th IEEE Conference Decision and Control, Cancun, 2008: 2926-2931.

[79] Liu C L, Liu F. Consensus problem of second-order dynamic agents with heterogeneous input and communication delays[J]. International Journal of Computers, Communications and Control, 2010, 5(3): 325.

[80] Tian Y P, Chen G. Stability of the primal-dual algorithm for congestion control[J]. International Journal of Control, 2006, 79(6): 662-676.

[81] Ren W, Moore K, Chen Y Q. High-order consensus algorithms in cooperative vehicle systems[C]. Proceedings of 2006 IEEE International Conference on Networking, Sensing, and Control, Tucson, 2006: 457-462.

[82] Ren W, Moore K L, Chen Y Q. High-order and model reference consensus algorithms in cooperative control of multivehicle systems[J]. Journal of Dynamic Systems, Measurement, and Control, 2007, 129(5): 672-688.

[83] Zhang W, Zeng D, Qu S. Dynamic feedback consensus control of a class of high-order multi-agent systems[J]. IET Control Theory and Applications, 2010, 4(10): 2219-2222.

[84] He W, Cao J. Consensus control for high-order multi-agent systems[J]. IET Control Theory and Applications, 2011, 5(1): 231.

[85] Yang T, Jin Y H, Wang W, et al. Consensus of high-order continuous-time multi-agent systems with time-delays and switching topologies[J]. Chinese Physics B, 2011, 20(2): 020511.

[86] Jiang F C, Wang L. Consensus seeking of high-order dynamic multi-agent systems with fixed and switching topologies[J]. International Journal of Control, 2010, 83(2): 404-420.

[87] Jiang F C, Xie G M, Wang L, et al. The $\chi$-consensus problem of high-order multi-agent systems with fixed and switching topologies[J]. Asian Journal of Control, 2008, 10(2): 246-253.

[88] Li Z, Duan Z, Chen G. Dynamic consensus of linear multi-agent systems[J]. IET Control Theory and Applications, 2011, 5(1): 19.

[89] Meng Z Y, Ren W, Cao Y C, et al. Leaderless and leader-following consensus with communication and input delays under a directed network topology[J]. IEEE Transactions on Systems, Man, and Cybernetics, Part B (Cybernetics), 2011, 41(1): 75-88.

[90] Xi J X, Cai N, Zhong Y S. Consensus problems for high-order linear time-invariant swarm systems[J]. Physica A: Statistical Mechanics and Its Applications, 2010, 389(24): 5619-5627.

[91] Seo J H, Shim H, Back J. Consensus of high-order linear systems using dynamic output feedback compensator: Low gain approach[J]. Automatica, 2009, 45(11): 2659-2664.

[92] Xiao F, Wang L. Consensus problems of multiagent systems under discrete communication structure[C]. IEEE Conference Decision and Control, San Diego, 2006: 4289-4294.

[93] Ma C Q, Zhang J F. Necessary and sufficient conditions for consensusability of linear multi-agent systems[J]. IEEE Transactions on Automatic Control, 2010, 55(5): 1263-1268.

[94] Lin P, Jia Y M, Li L. Distributed robust $H_\infty$ consensus control in directed networks of agents with time-delay[J]. Systems and Control Letters, 2008, 57(8): 643-653.

[95] Lin P, Jia Y M. Robust $H_\infty$ consensus analysis of a class of second-order multi-agent systems with uncertainty[J]. IET Control Theory and Applications, 2010, 4(3): 487-498.

[96] Li T, Zhang J. Mean square average consensus of multi-agent systems with time-varying topologies and stochastic communication noises[C]. 27th Chinese Control Conference, Kunming, 2008: 552-556.

[97] Liu S, Xie L H, Zhang H S. Distributed consensus for multi-agent systems with delays and noises in transmission channels[J]. Automatica, 2011, 47(5): 920-934.

[98] Khoo S, Xie L H, Man Z H. Robust finite-time consensus tracking algorithm for multirobot systems[J]. IEEE/ASME Transactions on Mechatronics, 2009, 14(2): 219-228.

[99] Tian Y P, Liu C L. Robust consensus of multi-agent systems with diverse input delays and asymmetric interconnection perturbations[J]. Automatica, 2009, 45(5): 1347-1353.

[100] Münz U, Papachristodoulou A, Allgöwer F. Delay robustness in consensus problems[J]. Automatica, 2010, 46(8): 1252-1265.

[101] Mo L, Jia Y. $H_\infty$ consensus control of a class of high-order multi-agent systems[J]. IET Control Theory and Applications, 2011, 5(1): 247.

[102] Liu Y, Jia Y M. Consensus problem of high-order multi-agent systems with external disturbances: An $H_\infty$ analysis approach[J]. International Journal of Robust and Nonlinear Control, 2010, 20(14): 1579-1593.

[103] Wang L, Liu Z X. Robust consensus of multi-agent systems with noise[J]. Science in China Series F: Information Sciences, 2009, 52(5): 824-834.

[104] Wang L, Guo L. Robust consensus and soft control of mufti-agent systems with noises[J]. Journal of Systems Science and Complexity, 2008, 21(3): 406-415.

[105] Mei J, Ren W, Ma G F. Distributed coordinated tracking with a dynamic leader for multiple Euler-Lagrange systems[J]. IEEE Transactions on Automatic Control, 2011, 56(6): 1415-1421.

[106] Sepulchre R, Paley D A, Leonard N E. Stabilization of planar collective motion with limited communication[J]. IEEE Transactions on Automatic Control, 2008, 53(3): 706-719.

[107] Ren W. Distributed attitude alignment in spacecraft formation flying[J]. International Journal of Adaptive Control and Signal Processing, 2007, 21(2/3): 95-113.

[108] Wu C W. Synchronization in networks of nonlinear dynamical systems coupled via a directed graph[J]. Nonlinearity, 2005, 18(3): 1057-1064.

[109] Yu W W, Chen G R, Cao M, et al. Second-order consensus for multiagent systems with directed topologies and nonlinear dynamics[J]. IEEE Transactions on Systems, Man, and Cybernetics, Part B (Cybernetics), 2010, 40(3): 881-891.

[110] Moreau L. Stability of multiagent systems with time-dependent communication links[J]. IEEE Transactions on Automatic Control, 2005, 50(2): 169-182.

[111] Lin Z Y, Francis B, Maggiore M. State agreement for continuous-time coupled nonlinear systems[J]. SIAM Journal on Control and Optimization, 2007, 46(1): 288-307.

[112] Arcak M. Passivity as a design tool for group coordination[J]. IEEE Transactions on Automatic Control, 2007, 52(8): 1380-1390.

[113] Chen F, Chen Z Q, Xiang L Y, et al. Reaching a consensus via pinning control[J]. Automatica, 2009, 45(5): 1215-1220.

[114] 马广富, 梅杰. 有向网络下非线性多智能体系统的协调跟踪 [J]. 控制与决策, 2011, 26(12): 1861-1864, 1871.

[115] Shi G D, Hong Y G. Global target aggregation and state agreement of nonlinear multi-agent systems with switching topologies[J]. Automatica, 2009, 45(5): 1165-1175.

[116] Hui Q, Haddad W M. Distributed nonlinear control algorithms for network consensus[J]. Automatica, 2008, 44(9): 2375-2381.

[117] Liu X W, Chen T P, Lu W L. Consensus problem in directed networks of multi-agents via nonlinear protocols[J]. Physics Letters A, 2009, 373(35): 3122-3127.

[118] 金山, 年晓红, 王茂苏. 基于局部控制器的非线性多智能体一致性分析 [J]. 计算机仿真, 2011, 28(12): 175-179.

[119] Fei Z Y, Gao H J, Zheng W X. New synchronization stability of complex networks with an interval time-varying coupling delay[J]. IEEE Transactions on Circuits and Systems Ⅱ: Express Briefs, 2009, 56(6): 499-503.

[120] Lu W L, Chen T P. Global synchronization of discrete-time dynamical network with a directed graph[J]. IEEE Transactions on Circuits and Systems Ⅱ: Express Briefs, 2007, 54(2): 136-140.

[121] Chen M Y. Synchronization in complex dynamical networks with random sensor delay[J]. IEEE Transactions on Circuits and Systems Ⅱ: Express Briefs, 2010, 57(1): 46-50.

[122] Zhang H T, Chen M Z, Stan G B, et al. Collective behavior coordination with predictive mechanisms[J]. IEEE Circuits and Systems Magazine, 2008, 8(3): 67-85.

[123] Zhang H T, Chen M Z Q, Stan G B. Fast consensus via predictive pinning control[J]. IEEE Transactions on Circuits and Systems I: Regular Papers, 2011, 58(9): 2247-2258.

[124] Ferrari-Trecate G, Galbusera L, Marciandi M P E, et al. Model predictive control schemes for consensus in multi-agent systems with single- and double-integrator dynamics[J]. IEEE Transactions on Automatic Control, 2009, 54(11): 2560-2572.

[125] Fang H J, Wu Z H, Wei J. Improvement for consensus performance of multi-agent systems based on weighted average prediction[J]. IEEE Transactions on Automatic Control, 2012, 57(1): 249-254.

[126] Wu Z H, Fang H J, She Y Y. Weighted average prediction for improving consensus performance of second-order delayed multi-agent systems[J]. IEEE Transactions on Systems, Man, and Cybernetics, Part B (Cybernetics), 2012, 42(5): 1501-1508.

[127] Liu G P, Mu J X, Rees D. Networked predictive control of systems with random communication delays[C]. UKACC International Conference on Control, Bath, 2004.

[128] Liu G P. Predictive controller design of networked systems with communication delays and data loss[J]. IEEE Transactions on Circuits and Systems II: Express Briefs, 2010, 57(6): 481-485.

[129] Zhao Y B, Liu G P, Rees D. Actively compensating for data packet disorder in networked control systems[J]. IEEE Transactions on Circuits and Systems II: Express Briefs, 2010, 57(11): 913-917.

[130] Liu G P, Xia Y Q, Chen J, et al. Networked predictive control of systems with random network delays in both forward and feedback channels[J]. IEEE Transactions on Industrial Electronics, 2007, 54(3): 1282-1297.

[131] Tamma K K, Har J, Zhou X M, et al. An overview and recent advances in vector and scalar formalisms: Space/time discretizations in computational dynamics—A unified approach[J]. Archives of Computational Methods in Engineering, 2011, 18(2): 119-283.

[132] Li Z K, Duan Z S, Chen G R, et al. Consensus of multiagent systems and synchronization of complex networks: A unified viewpoint[J]. IEEE Transactions on Circuits and Systems I: Regular Papers, 2010, 57(1): 213-224.

[133] Horn R A, Johnson C R. Matrix Analysis[M]. Cambridge: Cambridge University Press, 1985.

[134] Chen Q X, Zhang W A, Yu L. Delay-dependent output feedback guaranteed cost control for uncertain discrete-time systems with multiple time-varying delays[J]. IET Control Theory and Applications, 2007, 1(1): 97-103.

[135] Zhang L, Shi P, Basin M. Robust stability and stabilisation of uncertain switched linear discrete time-delay systems[J]. IET Control Theory and Applications, 2008, 2(7): 606-614.

[136] 曹伟俊. 带有扰动的多智能体系统的一致性研究 [D]. 北京: 北京化工大学, 2015.

[137] Mao Z H, Jiang B, Shi P. Protocol and fault detection design for nonlinear networked control systems[J]. IEEE Transactions on Circuits and Systems II: Express Briefs, 2009, 56(3): 255-259.

[138] Wu A G, Duan G R. IP observer design for descriptor linear systems[J]. IEEE Transactions on Circuits and Systems II: Express Briefs, 2007, 54(9): 815-819.

[139] Boyd S, Ghaoui L E, Feron E, et al. Linear Matrix Inequalities in System and Control Theory[M].Philadelphia: SIAM, 1994.

[140] Wang R, Liu G P, Wang B, et al. $L_2$-gain analysis for networked predictive control systems based on switching method[J]. International Journal of Control, 2009, 82(6): 1148-1156.

[141] Wang R, Wang B, Liu G P, et al. $H_\infty$ controller design for networked predictive control systems based on the average dwell-time approach[J]. IEEE Transactions on Circuits and Systems II: Express Briefs, 2010, 57(4): 310-314.

[142] You K Y, Xie L H. Coordination of discrete-time multi-agent systems via relative output feedback[J]. International Journal of Robust and Nonlinear Control, 2011, 21(13): 1587-1605.

[143] Carli R, Chiuso A, Schenato L, et al. A PI consensus controller for networked clocks synchronization[C]. 17th IFAC World Congress, Seoul, 2008: 10289-10294.

[144] Li Z K, Duan Z S, Chen G R. Consensus of discrete-time linear multi-agent systems with observer-type protocols[J]. Discrete and Continuous Dynamical Systems-Series B, 2011, 16(2): 489-505.

[145] Zhao Y B, Liu G P, Rees D. Actively compensating for data packet disorder in networked control system[J]. International Journal of Control, 2010, 57(11): 913-917.

[146] Lynch K M, Schwartz I B, Yang P, et al. Decentralized environmental modeling by mobile sensor networks[J]. IEEE Transactions on Robotics, 2008, 24(3): 710-724.

[147] Yu W W, Chen G R, Wang Z D, et al. Distributed consensus filtering in sensor networks[J]. IEEE Transactions on Systems, Man, and Cybernetics, Part B (Cybernetics), 2009, 39(6): 1568-1577.

[148] Shen B, Wang Z D, Hang Y S. Distributed $H_\infty$-consensus filtering in sensor networks with multiple missing measurements: The finite-horizon case[J]. IEEE Transactions on Systems, Man, and Cybernetics, Part B (Cybernetics), 2010, 46(10): 1682-1688.

[149] Liu J X, Wu C, Wang Z H, et al. Reliable filter design for sensor networks using type-2 fuzzy framework[J]. IEEE Transactions on Industrial Informatics, 2017, 13(4): 1742-1752.

[150] Wang F Y. Agent-based control for networked traffic management systems[J]. IEEE Intelligent Systems, 2005, 20(5): 92-96.

[151] Chen B, Cheng H H, Palen J. Integrating mobile agent technology with multi-agent systems for distributed traffic detection and management systems[J]. Transportation Research Part C: Emerging Technologies, 2009, 17(1): 1-10.

[152] Chen B, Cheng H. A review of the applications of agent technology in traffic and transportation systems[J]. IEEE Transactions on Intelligent Transportation Systems, 2010, 11(2): 485-497.

[153] Liu J X, Vazquez S, Wu L G, et al. Extended state observer-based sliding-mode control for three-phase power converters[J]. IEEE Transactions on Industrial Electronics, 2017, 64(1): 22-31.

[154] Liu J X, Luo W S, Yang X Z, et al. Robust model-based fault diagnosis for pem fuel cell air-feed system[J]. IEEE Transactions on Industrial Electronics, 2016, 63(5): 3261-3270.

[155] Semsar-Kazerooni E K K. Integrating mobile agent technology with multi-agent systems for distributed traffic detection and management systems[J]. Automatica, 2009, 45(10): 2205-2213.

[156] Dolby A S, Gurbb J T C. Benefits to satellite members in mixed-species foraging groups: An experimental analysis[J]. Animal Behaviour, 1998, 56(2): 501-509.

[157] Hegselmann R, Krause U. Opinion dynamics and bounded confidence models.analysis, and simulation[J]. Journal of Artificial Societies and Social Simulation, 2002, 5(3): 501-509.

[158] Yu J Y, Wang L. Group consensus in multi-agent systems with switching topologies[C]. Joint 48th IEEE Conference on Decision Control and 28th Chinese Control Conference, Shanghai, 2009: 2652-2657.

[159] Yu J Y, Wang L. Group consensus of multi-agent systems with undirected communication graphs[C]. Proceedings of the 7th Asian Control Conference, Hong Kong, 2009: 105-110.

[160] Yu J Y, Wang L. Group consensus in multi-agent systems with switching topologies and communication delays[J]. Systems and Control Letters, 2010, 59(6): 340-348.

[161] Chen Y, Lv J H, Han F L, et al. On the cluster consensus of discrete-time multi-agent systems[J]. Systems and Control Letters, 2011, 60(7): 517-523.

[162] Anderson B, Yu C, Fidan B, et al. Rigid graph control architectures for autonomous formations[J]. IEEE Control Systems Magazine, 2008, 28(6): 48-63.

[163] Tamma K K, Har J, Zhou X M, et al. An overview and recent advances in vector and scalar formalisms: Space/time discretizations in computational dynamics: A unified approach[J]. Journal of the Franklin Institute-Engineering and Applied Mathematics, 2015(2): 119-283.

[164] Ren W, Beard R W. Consensus seeking in multi-agent systems under dynamically changing interaction topologies[J]. IEEE Transactions on Automatic and Control, 2013, 50(5): 655-661.

[165] Ma C Q, Zhang J F. Necessary and sufficient conditions for consensus ability of linear multi-agent systems[J]. IEEE Transactions on Automatic and Control, 2010, 55(5): 1263-1268.

[166] Pu X C, Xiong C W, Ji L H, et al. Weighted couple-group consensus analysis of heterogeneous multiagent systems with cooperative-competitive interactions and time delays[J]. Complexity, 2019, 2019: 1-13.

[167] Qin W, Liu Z X, Chen Z Q. Impulsive observer-based consensus control for multi-agent systems with time delay[J]. International Journal of Control, 2015, 88(9): 1789-1804.

[168] Wang R. Controller design for networked predictive control systems based on the average dwell-time approach[J]. International Journal of Control, 2010, 57(4): 310-314.

[169] Shang Y L. Group consensus of multi-agent systems in directed networks with noises and time delays[J]. International Journal of Systems Science, 2015, 46(14): 2481-2492.

[170] Wen G G, Yu Y G, Pemg Z X, et al. Dynamical group consensus of heterogenous multi-agent systems with input time delays[J]. Neurocomputing, 2015, 175: 278-286.

[171] Cui Q, Xie D M, Jiang F C. Group consensus tracking control of second-order multi-agent systems with directed fixed topology[J]. Neurocomputing, 2016, 218(7): 286-295.

[172] Ji L H, Liu Q, Liao X F. On reaching group consensus for linearly coupled multi-agent networks[J]. Information Sciences, 2014, 287: 1-12.

[173] An B R, Liu G P, Tan C. Group consensus control for networked multi-agent systems with communication delays [J]. ISA Transactions, 2018, 76: 78-87.

[174] Tan C, Liu G P. Consensus of networked multi-agent systems via the networked predictive control and relative outputs[J]. Journal of the Franklin Institute-Engineering and Applied Mathematics, 2012, 349(7): 2343-2356.

[175] Huang J H, Chen L D, Xie X H, et al. Distributed event-triggered consensus control for heterogeneous multi-agent systems under fixed and switching topologies[J]. International Journal of Control Automation and Systems, 2019, 17(8): 1945-1956.

[176] Guan Y Q, Kong X L. Stabilisability of discrete-time multi-agent systems under fixed and switching topologies[J]. International Journal of Systems Science, 2019, 50(2): 294-306.

[177] Huang H, Mo L P, Cao X B. Nonconvex constrained consensus of discrete-time heterogeneous multi-agent systems with arbitrarily switching topologies[J]. IEEE Access, 2019, 7: 38157-38161.

[178] Mu R, Wei A R, Li H T. Event-triggered leader-following consensus for multi-agent systems with external disturbances under fixed and switching topologies[J]. IET Control Theory and Applications, 2020, 14(11): 1486-1496.

# 彩　　图

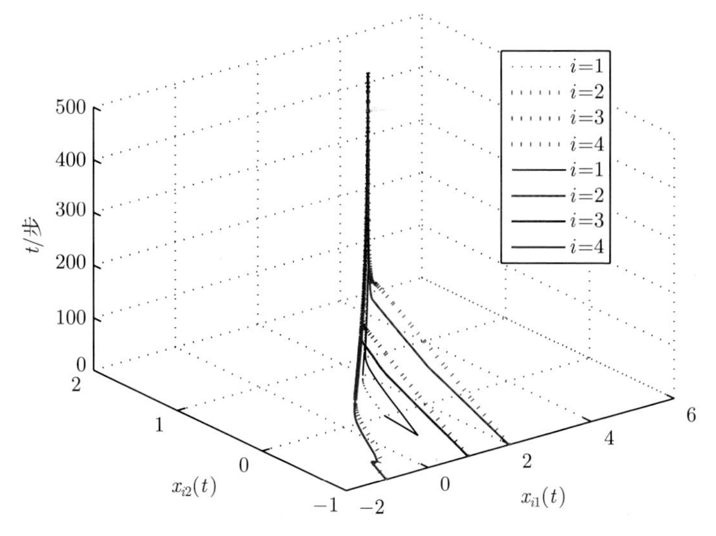


图 2-4　智能体的状态轨迹

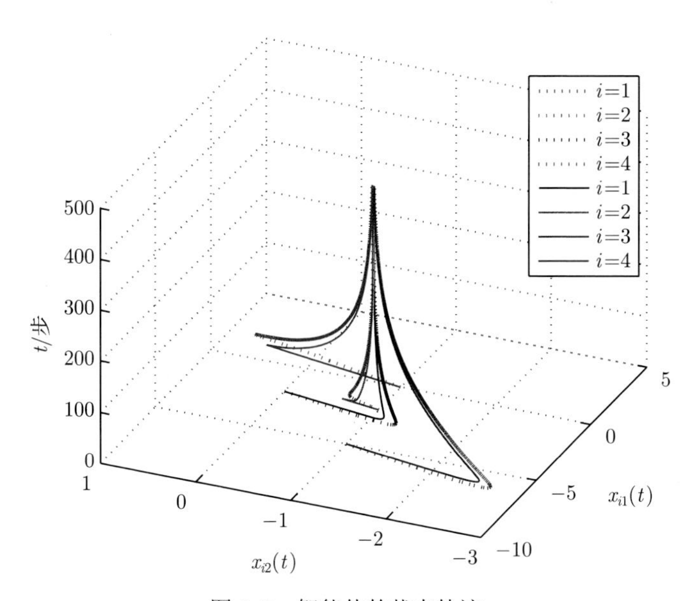


图 2-6　智能体的状态轨迹

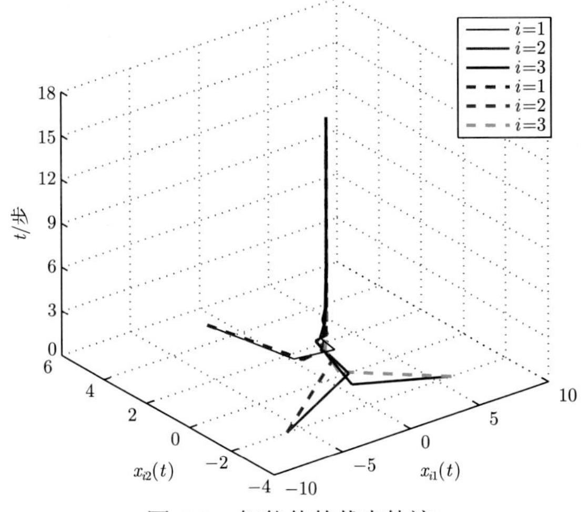


图 3-2　智能体的状态轨迹

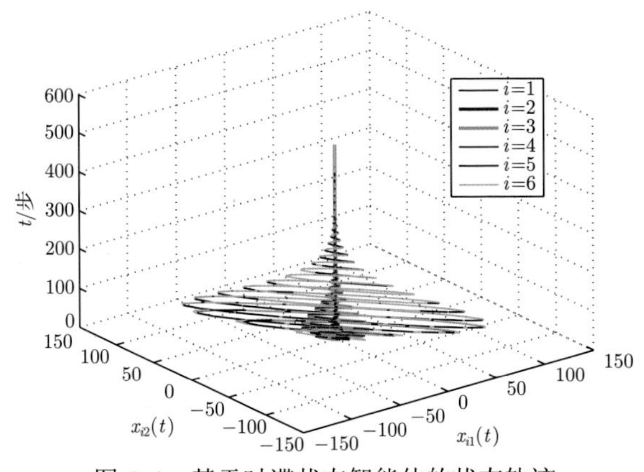


图 3-4　基于时滞状态智能体的状态轨迹

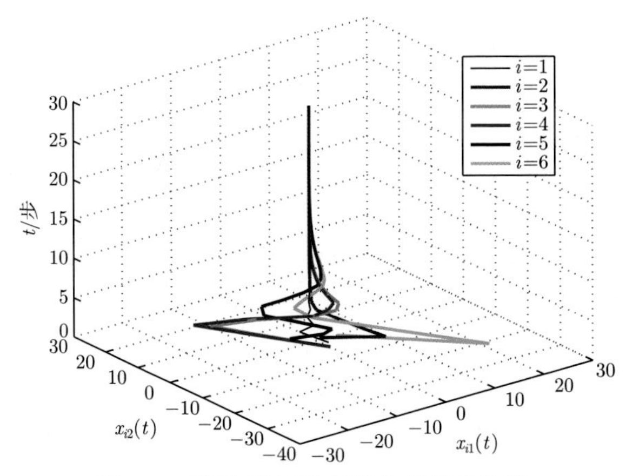


图 3-5　基于 NPCS 智能体的状态轨迹

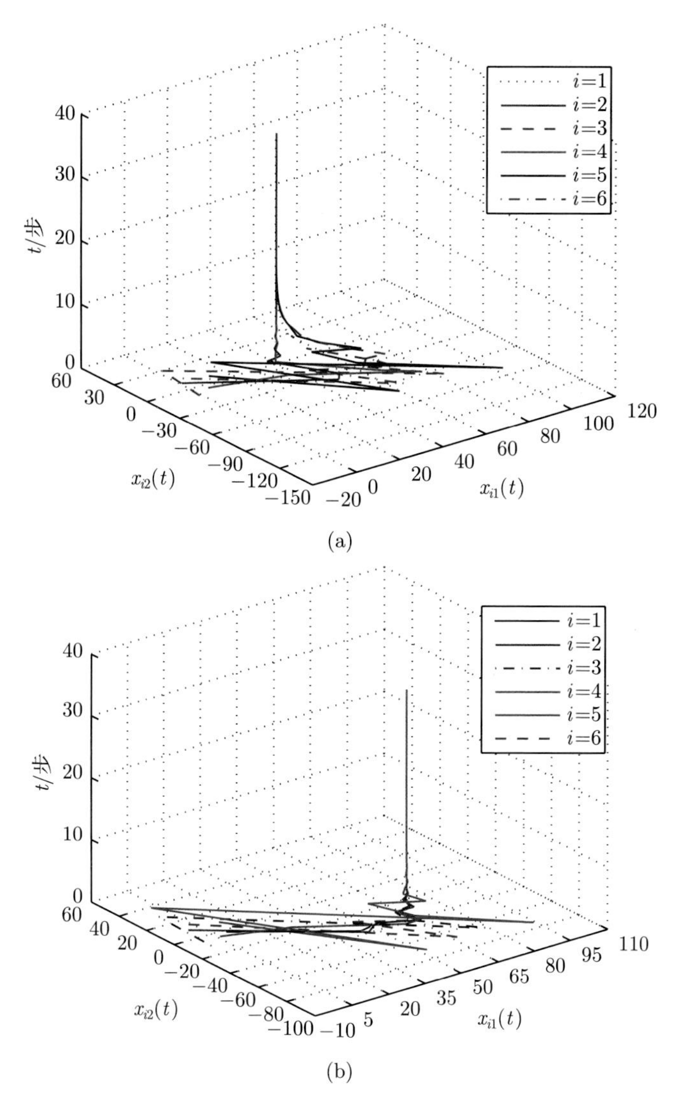


图 3-9　状态轨迹 (智能体同构)

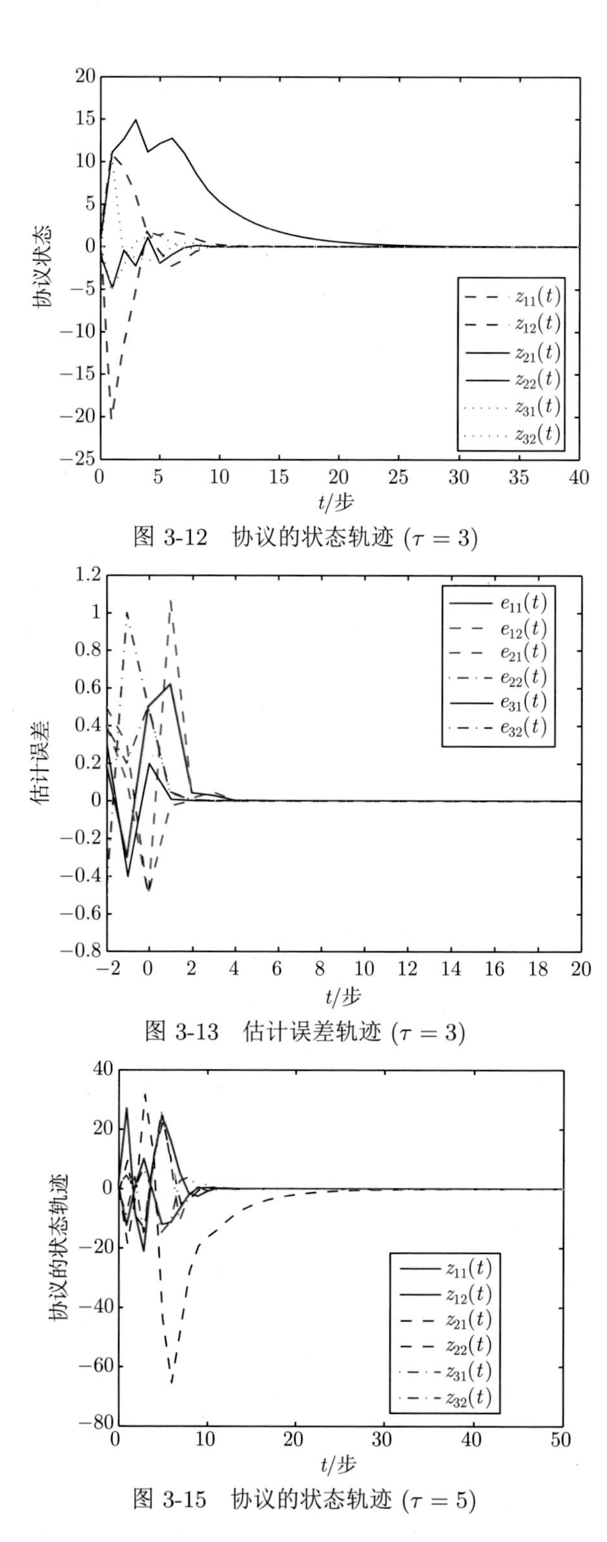


图 3-12　协议的状态轨迹 ($\tau = 3$)



图 3-13　估计误差轨迹 ($\tau = 3$)



图 3-15　协议的状态轨迹 ($\tau = 5$)

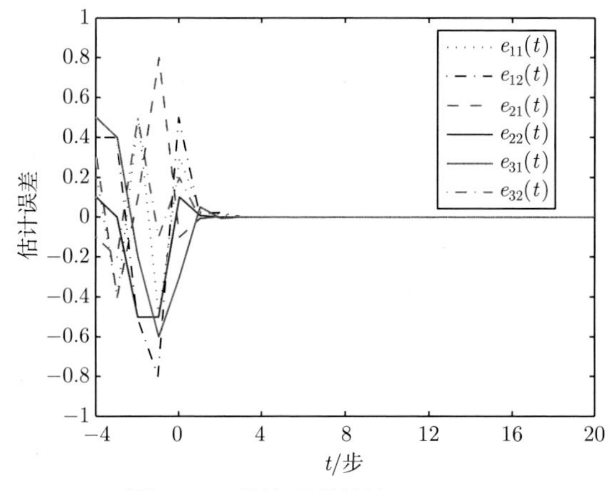


图 3-16　估计误差轨迹 ($\tau = 5$)

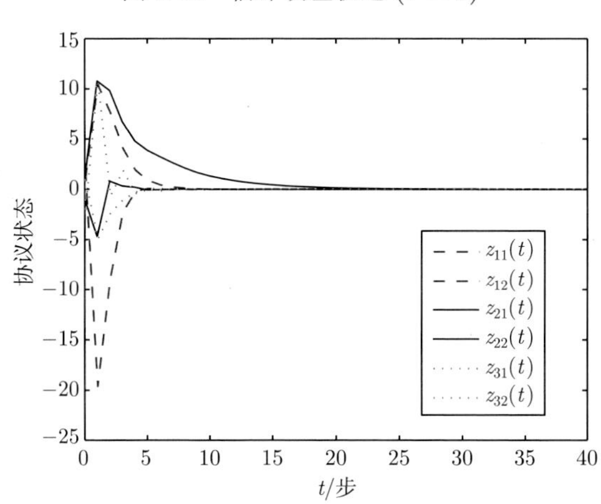


图 3-18　协议的状态轨迹 (无通信时滞)

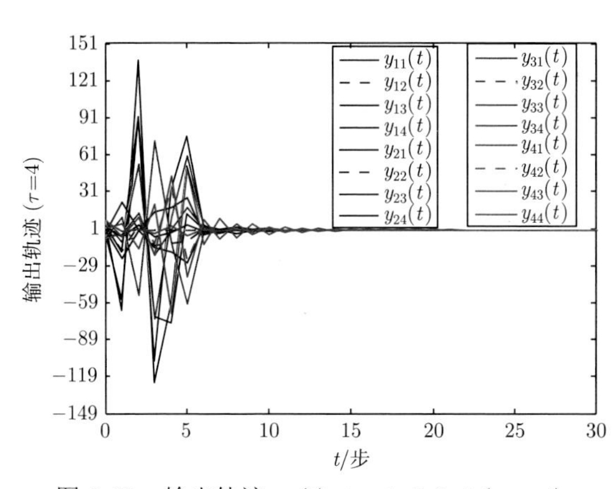


图 3-20　输出轨迹 $y_i(t), i = 1, 2, 3, 4$ ($\tau = 4$)

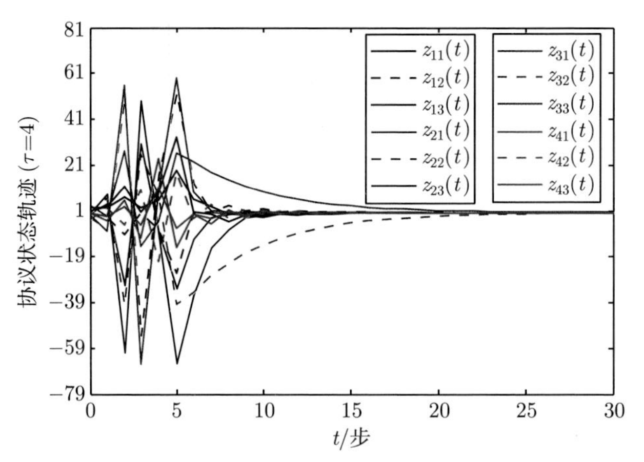


图 3-21 协议状态轨迹 $z_i(t), i=1,2,3,4$ $(\tau=4)$

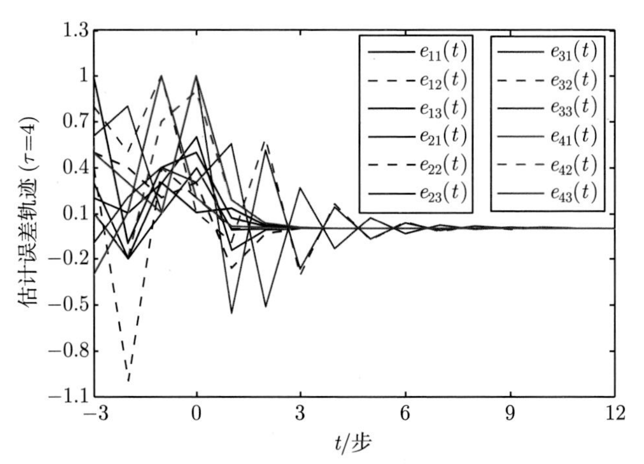


图 3-22 估计误差轨迹 $e_i(t), i=1,2,3,4$ $(\tau=4)$

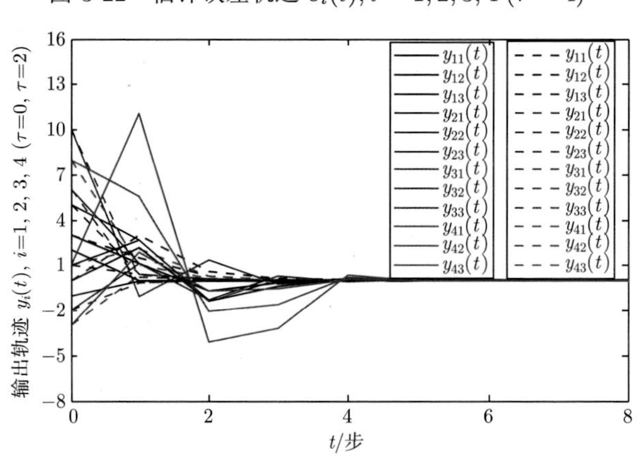


图 3-24 输出轨迹 $y_i(t), i=1,2,3,4$ (虚线表示 $\tau=0$, 实线表示 $\tau=2$)

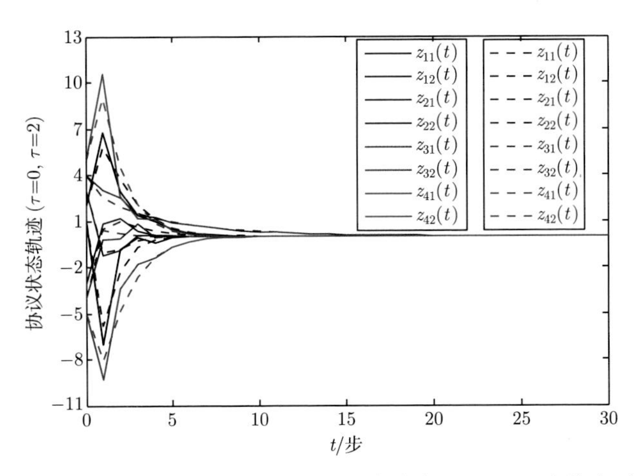


图 3-25　协议状态轨迹 $z_i(t), i=1,2,3,4$ (虚线表示 $\tau=0$, 实线表示 $\tau=2$)

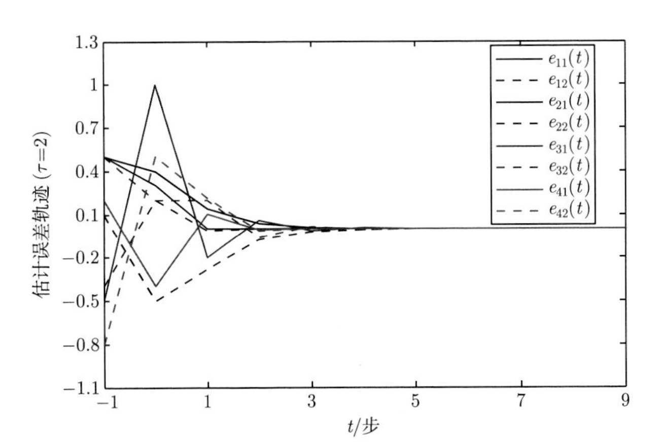


图 3-26　估计误差轨迹 $e_i(t), i=1,2,3,4$ $(\tau=2)$

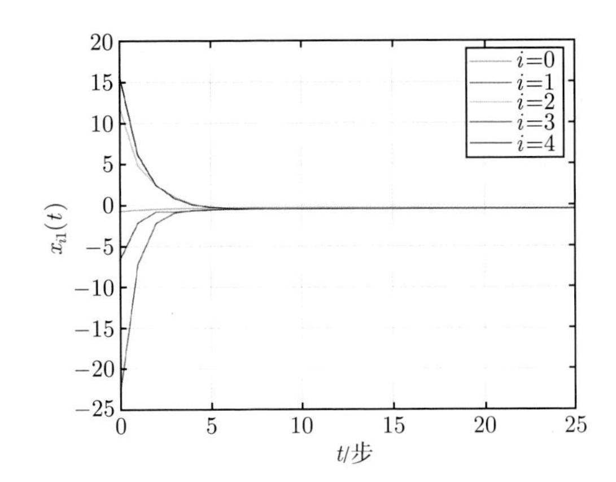


图 4-2　状态轨迹 $x_{i1}(t), i=1,2,3,4$ $(\tau=2)$

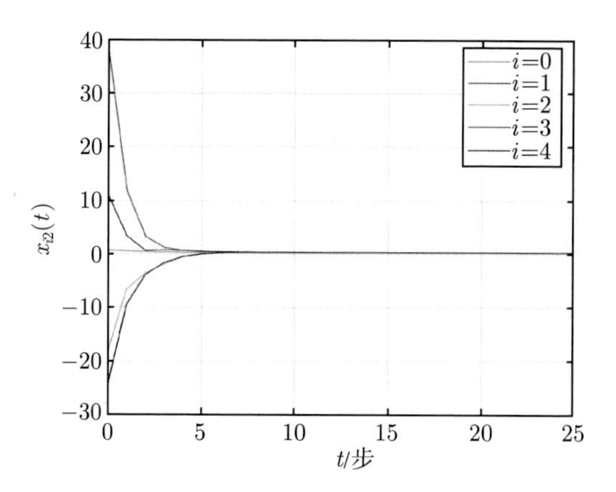


图 4-3　状态轨迹 $x_{i2}(t), i = 1, 2, 3, 4\ (\tau = 2)$

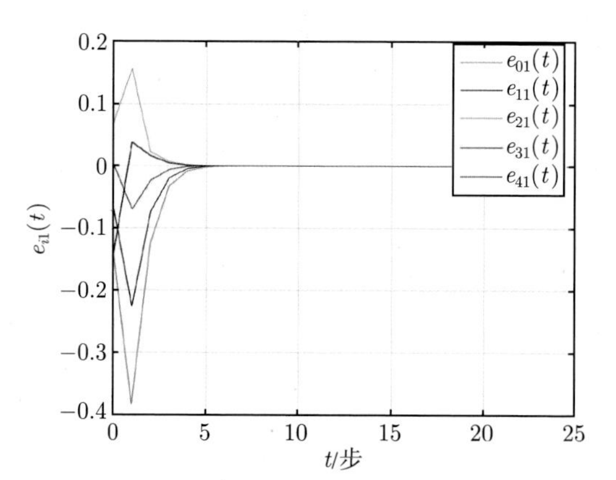


图 4-4　误差轨迹 $e_{i1}(t), i = 1, 2, 3, 4\ (\tau = 2)$

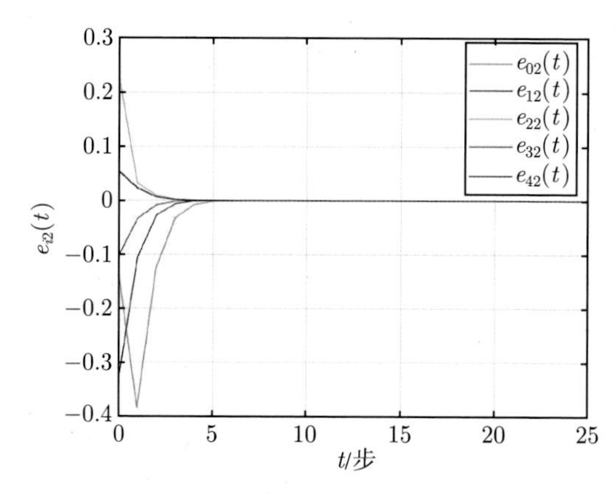


图 4-5　误差轨迹 $e_{i2}(t), i = 1, 2, 3, 4\ (\tau = 2)$

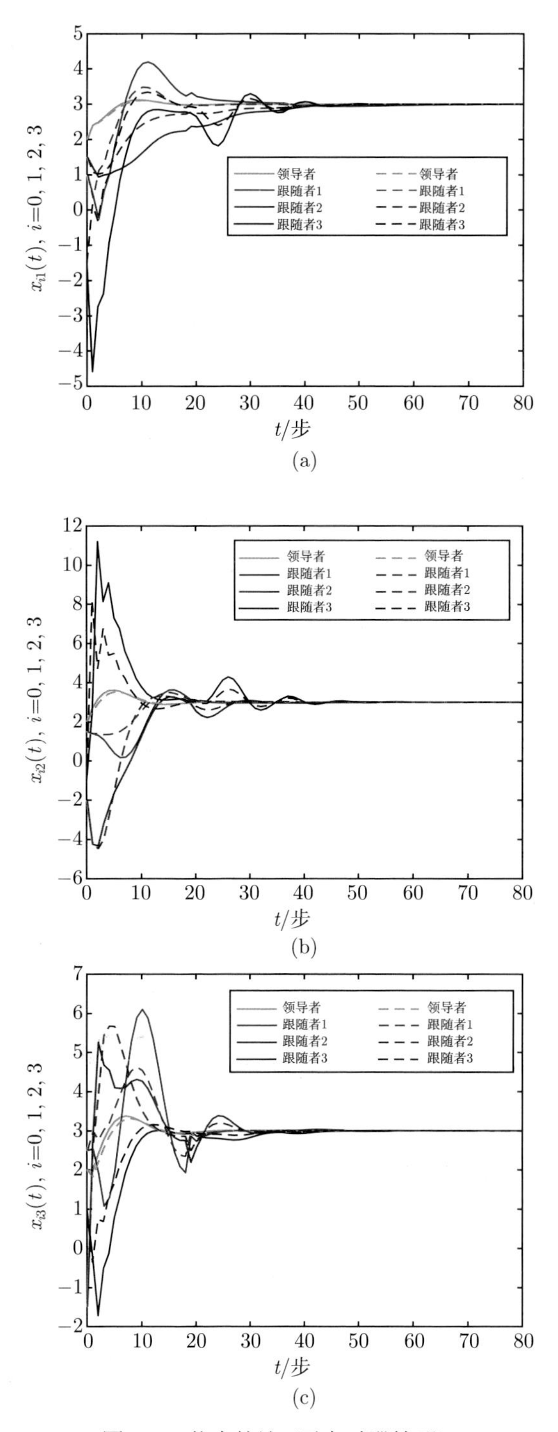


图 4-7 状态轨迹 (无自时滞情形)

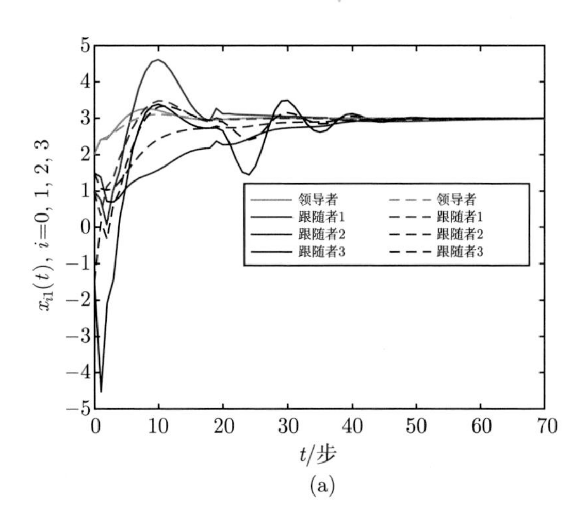


(a)

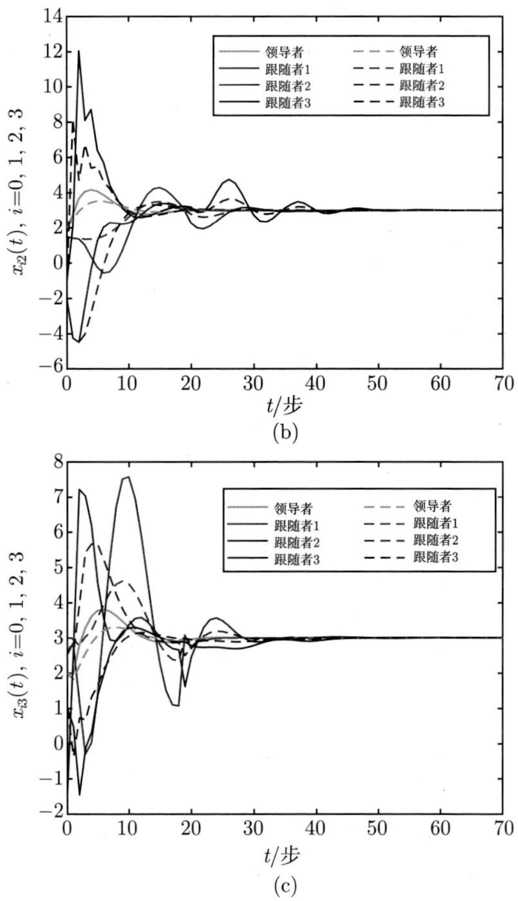


(b)

(c)

图 4-8　状态轨迹 (有自时滞情形)

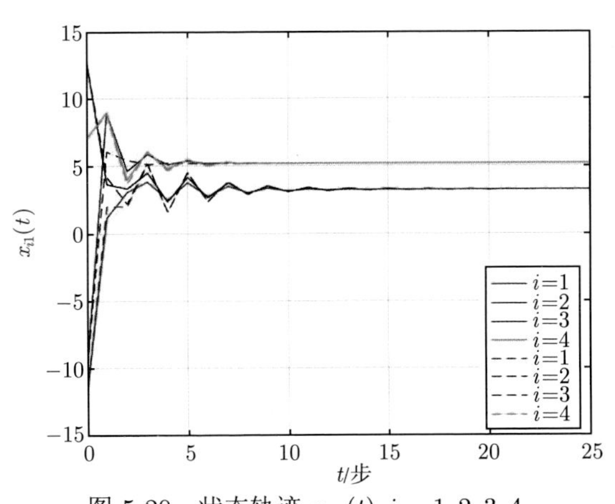


图 5-20　状态轨迹 $x_{i1}(t), i = 1, 2, 3, 4$

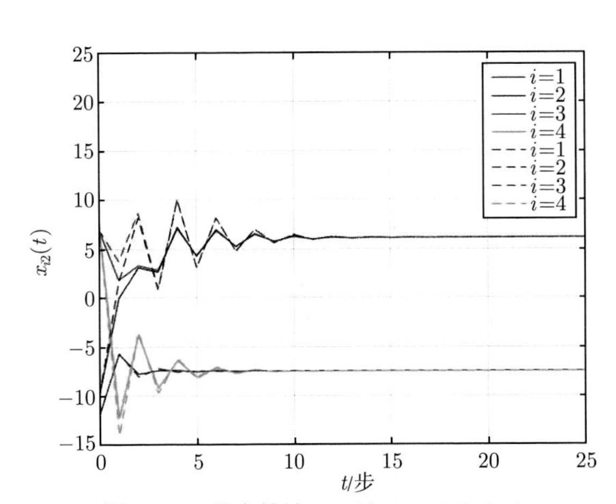


图 5-21　状态轨迹 $x_{i2}(t), i = 1, 2, 3, 4$

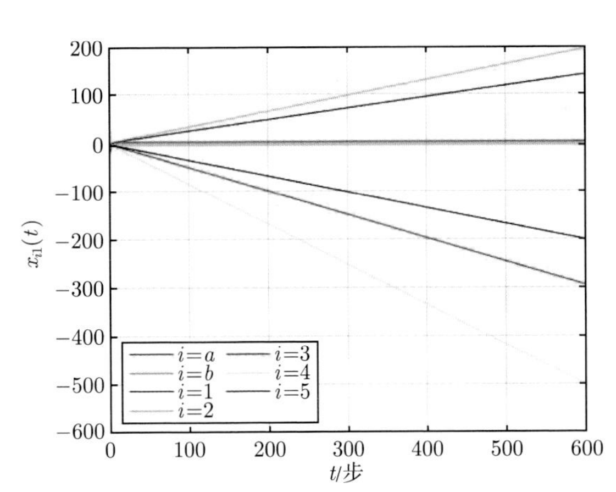


图 5-23　智能体的状态轨迹 $x_{i1}(t)$ , $i = a,b,1,2,3,4,5$

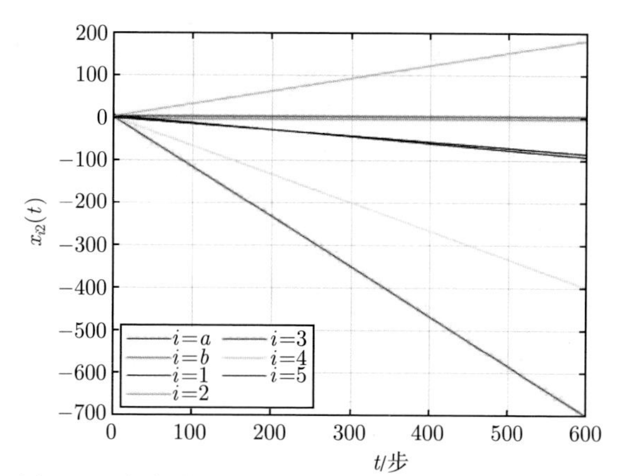

图 5-24　智能体的状态轨迹 $x_{i2}(t)$ , $i = a,b,1,2,3,4,5$

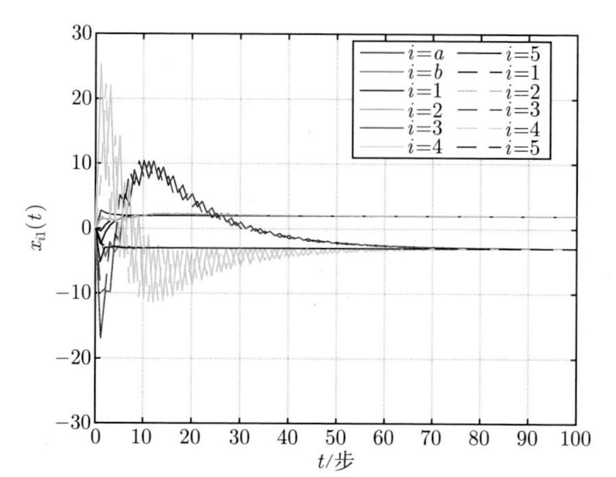

图 5-25　智能体的状态轨迹 $x_{i1}(t)$ , $i = a,b,1,2,3,4,5$

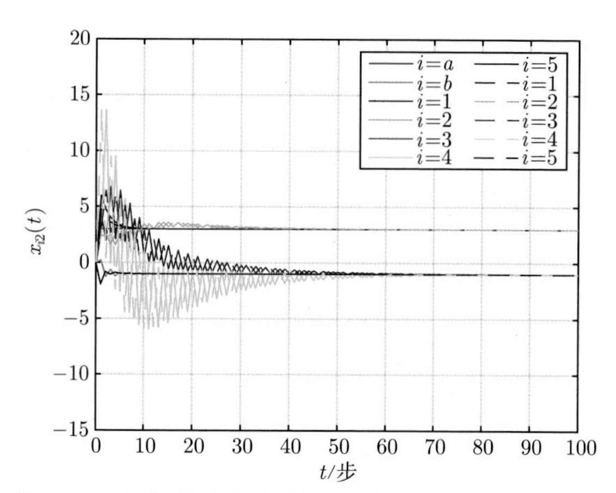

图 5-26　智能体的状态轨迹 $x_{i2}(t)$ , $i = a,b,1,2,3,4,5$

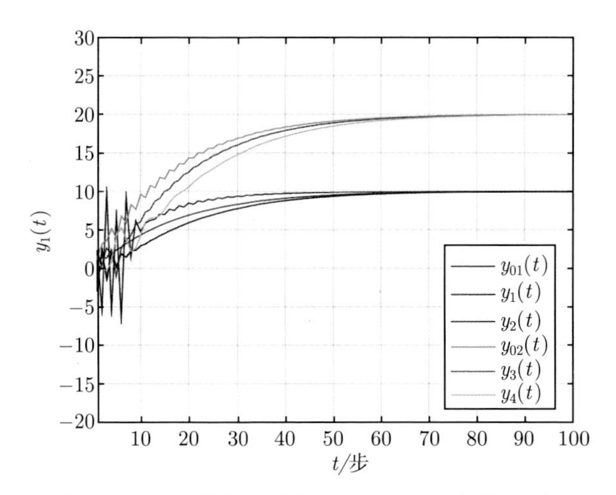


图 6-2　输出轨迹 $y_i(k)$ $(\tau_i = 3, \forall i \in \ell)$(例 6-1)

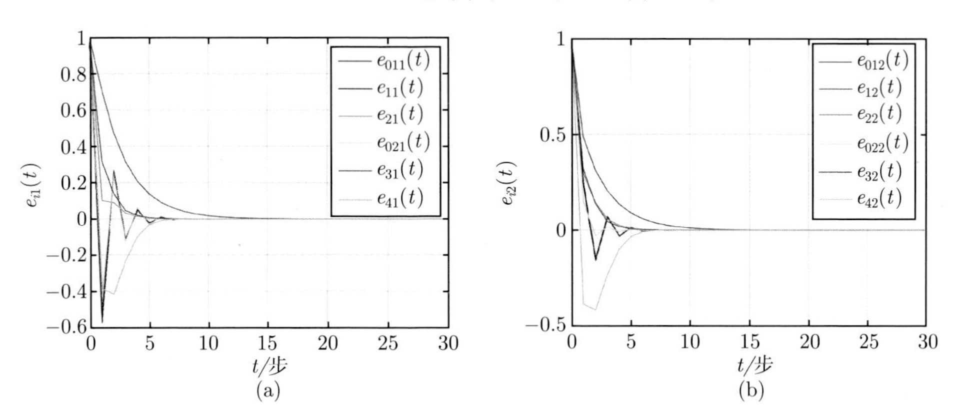


图 6-3　误差轨迹 $e_{i1}(k)$ 和 $e_{i2}(k)$ $(\tau_i = 3, \forall i \in \ell)$(例 6-1)

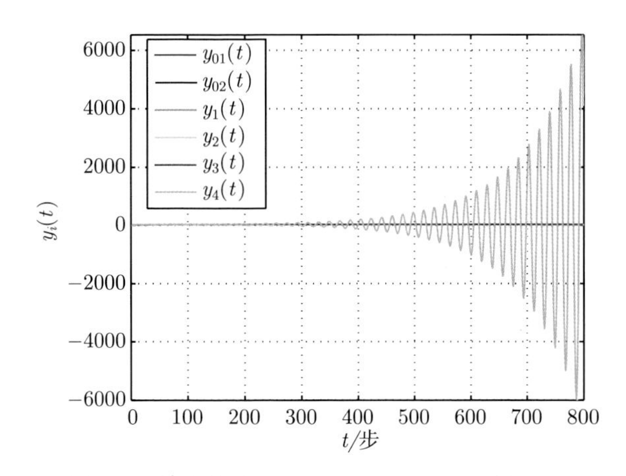


图 6-4　输出轨迹 $y_i(k)$ $(\tau_i = 3, \forall i \in \ell)$(例 6-1)

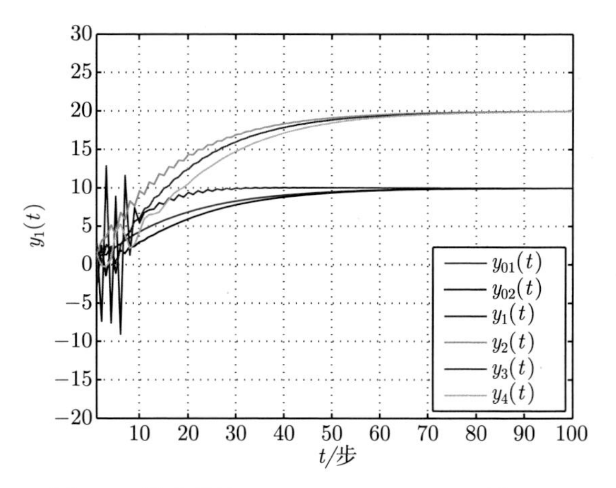


图 6-5 输出轨迹 $y_i(k)$ ($\tau_i = 0, \forall i \in \ell$)(例 6-1)

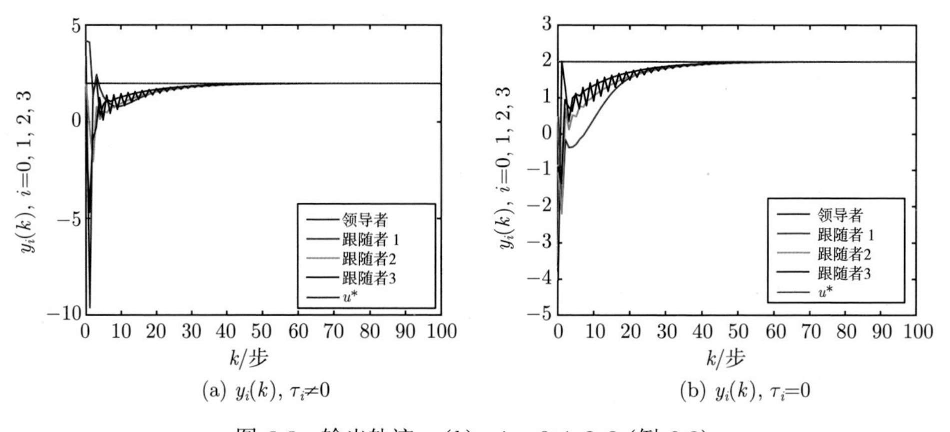


图 6-8 输出轨迹 $y_i(k)$, $i = 0, 1, 2, 3$ (例 6-2)